U0164604

抗病誌 ②

日記研究：

抑鬱病的生成、惡化、和爆發

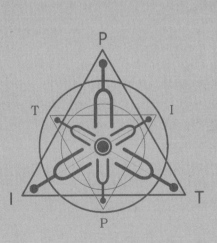

傅正斯 Johnny B. Foo 著

Fight against Depression (Episode 2)
Diary Reveals: Depression's Formation, Exacerbation, and Eruption

目錄

獻書

　　衷心獻給太太 Ruby 和兩位女兒。感激 Ruby
全力的支持，沒有 Ruby，這個世界便沒有傅正斯，
也沒有《抗病誌》系列。《抗病誌》系列也象徵為
父對兩位女兒的虧欠，因為寫書的所有時間和精神，
原應全然屬於她們。

鳴謝

特別鳴謝筆者夫妻兩人的兄弟姊妹，一直為筆者家庭提供各種幫忙。

多謝黃詠彤（Myth）小姐、鄒雁寬（Tracy）小姐、郭美霞（May）小姐、彭鳳儀（Frances）小姐、黃愛玲（Isabella）小姐、林月顏（Anna）小姐、文珮珊（Tracy）小姐、沈少明（Sam）先生、卓冰峰（Louis）先生、陳建雄（David）先生（保良局陳維周夫人紀念學校校長）、盧希皿（Herman）先生（香港理工大學教授）、盧鐵榮先生（香港城市大學社會及行為科學系系主任及教授）、與及區廖淑貞（Elaine）女士（香港城市大學教授），義務為此書審稿和提供寶貴意見（唯此書之所有錯亂錯漏問題盡皆筆者剛愎自用之過）。

代序

　　現今物質文明越來越進步，但都市人的精神健康卻每況愈下。為了提升人們的精神健康，坊間有不少從心理及輔導理論去解構情緒病的書籍。傅先生對生活、對內在的世界有敏感度及細緻的觸覺，令他可以另闢新路，用最貼近生活的日記材料，分享自己情緒病的起因及發展。

　　閱讀《抗病誌 ②》，我有以下領悟：

　　第一：傅先生細緻的生活分享，讓我有更全面、更綜合的角度，去理解身心靈、環境與抑鬱症的關係；

　　第二：當我更理解傅先生的抑鬱症的故事，令我對情緒病患者多了一份接納，少了一份批評；

　　第三：故事中的生活事件，包括：戀愛、學業、工作、社交生活，讓我產生了不少共鳴及反思，原來在同一天空下，大家的故事卻截然不同。

　　相信大家閱讀《抗病誌 ②》中的生活故事，會變得更加敏銳於「身心靈社」與抑鬱症千條萬緒的關係，從而有助對抑鬱症的預防及治療。這也是傅先生寫作的初衷。

陳建雄校長

【作者附註】陳校長教務繁忙，仍孜孜不倦進修輔導學，更為「與抑鬱共舞」志願團體擔任義工。《抗病誌 ②》初稿完成之後，有幸得到陳校長幫助，由 2019 年 3 月至 2021 年 4 月期間，與作者開會不下十數次，詳細而深入討論每一章節的內容。此舉令作者得到十分重要的研究回饋。

自序

　　這是一本關於抑鬱病的書。作者是抑鬱症病人，患病至今三十年。期間多次受到嚴重抑鬱侵襲（亦多次由嚴重抑鬱當中復原），數度自殺。受盡抑鬱病折磨的三十年間，寫下了超過二千篇日記，字數超過一百萬。

　　《抗病誌 ②——日記研究：抑鬱病的生成、惡化、和爆發》就是以作者的私人日記為根據而完成的一項研究。

　　決定以私人日記作為研究抑鬱病的原始材料，當中最主要的原因，就是因為抑鬱病只能夠經由「病人本身」從「內在」進行觀察；相反地，抑鬱病差不多完全無法經由「他者」從「外在」進行觀察。任何一位「他者」，都只能夠透過「病人本身」的描述或轉述，才能夠獲得關於抑鬱病的「內在觀察」訊息。

　　以私人日記作為研究抑鬱病的原始材料，另一個重要的原因，就是因為「日記的記錄」比起「腦袋裡面的記憶」更加可信、可靠、與及更加詳細。而且，日記資料還有十分準確的「時間維度、刻度」，所有的「病態」都能夠以「變化的『發展性、演變性』」的「時間模型」呈現。以此書為例，研

究「作者的抑鬱病」的生成過程和早期影響,事件發生在 1989 年到 1995 年,距今三十年;如果單靠「腦袋裡面的記憶」,「整件事」大概只能夠堆砌出一個模糊和粗疏的圖像。

作者相信,越能夠了解抑鬱病,就越能夠應付抑鬱病。

最後,作者在此鄭重向各位讀者聲明,此書記錄了不少「慘不忍睹的抑鬱經歷」,假若產生任何不安,請立即尋求幫助。另外,此書也記載了不少應付抑鬱病的方法,其他病人是否合適仿傚,宜請三思。

傅正斯(Johnny B. Foo)
2019 年 6 月

「抑鬱風暴」中自處，
成《抗風暴》詩一首，
聊以自勉：

贏無望，求不輸，一撐到底。
失所有，得無缺，乾坤逆轉。

第一章

抑鬱成病

1989年8月 — 1990年5月10日

【全章摘要】

以有限的記憶、中學留下的幾篇文章、與及日記資料，筆者估計自己的抑鬱病大概在 1989 年年尾到 1990 年年初成熟。抑鬱病成熟之後，它就擁有殺人的能力。

1989 年 8 月中，家居裝修之後，筆者睡覺的地方，由媽媽房間中的「上格碌架床」轉移至廚房門口的木梳化床。由這個轉變開始，凌晨時間均受到老爸吸煙滋擾。老爸噴出的煙霧，把筆者硬生生的從熟睡中臭醒。晚間亦因為老爸吸煙滋擾，無法如常睡覺。這一早一晚的滋擾情況，令到筆者的生活和作息規律大受影響，亦因此而常常處於極端忿怒又無處宣洩的精神狀態。

1989 年 9 月 26 日，筆者苦戀上居住在同一屋邨的陌生少女。這個虛無飄渺的追求目標令到筆者長期處於失望失落的狀態，最終這一層「憂愁」長期停留在身心之內，揮之不去。

1990 年 3 月，筆者參加學校「中文學會」所舉辦的作文比賽，寫下的兩篇文章，題目都是〈一個對我最有影響力的人〉。第一篇文章以「苦戀上陌生少女」為主題，第二篇文章以「老爸吸煙滋擾」為主題。佐證之於兩個月後的日記（1990 年 5 月），這兩件事就是當時最為困擾筆者的事情。

1990 年 5 月 10 日，筆者相信，體內的抑鬱病在這一日或更早之前就已經完全成熟。這一日，是筆者第一日寫日記，寫下了「那一刻」感到生活十分「矛盾、無奈」，與及深深自覺「只有默默接受，無力反抗」。第二日，5 月 11 日，筆者在放學之後，獨自留在學校餐房裡面寫日記。開首的文句，就提到「死亡」作為一個結局：「若再找不到生命的目標，請讓我安詳地死去。那將會比活在矛盾、無奈的空間中，更好。」

1990 年 5 月 10 日和 11 日，筆者的日記記錄表現著十分痛苦的狀態，其痛苦程度，使筆者情願選擇死亡——藉著了結生命，希望從身處的痛苦中解脫。由「憂愁」到「尋死」，抑鬱已經成病。

1.1 老爸吸煙滋擾

書寫《抗病誌 ②——日記研究：抑鬱病的生成、惡化、和爆發》（往後篇幅簡稱為：《日記研究抑鬱病》）時，翻查日記之後，筆者發現，以「愛情憾事」這一項推論抑鬱病的生成，不夠準確也不夠全面。從日記內容得知，在更早的時間（早於苦戀上同邨陌生少女一個多月），「老爸吸煙滋擾」激發起更強烈、更破壞性的身心反應。這一點應該也是引發抑鬱病急遽惡化的一項重要元素。因此有必要加入「老爸吸煙滋擾」在「抑鬱成病」的推論當中。

最早的一篇日記寫於 1990 年 5 月 10 日。日記中記載，老爸於當日從中國鄉下返回香港家中。加之半年多以來的感情困擾（苦戀上陌生少女），同日又在學校受到老師嘲諷而感到委屈，「就在這三重打擊下，我十分悲傷、失落、無邊的憂鬱，只想抒發。那我便去開明書局（筆者附註：位於黃竹坑邨二座的文具店），買了這 $48 的日記簿。」（1990 年 5 月 11 日日記）心中的憂鬱，從這一日開始透過寫日記抒發。

1.1.1 背景資料：家庭背景

在探討老爸吸煙滋擾之前，筆者需要先行介紹一下老爸的生平，尤其是他童年時候，曾經有一段「離開家庭」的經歷。此外，筆者的家庭背景和家庭生活，也是理解筆者和老爸關係的一處重要場域。

A 老爸的童年生活

關於筆者老爸的童年生活，可以由一個「姓氏謎團」講起。老爸在 2003 年過世。忽然之間，筆者的八兄弟姊妹，對一直沿用的姓氏「C」，產生了一陣疑問。因為在老爸生前，在偶然的機會之下，聽到老爸提過（也許是他跟其他人談話的時候），他曾經使用過第二個姓氏「N」。

再加上，以筆者一家人所知，老爸早年在中國買地起屋的地方，是一處姓「N」的鄉村。他晚年在中國鄉下居住的地方，也是這一處姓「N」的鄉村，而不是他姓「C」的媽媽（筆者的嫲嫲）居住的地方，也不是他姓「C」的哥哥一家人居住的地方。似乎老爸跟姓「N」那一處的人比較親密，關係亦比較緊密。

小時候，聽媽媽說，老爸曾經「被送予他人」。筆者對於這一件事完全沒有興趣，可能因為自己的年紀太小。就是因為這一件「曾經被送予他人」的經歷，就令到筆者的一家人，開始懷疑自己的真實姓氏。究竟老爸是由「N」氏宗族所生下來呢（後來被送予姓「C」的人）？還是由「C」氏宗族所生下來呢（後來被送予姓「N」的人）？究竟筆者一家是姓「C」呢？還是姓「N」呢？

等得老爸死後多年，筆者才認真地向媽媽提問，究竟老爸的真實姓氏為何，那一段「被送予他人」的經歷又是如何。媽媽說，老爸在 1936 年出世。不久，日本便向中國發動侵略戰爭。老爸的父親（筆者的爺爺），是姓「C」的。當時因為戰亂，爺爺就把老爸由所居住的城鎮送入附近的鄉村（姓「N」），認為比較安全。自此，老爸就在那一條鄉村生活，一直到戰爭結束之後。

筆者無法搞清楚老爸在姓「N」鄉村的生活狀態，究竟老爸當時是「被送予他人」呢？還是「寄養」呢？還是「暫住」呢？還是「被賣給」呢？媽媽也不知道，大概也沒有向老爸細問當中詳情。

B 家庭概況

需要介紹家庭概況，筆者一定引用一篇完成於 2007 年夏天的舊文章——〈十時三十分〉。這是一篇關於筆者家庭的文章，內容差不多是一本「流水帳」，記錄了父母的生平點滴。他們在上世紀五、六十年代由中國大陸走難來到香港，然後誕下筆者一家八兄弟姊妹。在這篇文章裡面，可以看到筆者的家庭環境及其多年來的變遷，展示出一處把「人」孕育的土壤。這篇文章，也是筆者在人生三十三歲的時候，認認真真的把媽媽從過去（1937 年）到現在（2007 年）好好看了一遍的記錄。

關於〈十時三十分〉的背景，這是一篇寫於 2007 年的作品，就在第二次十分嚴重抑鬱之後。2006 年年中，第一次主動尋求精神科醫生的治療（早於 2003 年曾經服用過家庭醫生處方的抗抑鬱藥物）。尋求精神科醫生治療的意義，就是決定接受服用精神科藥物即「抗抑鬱藥（西藥）」，以治療身心裡面的抑鬱病。然而，接受精神科治療（服用抗抑鬱藥物）非但沒有把抑鬱病治癒或舒緩，相反，「藥物的作用」把筆者折磨得要死。期間，筆者轉換過三個精神科醫生，亦同時轉換過不少藥物，情況一直沒有一點好轉。

筆者因為服用抗抑鬱藥物，直接觸發了一次十分嚴重的抑鬱。在無法再支持下去的情況下，不得不立即停止服用所有抗抑鬱藥物。不少專業醫護人員、不少病友均勸喻，不要一下子停止服藥或自行停藥。而當時筆者覺得再服用下去就只有立即死亡，而停藥，可能可以多活幾日。

然而在停藥之後，奇妙的事隨即發生了——筆者沒有死去！而且，更頓然整個人精神起來！非常明顯的，就是身體停止用藥之後，藥物的所有作用（「正」、「負」）立即消失。筆者的身心狀態未必立即回復到未用藥之前（不少跡象發現身心都受到抗抑鬱藥物的損害），但最少感到自己已經從鬼門關回到人間。

就在這個背景之下，能夠重拾精神，筆者便提筆，寫下了這篇〈十時三十分〉。這是一個關於家庭、個人成長的故事。

　　以下就是〈十時三十分〉的全文：

─────────

〈十時三十分〉

　　我的世界從一無所有再重新開始──當我一切也失去之後，我在思索人生還可以怎樣。

　　早上十時三十分，這時候媽媽應該已經打掃完畢。廁所、廳，三百平方呎的地方，相信已一塵不染。我想她現正在廚房整理午飯的材料。沒法子上班已經幾個月了，我清楚她的工作時間表。

　　我還是只能夠躺在床上。吃了抗抑鬱藥後，我反而變得更加抑鬱。我不知道我的情緒有沒有「被提升」，但我卻感覺到我現在成了一個廢人。我的腦袋「石化」了，結實沉重得不能再結實沉重，繃緊欲裂得不能再繃緊欲裂！

　　已經十二小時了，我在床上究竟有沒有睡覺？我自己也不知道。我只是「體會」到，不論怎樣睡下去，睡多久──是迷迷糊糊多久，還是失去意識多久，我總是感到精神極度疲憊。我有意識，但我睜不開眼皮，遑論移動身體。

　　「我的人生是不是就這樣完蛋？我還可以做些什麼？這樣的人生還有什麼意義？」床對面就是窗台。

　　「跳下去，這痛苦的一生便立即解脫。」痛苦下去，還是停止痛苦，應該選擇哪一樣？

上午十時三十分，我不敢踏出我的房門。我不想讓媽媽看見我，我不想面對她。我不想告訴她我患上了這個病讓她擔心，我也不想她見到我像廢人的模樣。我最不想的，是讓她感到失望。

媽媽在準備午餐，只要我們兄弟姊妹在家，她就一定會為我們準備「住家飯」。要是只有她一個人，她就吃雪櫃裡的不知冷藏了多久的殘羹。

「十時三十分了。」媽媽用極平和的語氣向我說，我感覺到她是非常抑制。我快步的鑽入廁所。

「你這個工作，常常不用上班，你有沒有收入？這樣會令你懶散。要是習慣了，遇上稍為大一點的工作量，你會加倍辛苦。」媽媽關心的永遠是這些最基本的幹活問題。

午飯快要完成了，她同一時間便處理熬湯的材料。因為到了晚上，四位姐姐姐夫、和妹妹妹夫也會回來吃飯。湯水是媽媽對我們最實質最直接的關懷。

我拖著這個軟弱無力的身體返回床上，心裡面羨慕著她每天充實而忙碌的生活。

媽媽今年七十歲，我三十三歲。我幻想不到我的七十歲會是怎樣。這一刻，我想找一個讓我生存下去的理由。媽媽你的三十三歲是怎麼樣？

早上，爸爸、大家姐和二哥，上班去了。三哥、四家姐、五哥、六家姐都上中學去了。八妹也上小學去了。家中就只得我和媽媽一起。媽媽從上午六時許就坐在廳堂中，著手做那手袋的包裝工作，那是她從工廠裡找來的手作業。

上午十時三十分，《430 穿梭機》播放完畢，譚玉瑛姐姐青春可人，周星馳把戲弄小童變成兒童節目中的笑料。接著是「粵語長片」，《十兄弟》、《如來神掌》、《可憐天下父母心》、《飛哥跌落坑渠》……等等，在我六年的小學生活裡，不知重播了多少次。

完成學校功課之後，我也需要跟媽媽一起工作，雖然有點不情不願。這是我和媽媽獨處的時間。我喜歡問她小時候的景況，以及我還未出世前，家中發生的事情。

媽媽 1937 年在廣東省海豐出生，生肖屬牛。爸爸屬鼠，他應該是 1936 年出生吧。她常常說爸爸是一隻小小的老鼠，在十二生肖的排名之中，卻偏偏「騎」在她這隻大大的牛前面。她覺得嫁給一個暴戾的男人，有著這等命運的安排。我的生肖屬虎，媽媽說她屬牛的排在虎之前，會跟我相沖。所以自小，她便很熱心為我找一個「契爺」，以減少和我之間命中注定的相沖。最後她選擇了把我過契給「黃大仙」，當祂的「契仔」。

1937 年 7 月 7 日盧溝橋事變，日本侵略中國，中國展開對日本八年的抗戰。1945 年，美國在日本投下原子彈，日本戰敗，不得不無條件投降。

抗戰完結後，媽媽八歲。對於戰爭，她跟我說的，都是她聽她的大人轉述的故事。

媽媽小時候，生活在農村，從小就要下田工作。她曾講述那時放牛的故事，怎麼在田間的路上，一隻黃牛跟一隻水牛打架，兩頭牛怎樣撞得「你死我活」。她也需要上山去割草，因為家中需要收集乾草來做燃料，燒水煮飯。媽媽說上山時，最擔心的是遇上老虎。山上的草有一個人那麼高，隨時隨地可以在草叢之中，跳出一隻龐然大物來！第二樣令她擔心的，就是毒蛇。

從媽媽講述以前在農村買屎買尿做肥田料的故事，我人生第一次認識貧富的分別。媽媽說，窮人的屎尿連殘留營養也沒有，做成肥田料也種不出好作物。用富人的屎尿，就可以做出好肥田料，種出好東西。

　　「媽，為什麼你會嫁給阿爸？」我問。

　　「那時候我沒有得自己話事，老人家覺得你大個，就同你找個人，反正男大當婚女大就當嫁！嫁你老爸之前，我從未見過他呢！也不知道他是誰！我嫁給你老爸的時候，你知道他第一句跟我說的話是什麼？他說跟著他，不要想可以享福，日子要依靠大家一起去捱。」媽媽說。

　　「生命誠可貴，自由價更高，若為愛情故，兩者皆可拋。」我在幼稚園的時候，已經很渴望談戀愛，還常常暗戀身邊的女孩子。媽媽在年青時，怎樣壓抑心裡面澎湃的情慾？什麼充實她的心靈？取代了她的慾念？我自小就無法控制自己的情慾。我是不是活在一個慾望洶湧的時代？

　　結婚不久，爸爸在六十年代初期走難來到香港，媽媽在1962年也走難來了。第一次走難失敗，走難的船還未出發便被公安捉個正著。第二次走難才成功。

　　「那時候，大陸連吃的也沒有。沒有辦法，唯有落去香港。你公公更早走難來，那時候共產黨要清算什麼資產階級什麼地主，你公公當時是村長，害怕被清算。我們曾經聽說過，其他村的村長，被共產黨捉拿後槍斃。」

　　共產黨打得天下，中華人民共和國1949年成立。就從這日起，毛澤東本人，以及好一些以他為幌子的人，便以種種所謂「革命」的政治藉口，施以極殘酷手段，濫殺不少異己及無辜的人。可憐中國老百姓，前門拒虎（國民黨），後門迎狼（共產黨）。公公就在這時候逃命來到香港。

1958 年，毛澤東發動「大躍進」運動，誓言十年內超過英國、十五年內趕過美國，最後卻淪為——照當時的發展必然成為——一場空前的經濟和人命災難。什麼「人有多大膽，地有多大產」，正是「上帝要人滅亡先令人瘋狂」的前奏。其時全國上下一心「超英趕美」，國家農務荒廢導致全國大饑荒，最少三千萬人餓死。當時有一首地下民謠：「人民公社好，人民公社食禾草！」

來到香港之後，爸爸媽媽總算團聚。那時候，爸爸居住在香港仔一間木屋，以開船廠造船為生。媽媽開始替爸爸工作的船廠做伙食，每一天需要準備一頓十多二十人左右的午餐。她早上就到香港仔買食材，然後坐「白牌貨車」去黃竹坑，再步行半小時，才到達爸爸在布廠灣（在海洋公園大樹灣入口前面）的船廠。

1963 年，大家姐出世。1964 年，二哥出世。1966 年，三哥出世。

媽媽還記得帶著他們三個去船廠煮飯的情景：「那時候，阿妹（大家姐）就自己行，我背著老三，一隻手牽著老二，另一隻手挽著一大袋午飯材料。」媽媽說大家姐未夠一歲就會行路，代表這是辛苦命一條。

1966 年，中共中央八屆十一中全會通過了〈中國共產黨中央委員會關於無產階級文化大革命的決定〉。毛澤東為要剷除劉少奇，再次在中國策劃大規模政治鬥爭陰謀，令全中國陷入十年瘋狂暴戾的浩劫。

三哥出世不久，爸爸媽媽一家五口搬離木屋，遷入香港仔一個公共屋邨的一個一百多平方呎的單位。

在登記搬遷人口時，房署為每個居住在木屋的家庭拍下一張照片，以記錄每個家庭處所所在及人口狀況。所以這張照片以木屋的大門為背景，要清楚看到門牌號碼。全家人也就坐在大門前拍攝。

這張照片，媽媽仍然保存至今。我相信這是她來港之後，拍攝的第一張照片，也是我見過她最年青的一張照片。

1968年，四家姐出世。

媽媽說爸爸從大家姐開始，就叫她把剛剛生出來的嬰兒送給別人——送給什麼人？怎樣送？送還是賣？——四家姐也不例外，而這一次，爸爸真的帶著陌生人來到我們家，要把四家姐抱走。

「我帶走你個女之後，我們會離開香港，去很遠很遠的地方。你千萬不要想找到我們。養一個人，是很貴的，又要給吃的又要給用的。」那個要抱走四家姐的人，對著媽媽說出這一番話。

媽媽立即從那人手上把四家姐搶回來。

四家姐出世之後，媽媽不能再為船廠準備午飯。因為她沒有辦法同時帶著四個小孩子，到街市買午飯材料，再前往船廠煮飯。

1969年，五哥出世。

媽媽的三十三歲就在1970年。

媽媽的生命起點在哪裡？我想計算你這三十三年來走了多遠？走得多快？走得多成功？媽媽，這三十三個年頭，你快樂嗎？你痛苦嗎？你打算怎麼活下去？我這三十三年活得很痛苦，除了一個病，我的人生沒有什麼成就。我有不想走下去的想法。

1971 年，六家姐出世。一家八口，還是擠在那一百多平方
呎的公屋單位。六家姐還在孩提時候，什麼人也不依，老是只
跟著媽媽一人。在一個下雨天，媽媽背著六家姐去買酒，一不
小心在街上滑倒。她為了保護六家姐，不想在摔倒時壓到她，
在間不容髮下硬繃繃地就讓自己的左腳跪撞在地上。

　　當媽媽穿著短褲時，我除了看見她「光管」一樣的兩條腿，
還看到她的左腳，只有半片膝蓋骨。

　　媽媽說當時沒有去醫院，原因是一旦要留醫，哥哥姐姐們
便沒有人看管照顧。第二個原因是她害怕，以她當時的觀察，
恐怕這條腿要被割除。我非常關心當她跌傷之後，怎樣和六家
姐「掙扎」回家。

　　醫生是沒有辦法醫治我的抑鬱病。有醫生曾經處方醫治產
後抑鬱的藥物給我這位男士；有醫生處方醫治狂躁抑鬱的藥物
給我這位抑鬱病病人；有醫生處方令我產生強烈自殺傾向的「選
擇性五羥色胺回收抑制劑」給我這位「邊緣人」；有一位醫生，
在嘗試過各大藥系的抗抑鬱藥，而依然無效之後，最後只能讓
我吃「安慰劑」——我頓時覺得舒服了很多很多。還是一位醫
生良知未泯，向我坦然承認，現今的藥物還未可以好好的對付
這個病——她的丈夫是因為抑鬱病而自殺身亡。我賠上了不少
血汗診金，跟那班賊一起用我的身體試藥。我原本以為有希望，
卻原來一開始就被矇騙、被戲弄、被宰。

　　二哥快七歲了，有一天媽媽叫他去投考小學入學試，他便
「踢著拖鞋」往屋邨內那間小學考試去了。考試完畢回家，媽
媽問他考試的情況，他從褲袋中拿出那份完成了的試卷，交給
媽媽，向她展示他今天很聽話。聽話的二哥沒有把那一份完成
了的試卷交給學校，考不進那間小學。

　　我在 1974 年出世。

同年，附近有另一條公共屋邨落成。我們一家九口，因為太過擠迫而可以調遷至那新落成的公共屋邨。我們獲得分配兩個二百平方呎的公屋單位。

　　1976 年，八妹出世。

　　「八妹在醫院出世之後，我在留院的時候，醫院給我的食物很少，令我很飢餓。你老爸從來也不會來探望我，八個也沒有。醫院不會為產婦準備很多食物，因為她們會有親人來探訪，會帶給他們的產婦們很多補品。」生產所經歷的十級痛楚，對生產過程的惶恐，我反而從未聽媽媽提及過。究竟媽媽是怎樣選擇她的記憶？

　　1976 年，<u>毛澤東</u>逝世。四人幫主要人物被捕，文化大革命結束。有估計，十年期間，全國因政治迫害而死亡的人數超過一千萬人。可幸媽媽來到<u>香港</u>，避開了這一場慘絕人寰的浩劫，平平安安的誕下我們八兄弟姊妹。

　　媽媽 1962 年來港，1963 年就誕下大家姐。大家姐和大哥出生的時間只相差十六個月，即大家姐出生之後六個月，媽媽又懷孕了。六家姐和我出生的時間相差三年，算是相隔最長的出生時間。或者當時因為媽媽發生了意外，要不是我就可能會早一年出生。大家姐比小八妹年長十三年，若計算十月懷胎的時間，以及分娩後的一段休養時間，媽媽人生的十四年黃金時間，由二十五歲至四十歲，都不斷在懷孕生產及照顧嬰兒。她的上半生，她的大半輩子，都是在懷孕生產及照顧嬰兒。她將她的青春，她的黃金時間，都奉獻給我們八兄弟姊妹。

　　「如果當初懂得『避』，我是不會生那麼多的。同人講我生了八個，我覺得好醜怪。」媽媽對於生育我們這項大工程，就這麼說。生活秘密的答案永遠出人意表。

我不懂得「生」。我害怕生了之後就沒了「自己」。錢更不用說了，銀行為了銷售教育基金，便唬嚇市民，說養育一個小孩需要四百萬。我是不是生活在一個憂慮的年代？總是無法像媽媽那樣大無畏地活著？

媽媽誕下小八妹之後，就決定了做結紮絕育手術。她當時做手術的地方是<u>中國</u>的<u>深圳</u>，而不是<u>香港</u>的<u>家計會</u>。從此她不再懷孕，不再生小孩了。一個女人的新生活就是這樣開始。

1998 年<u>亞洲</u>金融風暴後，大學畢業的我，同時面對失業。

可以調遷至新的公共屋邨，我們家居住的地方由一百平方呎變作四百平方呎，而居住人數由一家八口增加至十三人——爸爸媽媽，我們八兄弟姊妹，三叔、舅父及公公。

1980 年，<u>香港</u>政府宣佈取消「抵壘政策」。從此，對所有由<u>中國</u>大陸非法入境的，便「即捕即解」。<u>香港</u>身份證全名為「<u>香港</u>永久性居民身份證」，這個證件，代表了一個可以在這個地方永久性居留的身份。<u>香港</u>人的意義只是一班在<u>香港</u>居住的「居民」。「公民」一詞是超出了憲法範圍——如果<u>香港</u>真的有憲法的話。

夜深，漆黑之中傳來很輕很輕的聲音，但語氣卻是非常的強硬粗暴，像是魔鬼在交談。我揉一揉惺忪的眼睛，中間的八妹依然睡著，卻發現爸爸從廳堂中的沙發床鑽了進來，伏在睡在最外側的媽媽身上。聲音是從氣管吹出來，沒有震動聲帶，只在口腔中共鳴。我聽不清楚更聽不懂爸爸媽媽在說什麼，我相信他們正在以「鶴佬話」交談。

我不敢作聲，更不敢驚動他們。我只有把眼睛閉合上，裝睡著，心裡面非常驚慌。「發生什麼事？」我雖然聽不懂也聽不到他們在說什麼，但從爸爸強硬粗暴的語氣，以及媽媽萬般

委婉的姿態中，我覺得爸爸在欺負媽媽。我不知道從哪裡學會接受、我是怎樣認定──此情此景，我是「袖手」，不能「旁觀」。我只有繼續裝睡。我跟媽媽一樣，在爸爸面前，是沒有可以保護自己的餘地。或者，我最應該的就是繼續一直裝睡。

睡在上格床的三位姐姐，你們知道發生什麼事嗎？睡在隔壁的三位哥哥，公公、舅父、三叔，你們知道發生什麼事嗎？

媽媽是不是在這種極不情願的情況下懷有我們？聽說小孩子是父母的愛情結晶。小孩子有沒有機會是「怨恨結晶」？在強暴之下誕生，我像有奴隸的先天性格。

我到現在還一直在裝睡。

中午時份，媽媽叫三哥買了兩條方包回來。今天中午，我們吃「方包夾沙糖」。

「我要吃包皮！」三哥說，然後其他哥哥姐姐就開始「包皮爭奪戰」。那是指一條方包左右兩端切出來的第一片麵包，整個底部也是烘焦了的麵包皮。好吃嗎？或者只是「物以罕為貴」，全條麵包只能切出這兩片，所以兄弟姊妹之間總愛爭著吃。

如果有雞蛋的話，媽媽就可以炒飯了。我其實也喜歡下午吃「方包夾沙糖」，因為媽媽平時不准我們吃沙糖。現在可以吃，感覺像吃糖果。如果媽媽還有一點錢的話，她會買一些紅豆回來做一餐紅豆粥，做我們的正餐也是我們的甜品。

「阿爸，阿媽叫你給家用。」媽媽沒有辦法，有時只有叫我們去問爸爸拿取家用。最令媽媽氣憤的，就是明明看到他的口袋裡是有錢的，卻不會拿出來讓我們可以吃一餐飯。媽媽有時忍不住也會偷偷的去看看爸爸的口袋。不知她會不會和我一樣，偶爾拿取一點呢？

「我身上沒有現金，你有的就拿出來給我吧，明天還你。」每次爸爸這麼要求，媽媽也不得不把錢包內僅有的現金給他。

「錢我多的是，用不著問你賒問你借！」每次媽媽向爸爸討回那些錢時，爸爸便破口大罵。「鶴佬人」以兇惡聞名，爸爸的聲音像打雷般的嚇人，說出這句話時，他的食指要戳到媽媽的眼睛。每一次也是這樣，每一次也沒有辦法說不，每一次也討不回。

我以為世界是以道理來運作。卻原來，國與國的外交，背後是軍備的角力。實力，就是事物的秩序。

我記得一次爸爸媽媽大打出手的情景：爸爸捉著媽媽的雙手，角力著；媽媽拿著一隻鞋子，拼命的要打向爸爸，公公在旁勸阻；舅父在收拾地上的玻璃酒瓶的碎片；大家姐四家姐六家姐都瑟縮在床上哭泣，淚水滿面。

「當年和你老爸打架，給他在後腦打了一下。現在，有些時候還會隱隱作痛。」三十多年後，媽媽的創傷也沒有完全痊癒。

媽媽一生一身都是包袱，都是擔子。我是一個「跳船主義者」，在危難的時候，我會選擇跳船逃生。媽媽，如果有一個人可以帶你遠走高飛，你會跟他走嗎？

1974年，舅父來到香港，之後就在爸爸的船廠工作。有一次，他為我們一家人問爸爸，為什麼家用計算得那麼緊。

「現在要節省一點，我要把錢留下來給老五讀大學。」我沒有機會看到爸爸當時的嘴臉。那是他真心所計劃的，還是只是為了敷衍舅父了事？五哥自小便很愛跟公公學寫字，公公抱他入懷中，握著他的手，一筆一劃的教導他。

「那時候，跟阿公寫字，阿公會給我糖吃。」每次媽媽提起他從前讀書的情況，五哥就會這樣為自己開脫。五哥耐心專注地跟公公學寫字的情景，深深地印記在媽媽的腦海之中。五哥十七歲中七畢業，二十歲香港大學學士畢業，二十四歲成為博士。爸爸在他入大學之前已和我們斷絕關係，離開我們。他在我心目之中就是這樣的一個狡猾「縮骨」的惡霸。小八妹在她的二十八歲，也成為博士。

「我的弟妹不是博士，就是碩士、學士，而我就是無所事『士』。」二哥常常這麼自嘲。大家姐和二哥對我們一家人的犧牲很大。大家姐中三畢業後便要出來工作幫補家計。那時候她日間工作，晚上讀書完成中五課程。二哥小學還未畢業，便到爸爸的船廠工作，他也是在夜校完成中五課程。大家姐及二哥在刻苦的生活當中，修到活的靈性智慧。

在小八妹兩歲時——條件一旦容許，媽媽想著的第一件事就是工作賺錢——自力更生。無須懷孕，媽媽少了半份「後顧之憂」。大學畢業後，我第一件事就是揹上背囊，到尼泊爾、印度流浪三個月。

屋邨對面就是工廠區，媽媽從一間生產手袋的工廠裡，找到一份能夠讓她在家作業的工作。從此，我們的家也成為了一間小型工廠，有一條手袋包裝的生產線。這就是這個年代的「家居工廠」（Home Factory）。媽媽亦成為這間工廠的廠長，也成為這條生產線的主力生產員。我們全家人也搭上香港工業發展的最後一班車。

這個手袋包裝工作是這樣的：媽媽從工廠帶回家的，是一些初製成，縫合好的手袋。工作的第一個工序是「剪線頭」，要剪去衣車把裁片縫合時留下來的線頭。還有，那兩條令一個

長長方方或四四方方的手袋堅挺起來的「膠魚骨」，是要很費力去修剪。第二個工序是「反手袋」，車工把手袋的裁片縫合時，是把手袋反轉，從內面縫合出來的。手袋剪過魚骨線頭之後，便要把正面反出來。有一些手袋用料比較硬，把它的正面反出時，我們要戴上勞工手套。最硬的材料是「漆皮」，要在加熱之後，讓物料軟化，才可以「反」。工廠提供給我們一個「工業用暖爐」，結構是用一個高身木箱，內面藏著一個家用電暖爐，頂部放一張鐵絲網。手袋就放在鐵絲網上加熱軟化。有點似一個燒烤爐。

第三個工序是「入紙」，反好了的手袋，要塞入一些東西，讓它飽滿，做成一個「醒目」的賣相。最後一個工序是「入膠袋」，就是把一個剪好了線頭，反出正面，入了紙的手袋，再把手挽帶放好，整整齊齊的入在一個透明膠袋內，最後用一條膠紙把袋口封上。一個包裝的工作完成。此外，到工廠「提貨」，以及「交貨」，是不能不計算的工作，不能不計算的成本。

我有一位小學同學，他的媽媽也在同一間工廠「工作」。不過她做的並不是包裝，而是手袋的車縫。他媽媽也是由工廠提取手袋的裁片，在家中縫合成手袋後送返工廠。

七、八十年代，留在家中的勞動力也能夠參與經濟活動。2000年後，勞動力的閒置卻比比皆是。陳日君主教說得很正確：「社會的富裕，只惠及小部份人，是有問題的！」

工廠區加屋邨是一個工業時代的「規劃產品」。屋邨居民為工廠提供勞動力，工廠為屋邨居民提供工作機會。居民和工廠在同一空間下同呼同吸。

「媽，好熱呀！風扇開大一點吧！」六家姐在暖爐旁邊「反手袋」，在盛夏的季節，倍加酷熱。媽媽不介意把那坐地風扇

轉向她，讓她多一點涼風。媽媽開工時，表情很茫然。常常覺得她工作很「機械」，長時間重複又重複。媽媽一個星期七天，每一天也是由上午六時許工作至晚上十一時，中間沒有休息的時間。停下來，就是為買菜煮飯，清洗和晾曬衣服。

媽媽你勞碌的一生，所為的是何事？是什麼支持著你？是什麼指引你？對於生命，是我想得太多？還是想得不夠？媽媽你有沒有想過放棄？我想，如果有一天你要離開這個家，誰可以怪責你？我想不到自己可以怎樣堅持下去。

「快手，專心一點好嗎！？入了紙的手袋已堆積了很多。」媽媽常常要提點在發呆的我。我慢慢體會到媽媽表情背後的精神狀態。八妹和我年紀最小，我們通常負責最輕巧的「入手袋」工序。五哥通常負責「剪線頭」，因為是第一個工序，他要最早開工，但也最早完成。

我看著十步以外的大門口，鐵閘令我感覺自己身處監獄，雖然沒有鎖上。我心裡經常想著終有一天，我會不再理會媽媽的監視，不再理會手上重複又重複的工作，不再理會掉下的工作會由哪個兄弟姊妹接手，一口氣衝出那一道沒有上鎖的鐵閘，我要重獲自由。我要我的朋友，我要去玩，我要去踢足球！

要衝出一道沒有上鎖的鐵閘並不困難。最困難的是回家。

媽媽，是不是連吃的事情也解決不來，所有的其他問題也不要問？你說：「錢不是萬能，無錢就萬萬不能！」

「為什麼又只是留下吃剩的飯菜給我？」中午，四家姐放學回家吃飯。我不知道這句說話觸動了媽媽的一條什麼神經，我只記得之後媽媽就把四家姐瘋狂的毒打一場。

媽媽不懂得講說話，不會跟我們講道理。面對八個小孩子，她的唯一「管理」方法就是「打」。藤條、鐵線衣架、木衣架、皮帶，都是她的「刑具」。總之，哪一樣「合手便拿」，那一樣就用來行刑。有時我感到她的行為有點原始的獸性。

　　行刑時，媽媽左手挽著我們的左臂，右手就緊握刑具，手起，就往我們的屁股，我們的兩條腿，鞭打下去。可憐我們那時在背後劇痛下，以為可以往前逃走，卻原來被媽媽擒住了手臂，走著走著只是繞著媽媽團團打轉，半步也走不出她的五指山。我們一直在這個痛苦的圓圈打轉，直至媽媽停手為止。其實，是走，是不走，也沒有分別。記不起是什麼時候，我漸漸可以靜靜的接受大刑侍候——我修練得能夠把「自己」凝住在一個封閉而無痛的空間，任由媽媽在我身上抽打，「我」就是不去想、也不出去，留在那一個連自己心跳也聽不到的空間，身體就不痛了。

　　我很小的時候已經開始思考，如果媽媽沒有生下我，我這個人這個意識會怎樣？我也問過媽媽為什麼要生我出來。人有沒有前生？人死後又會去哪裡？我自有意識開始就有自殺的想法。我自會講說話以來就知道怎麼說謊。

　　媽媽不能對我們其中一個特別好，她不得不對我們鐵石心腸，她只能夠永遠鐵面無私。媽媽甚至不可以流露對我們其中一人特別欣賞。我曾經以為我們這一家人，最終都會成為一隻隻「怨恨的魔鬼」。可幸我們在不知什麼時候，放下了什麼屠刀，立地成了什麼佛。又或是，在我們身體裡面的「阿賴耶識」發揮著千世修來的業力，使我們不至成獸成魔。又或是，當大家的口袋開始寬裕時，生活也變得可以從容起來。

　　1985年，爸爸不要我們了。我雖然有錄影機一樣的記憶力，但我完全沒有爸爸離開的記憶。也許過了好一段時間，我才發

覺，爸爸不見了，但也沒有大驚小怪。家中的其他人卻也沒有半點異樣，一切如常。爸爸的事一直也好像跟我們完全無關係。從小就習慣了，我們是一個家庭內的陌生人，而他是一隻不容觸怒、不可接近也不能遠離的野獸。

「睇相佬話我只有幾年命。」媽媽轉述，這是爸爸離開我們的理由。媽媽說他要到中國大陸好好渡過餘下的日子。

「這裡有六個月的家用。六個月之後，老三就畢業出來工作了。叫老四不要再讀書，女子人家，不用讀太多書。老六中三畢業之後，也不要讀書了。她們出來工作，要她們給你錢就是。」留下來的六個月家用，爸爸這樣計算出來。

「老二，這六個月你不用給你媽錢，我已給了。」二哥在爸爸離開的時候，應該在場。媽媽說爸爸當時這樣千叮萬囑二哥。

「我不會再回來找你們，你們也不用來找我。」媽媽轉述那時爸爸的決絕。

如果我是媽媽，我可能會有一種解脫的感覺，雖然生活變得更加辛苦。但是，從此便遠離恐懼。

媽媽，你怎麼會選擇堅持下去？原本，你應該是第一個走的人，對不對？

大概一年之後，爸爸突然回來。他當時身患重病，不得不回港醫治。媽媽不忍心把一個病人拒諸門外。大概醫治了一年左右，爸爸才痊癒。我打從心底裡面，再也看不起這個人。2003 年，他肺癌身亡。

隨著中國共產黨對經濟活動解封，大量廉價勞動力得以釋放，香港的工業便開始向中國轉移。取而代之，服務業及金融業成為香港的經濟動力。

1988 年，媽媽工作的手袋廠也搬遷至<u>中國</u>。小八妹升上中學了，媽媽便正式「外出」工作，到<u>香港仔</u>一間茶餐廳當清潔女工。媽媽 1962 年走出<u>中國</u>到<u>香港</u>，到 1988 年才走出家門，成為一個全職受僱的工人，得到勞工法例的保障。

　　媽媽的收入比以前高了一點點，可是，清潔工作，接觸很多清潔劑等化學物品，令媽媽的一雙手，被很多不同的腐蝕性強的清潔劑灼傷，留下不少瘀黑的色斑。因為經常在濕漉漉的地方幹活，媽媽的一雙腳患有嚴重的皮膚病，潰爛的傷口，很難痊癒。

　　到了今日，媽媽還是很後悔太遲出來工作。不知道她從哪裡聽回來：有一個倒垃圾的老婆婆，依靠倒垃圾、拾紙皮、汽水罐，就買了幾層樓，供了幾個孩子出國讀書。媽媽深信以她的刻苦耐勞，絕對不會比任何一個倒垃圾的遜色。

　　「我很疲倦，我要退休。」2002 年，有一天媽媽下班回家，對著我說她不想再工作了。我們全家人，很早就叫她退休。只是，她身份證上的年齡，還未到 65 歲。若她自行辭職，公司無須繳付退休金。媽媽身份證上的年齡比真實的小五年。為什麼媽媽在三十多年前領取身份證時，會少報五年？聽她說，那時有人建議她，把年齡報小一點，可以多工作幾年，多賺幾年的錢。媽媽的「疲倦」，令她情願放棄那一筆不多也不少的退休金。

　　「錢不是萬能，無錢就萬萬不能！」媽媽今天強調的，已由後半句轉為前半句。

　　2007 年，小八妹也結婚了。現在我們家中的成員有二十三人，我們八兄弟姊妹變成為八對夫婦，十六人了；大家姐誕下兩個女兒，二哥也誕下一個，三哥誕下兩個男丁，五哥也有一個。每逢過時過節，大家也會歸來和媽媽一起共渡。媽媽到今天還堅持自己在家煮飯做節，決不出外用膳。

上午十時三十分。媽媽，我躺在床上不斷想著，你做對了些什麼？你是憑藉什麼信念，活到今天？我從你今天的成就印證你的生命意義。我從自己的病苦開始思索生命。是什麼苦因，生出今天的苦果？

我對媽媽有一種陌生的感覺，雖然我和她一直同住三十多年了。有時我看著她的眼睛，觀察她的容貌，我想如果在一條擁擠的街上，我們是可以擦身而過，我不一定能夠把她認出來。媽媽在我心裡面的感覺，在我記憶之中的形象，比較真實。這種親情的感覺令我很迷惑，那是一種遙遠的親切。在我定神的看著這個陌生而在我心裡親切的人，我正嘗試尋找一些什麼連繫。

這是最好的年代，最好的地方。我們的肚子沒有餓的時候。吃不是問題，問題是如何可以吃得更好。我們的人身安全得到充份保護。我們不用生活在隨時失去生命的恐懼之下。這裡沒有戰爭，沒有動亂，沒有恐怖活動，政治雖然醜陋但還沒有人命迫害。

這裡有很高度的自由。我們有出境的自由，什麼地方也可以去。我們有表達的自由，在這裡可以得到各方面的資訊，我們可以想，可以講，可以做，可以創作。

這裡，很多的機會都是開放的。我們可以選擇工作，更可以選擇戀愛的對象。

我在最富裕、最安全、最自由的時代，患上抑鬱病。我彷彿把這個最好的時代都糟蹋了。

———————————

（〈十時三十分〉全文完結‧文章於 2007 年夏天完成）

這就是筆者的家，這就是筆者的家人。文章帶著一點點文學手法，將數十年的時空濃縮在那「十時三十分」。這是一個貧窮和苦困的家庭，十多人擠迫在四百平方英呎的居住空間內。父親沒受過正統教育，幹著勞力的工作，脾氣十分大。母親來自農村，也沒有受過正統教育，品性單純淳厚，也耿直堅毅。兄弟姊妹之間，談不上感情要好，也談不上團結一致，筆者更一度認為大家會最終變成「怨恨的魔鬼」。

C 與老爸的關係

在〈十時三十分〉裡面，談及不少家庭的事情，十分煩瑣雜亂也千頭萬緒，但是最為重要的兩項，還是筆者的老爸和媽媽。以下將主要以老爸作個別分析，從而闡釋筆者與老爸的關係。

在家庭生活裡面，老爸是一個非常關鍵的人物。筆者的早年成長經歷，甚至童年時代的一切，均深深受著這個人的影響。諷刺的是，筆者與老爸實際接觸的時間並不多，但是老爸卻像心魔一樣，跟筆者的心跳一起存在——心臟跳動一下，彷彿同一時間就聽到老爸咆哮的聲音。

老爸是一個脾氣非常暴躁的人。他經常在家裡面大發雷霆，像發狂的野獸——他「咆哮」的時候，是鼓動全身的力氣把嗓門盡量放大，聲音非要拆天不可。他的脖子，不知道是血管、筋、肌肉、還是「氣勢」，能夠跟他的情緒一起「張牙舞爪」，像鼓起肚皮的蛤蟆，更像扷了起來的眼鏡蛇。他的雙眼瞪大似要吃人，血盆大口似噴火。他的雙臂、胳膊、乃至整個身體，均充滿破壞力，一個不順眼或一言不合，便立即可以擺出格鬥或行刑的準備姿態。

記憶當中，被老爸虐打的次數並不算很多，可能只在五次之內。當然，這幾次的虐打，均是煎皮拆骨的「大修理」。除了親身經歷過這幾次之外，就發生在筆者眼前的、發生在其他兄弟姊

妹身上的這些煎皮拆骨的「大修理」，亦看過不少，而同樣留下非常深刻的印象。

但是，要數最深刻的印象，還是好幾次他跟媽媽大打出手的情景，以及平日對媽媽欺壓。筆者是一個小孩子，只能任由老爸宰割，可媽媽不是小孩子，而是一個成人，一個由農村出來、一直幹著粗重工作、從來沒有嬌生慣養的成人，而且個子也不比老爸細小。當老爸和媽媽大打出手的時候，筆者彷彿才清楚知道，他們的真正破壞力量是何等的毀滅性。突然明白，他們雖然曾經對筆者虐打，原來也沒有出盡力氣。

筆者十分害怕這個兇惡的老爸，大概整個童年也因此而活在恐懼之中。筆者覺得隨時隨地都可能會受到老爸的傷害。親身經歷過他的厲害，也經常看到這些恐怖的事情在眼前重複又重複地出現。老爸就這樣變成一頭活在筆者心跳當中的幽靈。只要心臟一跳動，彷彿這一隻「幽靈」便一下一下地把心臟當成為「喪鐘」敲打著，恐懼跟隨鐘聲響徹空虛的心房。

老爸的兇惡表現背後，是他的霸道、蠻不講理。可能因為不想講道理，甚至根本是理虧，所以老爸一定要兇惡。不兇惡，無法制服反對的意見；不兇惡，無法在家裡面實行理虧的事。所以老爸的兇惡，只是他霸道及蠻不講理的工具。他越是理虧，就會變得越兇惡。他越是兇惡，就更無須要講道理。

老爸的蠻不講理，也令筆者覺得不可理喻。筆者不知道向他發問一個問題，將會得到一個什麼答案；筆者也不知道他的一舉一動，會帶來一個什麼的結果。筆者發覺內心一部份的恐懼來自「傷害的預期」，而另一部份的恐懼，則來自那無法理喻的結果。要是他在身邊，筆者不知道他可以從什麼地方衝出一個血盆大口，把人在一瞬之間完全吞噬。

筆者無法跟老爸溝通，相信其他家人也無法跟他溝通。筆者也不想跟他溝通，反而比較想遠離他。沒有必要的情況，也不想跟他溝通。必要的情況就是還需要他的情況，例如：交學費的時候、媽媽希望筆者可以幫忙向他要遲遲還沒有的家用的時候……只是單單跟他一起的時候，就已經有點緊張，更遑論需要跟他開口說話。

　　當筆者替媽媽開口向他乞討家用的時候，筆者完全不知道這一個簡單純粹的要求，背後有什麼「理據和基礎」。他應該給予這一家人生活費用，因為他是這一家人的父親？因為他是媽媽的丈夫？如果他是父親、丈夫，那為什麼媽媽需要那麼艱苦，才得到每月的家用？當筆者向他乞討家用的時候，筆者並不認為他是父親，更不是媽媽的丈夫。筆者完全沒有一個合理的「位置」，向他提出對家庭承擔的要求。

　　筆者的防衛系統因為老爸而自動進入戒備狀態，包括精神以及思想。筆者變得非常小心，包括聲線。在恐懼的狀態之下，筆者根本不想接近他，亦不想讓他接近。筆者連一點聲音也得小心翼翼，因為不想驚動他。

　　筆者越害怕他，就越不想接近他。大家的關係越是疏離，就越難於建立關係。大家之間是一種「沒有關係的關係」，沒有「秩序」可言，亦沒有「契約」可言。一切，都由他的喜怒哀樂主宰。他要的，筆者彷彿只能「給」，別妄想可以理論、別奢望可以討價還價。筆者彷彿必須要順從他，別以為可以反抗。這一種「沒有關係的關係、沒有秩序的秩序、沒有契約的契約」，筆者沒有什麼可以參與的空間，只有被擺佈，只有被命令，只有被利用，然後被遺棄。筆者是完全被他的恐懼支配。筆者的人格也似被撕裂。

老爸在筆者小學五年級的時候，便把筆者一家人拋棄，一個人離開香港，走到中國大陸鄉下居住。可笑的是，筆者並不覺得這是一件壞事。被這個老爸遺棄或拋棄，筆者並不認為是一件值得遺憾或傷感的事，因為長時間受到他的傷害。而這些傷害，就比起遺棄或拋棄，來得嚴重百倍。而老爸對筆者的最大傷害，就是在拋棄筆者一家人之後的一年多時間，又一次如「軍老爺」般的闖入這個家！在他面前，筆者一家人又一次確切感受到差不多形同「侵犯」一樣的體驗。筆者又一次變得無助又無奈，噩夢又再延續下去。

筆者對老爸有很強烈的恨意和忿怒。然而這一股忿怒一直無法宣洩，只能夠抑壓在心裡面。恨意也無法得到解決，反而因為越明白事理，彷彿越覺得應該憎恨他。

1.1.2 老爸吸煙變成問題

老爸應該在他年青的時候已經開始吸煙，或者早在他還未從中國走難來到香港之前。由筆者有意識開始，老爸就是一名「煙劑」，經常煙不離手。小時候，老爸買煙是從辦館裡一條一條的買，而不是一包一包的買（「一條煙」內有十包煙，一般零售以一包一包買賣，一包煙內有二十支煙仔。）。

可笑的是筆者在孩童時代對吸煙一點也不反感，反而十分好奇，更誤以為「吸煙」是美味可口的糖果或零食，也誤以為這就是「大人、大個、成熟」的一種表現。記得有一次，就趁老爸從嘴邊把煙仔放在煙灰缸上的時候，筆者閃電一樣的伸手去把這口煙仔拿起，放入自己的嘴上，模仿著老爸吸煙噴煙的姿態。當時老爸對著這個兒子，溫馨地笑了一笑。筆者沒有咳嗽，大概也沒有把煙吸入肺中。

到了初中時期，筆者便漸漸地對煙草氣味感到十分強烈的討厭。

老爸從不避忌在家中吸煙，也懶理有沒有孩童或嬰兒在身旁。他沒有工作之後（大概 1986 年），便整天留在家中，不斷地吸煙和喝酒；有時用竹筒吸水煙，有時喝啤酒，有時喝藥酒；買的酒喝完了，便喝煮餸用的燒酒。

筆者的這一個大家庭（八兄弟姊妹），住在黃竹坑邨兩個左右相連的公屋單位。平常，要是老爸在 A 室吸煙，筆者還可以走到 B 室避一避。幸好有兩個獨立的單位，還可以左右避走，勉強呼吸到一口清新空氣。所以一直以來，筆者還可以迴避老爸吸煙這個問題，不一定需要跟他直接衝突，還可以保持著一種平衡的日常狀態。

可惜的是，到了 1989 年 7 月、8 月期間，家居需要裝修改動，筆者睡覺的地方由母親房間的「上格碌架床」，轉移到廚房門口的木梳化床（此木梳化床，日間時間摺起，成為一張木梳化，午飯及晚飯的時間，飯枱便放在這處讓一家人用膳。到了晚上，將木梳化打開、攤平，便成為一張木床。）。老爸吸煙，從此變成了筆者無法迴避的問題。

關於筆者在 A 室睡覺地方改動，可參考下圖：

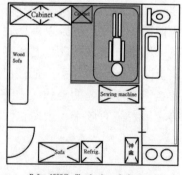

Before 1989/8 - Sleeping in mother's room

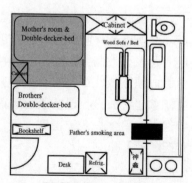

After 1989/8 - Sleeping near the kitchen

以往，睡在母親房間的「上格碌架床」，大概每天早上七點左右起來，梳洗、食早餐，然後返學去。放假的日子，可以睡到八、九點，或更遲才起來。但是轉到廚房門口睡覺之後，卻發現原來老爸每天凌晨時間，就走到廚房門口吸煙。木梳化床上的筆者，在睡夢當中，被老爸噴出來的煙霧臭醒。木梳化床的床頭，就正正是老爸吸煙的地方，距離或者只有兩三英呎之遙，臭味之大，煙霧之濃，足可比擬直接吸入的「一手煙」！

老爸吸煙對筆者的滋擾，也及於晚上的時間。筆者睡在木梳化床之後，便發現老爸晚上九點半之後還在吸煙。原本筆者習慣早睡，大概晚上九點半左右上床。繼早上被臭醒之後，晚上又無法如常的睡覺，必須等到他停止吸煙後才能入睡。老爸還有工作的時候，晚上八點半到九點便睡覺，是全家第一個睡覺的人。到他沒有工作的時候，再加上年紀又大了，睡覺的時間變得越來越少，也越來越晚才睡覺。

由 1989 年 8 月中，睡覺地方轉換到廚房門口之後，每朝凌晨被老爸噴出的煙霧臭醒、每天晚上因為老爸吸煙而無法睡覺——老爸吸煙便成為了「問題」。持續之下，嚴重影響到筆者的精神健康，更成為了抑鬱病的病變事件。

1.1.3 受臭醒滋擾的時間

A　家居裝修的時間

1989 年家居改動的原因，源於二哥 JSC 結婚，二嫂將會搬進來跟筆者一家人同住。因此，要為二哥 JSC 和二嫂在 B 室間出一間獨立房間，家居原有間格必須改動。原先在 B 室睡覺的三哥 ADC 和五哥 JOC，便要搬到 A 室睡覺。筆者轉為睡在廚房門口的木梳化床，而母親房間的「上格碌架床」，床位讓給了妹妹。原先睡在木梳化床的老爸，在家居改動之後，便搬入母親的房間跟母親一同睡在「下格碌架床」。

二哥 <u>JSC</u> 在 9 月中結婚，房間在 9 月前就得完成，好讓他準備房間內的一切。所以，由房間動工的那一日開始，三哥 <u>ADC</u> 和五哥 <u>JOC</u> 就要搬到 A 室了。搭建這一間獨立房間，主要由老爸一手一腳完成，沒有到外面聘請裝修師傅。筆者相信最早動工的時間在 7 月尾、8 月初左右。而正式完工的時間，最早在 8 月中，最遲也不會超過 9 月初。筆者由母親房間的「上格碌架床」，轉移到廚房門口的木梳化床，時間應該在房間完工之後。至於為什麼老爸要跟媽媽同床，為什麼筆者要轉移至木梳化床上，大概當時沒有可以異議、也沒有可以參與決定的餘地。

B　老爸留<u>港</u>的時間

老爸在筆者小學五年級的時候已經拋棄了這個家庭，一個人獨自走到<u>中國</u>的鄉下居住。第二年，他在<u>中國</u>患上重病，就回歸「這個當日一手拋棄的家庭」治病。從這一次大病痊癒之後開始，老爸便斷斷續續在<u>中國</u>和<u>香港</u>兩邊「旅居」。印象當中，他在<u>中國</u>的時間較多，亦比較喜歡在那裡生活。夏季的時間，可能<u>中國</u>內陸比較炎熱，他多會留在<u>香港</u>。到秋冬季節，老爸通常在<u>中國</u>鄉下渡過。每年農曆新年，他都會回來<u>香港</u>一至兩個禮拜，跟<u>香港</u>的一家人過年。到後期（老爸 2003 年離世之前），農曆新年他也不一定回來。

由此評估，凌晨受到老爸吸煙滋擾的情況，與及晚上活動和睡覺時間被迫推遲的情況，大概由 1989 年 8 月中開始，最短持續了一個月，而最長亦不多於兩個月。最短時間的推測，估計開始在廚房門口睡覺為 8 月尾，老爸在 9 月中哥哥婚禮之後，便在 9 月尾離開<u>香港</u>返回<u>中國</u>鄉下。由 8 月尾到 9 月尾，為期一個月。最長時間的推測，估計開始廚房門口睡覺為 8 月尾，老爸在 10 月尾天氣轉涼之初便離開<u>香港</u>返回<u>中國</u>鄉下。由 8 月尾到 10 月尾，為期兩個月。

第二段受滋擾時間，就在 1990 年 1 月尾（1990 年的農曆年初一在 1 月 27 日），農曆新年期間，為期一至兩禮拜左右，農曆新年過後老爸便返回<u>中國</u>鄉下。

1.1.4 忿怒與壓抑

凌晨時間，睡夢之中被老爸吸煙臭醒，筆者感到非常忿怒！原本可以好好睡覺，或者可以多睡一個小時，偏偏在天色還未光亮、太陽還未出來的時候，就被煙霧臭醒，生活規律更在這一點上受到嚴重滋擾！在熟睡之中被弄醒就已經絕不好受，被臭煙弄醒就更加難受，被自己鄙視的老爸吸煙臭醒，對他更加添一重憎恨！

很可惜的是，這一件事大概都沒有可以合理解決的可能。對著這位兇惡野蠻的老爸，沒有「講道理」的餘地，理性溝通的幻想從來不存在。即使告訴他筆者多麼難受多麼不滿，他也不會有任何改變。也許，他認為五十年來早上吸煙就是生活的一部份。也許，十五歲的兒子並不是他生活的一部份，所以不用因為誰的難受不滿而改變自己原有的一切。

老爸不會因為吸煙影響到筆者，而覺得需要作出任何改變，即使這些改變只是一些微不足道的改變，例如七點才開始吸煙，例如到其他地方吸煙……等等。

在日間的時間，筆者還可以由 A 室逃避到 B 室，又或者由 B 室走難到 A 室，甚至走到街上。但是在凌晨時間，可以避走到什麼地方？可以在凌晨時間走到 B 室，卻又害怕把其他兄弟姊妹吵醒，亦想到凌晨時間走到 B 室也是無所事事，呆呆的坐著……或者，筆者也不想把事情在家中鬧大。總之，就是覺得無處可逃了。凌晨四、五點是睡覺的時間，大概當時只是簡單的希望可以繼續睡覺。

由滋擾所激發的忿怒，一直無法宣洩，也沒有平復的方法。誠然，筆者也不敢在家裡面、在凌晨時間肆意「爆發」。因為對著老爸，可能已經太習慣啞忍了。小學五年班時候（1985 年），他可以拋棄妻子，拋棄八名子女；一年後（1986 年），又可以好似「軍老爺」一樣再次闖入家門（詳情可參閱〈十時三十分〉）。全家人只有默默接受、忍受。筆者沒有心理準備跟他對罵，或跟他對打。事情不會得到合理解決，只有一直壓抑。

1.1.5 〈一個對我最有影響力的人〉──老爸版本

1990 年 3 月 26 日，筆者在學校參加「中文學會」舉辦的作文比賽。在比賽的文章裡面，清楚提到老爸吸煙這一件事。文章裡面提到的內容，大概就是在上述兩段受滋擾的時期之後（1989 年 8 月和 1990 年 1 月），內心的極端忿怒情緒，與及伴隨極端忿怒而起的一些身心反應，當中包括對老爸強烈的憎恨。

以下為文章全文：

───────────

〈一個對我最有影響力的人〉　（老爸版本）

我出世了，媽媽抱著我。「他」對我說的第一句話是：「不要了，給人吧！」小時候從媽媽口中聽到，到現在還狠狠的刻在我的心中！

小時候，他是一間船廠的東主，生意倒也不錯。但每當媽媽問他要家用時，他老是拖泥帶水的，三兩天才給幾十元，有時還大發雷霆的責罵媽媽。好了，家用不夠時，媽媽向他說，他不單止不給，有時還要大打出手！我小小的心靈，從小便受此陰影蓋著！

他恃著是船廠的東主，有兩點本事，便自大得不得了。員工若一做錯事，他便破口大罵，最慘的是別人的母親也被禍及。在家做事，他從不講禮貌，對我們也毫不客氣，指我們做這樣，做那樣，不論在讀書時或做功課時都是這樣。有時真真正正是他錯了，更蠻不講理的反罵我們：「誰給你飯吃？誰給你衣穿？」我終於明白了，我和他的關係只建築在金錢上。在天真無邪的童年階段中，我深深奠定了對他的仇恨。

理智隨著思想成熟而增加，但這樣只令我越懂得去尋找他的缺點。

有時，一些傷殘協會的熱心義工，上門兜售傷殘人士所做的產品，他不單止不買，還阻止我去買；一顆終年受冷的心，只想去幫一幫比我更慘的人，他也阻止！若你有事情不懂麼，你可虛心問人，但他永遠也不會虛心的，你要去教曉他，他認為是道理。

每天早上，我總會被他抽煙時噴出的煙霧弄醒。那一刻，無窮的怨恨和忿怒在被窩中澎湃著、澎湃著。可是還是礙於我和他的利益關係，我不能把這股壓抑著的怒氣爆發出來，因為我知道，這股怒氣一經爆發，他便不養我，而我也沒能力養媽媽。但我不會讓這股怒氣平息下來，我要它和以往的陰影、壓抑、仇恨一起澎湃，讓它們沉澱在我的心靈中，永不磨滅！

半生活在他的強權下，我——並沒有學他，我——必要超越他！這兩句話，從生活中發掘出來的。受他的影響下，我學會生存之道。為了未來，我從忍受中學會耐性。看到他對下屬的態度，便知道對人的態度，應時常體諒別人的感受。為了超越他，我不斷努力，不斷的求上進，每當我看到或想到他自大的樣子時，我便不會讓自己停下來，誓要把事情幹到要他感到

驚訝。我不是要自大，而是要他自卑，覺得他自己沒用。另外更大的影響，是我的人性，為求目的，我會不惜忍耐一段長時間，我的耐性相信是他唯一給我的好東西！

我時常期待著，期待著爆發體內的那一股怒氣，好一洗多年對他的怨忿！

他是誰？他便是應該受我尊敬、孝順和愛戴的父親！

――――――

［〈一個對我最有影響力的人〉（老爸版本）全文完結。文章完成日期為 1990 年 3 月 26 日。］

A 〈一個對我最有影響力的人〉（老爸版本）的內容討論

這是一篇描述筆者和老爸的文章，寫作的時間是 1990 年 3 月 26 日。當中著墨於老爸的薄情，孩子們一出世，就叫媽媽送給別人；因此亦可以合理推想，這個人對於家庭完全沒有承擔。另外，筆者亦花了不少段落，描寫老爸的性格，與及待人處事的方式和態度。

特別要指出的一點，就是內容提到老爸在早上吸煙的情況，下文節錄當中，清楚表示內心忿怒的情緒。

每天早上，我總會被他抽煙時噴出的煙霧弄醒。那一刻，無窮的怨恨和忿怒在被窩中澎湃著、澎湃著。

同時，下文節錄當中亦提及對這股忿怒的壓抑。壓抑的理由是杜撰的，因為那時候（自 1985 年斷絕關係開始）老爸已經對這個家沒有任何金錢上的支持。而當時（1990 年）筆者一家人，在財政上亦已經完全能夠自給自足，再無須要老爸一毛錢。也許在當時的處境，以當時十六歲之齡，筆者並不能透徹地掌握那壓抑

的原因，反正自小開始，全家人都習慣了啞忍，習慣了對著老爸沒有理性溝通的可能。

可是還是礙於我和他的利益關係，我不能把這股壓抑著的怒氣爆發出來……但我不會讓這股怒氣平息下來，我要它和以往的陰影、壓抑、仇恨一起澎湃，讓它們沉澱在我的心靈中，永不磨滅！

老爸把筆者內心的忿怒激發得猶如一頭「瘋獸」，而筆者又必須要把這頭「忿怒的瘋獸」壓抑著和約束著——像「五花大綁」一樣。筆者身心裡面，首先出現了一頭「瘋狂的野獸」，然後又出現了一場「制伏野獸」的「壓抑和約束行動」。或者因為這些「忿怒的爆發」和與之相生的「忿怒的壓抑」，身心就在「爆發和壓抑」的「搏鬥、撕殺」裡面，消耗得十分疲累。

在文章結尾之前一段，筆者亦表達希望可以把心裡面的怒氣爆發出來，不再壓抑下去。試問誰人享受處處把情緒壓抑呢？

我時常期待著，期待著爆發體內的那一股怒氣，好一洗多年對他的怨憤！

B 老爸是一個非寫不可的人

上面所引用的文章，是筆者的「第二篇的參賽文章」（參加同一個作文比賽）。早在 1990 年 3 月 15 日，筆者的中文科老師，在中文課堂裡面介紹了這一個中文作文比賽，並於同一時間，以比賽的題目作為課堂作文習作。同學的課堂作文功課，便自動成為這一次中文作文比賽的參賽文章。筆者在這一日的課堂中，已經作了一篇，題目一樣是〈一個對我最有影響力的人〉。不過這一篇的內容，以筆者當時所暗戀的一位陌生少女（SL）為主角，描寫筆者如何受其影響，如何從這個暗戀的對象中得到一些「無中生有」的生活激勵（全文在 1.2 節列出）。

課堂的參賽文章完成之後，筆者對著這一個作文題目，就想起了自己的老爸。除了「愛」的對象（SL），最影響自己的就不是另外一個「恨」的對象嗎？似乎在當時，老爸是一個「非寫不可」的人物。

　　作為一份功課，已經在課堂裡面完成，沒有必要再多寫一篇；作為一個寫作的機會，大概就覺得老爸在心裡有「相當強烈的感覺」，有不吐不快的「需要（生理及心理）」。從文章當中體現，這個強烈的感覺，就是對老爸的憎恨，同時又有著無法宣洩的壓抑，大概在能力範圍內也沒有解決的方法！

　　筆者隨即詢問中文老師，除了課堂裡面「交功課」的文章，可否另外再多寫一篇文章參加比賽？比賽規則有沒有限制投稿的數量？老師回答沒有。筆者亦告知老師，正準備多寫一篇參加比賽。到 3 月 26 日，筆者就完成了第二篇〈一個對我最有影響力的人〉，而這一次文章的主角變成了老爸。

　　筆者相信當時一定有想過，憑第二篇文章可以在校內作文比賽脫穎而出，因為內容確實打動了自己。筆者沒有太多計算，也不懂得計算，只是一心想把自己有感覺的事情書寫出來。

後記

　　〈一個對我最有影響力的人〉（老爸版本）裡面所出現的老爸吸煙滋擾，應該是剛剛過去的農曆新年假期裡面（1990 年 1 月尾到 2 月初）所發生的事情。一來記憶應該仍然深刻，二來文章裡面提到「被窩」；第一次受到老爸吸煙滋擾的時間為 1989 年 9 月，正值夏天，不可能有「被窩」出現。

　　此外，筆者相信，第二次（1990 年農曆新年）受到老爸吸煙滋擾期間，身心反應都比起第一次遠為強烈。筆者對於 1989 年 9 月的事情，「記憶系統」沒有留下半點的「蛛絲馬跡」。

1.2 苦苦暗戀上陌生少女

長時間以來，筆者一直認為體內的抑鬱病在中四中五這兩年時間之內急遽惡化，而這兩年裡面筆者正經歷一場癡癡苦苦的暗戀。大概因為這一件事所經歷的時間很長（兩年以上），同時間所經歷的都十分深刻，所以「主體意識」裡面，「患上抑鬱病的原因」就一直由這一件事情所霸佔。

可是翻查過當年的日記資料之後，發現了兩項新論據：第一，抑鬱病的成熟並不需要兩年時間。抑鬱病的成熟可能只是需要「少於半年的日子」。第二，在這半年左右的時間裡面，除了這一場癡癡苦苦的暗戀之外，同時間受老爸早晚吸煙的滋擾，嚴重影響情緒以及生活作息。

所以研究抑鬱成病的這一個過程，筆者將主要集中檢視這一段苦苦癡戀的最初六個月到九個月，時間為 1989 年 9 月 26 日到 1990 年 5 月 11 日。

1.2.1 背景資料：苦戀上陌生少女（SL）

中四開學不久，在所居住的大廈的電梯大堂，遇上一位陌生少女，並且一見鍾情，愛火一觸即發，而且一發不可收拾。可惜的是，筆者一直無法結識這一位陌生少女，很多時候就連見一面也無法做到。

筆者和這一位陌生少女相遇的日子，是 1989 年 9 月 26 日，相遇的地點就在所居住大廈的電梯大堂。相遇的那一刻，是放學的時間，大概是下午四點半到五點左右。而那位陌生少女，應該是剛剛把「就讀幼稚園的妹妹」接回家。一段苦苦的癡戀就在這一刻開始。

筆者曾經將這一次邂逅的經歷，寫成一篇散文，就是下文將要引錄的〈我最難忘的一件事〉。這一篇文章，在中學四年級第

一次段考，中文科作文試卷裡面完成。考試的日期就是 1989 年 11 月 7 日。也許是一個微妙的巧合，在試卷裡面看到這一個作文題目，正好可以將自己的「難忘經歷」寫下來，也可以整理一下鬱悶的思緒，同時又可以將埋藏著的情感好好抒發。

以下是〈我最難忘的一件事〉全文：

〈我最難忘的一件事〉

人人也有自己最難忘的一件事，一個成功的商人，相信他最難忘的，是賺得首個一百萬。而我這個十六歲的學生，亦有一段難忘的感情。

在我十五歲那一年的某一天，我放學回家，剛剛碰著流氓鬧事，對象是一個和我年齡相近的女孩。那時這班流氓只是用說話挑逗她，所以，我沒有理會（要理我也理不著）。好了，我到了升降機前，她隨後便來到，而流氓亦跟著她。她不知怎樣，就走近了我身邊，那時，我人急智生，一口便認了她是我的女朋友。可能我的個子比他們大，所以他們亦沒有進一步行動便走了。那一刻，升降機前只得我和她兩人，她向我道謝，我就不好意思地望著地下。但當我抬高頭，看見她那水汪汪的眼睛，心中不禁一震。她那櫻桃小嘴，紅得像兩片紅玫瑰花瓣，襯托著她的瓜子面形，短短的頭髮，看得我入神。直至電梯到了，我才醒來。

我倆進入升降機後，她亦不停地向我道謝，又使我不好意思了。但是，這時在我心中已對她有一種莫名奇妙的好感，相信這時我已喜歡了她。所以，我便隨即向她說：「你一個女子，怕不怕，還要我送你回家嗎？」她便立即回答需要。自這次之後，我便日日送她回家。我和她的戀愛史亦在這個時候開始了。

在這段美好的光陰裡，我和她經常一起去遊玩、看戲、逛街、買東西……等。初時，我和她相處亦沒有什麼，但是大家相處越久，越是了解對方，這就令我們也不能接受對方。可能大家年紀尚輕，不懂得愛情的真意義，就在不能接受對方的原因下分了手，一段純真的感情亦完結了。我還記得，她分手時大方的說了一句話：「我們還是朋友。」

這段刻骨銘心的初戀經驗，使我每晚夢迴時，也回憶一番。當時的情懷，所給予的情感，現在也覺得回味無窮。

［〈我最難忘的一件事〉全文完結。文章完成日期為 1989 年 11 月 7 日。］

上半篇文章的內容是真的，筆者真的跟那個少女在一次流氓鬧事中相遇；但是，下半篇內容只是筆者的幻想，當時筆者只是一個冷漠的旁觀者，並沒有挺身而出、沒有見義勇為。筆者亦確實在當時被那個少女吸引著，但是兩個人最終亦沒有開始過，更無所謂分開、失戀。而當時每天朝思暮想的，就是期待這一個愛情故事的發生。

文章意外地得到很好的分數。「錯別字」扣減了一點的分數之外，得到大概 75 分。如果不計「錯別字」所扣減的分數，文章得到超過 80 分。這一次的作文經驗，包括得到老師的「高度評價（得到高分）」，令到筆者對這一種「真誠、真摯」的寫作、「寫出內心的感覺」、甚至「赤裸地將心中的說話寫出來」，彷彿得到大大的鼓勵（或者說不上有任何鼓勵，只是沒有明顯的阻撓。）。大概由此而起，筆者就愛上寫作。1990 年 5 月 10 日開始，更「肆無忌憚」地在日記裡面大寫特寫。

1.2.2戀上陌生少女的日記記錄

1990年5月11日，下午放學之後，筆者獨自留在學校餐房內，寫下第二篇日記，全文三千多字。而這一篇日記內，七成內容是回顧苦苦暗戀上一個陌生少女（SL）的經過。日記中亦詳細地記錄了這半年多以來（1989年9月26日至1990年5月11日），跟 SL 相遇的時間。筆者也在1991年9月2日的日記裡面，對這一場癡癡苦苦的暗戀，寫下另一篇更為詳細的記錄（全文五千多字）。

下面分別節錄兩日日記（1990年5月11日、1991年9月2日），嘗試呈現這一段暗戀陌生少女的經過：

A　關於相遇

1990年5月11日的日記：

（1989年9月26日）……夏天，當我和同學 KWK 上完第十堂繪圖堂，我和他便回家。從第 N 座斜坡走去電梯大堂。在經過斜坡時，發覺後面有班人在「撩女仔」，那時我只是回頭望一望，沒有刻意的看清那女仔。但當到電梯大堂，和同學 KWK 分開後，那女仔來了，還拖著一個讀幼稚園的小童。當時我只望著那小童，發覺她非常得意，然後再望那女仔。嘩！非常動人呀！頭髮短短，五官精細，戴著「博士眼鏡」。那時真的被她吸引住了。就在那一刻開始，我便決心追求她了。

―――――――――

1991年9月2日的日記：

（1989年9月26日）……回想起第一次遇見她，便使我痛苦了兩年之久。可是那時的情懷，是值得回味再回味的。我記得，我初初遇到她時，是在電梯大堂。我在電梯通常也低下頭

的，所以我最先是望到她的雙腿，她那雙幼長的腿，確是美得近似完美，皮膚幼滑而有線條。我就是因為她的雙腿而望向她的臉。誰知，當我望見她的樣貌同時，我心中便立即有一股衝動，那就是要她成為我的配偶。我只是輕輕的一瞥她，其實是沒有望真她的樣子，可是那澎湃的感覺，卻令我感到她那出眾的秀氣，是秀氣中的秀氣。那時我心中就只有興奮……

我很記得，我回到家後，我便躺在床上，不斷的細意回味，回味那時內心的輕快，回味她那清秀的感覺及朦朧的樣子。

之後那天回到學校，我便立即告訴「譚 Sir 俱樂部」等人（筆者附註：一班要好的同學，以 TSM 為首領而自稱「譚 Sir 俱樂部」。關於「譚 Sir 俱樂部」的更多資料，可以參閱第二章〈厭學抑鬱病〉2.2.1-B〈「譚 Sir 俱樂部」〉。），我已有目標了。且說這女仔在我眼中，是九十分！

———————

1989 年 9 月的時候，筆者十五歲，還欠五個多月，才十六歲。這是一個情慾開始澎湃的年紀。就讀男校，在中四之前，校內連一位女性教師也沒有（1989 年中共「六四屠城」之後，校內多位老師立即移民歐美。所以 1989 年 9 月開學之後，就有多位新老師來到，當中還破天荒地加入了幾位女性老師。）。在校園生活中，筆者也沒有參加任何課外活動，亦沒有參與任何聯校活動，所以沒有機會接觸年紀相近的異性。校園以外，也沒有參加興趣班，甚至連補習社也沒有去，圖書館自修室也不是常客。居住的地方，搬進去住了三年，鄰居多數並不認識，同年紀的人也只是兩三個，沒有可以追求的對象。

大概在那個時候，SL 是筆者生活圈子裡面，最為「有可能」的一個追求和幻想的對象——雖然仍然是十分虛無縹緲。雖然不

知道她的名字及年紀，對她完全是一無所知，但是大家同住一幢大廈，所以大概就覺得她就是「最實在、最有可能」的一個目標。相比起沒有機會接觸得到其他任何異性，甚至比起在陌生遙遠的街道上相遇的人（香港仔以外的地方），「同住一幢大廈」就已經變得非常實在。

B　關於等待

一見鍾情，是愛也好，是癡也好，這個陌生少女就是幻想或追求的對象。「下午四點左右」、「大廈電梯大堂」、「接幼稚園妹妹放學」這三件事，就是筆者當時對 SL 的所有認識。想要再一次見到她、追求她，能夠做的，就只有在第一次邂逅的同一個時間和同一個地點，等待她再一次從幼稚園接妹妹回家。

因為渴望再一次見到她，筆者便由第二日（9 月 27 日）開始，三點鐘放學之後，在四點鐘前便出現在大廈的電梯大堂，等待「一見鍾情的陌生愛人」再一次出現。可惜的是，似乎 SL 的行蹤並沒有一定的規律，筆者在往後的好幾個月裡面（甚至往後的一兩年間），每天由下午四點等到五點左右，都只是能夠見到 SL 出現寥寥幾次。

或者她有其他的家人接妹妹放學，或者她沒有走這一邊的電梯大堂，而是到另一邊的電梯大堂回家（筆者所住的大廈有兩個相距五十米左右的電梯大堂，一個在大廈東翼，一個在大廈西翼。）。或者她根本不是住在這裡，或者筆者沖昏了頭腦，第一日已經錯認其他人，或者她根本就不存在⋯⋯

一次次由熱切渴望開始的等待，絕大多數日子裡面都是以失望告終，而且是日復一日的失望。第二次在電梯大堂見面，是一個月後的 10 月 24 日。

1990 年 5 月 11 日的日記：

1989 年 9 月 26 日至 1989 年 10 月 24 日前：在這段期間，我亦有間斷地見過她，但我天生怕羞，沒膽上前跟她說聲安好。

1991 年 9 月 2 日的日記：

我與她邂逅的時間，大概是四點，她那時正帶著小妹妹回家。之後數周、數月，我也在電梯大堂等她，每日也等上一個小時。那時候，是有少數人搭電梯的，他們見到我，我有時也不知所措。但係嗰幾個月裡面（筆者附註：第一次相遇之後的數個月），我只係遇見佢兩三次左右，所以我好失落，試問一個初生之犢，點可能每天咁樣接受失望呢？我很煩，煩到面上長了很多暗瘡。

至於見到她的兩三次，我也非常極之興奮。

每一日的希望，就是要見到她，希望有機會可以結識她甚或追求她。可惜的是，在毫無經驗之下，往往無法把握好不容易才能夠遇上的機會，最終又只有怪責自己的膽小、懦弱、退縮、自卑、和無能。日子都在希望消磨、失望持續、和自卑自責中渡過。

C 第一次單獨同 Lift

1989 年 10 月 24 日，終於有一個單獨相處的機會，筆者同 SL 一齊搭 Lift，而且沒有其他人。這一程 Lift 由地面上升至十一樓，歷時可能多於一分鐘（大廈大概於七十年代初落成，電梯升降速度很慢。電梯裝置設計上只停三層，分別為十一樓、十五樓、和十九樓。）。這一次就是一個月以來十分期望發生的事情，每一天放學後流連、等待的就是這一日出現的「場合、大好的機會」，

再一次見到她、接近她、望真她、認清她，當然最希望的就是可以結識她、問她的名字、介紹自己、索取電話、問她地址、追求她、開始交往⋯⋯

1990 年 5 月 11 日的日記：

1989 年 10 月 24 日：（中學實行「上課循環周」制度，六個上課日為一循環周，由 Day 1 開始到 Day 6，然後又以 Day 1 再開始。「上課循環周」不以學校假期而失去當中的上課日子，例如某日子為 Day 1，之後假期無須上課，假後回校便是 Day 2。如此，不同科目的上課節數不因假期而減少。）

又是 Day 3（要上第十堂），我又見到她，不過這次早已在巴士上見到她。下車後，我便到電梯大堂前等她。天賜給我的機會，只得我和她「搭 Lift」！但真的無奈，白白浪費了美好的、難得的機會。在「Lift」中我只敢望著她，她也回望過我兩次，但我只懂逃避她，失敗。

———————

1991 年 9 月 2 日的日記：

在等她的第三個星期（10 月 24 日），我終於等到她了。其實這次我們早在巴士上遇見，我很記得，她曾數度偷望我！當我們下了巴士之後，我便到了電梯大堂。也許是我行得較快，或是我的第六感，我決定等她。終於皇天不負有心人，我終於等到她了。當她踏進電梯大堂便等著上十一樓的電梯，而我卻在九樓的電梯不斷徘徊（筆者附註：家住的那二十層大廈有五部 Lift，分為三組，第一組共兩部 Lift，只到達十一樓、十五樓、十九樓，第二組共兩部 Lift，只到達九樓、十三樓、十七樓，第三組一部 Lift，只到達兩層，五樓和七樓。）。最後十一樓的電梯先到，那時只有我和她，只有我和她單獨乘搭電梯！

我們進入電梯後，雙方以對角最遠之距離站著。我不時望著她，她發覺我望她，我便將目光轉移，待她不留意，又再望她。這次真的望真了她了。美得叫人陶醉呀！

……

從黑暗來的光是最光的，從苦痛中得來的快樂，也是非常快樂的！當我從十一樓樓梯往上行時（筆者附註：Lift 到了十一樓，兩人離開，筆者向上行，她向下行。），她又望我！

———————

筆者完全沒有跟異性交往的經驗，除了家中姊妹以外。對於跟異性交往是什麼的一回事，完全沒有任何認識，除了身體裡面一股澎湃的情慾，與及除了情歌、電視電影裡面的愛情故事情節，其餘一切，皆是空白一片。

守株待兔，用了一個月時間，終於等到了一個「單獨同 Lift」的機會；看似是一個大好良機，可是仍然無法做出任何的事情，兩個人的關係沒有任何突破。最終一籌莫展，應該是合情合理的結果。大概筆者當時也不知道可以做出什麼。同 Lift 的時候，心情只有興奮、緊張又驚惶，一次朝夕盼望的機會就這樣白白流失。事後，筆者因此而悔疚自責，覺得自己在機會面前退縮下來。

D　1990 年情人節

在 1990 年情人節之前（1989 年 10 月至 1990 年 2 月），筆者均在「希望的消磨」、「失望的持續」、和自卑自責中渡過。大概感覺到自己已經身陷一個困局裡面。SL 彷彿是一個「捉不到的戀人」，筆者猶如只有永遠的等待。苦戀的日子是重複的等待、盼望、失望、失落、自怨自艾，然後又一次重複的……

筆者希望離開眼前的這一個十分痛苦的困局，所以必須要改變眼前的情況。就在 1990 年情人節當日，筆者鼓起最大的勇氣，買下禮物和鮮花，寫了一張情人咭（內容就是表白自己的心意並留下自己的聯絡資料）——之後就「不顧一切」的走到 SL 居住的樓層，在樓梯間等待「回家的她」出現。可惜這一次情人節的等待，還是沒有跟她遇上，因此而沒有表白的機會；可憐的是，就連被「當面拒絕」也沒有機會。

1990 年 5 月 11 日的日記：

1990 年 2 月 13 日：情人節前夕，一心都無乜行動。

1990 年 2 月 14 日：情人節，呀！……我受「譚 Sir 俱樂部」的人唆擺，決定今日行動……

15:00 一放學，我便和 GLF 去買東西——花、朱古力、情人咭。一心諗住實得米啦。又花，又朱古力，即使她不方便收花，也肯收朱古力啦。即使她不收朱古力，我都要硬要她收。因為咁就是連朱古力一起包裹。16:05 我就已經在 SL 居住的樓層等她，我事先亦已買定兩盒「嘉綠仙」合共 24 片。誰知，我把廿四片的嘉綠仙吃掉後，她也未出現。等呀等呀……一直等到六點幾都未出現，剩下來的只有一地香口膠的殘渣，和一顆灰心。三樣東西，合用了我 $65。單一小枝白玫瑰，也 $30。

―――――――

1991 年 9 月 2 日的日記：

1990 年的情人節，是我第一個有行動的情人節。那天我實在禁不住心內的感情了。我放學後立即買了一枝花，一盒朱古力，一張情人咭，想一定要送給她。買好了之後我便回校寫咭！

我到 SL 居住的樓層去等她（筆者附註：那時已經知道了她居住的樓層）。等、等、等。我由四點正等到六點。我在 SL 居住的樓層的樓梯間不斷徘徊，一直也等著，想著送花時的情景。我想著一見到她，便立即把所有的給她，然後說聲：「我愛你。」然而那時我已想到她要是不便收花的，所以我買定一盒朱古力，而情人咭又包在朱古力中。可是現實卻是異常的殘酷。我千想萬想也想不到，她竟然沒有出現在我面前……

　　四點半、五點、五點半、五點四十五分、五點五十分、五點五十九分、六點正。

　　（筆者附註：大廈東西兩端合共有四條樓梯，筆者守候在大家經常放學回家使用的那一端。或者她這一日使用了另一端的樓梯回家，所以便沒有出現。）

　　……快樂的兩小時快得留也留不住，快得連多笑一聲的時間也沒有。可是悲哀的兩小時，卻能叫你「回味無窮」……

　　那天我很失望——接近絕望！

　　但我回心細想，我在這一天中，根本是沒有見過她，並不是給她拒絕，我還有機會的！

　　第二天，2 月 15 日，我同樣的走到 SL 居住的樓層的樓梯間，同樣的等她，不同的是今天我三點三十分就已到了。等、等一個未完的夢完結，等一個未完的愛情片集落幕，等、只有等。我曾問自己，今天等不到，2 月 16 日又會否再來等候呢？不知，我那時答不出，也不敢想。

　　這天，我只等了四十五分鐘。因為我等到的女人，不是我夢想的，而是一個中年女人！那時我在樓梯間，她怒目看著我。（筆者附註：這位中年女人應該是這一層的住戶。她返回住所

的時候走過筆者身邊，見筆者在樓梯間徘徊，特意折返。）那時我也忿怒莫名，因為我感到她認為我是色狼呀！（筆者附註：或有其他不軌企圖）我很忿怒，為什麼我要給人誤會呢？我真的忿怒到極點！我決定放棄了！我決定放棄了！愛一個人是有罪麼？為什麼要給別人誤會為色狼呢？我越想越忿怒了。

……

2 月 16 日，我回到學校，我便派朱古力（筆者附註：原本想送給 SL 的那一盒朱古力）。免得變壞呀！我雖說放棄，可是一段曾真心付出的感情，可以說放棄便放棄嗎？不能……

――――――――

這一個「發夢戀愛」的過程太痛苦了，萌生出「不想再承受下去」的想法――理性上。誠然，筆者心裡面完全不知道「在情人節向 SL 表白」將會怎樣發展，也不知道 SL 的反應如何。或者追求是有一些步驟，或者接觸異性是有一些竅門……或者這麼行動會把人嚇怕，對事情沒有幫助之餘反而有害……這些考慮已經變得毫不重要，大概最為清楚的是必須要打破「身陷的困局」。筆者想要的是一個「結局」：一係開始關係，一係結束關係。「困局」要來一個了斷了。

1.2.3 〈一個對我最有影響力的人〉――暗戀陌生少女版本

「情人節表白行動」之後一個月，1990 年 3 月 15 日，在中文科課堂作文的功課裡面，筆者為 SL 寫下以下文章。這一篇文章，是這一段苦戀的一個小結。最終還是一無所得，卻換來一身傷痕。

以下為文章全文：

〈一個對我最有影響力的人〉（暗戀陌生少女版本）

　　我經常想著自己是一片風，能隨意地飄著，輕浮在白雲之間，偶然在六月間變作一股強風。其實，這只是我的藉口。現實生活中的我，懶散，做事只有三分鐘熱度。但在某一天下午，那一刻的衝動，令我的人生產生了劇變。

　　那天下午，我放學回家，在街上看到一個人，「她」令到我不能自制，那叫人著迷的眼神，真的叫我這片風停下來。這一刻，我心只想擁有她，愛護她，要她活得比任何人快樂。這時心中的感受，是叫這片風不要飄著，要成為令人驚訝的烈風。

　　回家後，當心靈平靜下來後，我只想著她的面孔，更幻想著我與她將來的美好生活。想到這裡，在我思潮中突然生起一陣震撼：在現實生活中，我懶散，做事馬虎，上學像是應付父母的。這樣，我們又怎有好的將來，好的結果呢？她的影子又再湧在我的腦海中。這時，我沒因為我過去的行為而感到失敗，反而，在腦海中對著她，令我產生出極大的衝動，令我像要為將來而奮鬥。

　　這次，再也不是三分鐘熱度了。每當我受挫折或失落時，只要想想她的面孔，幻想一下將來美好的生活，這樣，我就像打了強心針一樣，遇著挫折也不驚。就因為她，我在學習方面抱了積極的態度，凡事也尋根究底，不再懶散了。這一切一切，全是為了她，為了在幻想中的未來生活。

　　我只是看她一眼，就在我心中產生這樣大的波瀾，令我對事的態度改變了。但現實始終是愛玩弄人的，我真的只是看了她一眼，之後數個星期，也沒有看見她了。可能她已有了意中人？可能她已搬了屋？可能？可能……過去積極的心，現已被

時間沖淡了。積極的心沖淡了，回復以往的我。沒有什麼大不了。況且，我這樣已過了十幾年。但是一顆純潔的心，懷著無限的熱誠和希望，被時間這樣的戲弄，比起千噸石頭壓在心中還要痛苦得多呢！我現在比以前更懶散了，過往的美夢，現已變成空白了。

一些知心的好朋友走來問我，為何在這麼短的時間變了這麼多呢？這時我只能答道是為了孝順父母，但心中想向他們說一聲：「我深深的愛上了她，為了她，我願意付出一切！」

[〈一個對我最有影響力的人〉（暗戀陌生少女版本）全文完結。文章完成日期為 1990 年 3 月 15 日。]

文章後半部份，提及到因為沒有再遇上她，令到筆者很失望和很失落，過去因為她而來的積極力量也失去。當中痛苦的事情，就是自覺被時間（或命運）戲弄，讓「兩人」（還算是兩個人的事情／或者只是筆者一個人的一廂情願）有一個熱熾的開始，卻又長期「希望落空」，最終亦無法如願以償。

1.3 1990 年 3 月的生活面貌

〈一個對我最有影響力的人〉的兩個版本，分別在 1990 年 3 月 15 日和 3 月 26 日完成。兩篇文章的內容，大概亦可以反映當時的一點生活面貌。

1.3.1 身心疲憊

筆者對 SL 不切實際的幻想，一度變成了一種生活的動力。文章裡面，對當時的生活狀況，有這些片面的描述：「毫無動力」、「漫無生活目標」。那時的生活大概就是鬆鬆散散、懶懶洋洋、

馬馬虎虎、沒有幹勁、與及做事只有三分鐘熱度。沒有生活目標，不知道自己想要什麼，也不知道自己應該怎樣，返學就只是應付家人、滿足家人。

為什麼總是渴求著一個生活的目標？為什麼一個生活的目標是那麼重要？為什麼需要透過一個目標去「發奮向上」？生活裡面甚或身心裡面有著一股神秘的或病態的「停下來的拉力」？把人慢慢地拉向沉淪的深淵？

筆者一直十分渴望得到一些「激勵」，並需要一個「目標」來刺激生命，令生命可以「機械地、發條地」因為一個目標而「自動操作運行」。相反地，若果沒有一個目標、若果沒有外界的激勵，「身體、心靈、與及生活」似乎就會停頓下來。身體裡面彷彿有一股「停下來的拉力／向下拉力」，令到「活著、過活」變得十分費力。也許還要伴隨著或多或少的、這些那些的「疲倦的痛苦」。

可能是因為抑鬱病的影響，整個人的健康已經慢慢地受到蠶食；「身體和精神的力量」都在不知不覺之間就大量流失或消耗，變得軟弱無力。

1.3.2 憂愁的痛苦

自從迷上了陌生少女，彷彿身陷一個循環的困局——一次又一次重複的等待、盼望、失望、自怨自艾、放棄，然後又再重複等待……「等待、盼望、然後失望、失落」，是筆者在五個多月內（1989 年 9 月尾至 1990 年 3 月中）每一天重複的心理歷程。幸運的十數次邂逅，卻又一籌莫展（無法上前結識），最終落得自怨自艾。因此身心在這五個多月內，長時間浸淫和停留在失望失落及自怨自艾之中。漸漸地，長時間的失落變成憂愁。憂愁的痛苦「比起千噸石頭壓在心中還要痛苦得多」。

1.3.3 身處極端情緒

筆者對老爸有很強烈的憎恨、忿怒、與及壓抑。對老爸的憎恨，是長年累月的，可能由小時候懂事不久便開始。筆者已經分不清楚，因為憎恨，所以特別看到負面的事，還是因為那些負面的事情，所以激發強烈的憎恨。

關鍵是文章內提及的忿怒。引發這一股忿怒的事件非常具體，就是每一天凌晨時間，被老爸在床頭吸煙臭醒；到晚上因為老爸吸煙而無法睡覺或做功課，必須要等待他停止吸煙或睡覺之後，筆者才能夠有一口清新空氣，才可以重新回到自己的生活規律上。

但這股強烈的忿怒又同時受到強力的壓抑，沒有恰當的宣洩渠道，也沒有妥善的解決辦法。筆者在文章當中更提到一個想法，就是「理性地、有目的地」拒絕把這股忿怒平息，還要牢牢銘記、永不磨滅。

1.3.4 身體烙印著事件的刺激

這一腔對老爸的忿怒，筆者對它的起始及如何在體內漫延，均能夠十分仔細的記錄。這代表了對老爸忿怒的經驗十分深刻，完全能夠在記憶之中得到清楚的畫面。及至身體上的神經，都彷彿可以隨時回到事件發生的時候；事件當中的所有感覺，都彷彿可以隨時出現在神經系統上。畢竟，受老爸吸煙滋擾，在 1989 年 8 月中，經歷了一至兩個月，而到了 1990 年 1 月尾，也經歷了一至兩個禮拜。

就在這兩段時間裡面，筆者的眼睛把「事件的畫面」清晰地記錄下（猶如拍攝一樣），而身體上的神經，亦似乎把「事件的身心反應」清晰地記錄下來（猶如演戲彩排一樣）。只要這一「件事」在意識之中出現，整個腦袋和全個身體，便立即「記起了、喚醒了」

所有「相關經驗的資料」——腦袋中的「螢光幕」、身心的神經，彷彿能夠「複製」出「事發時候的經驗」——整個人彷彿就身處當時當刻的境況裡面，再次切身地將事件經歷（呈現、演出）一次。

1.4 抑鬱病完全成熟：1990 年 5 月 10 日

1990 年 5 月 10 日，放學後，下午四點半左右，筆者回家。踏入家門，便發現老爸坐在木梳化上，抽著煙，提起一隻玻璃杯，喝著酒。雖然對於這個情景十分熟悉，卻又禁不住心中一沉。夏天了，老爸又從中國鄉下回歸香港避暑，未來好一段時間，或者要到 10 月，他才會返回中國的鄉下。

這一日，看見老爸突然在家中出現，立即令到筆者非常憂愁。筆者的「身心的條件反射系統」彷彿十分清楚，當老爸回來之後，日常生活必然大受影響。原本一家人的相處平衡，必然被他打破。老爸過去的惡行一一出現在回憶之中……所以筆者一見到他，就立即「眼火爆」——他是「篤眼篤鼻」的一個「刺激訊號」。

筆者隨即就意識到，這一天的晚上，第二日的凌晨，又會受到老爸吸煙的滋擾——晚上要等他「食完煙仔」，才可以有一口新鮮空氣；凌晨時間，又必定會被他在床頭吸煙臭醒。內心一定會因為這些事而非常忿怒、非常困擾。

這一日，踏入家門之前，心情早就因為 SL 而（長期）憂愁。這一天沒有發生什麼特別事情，一樣沒有在街上遇見她；放學的時候已經沒有再到電梯大堂等候她，但是內心一樣的記掛著她。而長時間停留在身心裡面的「失望失落與及自怨自艾」，到了這一天已經變成了憂愁——大概由每一日的開始而開始，不會因為 SL 的「出現或不出現」而改變。

再加上，這一天午飯後的繪圖堂（Technical Drawing）裡面（連續四個課堂），因為要避開一位同學的騷擾，筆者便走到另一個座位，希望可以專心上課。誰不知又受到第二位同學騷擾。向老師投訴，卻換來冷嘲熱諷的對待，令到筆者有受到委屈的感覺。

帶著無法遇上 SL 的憂愁、與及帶著在學校受到的委屈——就在放學回家踏進門口——發現老爸回歸香港——一下子，筆者的憂愁因為這三件事情「疊加」而不斷下沉（倍增）。最後情緒崩潰，心情直插入谷底。

此時此刻，在「悲傷、失落、無邊的憂鬱（1990 年 5 月 10 日的日記記錄）」的心情下，感到內心的鬱結已經到達了無法忍受的邊緣，身心亦已經無法承受下去、無法再控制下去，必須要找到宣洩的缺口——在這個處境下，筆者便走到街上，買下一本日記簿，要透過寫作把心中的鬱結宣洩。這是筆者第一次「清楚地、有意識地」想到「寫出心中憂愁」。

1.4.1 關於 1990 年 5 月 10 日的日記記錄

1990 年 5 月 11 日，筆者在日記簿上寫下一日前（5 月 10 日）所發生的事，與及買日記簿的原因：

1990 年 5 月 10 日

這是我買這本日記的原因。這天，我又是因為她而感到極煩，極度憂鬱。心情一直也不佳。繪圖堂，因為同學 LSY 坐了過來，因為要避他，所以坐在同學 LYM 後面。他拿了我的圓規、三角尺，我便向 LKK Sir 投訴，誰知，他話我衰，不理我。呀……呀！我自問安份守己，都被他咁屈法。我衰，但我還有權利的。唉……

誰知，回到家後，老虎（筆者附註：老爸）原來回來了呀（筆者附註：從中國鄉下來到香港）！那真是雪中送冰，禍不單行。看來我也要死了，是氣死。

就在這三重打擊下，我十分悲傷、失落、無邊的憂鬱，只想抒發。那我便去開明書局（筆者附註：位於黃竹坑邨二座的文具店），買了這 $48 的日記簿。

唉……無奈……人生中……

─────────────

1990 年 5 月 10 日，筆者回到家之後，就在新買的日記簿上寫下以下文字：

（第一扉頁）

請不要私看，除非，我死了。
只要，我死了。

（第一版內頁）

生活，往往就是無奈、矛盾。
我──就是這樣，飄過生命中的一切，一切……

（第一版）

天氣如何，不用理。
天生我，喜歡幻想，心中自我。
每天都有心事，不論在任何時候，任何地方。
面對生活，當中的矛盾，無奈，我只有默默接受，無力反抗，無力令到它倒下。
故在此記下慘痛的回憶。
這裡只有悲傷……

─────────────

買過了日記簿，回到家後，打開第一頁的扉頁，寫下的第一組文字，就是希望其他人不要私自偷看日記，如果要看，除非筆者死了，只要筆者死了，就可以看。這是第一次面對著「一本日記簿」，之前沒有認真寫過日記。日記應該怎樣去寫？完全沒有概念，唯一而又最重要的事，就是絕對不希望有人偷看。

之後，在第一版內頁（還未到印有橫行或直行的版面），寫下那一刻對生活的感覺──「無奈、矛盾」。而自己當下的狀態也不似活著，渡過生命的方法是「飄過」（用不上一個「活」字），一個「很輕很輕」的動詞，指涉著的是「活、生命」。

再之後，終於正式到達第一版，可以正式開始書寫「所謂的日記」。寫天氣？似乎是寫日記的「格式」，但是筆者第一篇開始就不想跟既定的想法走。寫寫自己？寫了一點，但不知應該寫多少。寫下的文字有沒有一個預定的閱讀對象？搞不清。還是回到生活去，然後又是「矛盾和無奈」，再寫的就是自己的無力反抗與及無奈地默默接受，無法令到這些矛盾及無奈倒下。所以在日記寫下的都是「只有慘痛的回憶」，悲傷的事情。

也許，這一個晚上，因為老爸吸煙，將會無法如常睡覺。也許，日間老爸舟車勞頓，也提早睡覺，沒有在晚上吸煙。1990 年 5 月 11 日，這是老爸返港之後，第一個被他吸煙臭醒的凌晨。大概就重複著〈一個對我最有影響力的人〉（老爸吸煙）裡面所寫的反應：「每天早上，我總會被他抽煙時噴出的煙霧弄醒。那一刻，無窮的怨恨和忿怒在被窩中澎湃著、澎湃著……（第五段）」

1.4.2 1990 年 5 月 11 日所發生的事

1990 年 5 月 11 日凌晨，筆者大概在擔憂之中被臭醒，帶著無法爆發的忿怒渡過這一日的早上。出門返學的時候，把新買的日記簿帶在身上。大概，在早上出門返學之前，就已經打算這一

天在外邊寫日記。對老爸極度的憤恨，必須要找一個宣洩的出口。也許，放學回到家裡又是見到他如軍老爺一樣「霸佔著民居」……

離開屋企，離開老爸，離開煙草的臭味，大概就離開了對老爸的憤恨，或者只剩下憤恨之後的憂愁、疲累……一有空間，內心又記掛著 SL，又因為 SL 而憂愁。回到學校，情況好一點，有「同學仔」開解，又可以一起嘻哈嬉戲。但是終歸沒有打消寫日記的念頭。憤恨或者可以消退，但是憂愁卻沒有減少，所以仍然有寫日記宣洩的需要。沒有其他活動吸引筆者，沒有其他活動能夠取代這天放學寫日記的計劃。

下午三點放學，到四點半左右，相熟的同學們應該都離開學校了，學校裡面也應該沒有太多人。筆者一個人走到學校的學生餐房，在最裡面的一張枱坐下，開始寫日記。這一日是陰天，外面世界下著微微細雨。這是筆者第二次寫日記，記錄第二個寫日記的日子。這一日，筆者在日記上寫下了以下內容：

- 第一樣東西 – 詩
- 第二樣東西 – 當下寫日記的這個環境
- 第三樣東西 – 回顧苦戀陌生少女的經過
- 第四樣東西 – 回顧一日之前 (10/5) 所發生的事，買日記的原因。
- 第五樣東西 – 記 5 月 11 日所發生的事，因為 SL 而不快樂，又在學校受到委屈。
- 第六樣東西 – 記 5 月 11 日晚上老爸吸煙，因為要避開他而活動時間減少，也無法睡覺，睡覺時間推遲。
  （這部份是回家後寫下）

以上內容，節錄如下：

1990 年 5 月 11 日

　　若再找不到生命的目標，
　　請讓我安祥地死去。
　　那將會比活在矛盾、無奈的空間中，更好。
　　只要找到她，
　　一切一切，
　　都變成美好。
　　我甘願為她付出。

1990 年 5 月 11 日

　　天陰陰，下著細雨，然而，這雨只能給我孤單的感覺。放學了，人群都離我而去。這刻，只剩下我在學校的餐房，足球機聲，人聲，我都只是感到空虛。

1990 年 5 月 11 日

　　又是因為 SL 而心情不太好。但回校見到同學 GLF，給他開解，嘻嘻哈哈，心情又好番一 D。

1995 年 5 月 11 日　　晚上

　　唉……煙。那一陣一陣的煙，在過去，當我嗅到時，我會頓時忿怒至極點，要把一切毀滅，尤其是吸煙者。

然而，這晚我卻沒有忿怒，因為我知道忿怒會蓋過我的冷靜，所以，這晚卻選擇逃避，我走到 B 室（筆者附註：筆者家住兩間左右相連公屋，一間 A 室，一間 B 室。），但六家姐 <u>BDC</u> 卻在抽「沙龍」。我只有無奈地走上街上，慢步。我愛清風，愛下著細雨慢步。我愛寧靜，但怕孤單。

　　……

　　今晚老虎 9:35 才睡覺，言則，我的活動時間又短了。

　　我深深感受到，當 5 月 10 日回家，知道老虎回歸後，便知道黑暗的惡夢又開始了。

　　1990 年 5 月 11 日，筆者在日記簿上寫下三千多字，七成關於 <u>SL</u>。大概下午六點，筆者一個人離開學校。

1.4.3 兩天日記的分析

A　日記內容與及文字面貌

　　跟兩個月前校內課堂作文練習的文章相比（兩篇〈一個對我最有影響力的人〉），5 月份在日記裡面出現的文字面貌，情況急轉直下。在「老爸版本」裡面，縱然多麼憎恨老爸，受老爸吸煙滋擾下是多麼忿怒，但仍然保持克制，連文字也不見暴力。而在「暗戀陌生少女篇」，雖然已經是長期持續失落、一籌莫展、自怨自艾，但仍然只是一份對生活的無奈。

　　可是到了 5 月份，在日記上寫上的第一句說話，就已經兩次提到「死」，筆者在那一句說話裡面，只是希望其他人不要偷看這本私人日記（第一扉頁）。

關於生活，在「暗戀陌生少女篇」裡面，提到所暗戀的同邨少女成為了一個奮鬥目標，變成了一股激勵的動力，但當筆者無法再遇上她，熱切的心情便慢慢消磨，而所有的動力亦慢慢消失。

到了 5 月份，在日記裡面，筆者形容生活充滿矛盾和無奈，自己沒有力量去對抗和改變。而當時最為煩惱的事，就莫過於苦苦地癡戀著陌生少女，與及生活大受老爸吸煙滋擾。這兩件最為煩惱的事情，一樣也沒有能力應付；一則無方法也無能力去結識 <u>SL</u>，就連見面也做不到；二則無方法也無能力去跟老爸解決吸煙滋擾的問題。兩件最為「矛盾、無奈」也是最為煩惱的事情，都只有默默承受。

日記提及到當時所身處的「沒有生命目標的生活」，十分痛苦；其痛苦，令筆者希望「安祥地死去」。當時所身處的「矛盾及無奈」，比起死亡更為辛苦——「死亡」與「活在矛盾、無奈」兩者之間，筆者選擇死亡。

B 「課堂作文」和「私人日記」

3 月份的課堂作文，文字面貌方面，筆者有一點點保留。也許，學校課堂練習的文章，筆者知道所寫出的內容，大概是公開的。第一個讀到的人就是中文科老師，之後讀到的就是同學們，再之後讀到的也許是家人。因此，在文章裡面出現的內容，筆者大概需要顧及那些人的反應而作出「自我設限、自我審查」。這個舉動的原因，也許是不希望增加自己不必要的麻煩。

然而在日記簿出現的內容——直到二十多年後，筆者決心研究抑鬱病之後——今天才有公開的決定。因此，日記裡面出現的內容，是筆者對自己最坦誠的說話。在毫無顧忌之下，在完全沒有需要考慮其他人的任何反應之下，寫出來的都是最真誠真摯的說話。

所以，筆者也不敢肯定，在 1990 年 3 月份所寫下的文章，是確切反映了當時的情況，還是因為顧忌而有所保留。因此也不能確定，由 3 月到 5 月，筆者的病情是漸進遞增，至 5 月惡化而成熟？還是早在 3 月份，筆者的病情已告成熟，只是文章不便透露？

1.5 抑鬱病成熟前的生活比較

1989 年 8 月中以前的生活情況，筆者沒有文字記錄，只有腦袋裡面那不可靠的記憶。記憶所及，中一時間十分喜歡踢波，放學後喜歡留在學校，跟同學在校內的足球場一起踢足球。同學也喜歡「打任天堂」。在中二下學期，刻苦地儲蓄到三百元，跟三哥 ADC 一起「夾錢」買下一部「灰機（台灣製造的電視遊戲機，名叫『小天才』，可用任天堂遊戲卡式帶。）」，自始便沉迷任天堂電視遊戲。孖寶兄弟、迷宮組曲、足球小將、聖鬥士、沙羅曼蛇、惡魔城、魂斗羅、月風魔傳、北斗神拳……陪伴筆者渡過了好多時光。

中二升中三的暑期，到媽媽打工的玩具廠做暑期工，賺了一點零用錢。中三開學，跟同邨的幾個同學一起飼養信鴿。初時養了一對，一雄一雌。很快便下蛋了，可惜未能成功孵出幼鴿。有的蛋被老鴿踩爛了，原因可能是老鴿受到筆者騷擾而受驚。曾經用「藥用膠布」修補破蛋，卻又因為太多膠布而把孵化中的幼鴿焗死……最後成功孵化出的小鴿有四隻。筆者大開眼界，曾經親眼看過老鴿生蛋，也看過小鴿破殼而出。到中學四年級，家居改動，家人嫌棄養鴿邋遢，筆者便把一對信鴿帶到大嶼山放生。當時心想，如果牠們能夠飛回來，筆者就硬著頭皮繼續飼養。最後兩隻信鴿沒有飛回來。

筆者現今留下的最早一篇文字記錄，就是 1989 年 10 月 24 日的一篇課堂作文練習，文章題目是〈我理想中的校園生活〉。

　　以下是〈我理想中的校園生活〉全文：

　　1986 年，我第一次踏入我的中學。這間學校給我的感覺是十分大，十分舊。

　　開學上課了，各位新同學，都有不同的表情和面孔。有些十分不安，有些十分緊張。我和這班同學相處久了，發覺他們像廢物一樣，從朝玩到晚，上堂玩耍，遊戲，還有一些極為劣質的「廢物」，在玩弄一些不文的東西。看來，我也要漸變成「廢物」了。

　　從開學到現在這段日子，我覺得有點奇怪，為什麼同學們可以在堂上，在禮堂上，在小息時做出各種形形色色不同的事情呢？是否風紀不理？教師不理呢？對！天大的笑話了，風紀不理事，教師極為偏愛某些十分「熱心的同學」，教我怎能不頹廢了？

　　1989 年，我中四了，我足足面對了四年歪曲制度，每晚入睡時，我亦會想起某一些事。中一那年，一位中文老師，他極為偏愛某些同學，在一次課堂作文練習中，我極為盡力去寫作，希望得到理想的分數，誰知他一看到我的名字，就下筆，寫出一個令我忿怒的字──丁。但事情還未完結，一個極受他偏愛的學生，他只是寫了一些廢物，就竟然拿得好成績。我現在相信，這是好同學，好教師，好學校了！

　　我十分希望，我可以就讀在一間好學校裡。在那裡，學生會自律；在上堂時，知道何時說話，何時默靜，推起積極的學習風氣。同學和同學之間，互相幫助，互相勉勵是必要的。同

學之間，沒有權力鬥爭，盡量減少口角，互相信任，不要推卸責任，更不應以大個子欺負弱小。在每夜夢迴時，我亦不時想著這一班同學，如果是真的，相信任何人的品德和成績也不會差！

教師方面，希望他們不要偏心，因為在法律上人人是平等的。在學校內，這天真無邪的地方，我更不想學生是不平等的。教師是學生的榜樣，我希望他們不單單在書本上教我們知識，在行為和人格方面，亦應作一個好榜樣。就像時下年青人吸煙問題，如果教師本身亦有吸煙習慣，那又怎能服眾呢？在處分方面，亦不想教師以武力解決事情，希望教師用他們的德性，令到學生受到他們的薰陶，令到學生沒有犯罪的傾向。

每每想到一切完美的事，我自己亦覺得是傻事。世上那有完美的學生，更難有完美的教師了！

今天八時上課，三時下課，昨天是，明天亦是。

———————

（文章完成日期為 1989 年 10 月 24 日）

這篇文章的寫作時間，在第一次「老爸吸煙滋擾」（1989 年 9 月）及「一見鍾情陌生少女」（1989 年 9 月 26 日）之後。當中又有沒有一些抑鬱病的徵狀？

1.6 老爸吸煙滋擾的結局

老爸吸煙滋擾是一件非常困擾的事情，大幅度佔據往後一段時間的日記空間。由 1990 年 5 月 10 日，第一日寫日記的日子開始計算，至到 1990 年 7 月 7 日（中四完結），期間筆者在日記簿裡面寫下了十三篇日記，當中日子包括：10/5、11/5、12/5、13/5、14/5、16/5、17/5、21/5、24/5、25/5、26/5、5/6、 和 7/7。 其中，提及老爸的有十篇，提及 SL 的有六篇。以內容份量比較（概

略地以內容字數計算），這十三篇日記裡面，關於老爸的內容佔 65%，SL 的內容佔 35%。當中，26/5，全篇日記只記錄老爸吸煙滋擾的事情，沒有記下其他事情；其中三日（12/5、15/5、和 7/7），記錄了老爸吸煙滋擾的事情，而沒有記錄 SL 的事情。

反之，SL 在這十三篇日記內，沒有一篇是百份百完全佔據篇幅，也沒有任何日子只記錄 SL 的事而沒有記錄老爸的事。

可見，在 1990 年 5 月 11 日之後，筆者很大程度上受老爸吸煙滋擾所纏擾。

隨著早上受滋擾的時間越來越早，晚上受滋擾的時間越來越長，筆者對於老爸的憎恨，與及內心所激發的忿怒，變得越來越強烈、亦越來越具破壞性。不諱言，那個時候筆者希望老爸快點「消失」，或者自己可以「消失」。到後期，情況最壞的時候，日記上出現了「殺」和「死」兩個字。筆者也許想過要殺死老爸，或者殺死自己。也許，這是當時想到的「最後的解決方法」。

下面是這段期間的日記節錄：

1990 年 5 月 10 日

……回到家後，老虎（筆者附註：老爸）原來回來了呀（筆者附註：從中國鄉下）！那真是雪中送冰，禍不單行。看來我也要死了，是氣死。

————

1990 年 5 月 11 日

今天也曾因為老虎（筆者附註：老爸）而不快樂，因為他吸煙，而這是我最憎恨的。

……

（筆者附註：晚上）唉……煙。那一陣一陣的煙，在過去，當我嗅到時，我會頓時忿怒至極點，要把一切毀滅，尤其是吸煙者。

……

我深深感受到，當 5 月 10 日回家，知道老虎回歸後，便知道黑暗的惡夢又開始了。

1990 年 5 月 12 日

唉，我一感覺到佢起身（筆者附註：老爸凌晨起床吸煙），我就知我要跟住佢起身，因為我實在憎恨煙同埋吸煙嘅人。

……

……更無奈的，就是那麼早逃過 B 室（筆者附註：家住 A 室及 B 室兩個獨立單位，左右相連，座向一樣。）又不得，同佢共在一室，又加快我的死亡，真是無奈。而從冷靜的頭腦中，我想通了：我同佢之間，絕對要有一個消失於世上。

……

……佢嘅吸煙習慣，只是惡夢的小角色，還未到戲肉呢？整整兩天，我發覺現在家中，除了電視聲外，只有死靜。

1990 年 5 月 13 日

天呀！一早六點幾，就被煙臭醒，唉……恨……憎。誰知今晚十點零五分他還在吸煙，看來我的生活不單減少在香煙上，更減少在精神上，遲睡早起，我發覺我越來越憎恨煙和吸煙的人了。請讓他快點消失，那是唯一解決的辦法。

對煙，只有憎恨，毀滅。

1990 年 5 月 14 日　星期一

唉……昨晚十點半先有得瞓（因為我恨他在我睡時吸煙）。那又估得到今晨六點十二分就又被煙弄醒了，怎麼辦呢？只有單方面的消失，才是最終解決。

1990 年 5 月 24 日

……

煙，使我越來越憎恨了……煙，我就快給你打破我的冷靜。你漸要把我的憎恨建築在忿怒上。

5 月 24 日：早上 4:20，我在這時間被弄醒，叫天教我怎樣做呀！逃避已沒有地方了，我只有在天還未亮的四點二十分，打開窗伸個頭出去呼吸。那可知我憎恨他的程度。

但事情還未終結，他還好客氣的在我背後吸煙。我已經處處避開他啦！他還要苦苦相逼，唉……冷靜也漸被忿怒蓋過了。四點二十分，哈哈，我也笑自己那麼傻。不知所謂。

1990 年 5 月 26 日

失敗了，我徹底的失敗了。我無法和那惡魔戰鬥，只因為越來越過份了。早上四點起來吸煙，晚上十點睡。啊~~~~~~~~~！

那我只有最後一著──死亡。雙方面作出死亡，那才能令戰爭停止。

從今天起，要把行動升至頂級。

四點起床吸煙的行為，使我內心只有忿怒，不理了，殺殺殺！恨、憎、怒、悲，乃當時的情緒。毀滅是唯一的思想。就讓命運去解決一切。死亡！死亡！死亡！殺！殺！殺！

晨早四點幾，就算避也避不了啦！但佢還要在吸煙。吸煙食死佢自己就話無問題啦，但是我要吸佢嘅二手煙，是否前世欠了佢的。呀！呀！在平時，我真的很想去避佢，但四點，四點呀！走過 B 室又不是，落街又不能。那麼請天教我怎樣做。我要用行為證明他這樣做是錯的，然而死亡是最易證明。

―――――――――

1990 年 6 月 5 日

這段期間，不是沒有事，只是沒有空間。唉，天殺，吸煙！唉。其中有一天，四時（早上），我的殺氣真真正正到了最高峰，當照鏡時也感到殺氣不斷由雙眼湧出。

―――――――――

老爸吸煙滋擾的問題，最終的結果，是筆者在 1990 年 6 月中，轉移到 B 室睡覺。這一個看似十分簡單的做法，大概亦已經到了「要做了斷之前」和走投無路之下，才不顧一切地「實行」。

筆者一家十一口，生活在五百平方英呎的地方，任何人的一個舉動都會驚動其他十個人。那個時候，B 室已經間開了兩個房間，一間為二哥 JSC 和嫂子的新房，另一間是三位姐姐的房間。筆者在 6 月中毅然轉到 B 室睡覺，亦只能「蓆地而睡」，位置就是兩個房間外面，頭部頂著姐姐們的房門，兩條腿就放在哥哥的房門前（見下圖）。

（B 室睡覺位置圖：草圖）

　　之前一直沒有走過 B 室睡覺，也許是一位姐姐也會在 B 室吸煙。不過，姐姐沒有那麼早起來，筆者不用凌晨便被臭醒。在 B 室，晚上一樣不能早睡。兩害（一早一晚受滋擾）取其輕（晚上無法早睡），到 B 室睡覺畢竟要「好一點」。

　　關於搬到 B 室睡覺的日記記錄如下：

————————————

1990 年 7 月 7 日

　　整整一個月無寫日記了，不是沒有事情發生，只是心情很好，和沒有地方。這一段日子，應該結一結賬了。

……

　　對於吸煙問題，我已在 6 月中搬到 B 室睡，所以暫且也算好過（筆者附註：筆者情願走到 B 室蓆地而睡。）。

……

　　今天開始放暑假了！

————————————

1990 年 6 月中轉到 B 室睡覺之後，關於老爸的事情，便甚少在日記之中出現。不過，對老爸的憎恨沒有一點消減。十個月後，再次受到老爸吸煙滋擾，忿怒的情緒依然極端，毀滅性的想法仍然存在。

1991 年 4 月 13 日

　　……

　　今日中午，老爸過咗呢一邊（筆者附註：B 室）睇電視，阻住我讀書，仲講一 D 風涼說話，我好忿怒，一怒之下，我捏碎咗一部電子計算機。但捏碎之後，我好舒服。我好憎佢，我真係想佢死。

　　……

　　下一科會考又快迫近了，明天星期日，家裡人多，又溫不到書的，但日常中，我又心散、又乏勁。

第一章結語

　　筆者從小開始便對老爸十分反感、厭惡、與及恐懼，不用諱言也不用掩飾。1989 年 8、9 月期間，因為家居改動，改變了睡覺的地方而受到老爸吸煙滋擾，生活作息大受影響。受滋擾時候，經常處於極度忿怒而又強力壓抑的精神狀態。這種身心狀況令筆者感到十分疲累和沮喪。

　　對於受到老爸滋擾的過程、當中的身心反應、與及結果，均十分清楚。可知道對於這一件事的「記憶」十分清晰，可以說「記憶的檔案」十分詳細完備，因此可以使用文字清楚詳細地把整件

事情覆述、描述。即使老爸離開了<u>香港</u>（消失於眼前），對憎恨老爸的身心狀態，只要一經觸發，就可以在腦袋和心窩翻騰。

大概同一時間（1989 年 9 月 26 日），筆者經歷著一個自作多情的苦戀故事。日復一日地經歷著失望失落，半年時間左右，或少於半年，身體可能已經病變。一份失落的心情停留在身體的時間越來越長。這份失落，在身體裡面也變成了痛苦，而且痛苦的程度也越來越強烈。筆者相信，痛苦的地方，跟心臟的位置相近。

所謂抑鬱病的成熟，就是可以在無緣無故的情況底下、失控地、無止境地憂愁，而這憂愁的痛苦足以迫令筆者自殺以求解脫。

後記　第一次認真檢討身上的抑鬱病——2003 年

筆者的抑鬱病在 1990 年年初成熟。受抑鬱病折磨十三年之後，2003 年，寫下〈抑鬱求死〉這一篇文章。這是第一篇認真探討身上的抑鬱病的文章。十三年來，就是痛苦、惶惑、懊悔、軟弱無力、沮喪、絕望地渡過每一日。抑鬱病向每一個細胞漫延，也侵佔每一個生活空間。

〈抑鬱求死〉——第一次認真面對抑鬱病

跟抑鬱病苦苦糾纏十多年後，筆者寫下了〈抑鬱求死〉，以總結一下如何受到抑鬱病長期的折磨。這是第一次正正式式地檢視多年以來的抑鬱病。不得不承認，筆者無法克服抑鬱病，甚至對於如何受著抑鬱病的影響，也仍然不清不楚。抑鬱病在這些年來，以焦躁、疲累、工作的無力感、挫敗感，不斷需要休息、請病假……等等感受和行為當中體現。那筆者的內心呢？內心怎樣受抑鬱病影響？內心怎樣抑鬱？2003 年年中，筆者嘗試描述多年以來，內心是如何抑鬱、如何受抑鬱折磨及影響、身心如何苦痛。

以下是〈抑鬱求死〉全文：

———————————

〈抑鬱求死〉

　　我是我自己生命的畫家：雖然，所用的畫紙或者不容許我
自由選擇，或者在畫架上是一張發了黃的或滿佈「摺痕」的畫
紙，或者用料非常粗糙的，又或者是一張帶點殘缺的。當然，
也是有機會是一張潔白如新的畫紙。我可以選擇的顏料不多，
有一面倒的黑色，與及滄滄的白色——可以開出不同程度的灰。
陽光快樂的紅色是有吧，斑斕的七彩也是有吧，但不知放在哪
裡，從何處尋找。

　　將自己過去的生命，幻化成一幅畫。生活的經驗，所經歷
的事，所做過的一切都是這幅畫的內容。心靈、情緒、自己在
某時某地下，用什麼的心去看待外在世界所發生的事物——是
絕望的無助，是自覺的卑微；是被世界壓迫的痛苦，是被別人
欺侮的不忿；是不解命運對自己的不公平，是不滿時代對自己
的虧欠，是不屑於群眾的庸俗，同時又害怕於離群獨處的孤立
無援。

　　這是一幅怎麼樣的畫？

　　抑鬱病已把我折騰十多年了。當抑鬱變成一種習慣，便變
成了一個病。抑鬱成了習慣就是凡事都從灰暗面去看事物。

　　我的前半生是這樣的一幅畫——「狂風暴雪的晚上」。在
這幅畫裡，我就是無盡的黑夜。漆黑的顏色中，留不下一線白，
沒有一線的光，是無窮無盡的夜空。我是連綿的雪地，暴雪「玉
石俱焚」的打落在地上，粉碎每一個六角形的雪花。我是起伏
不停的狂風，在無窮無盡的黑夜中，在連綿不絕的雪地裡，不

由自主發瘋地在這個時間及空間的無限中，兜兜轉轉——也許死一千次也不是這痛苦的終結。

抑鬱病已把我折騰十多年了。它吃掉了我不少生命，吃掉我的健康，吃掉我的思維，最致命的，是它吃掉了我的希望——它從我的腦袋中，從我的思維程式中吃掉我所有的希望。最可怕的，是它可以隨時隨地，不用什麼理由，便隨意侵襲我。它給我世界最灰暗的解讀，它令我相信這是最沒希望的當下。

抑鬱病是一條緊纏著我心臟的毒蛇，當它蠕動時，表皮上粗糙的鱗片便擦傷我的心臟，毒液從這些小小的傷口滲入——毒我不死，卻也求生不得。抑鬱病是我腦袋裡的一個毒瘤，它壞死我一切快樂的神經——快樂從我的本能中、從我的邏輯中消失。我的心臟沒有暴烈的劇痛，那是慢慢的痛、隱隱的痛，毒藥毒瘤殺我不死，卻叫我活得不耐煩。

我開始幻想自己死亡的過程。我想有一日在回家的路途中，天空掉下一個石油氣樽，一個洗衣機，或一個大雪櫃，把我「呼——」的一聲便壓個血肉模糊，我身體內的神經，來不及痛時，生命便告終，連靈魂也像關燈一樣，「嘩——」的一聲便把所有意識關掉。沒有想過燈關掉之後要去哪裡，心想死便要徹底的死。若死後還留下一絲思維活動，還記得這生的苦痛，還延續著在生的怨念，我死來有何用？我有時是真心的希望，「高空」可以賜我一件「擲物」。

燈，突然熄滅。畫家也同時停止繪畫。不論他是否情思正滿天，創意源源不絕；也不論他是否躊躇的呆對著面前，自己一筆一筆畫出來的一個困局，想不到怎樣能夠再加上一筆——他也得在關燈之後，把畫筆硬生生的從膠著的油彩中，從纏綿著的畫紙上抽離。等待——如果還有的話——再開燈的時候。

我想把我折磨致死。我幻想把自己捆綁在一張實驗床上，兩排大鋼爪在床下的左右兩邊伸出來。一隻隻鋼爪像一張張鋼刀，在一條條冰冷的機械臂上，猛然的戳破我的胸膛，刺進我的肚皮。機械臂還向左右拉開，我便被左右兩邊撕開了。我要了結自己，我去了結自己比起面對自己來得舒服。生命活到這一刻，了結變成為一個解脫。或者我在自己的生活當中，還有能力自決的，就是這最後的一個解脫。看著自己慢慢的死去，折磨自己，處決自己，是看著自己無法生活的一種安慰，可以換來一絲的舒服。

　　一個畫家除了欣賞自己的畫外，也會享受畫畫的過程──如何建構如何佈局，如何用色如何勾勒，如何呈現如何表達──樂在其中。

　　我想自己死得「爆炸性」一點。我幻想吞下一個手榴彈，幾秒鐘之後，它便在我的胃裡面爆炸！這樣的死，比「呼」的一聲要慢，時間要長一點點，也沒有一瞬之間的突然；這樣的死，也沒有被肢解的細緻過程，沒有把身體的痛苦延長──就是這幾秒鐘的等候，可以讓我細味死亡給我的恐懼（死亡的本質原是很簡單）。當知道這幾秒鐘後自己便要爆炸，這幾秒鐘的時間，就能夠產生極為巨大的精神痛苦──浩瀚無邊的苦海，就濃縮在這幾秒之中！一個「更大」的痛苦，可以掩蓋一個「大」的痛苦。抑鬱時我有這樣的邏輯。

　　火藥從我的胸膛爆炸，我一定必死無疑。而且一定全個人「稀巴爛」，是真真正正的粉身碎骨。

　　一個畫家，偶爾也想奔放一下。顏料大筆大筆的潑上畫紙，紅橙黃綠讓她們撞個正著。甚至用火，在畫紙上留下無法想像、無法模仿的烙印。

雖生不如死，事實上我不知道死後是怎麼樣。我不知道死亡是不是比活著更好，我只知道我的痛苦要立即停止。我要突然暴斃，因為我想盡快停止痛苦。我要經驗每一秒鐘的折磨，因為我身體上的痛苦，是相對的證明我的存在。我要爆炸我的身體，因為我心裡面有一股無法宣洩的鬱結，累積至肉體無法承受的一個極限。死亡解決了我的一些問題，只可惜，我只能選擇一種死亡的方式。

　　我冀盼自己意外死去。我要是死得像一場意外，可說是生命主宰給我的一個恩賜。我期待突然發現自己患有末期絕症，將活不到多少時間——肝臟有一點痛，便希望是患了肝癌；頭多痛一天，便希望是患了腦癌；耳鳴是患了癌，口腔潰瘍是患了癌；身體無力是患了癌，精神疲憊是患了癌……

　　如果我意外死去，我的軟弱便會永遠被埋葬，把「人前的我」凝固，沒有人會知道我「想去死」的。我的死是一場意外，我還是「人前的我」，我保存著這個「人前的我」。這個「人前的我」並不是貪生怕死，是一個還沒有輸掉的鬥士，我並不是那些不能面對生命的失敗者，我並不是自我放棄的人——我的死還值得同情，我值得惋惜，我還是人前的我。

　　意外死亡拯救了我辛苦經營的僅有的形象。或者我這樣的離去，比起自行了斷，對這個世界、對我身邊的人，應該少了一份傷害——除了傷害我自己。當我死去之後，世界上的人或許會向上天發問：「為什麼要奪去他的生命？」那時我就無須面對也不用回答世界對我這樣的質詢。我這樣就拯救了自己的形象，還避開了全世界「千夫」對我的「所指」。我軟弱得無法面對自己，更無法面對這個世界。

　　畫家變戲子，把創作的二度空間變成為三度——第三度就是第三重的偽裝幌子。

我欺騙了全個世界但欺騙不了我自己。一齣自編自導自演的戲劇，自己是做不成全情投入、如痴如醉的觀眾。

作為一個觀眾，我在想：「我在看什麼呢？我為什麼要看呢？」一齣戲相對於一個觀眾的意義是什麼呢？就在還未步入戲院的時候，我想在大銀幕之前，我究竟期望一雙眼睛獲得些什麼？我期望用心靈去感受些什麼呢？要大笑一場？要大哭一場？要大笑加大哭各半場？要去看「寫實」？大銀幕下面不是更真實嗎？要看偶像？像敬拜上帝一樣我入戲院朝聖？

我作為一個觀眾，我開始慢慢的去看看腦袋裡面的一連串影像。面對著腦裡面的大銀幕，我不禁開始批評自己所作所想的一切事情。這些劇情發展的必然性令我懷疑，對於千篇一律的思維及行為模式也令我感到厭倦及沉悶。這個戲子沒有演技，這幅畫內容很貧乏——但原來這就是我，我就是這個戲子，我就是這幅畫！

我在看自己所做所想的一切。作為一個抽離的觀眾，我忽然發現了我自己。

生命在什麼的一個情況下要活到非死不可？我除了這些形式，還可以怎樣死去？我可不可以選擇怎樣死去？在想自己的死亡時，在選擇自己的死亡同時，原來我從來都不怕死亡——連死也不怕的時候，還有什麼可怕？還有什麼「生」的問題比「死」的更為可怕？

我發現自己的同時，開始領略到死生的一些意義。

害怕生存而不害怕死亡——害怕生存即是期待死亡；逃避生存但不逃避死亡——逃避生存就是迎接死亡。我擠壓在生存和死亡的二元對立之中。

當死亡一點意義也沒有時，原來活著也是沒有一點意義；當尋死的我要刻意掩飾時，原來活著的我也在偽裝著什麼。當生活一點意義也沒有，死亡也是一文不值。當活著的我在不能扮演著「人前的我」，死亡便替我做最後的我，「捍衛」最後的我！？偽裝的死，是我粉飾這個生命的最大諷刺！當這張人世間的虛假人皮撕破後，我只是一堆潰塌的沙塵。風一吹，便四處散落在世界上，整個人便消失得無影無蹤——只剩下那張殘破的、虛假的、發臭的人皮。

　　我發現自己的同時，開始領略到死生的一些意義，發覺兩者之間有一刻相通的時空。

　　我想死，我同時發現自己原來並不怕死，我看見我驚覺自己也無須怕生。在生有什麼好怕呢？橫豎要死——連生命也可以放下，在生的還有什麼不能放下？死去之後，這個殘軀也只不過是一堆腐肉，一副骸骨，到最後也化成為塵土。那麼今天為什麼還要辛苦的保存著這張虛假的人皮呢？我可以面對死亡，我也可以面對自己的軟弱。我可以死亡，我更可以生存，我可以面對我自己！我可以選擇怎樣死亡，我更可以選擇怎樣去生活，我可以掌握我自己！我發覺我有生存的動力，因為我有死亡的勇氣！

　　我要好死，我要死得好好。我要好好的活讓我好好的死。

　　我是我人生的畫家：我手中執筆我掌握我的生命，我怎樣完成這幅畫是我如何去生活。既然畫筆在我手既然生活選擇在我，何不去畫一幅自己滿意的畫活一段燦爛的人生？我也是一個觀眾在我的畫在我的生命跟前，我在看。原來一幅好的畫一段美麗的人生，會同時令自己得到欣賞的滿足。快樂會膨脹——這快樂令我更用心去畫更用心去活！

今天，我依然跟抑鬱病搏鬥。從死生的意義當中，我認識到自己在世的一些意義，再不輕言斷送自己的生命。在能夠觀照自己人生的同時，替自己演一齣好戲。我希望我在做人態度調整後，輔之以合適藥物，我有戰勝抑鬱病的一日。

我希望有一天執筆時，我會忽然會心的妙想天開，想要一張更大的畫紙。

————————

（〈抑鬱求死〉全文完結）

（此文章版權屬青年文學獎協會所有）

筆者第一次檢視身上存在了十多年的抑鬱病，著眼點還是「當下的身心痛苦」和「自殘自殺的氾濫幻想」。關於抑鬱病的生成過程，以當時而言，似乎在視野和記憶之外。

第一章第一稿完成於 2015 年 5 月

第二章

厭學抑鬱病

1991年9月1日 — 1992年1月27日

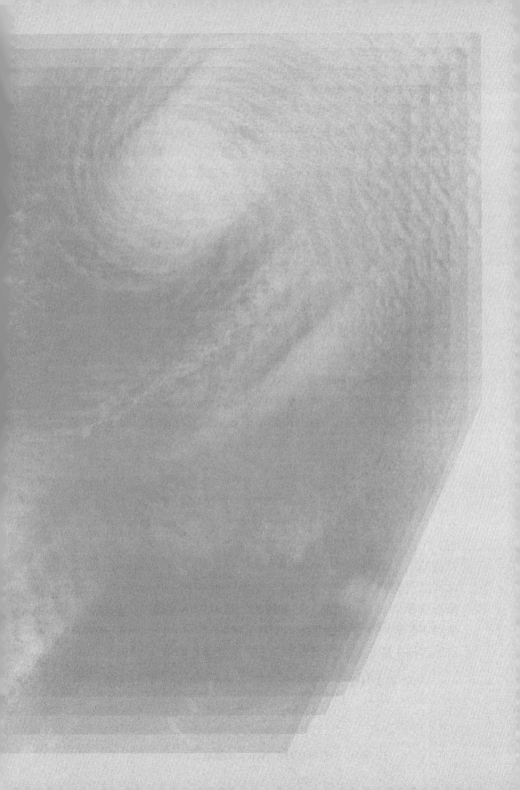

【全章摘要】

根據第一章的發現，筆者的抑鬱病早在 1990 年 5 月以前就已經成熟了。到 1992 年 1 月 13 日（重讀中五），第一次用「患上抑鬱病」來直接描述自己的情況。這一日筆者自覺身患「厭學抑鬱病」——早上起來，對於返學十分厭惡反感，並產生極大抗拒，同時間又全身乏力。

重讀中五的生涯在 1991 年 9 月 2 日禮拜一開始。第一年會考完結之後（1991 年 6 月），過去中三、中四、和中五這兩三年間認識的、相知相惜的好朋友，都各散東西了。開學，上課，校園依舊，彷彿人面全非。踏進校門，雖然已經是第六個年頭，但是那一刻的陌生，強烈得令筆者產生不安與焦慮。

兩個多月之後（1991 年 11 月），便開始經常詐病請假，逃避返學。這個時候，對校園生活已經感到厭倦，繼而反感，接著更投訴身心疲憊無力。最終「厭倦返學」跟「抑鬱病」連結在一起，筆者在 1992 年 1 月 27 日向校長「申請停學」，留家自修。

2.1 會考失敗

筆者沒有重視第一次會考，在整個中五學年裡面都有一種「大安旨意」的感覺。大概，因為在學業上從來沒有受過重大的「挫折」，所以就覺得這一次也會跟之前的考試一樣，可以糊裡糊塗「過關」、繼續升學。或者因為這一種心態，就覺得沒有需要為會考額外付出更多。當然，苦苦暗戀上同邨的陌生少女，一直嚴重影響筆者的日常生活。這個時候，筆者最為重視的，應該是愛情而不是會考。會考結果，英文科「肥佬（Failed）」，其他科目雖然合格，卻不過只是表現平平，無法繼續升學。

1992 年 1 月 2 日，筆者對於第一次會考失敗，有以下檢討：

1992 年 1 月 2 日（筆者附註：以下日記寫在第一本日記）

我記得，CMK（筆者附註：四家姐 CLC 的中學同學）向我提過，中一至中三可以玩，但中四開始就不要再玩了！要在此時認真的讀書了（筆者附註：中四中五進入會考課程）。

我很記得這話，但無甚感受！可能因為我自己一直以為我自己很聰明，聰明就可以搞掂一切！

我現在覺得不對！

在中四時，我仍然沒有會考嘅感覺，因為四周圍都無任何壓力，我嗰時又唔知會考是什麼，在學校，簡直不知所謂（筆者附註：對學校一向感到不滿）！放縱，我那時又陷於感情問題，就連自己嘅生命也得不到光明（筆者附註：因為感情問題而覺得人生沒有意義），又點樣去考試呢（筆者附註：相比於感情問題及至人生意義問題，考試變得微不足道。）？我嗰時認為：「沒有意義，就沒有行動。」我不知為何要讀書？我自己本身是一個懶人，是一個很不穩定嘅人，我有很多時候也是頹廢的。那時我覺得，我甘心於一份平凡嘅工作，我不用會考成績去換些什麼。況且，我又認為做一個出色的人，不一定要靠文憑！

但最重要的還是陷於感情問題（筆者附註：不重視學業的最主要原因）。

……

中四，用苦戀用憂鬱去挺著腰，艱辛忘我地「蠕過」，得不到、死不去。中五，更差嘅一年，我根本就不想去會考！

愛情對我來說，實在有太大的影響了！我生活不能沒愛，但我得不到愛！

2.1.1 苦戀的困擾與及抑鬱病的傷害

在會考期間，乃至整整兩個中四中五學年，筆者的心思、注意力、意識空間，大部份都是纏繞著所苦戀的陌生少女（SL）（關於 SL 的故事，可以參閱第一章〈抑鬱成病〉1.2〈苦苦暗戀上陌生少女〉，與及第三章〈病態苦戀〉。）。心裡面就是日夕牽掛，腦裡面就是朝思暮想。返學、放學、甚至不用返學的日子，最為希望的就是能夠碰上她……

關於會考前夕希望撞見 SL 的日記記錄：

────────────

1991 年 4 月 13 日

今日同學 TSM 叫我晚上出來一起吃飯，我話有錢，佢就請我（筆者附註：請客）。在談話期間，講到大家嘅學業問題，佢話好多人都放棄咗會考咁，就例如 CJS、CST、CLM、GLF、KWK 等人（筆者附註：同班同學）。

唉，其實咁樣嘅景況，係由學校一手造成嘅。因為學校遇到唔好嘅學生，就放棄佢哋。

……

今晚和 TSM 食完飯之後回家，竟然見到佢，佢一個女仔出夜街。我回到家後，有少少擔心，又好想落街去等佢，但我又怕佢係個壞女孩，又怕佢同別的一個男朋友一起回來。

────────────

1991 年 4 月 15 日

今天我一早起來，本想在早上上學時見她一面及上馬（筆者附註：因為校內模擬會考已經完結，不用天天上學。這天特

意在上學時間走到街上希望能夠碰上她。），可是我卻碰不見
她。

今天考 Oral（筆者附註：英語會話）。今早七點五十分做
AM（筆者附註：Additional Mathematics，中學會考科目。），上
午十點回校，下午一點二十分再做 AM。

晚上九點，我就想睡覺了，我真係唔知道自己嘅方向。

―――――――――

1991 年 4 月 19 日

一朝早五點半起來，五點十出門口，六點一到香港仔水塘
閘口，等同學 TSM，點知佢有來到，「放我飛機」（筆者附註：
失約）。

其實佢有冇來也不要緊，因為我本來就想喺七點鐘回黃竹
坑跟 SL 碰一碰面（筆者附註：那是她返學出門的時間）。但係
我碰不見她。其實我已經為咗呢件事，出咗咁多嘅力，花咗咁
多嘅心血，為何？為何總是達不到目的？

―――――――――

到會考的時候，筆者的精神和心思裡面最為重要的事情，還
是要見到 SL 一面。有關會考期間對 SL 的渴望，日記記錄如下：

―――――――――

1991 年 4 月 22 日

今日考幾何學繪圖⋯⋯

今朝，我心想見到她，可是還是見不到。

「我今天很心痛，我很想、很想、很想碰見你，得嗎？能嗎？
可以嗎？」

1991 年 4 月 24 日

今日考設計（筆者附註：D&T 科目其中一份試卷），早上
想碰見她，今日終於都見到了，可是我還是不敢上前説句早安。

今次的相見，我看不到她親切的笑容。

1991 年 5 月 15 日

今天考 Maths，我認為無問題。下午兩點半回到家後，我沒
有溫中文。

五點半（筆者附註：下午），我對她很是掛念，心中亦不
期然對她起了一陣思潮。明天考中文了，又有作文了。我可能
的話，我一定會作關於她的題材。我愛她，我很想她也愛我。
明早，不，是每一天的每一個早上，我也想見到她，輕輕地親
一下她的那張完美的面。如果我們真的有將來，我會無限的關
懷她。

明天，後天，大後天，哈哈。

當然，抑鬱病對筆者的傷害，亦從沒間斷地影響著筆者的生
活，包括應付會考。

1991 年 4 月 18 日

呢幾日來，我個心又絞痛，好痛、好煩！

為乜嘢？人為咗乜嘢？我又為咗乜嘢去讀書呢？我好劫……我真係打唔贏個環境，但係當我打贏咗個環境，咁又點樣呢？實在，我已經唔想再戰鬥了，我個心已經負傷了，已經再有力了。

2.1.2 英文科「肥佬（Failed）」

第一次參加會考，報考的九個科目裡面，有兩科「肥佬」（Failed）。這兩科就是聖經科（U-Unclassified 不予評級）和英文科（F-Failed 不合格）。其餘七個科目，三科得 B Grade，三科 D Grade，一科 E Grade。雖然考獲三科 B Grade，雖然「五科」成績已經有十六分（六個會考科目合共最少十六分為升讀中六的門檻），但是因為英文科「肥佬（Failed）」，無法升上中六。

關於英文的弱點，早在中四的時候，已經心知肚明、十分清楚。中四的學期尾段，在日記中寫道：

1990 年 6 月 5 日

今天，我對於學業亦都抱咗散漫嘅態度，英文科更覺得要放棄了。

事實上由小學開始，筆者就一直知道自己英文「水皮」。還記得小學六年級時候，因為不懂得讀出學校的英文名字（Wong Chuk Hang Catholic Primary School），被英文科老師兼班主任，半帶羞辱的教訓、懲罰、與嘲笑。筆者的英文科成績，是由小學開始到中學畢業，一直處於中下游位置，只是其他科目成績比較優異，才得以年年「搲車邊」升班。

　　另一方面，筆者所就讀的小學及中學，都只是「中間級數」，因此有不少時候，都覺得自己的英文水平並不是「最差」。或者這一種「五十步笑百步」的態度，製造了「自我感覺良好」而忽略了一個關鍵的、甚至是「致命的」學習問題。

　　由小學開始就害怕英文。或者因為一開始就學不好，或者本身語文能力低弱，英文各方面的表現都一律不好。所以，也很害怕上英文堂，害怕不幸被老師選中答話或答問題──根本就連半點英文也完全聽不明白，遑論再去「反應」。因為「學」不好、因為「表現」不好、因為「害怕」，結果就是逃避。這種困境一直維持到中學畢業。可以說，到會考的時候都仍然是一樣的逃避，一直沒有認真面對過這個問題。

　　1991 年第一次會考，筆者當然知道，升讀中六的其中一個「最基本要求」，就是中、英、數三科一定要全部合格。筆者早在中四時就了解到自己英文的弱點，而似乎在會考時候，心裡面有一種僥倖的想法：「或者這一次也和過去的校內考試一樣，最終幸運地讓筆者糊裡糊塗地、不明所以地蒙混過關，得到合格分數！？」

　　這一年的會考結果卻非常合乎情理──能力不逮者「肥佬（Failed）」。

　　或者，沒有對自己的實力作全盤的評估，因而沒有認清到關鍵和「致命」的弱點（英文科），導致學習和溫習都顯得輕重不分。或者，曾經有人對筆者的問題提出建議；又或者，曾經有人嘗試

主動幫助；不過以筆者當時的「心高氣傲」，應該無法將任何「勸諫、提點、建議」聽入耳內。

2.2　重讀中五之前的校園生活

原校重讀中五，其中一樣最大的改變，就是好朋友各散東西。這一班好朋友，都是筆者十分要好的同學、伙伴、死黨……中四及中五這兩年，也許沒有察覺到這一班好朋友對自己的重要性。只是一旦大家各散東西，筆者重回到這個熟悉的校園開學上課，便立即感到前所未有的陌生感覺——一處已經沒有朋友的空間、一處只剩下自己的空間。

2.2.1 好朋友的情誼——「譚 Sir 俱樂部」

A　會考分科

筆者跟中三、中四、和中五的同班同學情誼深厚，有些同學認識了接近十年，由小學開始就同校了，有些由中一開始就一直同班到中五。一半以上的同學，由中三開始同班，因為這一年，學校開始為中五的會考分科分班，同級中三分為「電子與電學班（Electronics and Electricity，E&E）」（兩班共八十人），與及「設計與工藝班（Design and Technology，D&T）」（兩班共八十人）。筆者在這一年就被編入「設計與工藝班（D&T）」。

升中四那一年，兩班「設計與工藝班」合共八十人，再分成為一班「金工（Metalwork）班」（四十人），以及一班「設計與工藝班」（四十人）。有一部份中三的同班同學，升中四的時候轉到了「金工班」；而又有一部份同學，由「金工班」轉入來繼續修讀「設計與工藝」。由於相處的時間長，與及一起成長，所以筆者在這一班同學當中，不期然地有著一份十分熟悉的感覺。

畢竟，大家都一起渡過了很多事，包括 1989 年 6 月 4 日北京天安門的「大屠殺民主運動的慘劇」。1989 年春夏之間，香港的聲援遊行開始熾熱，5 月份時，校內研討會亦開始熱鬧。大家萬眾一心的希望那個國家可以「自由民主」，可以改變獨裁和暴政，可惜最終中國共產黨命令軍隊，開動坦克車和機關槍，把參與運動的學生和市民槍殺、輾死。這些畫面，筆者跟大部份同學都一同目睹。

整個中五年級，同學接近一百六十人，大部份筆者也認識，雖然很多算不上有交情。跟這一班同學一起的時候，筆者大概已經是渾然忘我地，有著一份令人熟悉的「安全、安心」，不會產生不安和焦慮⋯⋯

B 「譚 Sir 俱樂部」

筆者最要好的一黨同學，大家自稱為「譚 Sir 俱樂部」（「TS 俱樂部」）。以「譚 Sir」命名自己的一黨同學，原因是這個「俱樂部」的「主席」，樣貌、身型、動靜，均與校內的一位譚姓數學老師十分相似，甚至乎穿起恤衫上來，兩個人的「風格、形格、感覺、味道」差不多一樣。霎眼之間兩個人確實十分神似（那時候的校服是白恤衫加灰色西褲，而男老師們大部份日子也是淡色裇衫加深色西褲。）。兩個人一時被謔稱為父子，一時被謔稱為兄弟。自從「被發現」跟譚姓老師相似之後，這位同學便「被稱為」「譚 Sir」，一直到畢業二十多年後的今日。而以他為主席的俱樂部，就稱為「譚 Sir 俱樂部」。

「譚 Sir 俱樂部」是一個嬉戲的組織，從「俱樂部」三個字可知。那個年紀，中三、中四時間，剛剛踏入高中，身體開始發育長高⋯⋯家庭的管束已經不得不放鬆，但是零用錢不會很多。日常主要還是校園生活佔用大部份時間。放假的日子，大家總是走在一起，雖然不一定有特定的活動。聖誕節大家會一起出來到尖

東拍攝燈飾，農曆新年時候大家會去維園花市，端午節到香港仔看「扒龍舟」……等等。大家都享受那「Hea 在一起」的時光。最多的還是 BBQ 和游水，所以到沙灘 BBQ 可以一次過滿足兩個願望。

有幾位同學特別喜歡攝影，包括 CJS、SSS、YCS，他們都是使用「單鏡反光相機」。當中又以 CJS 擁有最多攝影器材，他的相機袋比起返學用的書包還要大一、兩倍：長鏡頭如大炮一樣，標準鏡、廣角鏡、定焦鏡……一應俱全，還加上很多配件和輔助工具，例如濾鏡、柔焦鏡、相機用摩打、三腳架、Shutter 繩、測光錶、閃光燈及反光板……等等，嘆為觀止！

記得有一次，他去看偶像關淑怡的戶外表演，以他這一身攝影裝備，場地保安人員就以為他是記者，讓他進入記者的攝影區拍攝。中四的 CJS，已經是一身專業攝影裝備。

所以中三、中四、和中五，三年來的聖誕節，CJS 一定會約大家出來拍攝聖誕燈飾。其他場合如校內陸運會、水運會、旅行……等等活動，CJS 也會帶齊裝備，特意為大家拍攝。有幾次更是「純粹攝影」，大家走到赤柱、公園、和回到學校，當 CJS 的 Models，由他拍攝一些個人「沙龍」。有一次，他的一家人購置了新物業，搬家之後，他約大家到舊屋子，以一間空蕩蕩的舊屋為背景，還準備了太陽燈「打光」，替大家拍攝一些「十分造作、扮有型」的、今天是絕對不敢再看一眼的相片。

有幸，能夠認識 CJS、SSS、YCS，為那段時光，用「相片」留下了很多回憶。

不得不提的是一次中秋節晚上的通宵 BBQ 活動，確切的日期是 1990 年 10 月 3 日。這一次 BBQ 的地點是香港南區的中灣，其時是中五開學之後一個月，而再一個半月之後（1990 年 11 月中），校內第一段考就要開始。但是這一個中秋節的晚上，大家「俱樂

部會員」之間沒有考試的緊張氣氛。也許，很多人對於會考已經不抱任何希望。第二年（1991年）3月份，中五課程完結，接著就是校內的模擬會考，4月尾會考便正式開始。

這一個晚上，BBQ 的過程十分狼狽，早早就因為遇上大雨，燒烤爐和燒烤炭完全濕透，而無法繼續燒烤。大雨過後，「雅興」一點也沒有被打消，大家將 BBQ 的食物轉為「打邊爐」（同學 SSS 帶來一個露營用的氣體燃料火爐，打算為 BBQ 之後，烹煮奶茶而用。），反而更覺得新奇好玩。「飲飽食醉」之後，大家圍著火爐，在沙灘上促膝而坐。夜深人靜，慢慢就談起各自的生活、家庭、學業、會考、前路、愛情……不知不覺，一直傾談到天光。

以筆者的個人經歷而言，從來沒有試過，可以如此坦誠而又安全的將自己「埋藏在內心深處的秘密（也可能是平日努力掩飾和保護的傷口）」，在大家面前一一剖開。也許這是生命裡面第一次，「出現」感性而又真摯的分享和交流。這樣的分享和交流，就算是在「家人、親人」裡面也從來無法做到（從來沒有「出現」）。

經過這一晚，同學之間的關係增進了很多很多。大概由中四開始（也可能早在中三），這一班同學已經成「幫」成「派」，自稱為「譚 Sir 俱樂部」，一早就一起吃喝玩樂。但是由這一次 BBQ 之後，大家之間似乎更多了一份信任、關懷、情誼。

1990 年 11 月 19 日，「譚 Sir 俱樂部」第一次為一位成員準備一次簡單的生日會。某日在閒聊間知道 SSS 未試過「過生日切生日蛋糕」，幾位同學就商量為 SSS 準備一次小小的生日會，讓他一嘗「切一次生日蛋糕」的「滋味」。整件事秘密進行。那天放學之後，同學便分頭行事，有的把 SSS 留在學校，有的到香港仔買蛋糕及一些小食，並於早一步時間到達同學 KWK 家中，把所有物資收藏好。等到 SSS 來到 KWK 家中時，還沒有告訴他生日會的事情。

不記得是「打麻雀」還是「鋤大D」的時候，大家就突然關燈、捧出點上蠟燭的生日蛋糕。也不記得 SSS 的反應如何，接著就是唱生日歌（一班大男孩在這個時候反而有點尷尬！），然後讓 SSS 吹蠟燭、切蛋糕。就在切過蛋糕之後，大家早就計劃要犧牲其中一件——兩個同學分別夾住 SSS 的左右手，令他動彈不得，一位同學就正面地把一件蛋糕擠入 SSS 的面上。

　　SSS 事後憶述，那一天他很感動，感覺是暖暖的、暖暖的⋯⋯即使在過程之中「給蛋糕擠面」、被同學戲弄，他也全然受落。自 SSS 開始，12 月份生日的 GLF，1 月份生日的 KWK 和 LCK，「譚 Sir 俱樂部」也為他們搞生日會。不同的是，生日會不再秘密籌備。此外，大家也不再浪費蛋糕去擠面，改為使用罐裝壓縮忌廉，噴在紙碟上⋯⋯

　　有一位同學，筆者覺得十分值得一提。這一位同學跟筆者相識了三年，就在中五的最後上課日，向筆者透露一個埋藏得很深很深的秘密。那一天，這一位同學特意走到筆者身邊，輕聲告訴，他的父親在他小學的時候已經離開人間了。相識的三年間，筆者竟然完全沒有發現，這位同學原來是來自不完整的家庭。今天回憶起來，是這位同學把「秘密」收藏得密不透風？還是筆者粗心大意？

　　接著，他對筆者苦口婆心的說，他父親在生的時候，大概跟筆者一樣對自己的父親十分反感。但是當他失去了父親之後，卻發現自己一點也不覺得快樂，反而是十分傷心和掛念。他希望自己的秘密可以令到筆者引以為戒，珍惜「還可以有父親」的時候。看見這一位同學，看見他剖開了自己深深埋藏的「傷口」，為了筆者的父子情誼（也許是為了筆者的心靈健全），而作出一次「血淋淋」的袒露，十分感動。

關於中五最後上課日的點滴，日記記錄如下：

_____

1991 年 2 月 28 日

今日中五最後上課日，但係並無特別感覺，午飯全班二十三人到<u>海寶酒樓</u>（筆者附註：學校附近一間酒樓，位於<u>香港仔中心</u>，已經結業多年。）食午飯，食咗 $562.8。

今日最令我有感觸的，可就是同學 <u>XX</u> 了。原來……父親在小五時離開了。

……當時我同佢正在步行回校，一路行，一路講，每一步，加深一愁。我愁，就愁在我老爸嘅問題……

可是 <u>XX</u> 喺佢父親在生時，佢亦恨他，直至他死了，佢才覺得他死後，佢一 D 都唔快樂，佢仲好無奈。

_____

2.2.2 活躍投入班中活動

中三，筆者是班會主席；中四，筆者是班會財政；中五，筆者是班長。除了「<u>譚 Sir 俱樂部</u>」之外，筆者尚算非常投入班中活動。聖誕聯歡會、新春遊藝會、學校旅行、水運會、陸運會……當然還有作文比賽和歌唱比賽，筆者也加入了<u>香港仔工業學校</u>的義工隊──「愛心隊」……一一都樂在其中。

中五聖誕節期間，筆者參加了校內的班際「巨型聖誕咭設計比賽」，用了六個晚上的時間去製作。此事日記也有記錄：

1990 年 12 月 21 日

　　是日心情極之差，因為我張聖誕咭攞唔到獎，我會作一篇文記敘呢件事。六夜來苦盡心思、窮用心血、嘔心瀝血咁做咗一張聖誕咭出來，竟然攞唔到獎，自問每一個部份也經細心思索，但求盡善盡美。

　　雖然最後因為沒有得獎而不開心，但是那時候還會因為喜歡一個活動而努力用心地參與。

　　校內活動以外，全班同學也會一起參與義工服務。最早一次在中四，日記記錄如下：

1990 年 5 月 14 日　　星期一

　　……

　　放學，我和同學九人，到學校前面嘅油站頂清理積水。又通渠、又掃葉，好污糟、好難受，但亦做得好開心。之後四點半，又喺課室商量一下買賣舊書嘅事。

　　除了上述的清理校園附近積水與及買賣舊書兩件事，在同年（1990 年 12 月）的聖誕節，筆者也和同學一起，跟老師到安貧小姊妹會聖瑪利安老院（地點在黃竹坑惠福道 2 號），協助那裡的修女們，為住在安老院的老人舉辦聖誕聯歡會。

筆者亦曾經發起一項義工活動，就是在中五學期開始時，在班中成立溫習小組。

1990 年 9 月 14 日

　　呢個星期中，我想喺班中成立溫習組，係想提起班中嘅考試意識，勤勤力力。希望成功。

　　在筆者心目中，中學會考的課程，是一個「正常」中學生完全可以應付的課程。當中最基本的條件，只是同學「願意去面對」這一場考試。簡單而言，筆者深信，只要同學肯去學習，會考合格並不是問題。大概，這一個信念也或多或少反映出筆者的不切實際、毫無根據的理想主義心態。諷刺的是，筆者自己就是不肯去面對自己的英文弱點，結果會考英文科「肥佬（Failed）」。

　　誠然，在中五開學不久的時候，筆者眼見身邊的同學，的確有不少似乎已經表現出放棄學業。當時深深感覺得到，同學的問題是根基不好，中四的課程還沒有好好掌握，中五的新內容又不斷加添上去。同學的情況好比在一場長跑比賽中，在早段已經大幅落後，導致連「追上去」的希望也沒有，或感到「追上去」大概是遙不可及。

　　為了同學們（好朋友）能夠「共同進退」，筆者就在 9 月中組織溫習小組。第一，需要解決地方問題。學校在放學之後並不開放課室，筆者去找班主任商量，希望可以在放學時間借用課室，讓同學們可以留校溫習。班主任立即應承。第二，筆者情商班內成績較為優異的幾位同學，希望他們可以留校協助其他同學，一同去解決溫習小組裡面的學習問題。溫習小組就在這兩個簡單的基礎上總算開始了。

溫習小組維持了兩、三個禮拜，便無以為繼。不得不承認，筆者不懂得怎樣去幫助他們。一對一形式的講解，尚算可以勝任。一班同學，十來個人，即使有幾個成績很好的同學幫手，似乎仍然無從入手。也許，同學到來是因為「界面」，或者不便「拒絕」。而筆者也沒有足夠心力，去嘗試其他不同的形式、不同的可能。或者應該嘗試「一對一」，或者應該要多問同學的需要、了解同學的難處，或者應該請教經驗豐富的老師們……

　　到最後，幫手的同學意興闌珊，來的同學也不覺得有用。兩、三個禮拜下來，溫習小組便再沒有人來，筆者亦沒有再堅持下去，溫習小組就這樣無聲無色地完結。

2.2.3 喜歡的科目——Design & Technology（D&T）

　　「設計與工藝」（D&T）是筆者所喜歡的科目。修讀 D&T，讓筆者有機會接觸到很多重型的機器，並有不少機會親手操作，例如：「鑽床（Drilling Machine）」、「車床（Lathe）」、「刨床（Shaping Machine）」、「銑床（Milling Machine）」、「磨刀機／磨床（Grinding Machine）」……等等（另外太多輕型機器和工具不在此介紹）。

　　筆者還有機會學到很多「金工」（Metalwork）和「木工」（Woodwork）的製作技巧，也包括「亞加力膠片『工』（Acrylic Work）」。基本物料切割、成形、以及表面處理（Finishing）等技巧，由中一便開始學習。到高中階段，更會接觸到「鍛造（Forging，俗稱打鐵）」、「焊接（Welding，包括電焊 Electric Arc Welding、風煤焊 Oxy-Acetylene Welding）」……等等在其他中學裡面較為少用卻又實際的技術（所需設備在一般工業中學也並不常見）。

筆者有幸能夠就讀在香港仔工業學校，校內的工科設備和工藝教學水平，相信是全香港中學之中最高。

　　喜歡 D&T，就是因為那些五花八門的機器，與及各種的工藝技巧。總覺得比起靜靜安坐去解答問題，筆者就是喜歡身體力行，「落手落腳」、在工場裡面站著工作、四處遊走，與及使用不同機器和工具。而從 D&T 得到的，除了學科的知識，還有很實在的一樣成果——「製成品」——當中還有「實踐、製作過程」的種種得著。

　　中五會考的 D&T 科目，評核來自三部份：製作報告、製成品、與及筆試（筆者忘記了三部份的分數比例）。製作報告的內容，需要介紹「設計意念」的產生過程，與及各個設計部份的考慮；最後，還要包括構想「產品／工件」的整個製作工序。筆者花了很多心血和時間在製作報告與及製作產品上，而且是遠遠「不成比例」的多（跟其他八個會考科目比較）。曾經有其他科目的老師，半帶嘲笑的認為 D&T 的會考習作令到學生「為咗一棵樹而失去咗整座森林」。

　　製作報告和工件（Final Product）需要在 1991 年 2 月份提交。1990 年 12 月起，筆者便需要「加班」趕工，務求在限期前完成。關於製作過程的日記記錄如下：

―――――――――

1990 年 12 月 28 日

　　今天，終於開始咗我嘅「會考日記」……

　　總算叫做開始。全日無玩結他，5:00- 晚上 11:00 做 D&T（筆者附註：做 D&T 的會考製作報告。）。總算十一點先去瞓（筆者附註：慣常於九點過後至十點左右睡覺）。

―――――――――

1990 年 12 月 29 日　星期六

　　八點半起床，然後聽音樂、看《天下畫集》（漫畫）。上午十一點做 D&T，午睡至下午兩點，兩點至兩點半，玩結他。兩點半，做 D&T。今日做完 D&T。

1991 年 2 月 11 日

　　一連四週，都忙住做 D&T 報告，創下七十二小時瞓十六個鐘嘅紀錄。這又令我長一智了！從做報告中我發覺，我自己做報告時，很多部份也精益求精，只有極少部份略為懶惰，大概只有一成係啦！但係從這重質不重量嘅製作之中，我發覺做事要注意時間；就像這次中，我實在不能把握時間，在最初時不做，在最後時「做餐死」（筆者附註：在最後時間十分趕忙）。

　　……

1990-1991 年 D&T 檢討報告

1. 學英文（筆者附註：因為 D&T 科目以英語教授，產品設計報告也以英文書寫。亦因為書寫報告時向家人討教，而得到冷嘲式的指導。）

2. 注意時間（筆者附註：早期浪費了很多時間。也覺得投放太多時間在這一科上，因而減少了其他科目的考試準備。）

3. 量力而為（筆者附註：沒有評估自己可投放的時間）

4. 勤勤力力（莫懶）（筆者附註：總覺得自己在早期不夠勤力，因而導致後期積聚太多工作，最後無法把習作完成。）

5. 注意開支

6. 注意字體

───────────

　　完成 D&T 的製作報告及產品之後，筆者檢討了整個製作過程。雖然是額外花了很多的時間，但是筆者還是滿意自己「盡心去做」的態度。在這一個設計創作上，筆者是希望把製作做到最好，而且身體力行，想到做到。付出的是超越了考試的要求，得到的也是超越了分數的範圍！當時的日記記錄對這次製作、對自己的做事態度表示欣賞。

　　誠如同學 PYT 所言，筆者的製作確實「刁鑽」，不過也有相當質素。在之後一年重讀中五的時候，應考 D&T 的同學之間，一整個學年都在傳閱這一份製作報告，一整個學年都未曾停留過在筆者手上。兩年之後（1992 年 8 月），一位舊同學要求借用，讓他帶去工業學院作入學面試之用（報告改上他的名字）。

　　關於同學 PYT 對筆者的 D&T 習作的評語，日記記錄如下：

───────────

1991 年 2 月 11 日

　　……

　　在工件中（筆者附註：Final Product），我的設計及製作是很複雜的，所以需要較多的時間，又導致我做不起（筆者附註：最後無法完成）。就像同學 PYT（筆者附註：同班同學）所言：「抵你死啦！做得咁刁鑽（筆者附註：花巧、龐大）！」

今天覺得，在香港仔工業學校的工場裡面的工藝學習，為筆者培養出一顆「工匠心」。這一顆「工匠心」對今天書寫「《抗病誌》系列」，有非常大的幫助。

2.3　重讀中五的校園生活

會考失敗之後，筆者感到前路茫茫與及走投無路。第一次感到強烈的挫敗感覺。另一方面，新一年的中五班（設計與工藝班），上課氣氛比一年前的更加惡劣，令到筆者對學校更加厭惡。

盤算過之後，D&T 不再重考了（花費太多時間——「為咗一棵樹而失去咗整座森林」）。筆者留在學校只有一個單一的目的——這一年要英文科會考合格。

2.3.1 挫敗

知道無法在原校升上中六，筆者曾經走到其他學校，希望作最後努力，嘗試申請重讀甚或升學。可惜還是沒有學校收留，最終只有回到原校重讀中五。無法離開原校與及遭受到其他學校拒絕，令筆者在學業上（或是個人「成績」上）第一次感到強烈的挫敗感覺。

筆者由小學開始，對「成績」一直自負驕傲。大概是經常覺得比起身邊的人，都有一份「不會輸蝕」的驕傲。默書、測驗、和考試，不用太努力，成績也不會太差。再加上筆者總是「好管閒事、好為人師」，常常主動請纓去教導身邊的同學。中三的時候，數學老師就因為這一個情況，向筆者訓斥：「我沒有請你做助教！」中五的時候，更自組成立溫習小組，要去幫助其他同學。是不是太「好為人師」？太「不自量力」？又因此令到自己陶醉在「比別人優越」的陷阱裡面？

一直都沒有受到嚴峻考驗，一直都自以為是、自以為了不起。對於名列前茅，雖然不是常客，但是自我解說的——只是沒有興趣而不是沒有能力。沒有想過自己只是一隻無知的井底之蛙，又帶點「吃不到的葡萄是酸的」，不屑去努力、不屑去爭取最好的成績。筆者甚至有一種毫無憑藉的狂妄想法：「只要努力，好成績就手到拿來。」。

　　會考的結果，把所有「自負、自以為是、自以為了不起」的幻象都摧毀。同時亦把僥倖的心態摧毀。「自己」原來不是過去所想像的優秀。莫再說：「只要努力，好成績就手到拿來。」——受到抑鬱病傷害，大概就連「努力」也無法做到。

　　或者因為挫敗的影響，或者再加上類似「破釜沈舟」、「背水一戰」等只許成功不許失敗的心理要求，筆者在重讀中五的時候，對自己的要求特別高、特別嚴苛，希望能夠催逼自己、能夠「盡力」、能夠做到自己期許下的要求。

2.3.2 陌生

　　會考放榜之後，同班有五位同學包括筆者重讀中五。「譚 Sir 俱樂部」當中，同學 LCY 跟筆者一起原校重讀，同學 YTZ 到了私校重讀，同學 SSS 到了工業學院讀「產品設計」，同學 CFC 投身「飛機工程」，同學 CJS 進入了煤氣公司當學徒，三位（GLF、KWK、TSM）不再讀書，出來工作。

　　1991 年 9 月 1 日，新學年開學日，重讀中五的生涯正式開始。在這所學校已經是第六個年頭。第六次的新學年開學日，理應是一切如常……學校大門、六七十年歷史的黃綠色地磚、足球機、詢問處友善的校工、禮堂、禮堂兩邊的大木門、籃球場、乒乓波檯、小食部、電子工場、初級工場、高級工場、新校舍樓梯、舊校舍的鐵板路、聖母像花園、足球場、課室、書檯、凳、吊扇……甚至課室的燈光、粉筆寫在黑板上的聲音……

校園依舊，但是重讀中五卻令到筆者感到前所未有的陌生。這一份陌生的感覺，更變成了不安和焦慮，刺激起戒備、防衛的本能。

　　好朋友不在身旁，「存在」變成孤獨。開學禮在學校裡面的足球場進行，9月份的早上八點鐘，太陽從東方照射著一班一班排成一行一行的學生。筆者與四位重讀生排到全班最後的位置。開學禮完結後便返回課室。五位重讀生因為排到最後，所以最遲進入課室。其他由中四升上來的同學，一早便自行坐在「自己的座位」上，無用安排。大概那就是上一年中四的座位位置。而筆者在內的五位重讀生頓時沒有入座的位置，經班主任安排後，分開坐到零落的空位裡。接著是選舉班長和班會幹事。重讀生如筆者，沒有參與。別說提名，更別說被提名，就是連投票也懶得理……

　　不過，有一點必須鄭重提出，新的一班同學對於筆者等五位重讀生，還算十分尊重。最起碼，筆者自己沒有感到「明顯的或是隱藏的敵意」，也沒有感到成為「祭品」——成為別人展示一下「力量」的一樣「工具」。畢竟這是一所男校，大家都在十六到十八歲之間，少不了一些好勇鬥狠的年青剛陽血性。這些展示力量的行為，過去在校內見過不少。（可笑的是，三年之後筆者升上大學，真的竟然因為這些幼稚無聊事情，而迫不得已要跟幾位大學同學動粗。）

　　筆者跟這一班新同學差不多完全沒有「過去」，大概也不期望有「將來」。在那個時候，在那個地方，筆者就只有一個目的——認真地、全力地去面對第二次會考。其餘一切的都予以強力壓抑、或排擠、或消滅……大概，環境沒有把人排斥孤立，而是筆者無形中把自己封閉。

　　因為沒有任何連繫，筆者感到自己完全不屬於這裡。

2.3.3 上課氣氛更為惡劣

新一班中五同學的上課氣氛，比起「上一年的（筆者一年前的中五上課氣氛）」更為惡劣。或者在更初始的時間，更加多的同學已經「打定輸數」、抱著放棄的心態。班房內的課堂，沒有人公然生事，也沒有人公然挑釁老師；沒有大型、沒有激烈的打鬥甚或衝突出現。只是大概沒有幾多個同學在上課，老師自顧自的對著空氣照本宣科的完成一堂的講學，同學亦自顧自的看漫畫、聽 Walkman、發夢發呆、交頭接耳……「只要不騷擾其他人，學生可以在自己的座位內做任何事。」很明顯是老師和同學之間的「不成文契約」。

誠然，除了英文科，筆者對其他科目已經很大程度上充份掌握。比較弱的是化學（Chemistry），可能因為「英文份量」比較多的原因。此外，筆者欠缺的，或者是一些「考試的技巧」、「獲得分數的技巧」和「避免扣減分數的技巧」（筆者改變了追求知識的心態）；或者還欠缺的是，需要認真檢討過去一些常犯的錯誤，或者是個別較為差的課題（需要針對性的鑽研、補救……）……

2.4 厭學抑鬱病爆發（1992 年 1 月 13 日）

筆者的厭學抑鬱病在 1992 年 1 月 13 日出現。就在病發之前，1991 年 9 月 2 日禮拜一重讀生涯開始以來，社群環境以及個人心理，都有巨大改變。從日記的資料反映，開學兩個多月之後（1991年 11 月），筆者便開始經常詐病請假，逃避返學。1991 年 11 月下旬，對校園生活產生厭惡的感覺，甚至連發夢也被老師欺負和奚落。同期開始，對於絕大部份校園生活均不再感興趣，參與其中感到悶透乏味。1991 年 12 月中期，開始投訴身心疲憊無力。再加上開始感到會考壓力，覺得日常時間不足以做好考試準備，「返學」似乎成為投訴的一個「出口」。

發展到 1992 年 1 月，早上醒來，面對返學的時候，彷彿產生了強大的「阻礙力量」（又似是突然之間失去了所有力量），令筆者感到返學是一件前所未有的「艱難事件」、或「壓力事件」。

1992 年 1 月 13 日　星期一　Day 1

我好似有抑鬱症同厭學症，皆因我今朝一諗起要返學，立即好唔開心，心頭抽住抽住⋯⋯

筆者在這一日早上醒來，想到要在大概半小時後返學的情況，心情便變得惡劣、不開心，心頭及至胸口位置，有「實在的、肉體上的」不舒服感覺（「抽住抽住」）。這一次，也是第一次用「患上抑鬱病」來直接描述自己的情況。過去也會用「抑鬱」或「憂鬱」來描述心情或心理狀態，但在這兩個形容詞後面從來沒有加上一個「病」字。這一次因為明顯察覺到，抑鬱或憂鬱已經超越純粹心理的層面，直接影響到日常生活，令到筆者原是每一天「如常」返學，變得在這一天「不能如常」返學。因此，筆者就以「患上厭學病和抑鬱病」來描述這一個情況。

2.4.1 「厭學抑鬱病」的發展痕跡

關於「厭學抑鬱病」的發展痕跡，筆者選擇把那個時期的日記資料按時序節錄出來，直接用日記的記錄呈現當時的景況。

1991 年 11 月 1 日　星期五　天晴　Day 3

今日無返學，因為懶，因為對學校厭倦。但是下午心血來潮，又返學校上繪圖堂。

1991 年 11 月 8 日　星期五　天晴　Day 2

今日無返學，因為溫 Chemistry。

下午收到 <u>KWK</u> 電話（筆者附註：中學同學），話 <u>GLF</u> 胃出血，入了醫院。

之後晚上無去補習。

———————

1991 年 11 月 11 日　星期一　天晴

是日學校旅行，有乜野好玩嘅，好悶。

喺船上，同學 <u>AS</u> 跟幾個成人爭吵，嗰 D 大人真係不知所謂。

———————

1991 年 11 月 15 日　星期五　天晴　Day 5

今晚本來約 <u>LWT</u> 飲啤酒，但係因為「譚 Sir 俱樂部」相約去溜冰，所以我就向佢提出取消。<u>LWT</u> 受到 5D（筆者附註：重讀的中五班）排斥，心情老早不好，我其實好應該去開解佢。

今日下午無返學，無補習，我真壞了。

今日畢業典禮。

———————

1991 年 11 月 18 日　星期一　天晴　Day 6

昨晚發夢，夢見我自己被學校嘅教師欺負，被佢哋奚落。早上起來，個心抽住抽住咁，好難受呀！

早上學校考 Oral（筆者附註：英語會話），不知所謂！

好苦命啊！自身是多麼無知無能。仲未做過一件好事，好失敗。

———————————

1991 年 12 月 17 日　星期二　天晴　Day 2

無返學！因為心很劫，因為身很劫！

呢條絕路係我自己揀嘅，我應該盡力去走！絕心——！

依家我終於感到時間不夠用了！又要讀英文，又要讀 Chemistry、Additional Mathematics⋯⋯又要玩結他，又要學用鼓。唉～～～～！

無聊人啊！絕路人啊！不能醒！不能廢！不能不！不能記！不能死！

———————————

1991 年 12 月 19 日　星期四　天晴　Day 4

見社工！見社工初時都有乜嘢好講，跟住我便問佢人生意義，一個絕不簡單的題目。生活，不知為了什麼？不知有何目的？無人能答我！

生活，我要生活，生活就是填寫更多更多！不能為了尋找生活而忘掉生活！

死，空間轉換，言則這空間不能的，到下一個空間也不能！所以要在這空間打跨一切！

———————————

1991 年 12 月 23 日　星期一

　　學校聖誕聯歡會，悶極嘅一天！
又悶極嘅下午。

———————————

1992 年 1 月 3 日　星期五

　　頹廢！我知我應該做什麼，可是我卻不做！這是矛盾，是
不知所謂！令我心力交瘁。

———————————

1992 年 1 月 7 日　星期二　Day 1

　　無返學！我好劫呀！瞓又瞓唔好，又唔夠時間瞓。

———————————

1992 年 1 月 13 日　星期一　Day 1

　　我好似有抑鬱症同厭學症，皆因我今朝一諗起要返學，立
即好唔開心，心頭抽住抽住……

———————————

1992 年 1 月 14 日　星期二　Day 6

　　學校如常的浪費我的時間。

———————————

1992 年 1 月 15 日　星期三　Day 1

　　啊！不知什麼理由，一起身，心便很不舒服，可能又是厭
學抑鬱症了。

……

憂鬱的下午！

1992 年 1 月 20 日　星期一

一起床，我好唔想，真係好唔想返學。我深信我真的有厭學症，我著實討厭現在的學校……

我討厭上學！I hate it! How can I do?

1992 年 1 月 21 日　星期二　Day 5

返學真係學唔到嘢，但還是要返。

我早上回校讀英文，我覺得是好事一樁，且還感到很開心。

2.4.2「厭學抑鬱病」的結果——申請停學、留家自修

返學令到筆者產生強烈的抗拒反應，包括心理上和生理上，同時也衍生出一些抗拒的想法。心理上對於返學的抗拒，表現為對學校裡的「人和事」的反感，不喜歡老師，也不喜歡課堂的情況。生理上對返學的抗拒，表現為疲累、失去力量，與及心頭和胸口不舒服。

那一段時間，筆者大概想到：「如果可以不用再回到學校就好了。如果不用返學，早上便不會因為返學而不開心；如果不用返學，就不會浪費時間在嘈雜混亂的課室裡，可以得到更多時間溫習……」。「如果不用返學」彷彿變成了「厭學抑鬱病」的「出口」。「不用返學」會不會成為「厭學抑鬱病」的「解藥」？

「停學，留在家中自修。」的想法閃過。想起早前一段時間（大概是 1991 年 11 月至 12 月期間），同學們在班房太嘈吵，或者又有老師投訴同學無心向學，校長 W 特意走來筆者課室訓話。他訓斥同學們不要破壞上堂的教學秩序、不要妨礙別人、不要騷擾別人，令到其他同學無法在課堂上學習。他更建議（或恐嚇），如果有同學覺得學校的學習環境不適合，他可以讓個別的同學回家自修，不用回校，以免影響其他同學的學習。

　　「停學和留家自修」的想法就是在這次訓話中聽到。當時校長 W 半帶恐嚇的說話，就變成了筆者向學校申請正式停學的憑藉。1992 年 1 月 25 日禮拜六想到停學，1 月 26 日禮拜日就說服了媽媽，1 月 27 日禮拜一就回到學校正式向校長申請。日記中所記錄的事情經過如下：

1992 年 1 月 25 日　星期六

　　晚上到英訊補習，我感到非常之自卑，我的水平真是太低了。搭車回家，忽然間想起，不如停學，可以多一 D 時間讀書。

1992 年 1 月 26 日　星期日

　　下午，說服了媽媽讓我停學，明天要去見校長了。

1992 年 1 月 27 日　星期一

　　首先我早上返學，交手冊畀校長，內裡寫上我申請停學自修，但佢話要書面通知，我便立即回家──寫信！在小息時交到校務處，另外又將課外活動手冊交畀 KSW，一切 OK，走人。

1992 年 1 月 30 日　星期四

......

都有溫習！都幾好！

校長通知明天需要見家長（筆者附註：因為停學自修之事，校長覺得需要與家長直接會晤一次。），找了五哥 JOC 去（筆者附註：不想媽媽去，怕她無法應對。）。

1992 年 1 月 27 日向校長 W 申請停學的過程很簡單，筆者在學生手冊上寫上「申請停學，留家自修。」，原因是覺得比較適合自己。在早會之前跑到校長室，引述他之前在班房的說話，並正式向他遞上申請。回想起，校長 W 當時也應該有點愕然，或者不久前「豪言」讓學生留家自修，只是一句半帶恐嚇的說話，大概沒有想過真的有學生主動向他申請。校長 W 沒有反對這個申請，但要求筆者寫一封信作為校方一個記錄，因為停學是一件需要認真看待的事，云云。筆者立即回家準備，兩個小時之後便把申請信件交上校務處。

申請信件交上之後三日，1 月 30 日，收到校方的電話，說校長希望可以就申請停學一事與家長會晤一次。情商了五哥 JOC 一同去見校長。在這個家長會面裡面，筆者只記得，校長 W 反覆去解釋，他會用「Withdraw」去記錄今次的「停學」......筆者當時沒有深究這一字，當然也沒有可以明白這個英文字的英文水平。

筆者不曾細想何解校長 W 需要花時間去跟家長見面，去斟酌一個用詞。多年之後才慢慢明白到，他或者想把事情「描繪」成為「學生自行退學」，而不是「校長允許下的停學」......

第二章結語

　　自抑鬱病成熟以來，筆者一直沒有自稱為「抑鬱症病人」、或聲言「患上抑鬱病」。直到抑鬱的狀態令到筆者不想（或者不能）再返學，影響到日常生活而需要放棄其中一部份生活——筆者就覺得這些抑鬱的狀態已經變成一個「病」了。就在 1992 年 1 月 13 日，第一次用「患上抑鬱病」來直接描述自己的情況和身心狀態。

後記　停學之後的生活記錄

　　停學之後，身心沒有出現「強大的抗拒力量」的情況，也再沒有感覺完全失去力量。停學之後的日記記錄如下：

————————

1992 年 1 月 28 日　　星期二

　　上午打掃，拖地，九點三十分，溫 Additional Mathematics。
　　下午，畫起圖界 LWT，再溫英文。
　　晚上，英文作文，分別為英訊和 LTK 修士兩篇。
　　唔～～～～！明天阿爸放假在家，怎樣好呢？到自修室吧！
　　做 Additional Mathematics！
　　是日心情都未到作戰狀態，都好亂呀！

————————

1992 年 1 月 29 日　　星期三

　　還是不想去自修室，所以無去。
　　留在家，對住四幅牆，睇住滄桑而仍然奮鬥的老媽，心傷……

————————

1992 年 1 月 30 日　星期四

心情略有波動的一天。都幾愁 ~~~~！

都有溫習！都幾好！

校長通知明天需要見家長（筆者附註：因為停學自修之事，校長覺得需要與家長直接會晤一次。），找了五哥 JOC 去（筆者附註：不想媽媽去，怕她無法應對。）。

又約見社工。到西營盤（筆者附註：駐校社工的原本工作地點）。

同學 LWT 忽然打電話來，話我借畀佢嘅、上一年嘅 D&T Report 喺同學 KT 那裡，依家唔肯交出來。所以我打算明早到瑞祺（筆者附註：學校附近的餐廳）等佢，同佢商討商討。

————————

1992 年 2 月 1 日　星期六

上午做油角仔（筆者附註：農曆新年將到），搓麵粉搓到我死吓死吓。

晚上去英訊補習，拾回少少自信！

————————

1992 年 2 月 2 日　星期日

早上起床掙扎了十五分鐘，到最後戰勝懶惰，動身跑步！

跑完步，處理上一個月嘅財政，啊，只係用咗五百多元，實在可喜！

————————

1992 年 2 月 3 日　星期一　年三十晚

　　早上和媽媽到街市拎菜（筆者附註：農曆新年在即，需要買下三日的食材，包括當日年三十晚的團年飯，年初一的齋菜，與及年初二的開年飯。）！

　　確立自己，認定自己！

　　克制抑鬱！

　　明天年初一！

────────────

　　就在停學之前，筆者的中文科老師擬定了一份中文作文功課。題目為〈中學生活回顧及前瞻〉。原本筆者可以選擇不去完成這一份功課，但是因為喜歡寫作，所以在停學期間還是樂意把這一份作文功課完成。而且，「題目」亦正好給予筆者一個機會，好好反省自己的中學生活，與及檢視自己當下的學習生活。寫下的文章還有一個「重要資料」，就是抑鬱病影響之下的生活。

　　以下是文章全文：

────────────

〈中學生活回顧及前瞻〉

　　我渡過了六年的中學，但這並不等如我有六年的中學生活，因為——生存著，與生活著是兩回事，兩者距離雖然甚接近，但意義卻是異常遙遠。正好比石頭和野草：石頭呆著的存在，風霜雨露在它的表面留痕，然而，它的存在只是記錄時間而已。但野草卻不同，它一代一代的死去，而後代卻銘記先前的死亡，使自己變得更強壯，更為適合環境。所以草和時間是在競賽，它是生活著！比起石頭——比起很多人（包括我）的存在更有意義。

六年的歲月裡，我彷彿單單呆躺在這空間上，在做夢；但眼睛一睜開，只遺下幾幕較為清晰的情景和一些較為深刻的感覺。我的身體、我額上的皺紋，就正如石頭，能告訴別人我已渡過「六年」了；但我的心，卻依然只停留在六年前。

　　這是一個很不快樂的夢，我猶如一個患有抑鬱病的病人，什麼事也只從悲觀的角度著眼，弄得自己終日憂愁。想想，往日最令我憂心的，就是身邊的朋友。他們並不是不快樂，反而是太快樂了，我恐怕他們將來得不到這時的快樂，更會從快樂墮掉到痛苦，就像炎夏轉至深秋，叫人滄桑，又叫人惋惜。（我就是這樣的傻了。）學校可曾救救他們？在那不知所謂的教育制度下，校方往往就放棄追不上課程的人。

　　過去，我忘記了成長，也許不是忘記，而是不能。回想在學校這六年，自身就如──一隻未斷尾巴的青蛙，墮入了井底，井口還給人蓋上。我可以做什麼？就連「坐井觀天」也不能，問問青苔，問問蝦毛，問盡我身邊可問的一切生物，也只能說給我知井底的事，和那個很小的天空。在這所學校裡，縱然能受到知識的「填充」，但我的心智卻不能成長。更可惜，就是有些東西若一失去，能夠重拾的機會太渺茫了。

　　那一刻當我睜開了眼睛、離開了那個蒙蔽我的井，身心頓感完全自由，但同時我亦感到害怕──雲霧散去，卻發覺自己身立聳天長竿之上。停住了那麼多年的心臟，一時間要面對那麼多事，壓得鼻子也喘不過氣，疲憊的精神骨架支持著飽受壓力的肉體，真的想立即退回那「井」底下，安詳的睡……但願當初沒有醒來，逃回那安寧的痛苦中。不！不能！我一定要堅持！我要向野草學習，重過我的新──生活！前路縱長不可望，或就短得只有握著筆的這一刻，我也要成長。我要和時間競賽，打倒環境，尋回昔日失去的東西。

風吹，葉落；葉腐，樹萌芽。
生活，苦痛；磨煉，人成長。

———————

（文章在 1992 年 2 月初完成）

1992 年 2 月 6 日，農曆新年期間，發生了一次明顯的抑鬱事件。日記記錄如下：

———————

1992 年 2 月 6 日　　星期四　　天略寒

年初三。愁再愁。新年係沒有早上嘅。今日連下午都冇埋。

四點三出門到<u>新京都戲院</u>睇《鐵鈎船長（Hook）》（<u>史提芬·史匹堡</u>執導／<u>羅賓·威廉斯</u>、<u>德斯汀·荷夫曼</u>、<u>茱莉亞·羅拔絲</u>及<u>瑪姬·史密芙</u>等主演）。聽到周圍 D 人笑，我想喊呀！因為我忘記咗如何開心，乜嘢係快樂。我覺得最近呢兩年，我要嘅，已經唔係快樂，只渴求安全。

點樣再投入去眾人裡面？半年後再提吧！

———————

第二章第一稿完成於 2015 年 8 月

第三章

病態苦戀

1989年9月26日 — 1992年5月14日

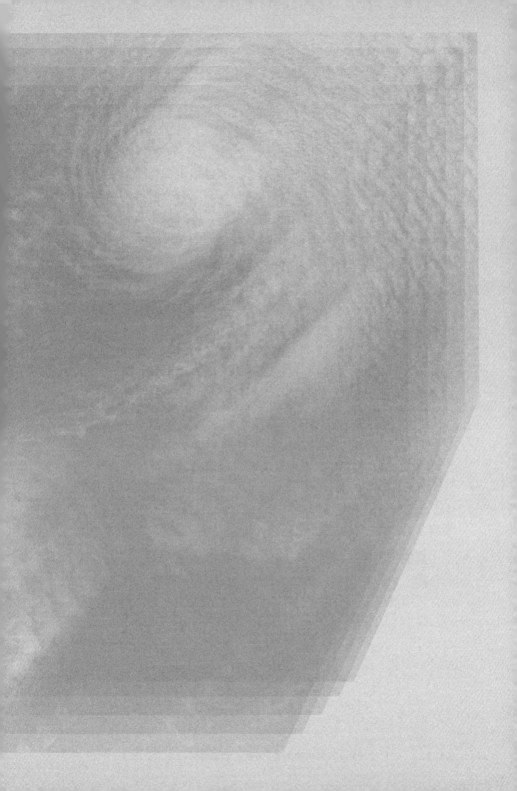

【全章摘要】

對 <u>SL</u> 的病態苦戀由 1989 年 9 月 26 日「一見鍾情」開始，到 1992 年 5 月 14 日完結，歷時三十二個月。這段期間，雖然兩個人的關係，沒有任何實質上的進展——到最後兩個人還是如陌路人一樣互不相識——可是當中還算是有一點點似有還無的微妙關係存在。或者這一點點的所謂關係、進展，都只是筆者的幻想，到今天差不多三十年之後也沒有得到任何證實、也沒有可能證實。

筆者的癡戀過程十分痛苦，然而痛苦持續了三十二個月，並不是短時間。究竟筆者有沒有違反人性地擁抱痛苦？放棄快樂？答案是沒有的，因為這段時間裡面，筆者不斷想放棄這一段癡戀，想放棄痛苦的源頭。只可惜，筆者一直沒有成功放棄，故態復萌一次又一次出現，一次又一次重投病態苦戀當中。筆者似乎無法離開痛苦的癡戀，同時又無法承受由癡戀而來的痛苦，在「放棄與故態復萌」之間反覆折磨。

1992 年 2 月 20 日到同年 4 月 8 日，筆者展開了歷時最長、也最為轟烈的一次「故態復萌」。為了追求心中所愛的人，筆者排除萬難、傾盡全力。雖然最後還是沒有結識到夢中情人，但是四十九日的努力，卻找到了「一定可以見面」的方法。奇怪的是（到現在也無法完全理解），當「一定可以見面」的方法出現之後，傾盡全力的追求便立即止息下來。

病態苦戀最終在 1992 年 5 月 14 日完結。筆者在「十步之遙」的距離，親眼目睹癡戀的情人跟另一個男仔手牽手、成雙成對。沒有天崩地裂，情緒也沒有特別波動。感覺是終於可以完結了。

居住環境（1）：大廈樓梯

居住環境（2）：樓層裡面的公眾走廊、左右兩邊是居住單位

居住環境（3）：室內百葉窗、廚房、窗檯
拍攝地點：A室

居住環境（4）：對面第八座、多層
花槽（左邊）、地面露天停車場
拍攝地點：A室窗檯

居住環境（5）：衣裳竹（三支香型式）、
地面露天停車場
拍攝地點：B室窗檯

居住環境（6）：相遇的斜坡（左邊盡頭、東翼方向）、
主要通道樓梯（中間多層花槽左邊）
拍攝地點：A室窗檯

居住環境（7）：主要通道樓梯（中間多層花槽左邊）、第八座地下、「回望的平台」（多層花槽最高一層）
拍攝地點：B室窗檯

居住環境（8）：西翼通道、黃竹坑天主教小學與及勞工署（地下）、南朗山道
拍攝地點：B室窗檯

居住環境（9）：居住大廈
拍攝地點：<u>黃竹坑天主教小學</u>旁邊西翼通道樓梯、向東面攝影

居住環境（10）：第八座（左邊）、<u>黃竹坑天主教小學</u>（右邊）、
第五座連接第四座（中間）
拍攝地點：A 室窗檯

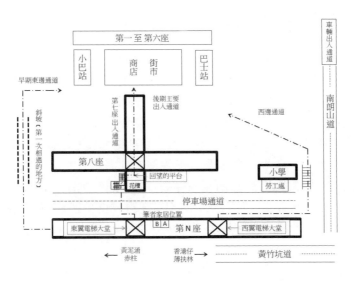

居住環境示意圖（一）：住處、出入通道、主要建築物

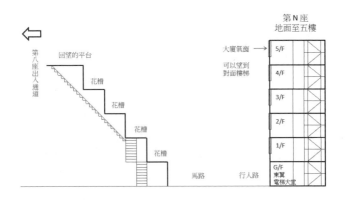

居住環境示意圖（二）：解封後的主要出入通道、九座樓梯、通往第八座

3.1 苦苦暗戀的進展

雖然這一場病態的苦苦暗戀，最終還是以「一直沒有開始」作為完結，但是過程之中還是有一個「沒有開始」的發展過程。這個發展過程可分三方面，第一是關於搜集 SL 資料，例如：姓名、所讀學校、屋企所在⋯⋯等等；第二是關於見面的方法，如何由「漫無目的地等待」開始，到有目的有計劃地製造機會⋯⋯等等；第三是關於兩人關係的進展，雖說沒有「開始」，但是筆者總覺得還有一點點似有還無的關係存在，或者是「大家之間的沉默」彷彿也有一種默契。此外筆者後期發現自己也受到 SL 和她身邊朋友的注意。這些所謂的進展和發現，是不是都只是純粹是筆者的個人「心識（唯心）」上的改變？

3.1.1 收集資料

第一次遇上 SL，在樣貌也沒有看清楚之下，就被她的（我的？）「朦朧印象」所深深吸引（深深癡迷）。關於這一位陌生少女的「其他一切」，筆者都是一無所知。可能，在下一次再度重遇的時候，也不敢肯定能否把「她」確認得出來⋯⋯

關於跟 SL 的第一次相遇，詳細情況可以參閱第一章〈抑鬱成病〉1.2〈苦苦暗戀上陌生少女〉。

1989 年 9 月開學，到 10 月中旬，還是爭秋奪暑的時候；看到 SL 穿著一身全白色的校裙，白色的皮鞋，最特別的是那衣領上的「四粒紅鈕」。跟同學們描述，有人知道那是薄扶林摩星嶺道一間天主教女校的校服。那全白的校裙、那衣領上的四顆紅鈕，不會認錯。筆者一直家住黃竹坑，真的從來沒有聽聞過那一間學校。當然，校服還是因為穿著在 SL 身上，所以才特別留意。

曾經有機會能夠和 SL 同 Lift，大膽的跟著她出 Lift。這樣就知道她居住的樓層。1990 年 2 月 14 日，就在那一層樓的樓梯間等

待她放學回家。可惜的是，筆者只能夠守候在東翼樓梯，大概她那天走了西翼樓梯回家。關於 1990 年情人節的求愛行動，可以參閱第一章〈抑鬱成病〉1.2.2-D（1990 年情人節）。關於東西兩翼的樓梯位置，可以參考「居住環境示意圖（一）：住處、出入通道、主要建築物」。

同學兼老友兼鄰居 KWK，也認得 SL。他在一次偶然的機會下見到 SL，在她和她身邊的人（應該是家人）交談之際，聽到她的名字。老友便把這個聽來的「名字」告訴筆者，從此知道了那陌生少女名字叫做「SL」（沒有機會求證，不過筆者和同學之間就一直以「SL」稱呼她。）。之後，筆者在校內圖書館見到 SL 學校的校刊，更在校刊中找到 SL，知道她當時就讀中一，比自己低三年級。在校刊中也找到 SL 的姓氏。

SL 有兩個妹妹，一個比她少一歲，讀書低一個年級。第二位妹妹就是那個就讀幼稚園的小妹妹（關於這一位就讀幼稚園的小妹妹，可以參閱第一章〈抑鬱成病〉1.2.2-A〈關於相遇〉。）。認得 SL 的媽媽，但是還沒有認得她的爸爸。

筆者對於 SL 的一切事情，都十分「關注」。以下是一次聽見她的聲音的日記記錄：

_____

1990 年 9 月 14 日

......

呢個星期裡面，我和 SL 可以話係每日都能夠見面，但始終我都冇機會表白。14 日，我又同佢一齊乘搭大廈電梯，佢正和母親爭論。呢一次係我第二次聽見佢嘅聲音，真係美妙。

_____

重讀中五那一年，想到一個找出 SL 住處的方法，就是尋找 SL 曬晾出來的校服。當時屋邨使用「三支香」的曬晾方法，清洗後的衣物，都會掛在三支「衣裳竹」上，插在窗戶外面曬晾。1992 年 1 月 18 日，禮拜六，筆者真的找到 SL 曬晾出來的校服。原來 SL 就正正住在筆者下面三層的同一個單位。因為沒有見過第二個人穿上相同的校服，相信沒有搞錯。

1992 年 1 月 18 日　星期六

幾個月前，我曾經想知道，SL 住在哪裡呢（筆者附註：哪一個單位）？我亦曾經想過一個方法，就係睇下晾衣服嘅衣裳竹（筆者附註：屋邨使用「三支香式」的曬晾衣服裝置），睇下邊一家晾出來嘅係佢嘅衣服。

今朝，我終於見到佢嘅校服了。原來佢就係住喺我嘅樓下三層！

關於「曬晾衣服的三支香式衣裳竹」，可以參閱「居住環境（5）」照片。

像福爾摩斯查案一樣，筆者知道了 SL 的姓名、就讀學校、班級、和住處。然而在這兩年多期間，還只是知道這些資料，其他其他的一切一切，還是一無所知。

3.1.2 見面方法

筆者一直都沒有一個有效方法可以見到 SL。直到 1991 年年中，屋邨裡面一條主要通道解封（通道因為清拆「第九座」而封閉了三年多），筆者「才算得上」有較多機會「看見」和遇上 SL。

關於主要通道的位置，可以參閱「居住環境示意圖（一）：住處、出入通道、主要建築物」、「居住環境（6）：相遇的斜坡、主要通道樓梯」、「居住環境（7）：主要通道樓梯、第八座地下」。

A　等放學、撞放學

第一次邂逅之後，為了再一次見到 SL，筆者能夠做到的、可以做到的，就只有在第一次相遇的時間，守候在第一次相遇的地點。期望「發生過的事情」會幸運地再發生一次。可是「幸運的事情」總是沒有簡單的重複出現。雖然筆者日復一日地「等放學」，但是能夠見到 SL 出現的次數亦只是寥寥幾次。幾個月後便放棄了這個等待的方法。不過筆者知道 SL 的放學時間，所以總會在這個時間，找個藉口出現在歸家的路上，希望有緣遇上 SL 放學回家。

B　撞返學

1990 年 5 月 17 日，因為老爸早上吸煙滋擾，筆者為了離開屋企，逼不得已「早上七點」就出門返學。因禍得福，在西翼樓梯間撞上 SL 出門返學，還要剛剛看見她從走廊轉出來。自此，筆者知道除了「等放學」之外，原來還可以「撞返學」。「早上七點、撞返學」便成為了與 SL 見面的另一個機會。一樣可惜的是，「撞返學」見面的次數也是寥寥可數。

1990 年 5 月 17 日

早上六點零幾分，又被臭醒了。今天七點出門，在七點零三分，乍見 SL 返學。可惜相距太遠了，沒有行動。

1990 年 5 月 21 日

　　今天 5:57（凌晨）被臭醒，唉……無奈，我只希望盡快打完這場戰爭。

　　這麼早起來，就想盡快離開屋企。因為上星期四上學時在 7:03 見到她，所以今天我 6:58 出門，想必一定見到她了。一切都就是我所預料中，當我行到 SL 居住的樓層時，聽到步操鞋鐵馬（筆者附註：曾經看見她穿著紅十字會制服）造出的「架架」之聲，初時一兩秒，我都有些緊張，但一兩秒之後，我便平靜下來。因為我肯定我是一定沒有行動。

　　「架架」之聲一路接近，就在轉角位的時候，我張目一看，呀——她仍是多麼的漂亮，多麼的令人著迷。雖然心境是平靜，但一刻的相見，也令我雙腿發軟。無悔。

────────

C　望窗：捕捉出入大廈的身影

　　1991 年 6 月 6 日，日記裡面第一次記錄，在家中窗邊守望 SL 出入大廈的身影。雖然無法想起，這一天應該不是第一次「窗邊守望」——不是第一次倚伏在家中的窗戶，像一個「狙擊手」一樣捕捉 SL 外出和歸家的身影。

　　能夠「窗邊守望」而見到 SL 出入的身影，最為重要的原因是一條主要而又方便的通道「解封」。自通道解封之後，便成為第 N 座居民（筆者及 SL）通往街市、其他舖頭、和小巴站的主要通道，當然亦成為了 SL 返學、放學回家等等的主要路線。而這通道就在筆者屋企的下方，視野清楚（在 3.3〈傾力要愛〉章節內，將對這通道有更詳細描述。）。

過往通道未解封之前，如果要前往街市、其他舖頭、和小巴站，只有兩條較為偏遠的通道，分別在第 N 座的東翼及西翼兩邊的盡頭，而且路程上又需要兜一個大彎。筆者屋企在中翼，即使在家中「窗邊守望」，也無法看清東西兩翼兩邊盡頭、那遠遠處的行人身影。關於筆者的居住環境、出入路線，可以參閱「居住環境示意圖（一）：住處、出入通道、主要建築物」。

筆者漸漸地發覺，SL 出入大廈，也集中使用這一條主要通道。所以，「窗邊守望」便成為「見到 SL」的最有效方法。這亦使得筆者在往後的日子，耗費不少時間——像「站崗」一樣「緊守」在家中的窗戶，捕捉 SL 外出或回家的身影。

1991 年 6 月 6 日

……今天我從窗處（筆者附註：在家中的窗戶）望到街上，望到她（筆者附註：往離開大廈方向行走），不知她有心或無意，竟朝著我的方向望上來（筆者附註：SL 的位置應該是九座樓梯的頂部，進入八座之前的休憩地方。筆者稱這一處為「回望的平台」。SL 從這裡望向筆者家住的那一個窗戶。後期發現 SL 的屋企就在筆者樓下三層。SL 從「回望的平台」望向筆者，好大可能只是一個美麗的誤會。）。

明天，每一個明天，我也想見到她，在極遠而又極近的看著她。

關於「主要出入通道」、九座樓梯、「回望的平台」，可以參閱照片「居住環境（7）」、「居住環境示意圖（一）」、與及「居住環境示意圖（二）」。

六個月之後，1992 年 1 月，當筆者「窗邊守望」見到了 <u>SL</u> 出入的身影之後，漸漸地想到可以多做一點功夫。漸漸地，就開始估算 <u>SL</u> 到街市或其他舖頭買東西的時間，大概回家的時候，就落街去撞她回來。不過如果她到其他的地方做其他的事，筆者落街便又無法碰見了。

　　關於「窗邊守望」的日記記錄如下：

1991 年 10 月 22 日　　星期二　　天晴　　Day 2

　　……

　　晚上九點四十分見到她（因為我落街買東西）（筆者附註：她應該是這時候外出），之後我返回家，立即走到窗旁，捕捉她回家的倩影，更欲行動結識她。可是，五分鐘、十分鐘、二十分鐘……五十分鐘後，她才出現。

1991 年 11 月 14 日　　星期四　　天晴　　Day 4

　　……

　　今晚我本來在九點半打壁球，應在九點出門，但我在八點四十分望到街上，望到她。我心情很激盪，我立即換衫，趕落街，想碰一碰她。但我知可能性非常之低，但我仍堅持，趕落街。我已預定不能見到她，我真的不能。

　　我之後走去巴士站，去提款機看一看 <u>LPM</u>（筆者附註：初中時候的同學，找筆者頂更做救生員。）有沒有過數給我；他沒有。

之後我再去報紙攤等同學 KSW（筆者附註：一同重讀中五的同學）。

啊 ~~~~ 她竟然再次落街，我竟然能見到她。我萬萬也想不到，我們竟能再聚頭。我本已懷著死的心，希望只像流星一樣，但她竟然令我重生，流星的希望也能得償所願。

D　撞出 Lift

當筆者在窗戶見到 SL 歸家的時候，大概已經不夠時間更換衣服落樓相見；再者即使準備就緒，立即「衝落樓」，也不一定趕及跟 SL 在電梯大堂見面。筆者想到可以「撞出 Lift」。因為一組（兩部）Lift 只到九樓，另一組（兩部）Lift 只到十一樓，她不論搭哪一組 Lift，都一定要行上一層或行落一層，才能夠回到屋企。由 SL 踏上回家的路口開始，到電梯大堂，等 Lift，再上到九樓或十一樓，就變成了筆者準備「撞出 Lift」的時間。算準時間，筆者就由家住的樓層，行樓梯落去九樓或八樓，希望撞見 SL 出 Lift。如果沒有見到，便掉頭向上行至十二樓，希望 SL 搭 Lift 到十一樓而又還未出 Lift……如是者從十二樓到八樓來回上落數次，直到覺得 SL 已經回家去了、已經錯失了機會、覺得已經沒有見面的希望為止。

關於「撞出 Lift」的日記記錄，可以參閱本章 3.3.2〈傾力要愛經過〉，日記日期為 1992 年 1 月 10 日、1992 年 2 月 26 日、1992 年 3 月 8 日。

3.1.3 受注意和遭受戲弄

跟 <u>SL</u> 的關係，當中看似尚有一點點無法肯定的「寸進」，而並非完全是筆者的一場自閉的幻夢。那點點無法肯定的「寸進」，就是筆者有時覺得 <u>SL</u> 向著自己微笑。雖然十分希望是「事實」，但是卻又沒有半點信心去「肯定」。再過一段時間，筆者就肯定自己已經受到 <u>SL</u> 的注意。到「中期」的時候，連 <u>SL</u> 身邊的朋友也認得筆者，甚至曾經製造「大家一起同 Lift 的機會」。

1990 年 8 月，暑假期間（中四升中五），一次返學途中遇上 <u>SL</u> 和她的朋友。在擦身而過的一瞬之間，筆者見到 <u>SL</u> 也凝望著自己並流露著親切的微笑。當時 <u>SL</u> 跟朋友一起，也許是跟她的朋友交談而微笑，而不是對筆者微笑。始終無法肯定，筆者心裡面再甜也不敢由此而產生任何誤會。大概，內心的卑微，沒有想過能夠得到愛人的關注。

一個月之後，1990 年 9 月初，中五開學不久，筆者就察覺到 <u>SL</u> 已經確實留意到自己。日記的資料記錄著 1990 年 9 月 12 日，放學時間，<u>SL</u> 尾隨筆者到達屋邨第 N 座東翼 Lift 口，回望時候發現 <u>SL</u> 掉頭走向西翼，看似有意避免在電梯大堂跟筆者共處。當時就因為這個「看似迴避」的舉動，而覺得內裡是「有心」，並相信 <u>SL</u> 已經留意到自己了。

還有另外一個記錄，1990 年 9 月 10 日至 14 日一整個禮拜，筆者每一天都遇見到 <u>SL</u>。而其中一日，<u>SL</u> 的朋友見到筆者的時候，細細聲地跟 <u>SL</u> 說了一句：「見到佢啦！」（1991 年 9 月 2 日的日記裡面回憶起這段時間發生的事）。<u>SL</u> 朋友話語中的這一個「佢」，筆者確信就是自己。只是無法確定，這是一個「心儀的他」？還是一個「可供戲弄的他」？

這幾篇日記的記錄如下：

———————

1991 年 9 月 2 日　星期一

……

1990 年 5 月至 10 月（筆者附註：1991 年 9 月 2 日日記中回憶）

由 5 月到 10 月之間（筆者附註：1990 年），我亦不常見到她。但是我發覺到，她望見我時，她會展出輕柔的微笑。這微笑就是炎夏的清風，就是嚴寒的暖氣。那微笑有少許緩和了我的傷心，只有它減少了我的痛苦。

但這微笑也令我的心更傷，美麗的她，我結識不到，輕柔的微笑，我更是得不到。美麗的她使我心傷，美麗而帶著微笑的她令我心更傷！

———————

1990 年 8 月（筆者附註：1991 年 9 月 2 日日記中回憶）

嗰一年中四升中五嘅暑期，我只係見過佢三幾次。有一次係同埋同學 KWK 返學校時。嗰次嘅邂逅，我望咗佢一眼，佢笑住，亦望住我。但嗰時佢係同朋友一齊，我唔知道佢係唔係真係對住我笑，可能佢只係對住佢嘅朋友笑，而無意中望一望我。但我已好滿足了。

———————

1990 年 9 月 14 日

……

9 月 12 日星期三：今次我肯定佢已經注意到我了。因為我和同學KWK到電梯大堂後（筆者附註：放學回家），我回頭一望，見到佢竟然掉頭走去西翼嘅電梯大堂（筆者附註：所住大廈的第二個電梯大堂，地點相隔五十米左右。）。睇來係有心避開我。

———————

1990 年 9 月（筆者附註：1991 年 9 月 2 日日記中回憶）

9 月初，喺一星期裡面，我每天都同佢相見，真係巧合了。我當然很高興，喺某一次撞見裡面，我聽到佢身邊一位朋友，細聲咁對佢講：「見到佢啦！」那時我並沒有什麼大反應，但回到家後，細想之下，實令我回味無窮！就在之前的微笑，我已感覺到佢已注意到我，現在呢句話，我已肯定了，肯定佢已知道我嘅存在。

———————

筆者覺得自己受到 SL 注意之後七個月，1991 年 4 月 14 日，筆者更經歷了一次，可能是 SL 或是她的朋友想結識筆者的有趣情況。這一情景，日記記錄如下：

———————

1991 年 4 月 14 日

……

下午由 12:30 開始溫書，斷斷續續地溫，直到 3:10。溫英文生字。然後落街買零食，點知又畀我見到佢。

話說當時佢步行到電梯大堂前，我就剛剛落完條「長樓梯」（筆者附註：九座樓梯），呢個時候我亦唔想同佢喺電梯相遇，因為我唔想佢睇到我好唔齊整（筆者附註：便服、衣著不齊整）。

當我踏進電梯大堂前，佢嘅朋友同佢本來已經入咗電梯，但係佢嘅朋友突然走返出來。我仲聽見佢喝咗一聲「仆街！（筆者附註：Poor Guy？）」然後又走咗出電梯。之後我就到咗（筆者附註：走到電梯門前），電梯本來已經關上大半，被我一手拍開咗。然後我行入電梯（筆者附註：這時候 SL 及她的朋友留在電梯外面等候），之後聽見佢哋喺度笑，哈哈。

在此，我雖然聽到一些事（筆者附註：在電梯關門之前，聽到她和她的朋友的幾句對話。今時今日已經完全忘記，沒有任何印象。），但由於聽不清，不能肯定，所以，我不想就這件事，作任何的推想、評論。

––––––––––––––––––––

筆者對於這一日在東翼電梯大堂發生的「有趣而又尷尬的」事情，在日記裡面沒有再作任何的評論或者幻想。整件事彷彿就此完結，連情緒的波瀾、漣漪也沒有。不過，可以肯定的是，SL 與及她的朋友，不單只注意到自己，更曾經一度想「製造同 Lift 的機會」、或想「跟大家一起乘搭電梯」，又或者想把筆者「戲弄一下」、又或者想把「筆者及 SL 一齊戲弄一下」……

筆者不禁自問，這是不是一次難得的機會？為什麼沒有把握機會？為什麼把一個結識的機會親手斷送？這不是自己朝思暮想、日夕苦思所希望發生的事情嗎？為什麼會是這個結果？

3.2 放棄與故態復萌的循環

在苦苦暗戀之中，不知道根源是因為「愛」還是因為「病」。苦戀的時間大概糾纏了兩年半，過程中不時想到、或身體力行地「放棄」。原因就是這種糾纏（近乎強迫性的精神纏擾）實在太過痛苦了，無法承受下去而不得不放棄。只是多次放棄也沒有成功，一次又一次故態復萌、舊情復熾。筆者無法抑制一顆渴望的心，無法停止思念。可惜的是，每當面對所暗戀所渴望的人，卻又立即就變得非常緊張甚至亢奮，從而無法展開任何結識的行動。所以這兩年多的糾纏裡面，筆者不斷地重複著「放棄」和「故態復萌」，不斷在當中拉扯消磨。

3.2.1 痛苦的情況

苦戀的整個過程裡面，絕大部份的時間都是不快樂。當中感受到最多的就是痛苦。快樂的時間只佔有極少極少。1990 年 5 月 11 日，筆者第一次回顧八個多月以來的這一段「戀情」，過程裡面差不多完全無法用上「快樂」兩個字去形容。一年多之後的 1991 年 9 月 2 日，在會考失敗和重讀中五的「洗禮」下，第二次回顧中四中五兩年間的戀情，仍然只有痛苦和憂愁，一樣找不到「快樂」。

以下是幾篇回顧戀情的日記記錄：

1990 年 5 月 11 日

……

日夕牽掛、苦思、無奈、自卑、失敗，都是我的感受。

……

由第一眼至今，只有二字形容——「苦戀」。

......

在 9 月 26 日起，她便纏著我的心，沒法平靜。

―――――――――

1990 年 9 月 27 日

一個好特別嘅日子，我足足苦苦地暗戀咗佢一年了。哈哈，但係呢個日子唔似其他人嘅結婚紀念日咁樣嘅高興，感覺可以話係完全相反。雖然係活喺痛苦裡面，但係我仍然係深深愛住佢，因為喺茫茫人海中能夠相遇，仲要留下深刻嘅印象，相信係緣份。

―――――――――

1991 年 9 月 2 日 （星期一）

......

其實自我邂逅佢之後，我絕大部份時間都好憂鬱。因為等又等唔到，識又識唔到……

......

我好想放棄一切――包括生命。因為我感覺到我沒有人生目的，有嘅只係佢。但我得唔到，連見都見唔到。

―――――――――

A 絕大部份日子均無法見面

暗戀上陌生少女的其中一大痛苦，就是無法遇上、無法見到一面。筆者用上所知的所有方法，均無法遇上 SL，無法見到 SL 一面。大概就是因為大部份的日子都無法遇上無法見面，所以就經常身處「失望、失落」的憂愁之中。不知道「見幾多」才算是足夠，因為連見一面也無法滿足到。

以下是一些關於中四時候，跟 SL 相遇的次數參考，資料是
1991 年 9 月 2 日的日記回憶部份：

―――――――

1991 年 9 月 2 日（星期一）

……

但係嗰幾個月裡面（筆者附註：第一次相遇之後的數個月），
我只係遇見佢兩三次左右，所以我好失落，試問一個初生之犢，
點可能每天咁樣接受失望呢？

……

其實喺第一次相遇之後直到 5 月，我哋只係邂逅過十次左
右。在每次相見之間，我自身像活在地獄，生命盡是灰色的。
沒有快樂，沒有笑容，沒有希望……日子是怎麼樣過的？不知
道，可是我已經這樣地活了一年之長。

……

嗰一年中四升中五嘅暑期，我只係見過佢三幾次。

―――――――

以上述日記資料粗略估計，由 1989 年 9 月 26 日到 1990 年 5
月，八個月、二百四十日期間，以相見十五次計算（日記原文為「十
次左右」），平均十六日才能見一次面。而在中四升中五的暑期
裡面，大概六十日，見面三次，平均二十日才能見一次面。

再引用 1990 年 5 月 11 日及 5 月 17 日日記資料：

―――――――

1990 年 5 月 11 日

跟她相遇的日期時間：

1990 年 1 月 10 日—12:50；

1990 年 1 月 18 日—12:50；

1990 年 1 月 19 日—12:45；

1990 年 1 月 30 日—16:03；

1990 年 2 月 7 日—16:10；

1990 年 2 月 8 日—16:51；

1990 年 3 月 5 日—16:06；

1990 年 3 月 15 日—16:20；

1990 年 3 月 26 日—17:05

（筆者附註：1990 年 5 月 11 日）已一個多月無見了。

————————

1990 年 5 月 17 日

早上六點零幾分，又被臭醒了。今天七點出門，在七點零三分，乍見 <u>SL</u> 返學。

————————

由上述日記資料計算，自 1990 年 3 月 26 日下午五點見面之後，直到同年 5 月 17 日，筆者才能夠再次遇上 <u>SL</u>，中間沒有見面的日子相隔了足足五十一日。

也許，面對自己心愛的人，見幾多都不會覺得足夠。筆者長時間以來，平均十六至二十日才能見到 <u>SL</u> 一次。客觀數字上，絕大部份日子都無法遇上 <u>SL</u>，也因為無法見面而非常痛苦。

也許，一直沒有想過的事情，就是究竟 <u>SL</u> 有沒有主動去避開筆者？

B　渴望見面的煎熬與無法見面的失落

「見面」的渴望，像山火一樣燒遍全身，包括肉體的內內外外。「渴望」催逼著牽扯著軟弱無力的身體，變成了見面的行動，變成了放學時間漫無目的的等待，變成了在家中窗戶的守候，也變成了四處遊蕩，期望幸運地能夠在街上偶遇。可惜的是，不論用什麼方法，一律無法遇上內心所渴望的……內心大火的燃燒固然是痛苦，眼見大火把整個人火化成灰燼，然後只剩下一片頹垣敗瓦——滿目瘡痍，又再把痛苦加劇一重。

1991 年 9 月 2 日的日記裡面，反省過去兩年苦戀的情況，在渴望和失落之間折磨，自己也無法想像是如何熬得過來。日記記錄如下：

1991 年 9 月 2 日（星期一）

……

我很煩，很愁。為什麼，為什麼想見她，又偏見不到呢？我朝思暮想，我牽腸掛肚，可是到最後只是失望與痛苦的延續。

……

在每次相見之間，我自身像活在地獄，生命盡是灰色的。沒有快樂，沒有笑容，沒有希望……日子是怎麼樣過的？不知道，可是我已經這樣地活了一年之長。

C   思念牽掛形同失控的精神纏擾

第一章〈抑鬱成病〉裡面曾經提及，想起暗戀的陌生少女，筆者便感到憂愁，也許相反亦然，當筆者感到憂愁，便又會想到她。筆者對 SL 的思念牽掛彷彿已經融入了生活裡面，大概已經形同失控的精神纏擾。筆者滿腦子都充塞著 SL 的事情，包括對 SL 的幻想、對將來的幻想、對如何可以見面的幻想、對見面時如何可以結識的幻想……在幻想以外，筆者對於一見鍾情之後所發生的事情，也一直不斷在腦袋裡面反覆回憶、咀嚼、細味、分析、化成文字並親手寫在日記簿上……

現實的幻想的、過去的未來的、真的假的……不論是數量上或者是性質上，都一樣「大量、海量、天量」地在腦海「氾濫成災」。誠然，筆者也有「不想『去想』」的時候，可是卻無法抑止。思念牽掛還是明目張膽的、或暗渡陳倉的，霸佔著腦袋的大部份空間。

3.2.2 放棄與故態復萌

筆者對於這一段苦苦的癡戀，曾經有一個疑問——究竟自己在這段關係之中，是追求快樂呢？還是追求痛苦呢？筆者的疑問在於，大部份癡戀的日子都是不開心，難言有什麼快樂。第二個問題是，究竟筆者有沒有努力「離開」痛苦？選擇痛苦、拒絕快樂，都是違反了做人的生物本性。沒有努力離開痛苦，也一樣是違反生物本性。究竟筆者有沒有選擇痛苦呢（違反生物本性）？究竟筆者是不是因為抑鬱病而選擇了痛苦？

日記的資料顯示，兩年多的癡戀裡面，曾經多次想到放棄這一段感情。在兩次應付會考的過程裡面，更加希望能夠放下甚或放棄，最低限度也希望可以暫時把「胡思亂想」收藏起，讓自己可以專心應付眼前的考試。可笑是「現實世界」，並不是「語言

文字」，「癡戀」並沒有「放下」、「放棄」、或者「收藏」等等的「高度操作性」「可言」。

根據 1991 年 9 月 2 日的日記內容，當日回憶起，最早的一次放棄，就發生在 1990 年 2 月 15 日，情人節之後一日，表白計劃失敗之後。「放棄」最為頻密的，要數 1991 年 9 月之後。一來，相信是因為體內的抑鬱病越來越嚴重，也越來越張牙舞爪，令到身心的痛苦也越來越強烈，所以變得無法再繼續承受癡戀的折磨。二來，這是第一次會考失敗之後，重讀中五的時間。第一次會考失敗對筆者造成了很大的打擊，所以便十分希望可以專心應付第二次會考，不容有失。SL 的精神纏擾（不受控制的思念和牽掛），令人無法專心一致，無法集中精神。

放棄 SL，除了變成為眼前排除胡思亂想的需要，也是身心無法再承受下去的一個解脫方法。

A　放棄與故態復萌的日記記錄

在 1991 年 10 月 10 日以前，筆者並不是每天都寫日記。所以在這個日子以前，亦即中四及中五兩年期間，寫日記的日子很疏落。除非有很特別的事，例如老爸吸煙滋擾，否則也不一定會把期間發生的事情記錄下來。中四時候，由 1990 年 5 月 10 日開始寫日記，到暑假完結，一共寫了十三篇日記。中五整個學年，亦只是寫了二十八篇日記。

直到 1991 年 10 月 10 日，買了一本新的日記簿，才算真正開始了每天寫日記的習慣（當然會有一些日子沒有寫）。就以重讀中五一年計算，筆者就寫下了差不多二百六十篇日記（以一年三百六十五日計算，寫日記的日子有 71%。），差不多是之前一個學年的十倍。因為差不多每一日都寫日記，所以 1991 年 10 月 10 日以後的日子所發生的事情，都有較為詳細和詳盡的記錄，當中包括「日期、時間」。

B 早期放棄的記錄

　　日記記錄之中，第一次放棄苦苦癡戀的日子在 1990 年 2 月 15 日，離開一見鍾情的邂逅四個多月之後。相關的日記記錄，可以參閱第一章〈抑鬱成病〉1.2.2 D〈1990 年情人節〉。

　　1990 年 2 月 14 日那一日，筆者準備向 <u>SL</u> 表白；守候在 <u>SL</u> 居住的樓層的樓梯，由下午四點等到六點；2 月 15 日，等了四十五分鐘。第一日已經失落到極點，但是仍然覺得還沒有被正式（當面、徹底、斷然）拒絕，不應該絕望。第二日再去等，結果就被其他住客當做賊人。筆者突然之間覺得很忿怒，也許弱小的心靈還覺得受到傷害，一氣之下，便矢言放棄了。

　　第二個放棄的記錄，在 1990 年 10 月 23 日，這一次放棄或放下戀情的同時，筆者感到「開心」並「一洗過去的抑鬱」。

1990 年 10 月 23 日

　　很高興，近這一段日子以來，我能夠把這一段以往放不下的感情，在這一段日子放下了。這並不是我不再愛她，而是更代表我只愛她一個。這回真是一洗過往的抑鬱。

　　1990 年 10 月 23 日，自覺成功把 <u>SL</u> 放下一段少少的時間。那裡所指的「放下」，大概就是擺脫了 <u>SL</u> 的精神纏擾，能夠抑制對 <u>SL</u> 的思念——<u>SL</u> 沒有不受控制地出現在腦海之中，可能還包括遏止了一點點對 <u>SL</u> 的渴望。而就在沒有強烈渴望之下，沒有精神纏擾之下，筆者感到「高興」，還覺得「一洗以往的抑鬱」！

　　從這一句說話裡面，作出「反向的推敲」——想像在一般日子裡面（無法放下或無法放棄 <u>SL</u>，亦即時時刻刻不受控制地對 <u>SL</u>

思念和牽掛。），做人是「不高興」和「抑鬱」。所謂抑鬱，其中的一些表現大概就是這樣子吧。

至於是什麼原因使得筆者可以放下 SL 的渴望與及思念掛念，可以參閱第八章 8.3〈影響（二）：病壞身心‧問題外衣〉，筆者有一個初步的答案。

1991 年 9 月 2 日的日記回憶，提到在中四及中五兩年間，筆者多次希望放棄，心裡面想過、嘴巴也說過、日記也寫過。可惜的是沒有一次能夠成功離開糾纏的痛苦癡戀。日記記錄如下：

1991 年 9 月 2 日（星期一）

我已不記得說過想過多少次放棄，可是若是真感情，又怎會那麼容易放棄呢？不！絕不能放棄！

C　1991 年 9 月 2 日 —— 重讀中五需要專心讀書而放棄

1991 年 9 月 2 日的這一篇日記，在之前不少篇幅就出現過不少內容摘錄，由第一章〈抑鬱成病〉開始就不斷被引用。這一篇日記，有其獨特意義。寫日記的時間就在重讀中五開學的日子，當時筆者因為英文科會考「肥佬（Failed）」，感到很大的挫敗和屈辱。

痛定思痛，不得不承認，感情問題（當然還加上抑鬱病問題）嚴重影響身心的各個方面。所以非常清楚的明白到，如果再自作多情地，繼續跟虛無縹緲的 SL 糾纏下去，情況就會跟上一年一模一樣，最終只有再度失敗一次。所以，必須要作一個決定——放棄「病態癡戀」——這樣才能夠專心應付眼前的考試。1991 年 9 月 2 日日記的開首部份，一段背景資料帶過之後，就這樣寫著：

―――――――――

1991 年 9 月 2 日（星期一）

　　今天是我最後一天想念她了，我要全情投入讀書。

―――――――――

　　這一天，希望可以堅決地當作對 SL 最後一天的思念。這一天的「思念」過後，希望可以就此走到「思念的盡頭」，從此就讓自己可以離開「思念」、可以把 SL「放下」。由於當作是最後一次思念，筆者便把這一段感情，由相遇的一見鍾情開始，從 1989 年 9 月 26 日到 1991 年 5 月第一次會考期間、再到 1991 年 9 月 2 日，徹徹底底回顧一次。

　　這一篇日記，字數有五千五百多字。讓筆者驚訝的（也好奇的），是當中很多事情的細節，比起事發當日的日記記錄還要詳細。也是因為詳細，所以成為重要的記錄，並多次引用。

　　有沒有可能透過「徹徹底底思念、透透徹徹思念」而達到「放棄思念、停止思念、不再思念」？雖然不知道為什麼還要活下去，但是既然選擇了參與第二次會考，那就必須要全力應付。九日之後，9 月 11 日，筆者便故態復萌了。原因是內心仍然十分想念著愛人，無法壓抑對愛人的渴望。1991 年 9 月 11 日，故態復萌的記錄如下：

―――――――――

1991 年 9 月 11 日

　　我實在很想念你啊！你在我心中是很重要的，我不能沒有你，不能失去你。請再給我一次機會。

―――――――――

D　1991 年 10 月 23 日 —— 欺騙自己也為要放棄

1991 年 9 月 11 日的故態復萌亦只能持續四十二日，而又再一次放棄。這一次放棄，有比較複雜的心理因素。這一次放棄，筆者「欺騙自己」，令「自己」相信 <u>SL</u> 已經有她自己的戀情而一定要放棄。但是，「自己」是沒有可能「心知肚明地欺騙自己」，當然亦無法貫徹地將謊言一直地信以為真……

舊作品〈抑鬱求死〉裡面，有這樣的一句話：

我欺騙了全個世界但欺騙不了我自己。一齣自編自導自演的戲劇，自己是做不成全情投入、如痴如醉的觀眾。

（〈抑鬱求死〉全文可參閱第一章後記）

所以結果這一次放棄還是失敗告終，故態復萌又再一次變成了放棄的終結和下一次放棄的開始……

早在 1991 年 10 月 13 日，舊同學 <u>KWK</u> 告訴筆者，一日之前見到 <u>SL</u> 拿著一束鮮花，還化了妝。明顯，是一次經過悉心的打扮。聽到之後，筆者便立即意會到，<u>SL</u> 可能已經有她自己的戀情。或者，筆者在這個時候也必須正視，<u>SL</u> 一定會有屬於她自己的戀情，絕對不需要跟筆者在生命軌道上有任何交匯點。

1991 年 10 月 13 日日記記錄如下：

———————

1991 年 10 月 13 日　　星期日

今天早上六點同 <u>KWK</u> 跑步；一開始由<u>黃竹坑十座</u>，步行去<u>香港仔</u>，再沿小巴站樓梯上<u>石排灣</u>，最後轉出<u>香港仔水塘道</u>，以此處為起點，跑上水塘。今次跑的路線，不是健身徑，而是跑上上水塘，然後再上。

跑步時，我聽到 KWK 說昨天見到 SL。那時她化了妝，手拿著一束花。

我聽到後便笑言向 KWK 說：「也許昨天是她的生辰吧！」可是我的心卻認為她是已有男朋友了。但願他會比我更愛護她。但願……

————————

九日之後，1991 年 10 月 22 日，晚上在街上見到 SL。筆者回家之後，便守候在家中的窗戶，希望見到 SL 回家。當時心中更希望可以藉此機會結識她。可是，晚上 10:23，筆者在窗戶見到了 SL 和一個男仔一起回家。雖然兩個人沒有「拖手」，但是筆者相信這個男仔就是她的男朋友。之前收花，應該就是這個男朋友送的；之前化妝，應該就是為了這個男朋友了。

一日之後，1991 年 10 月 23 日，筆者從灣仔補習完畢回家，在電梯大堂，看到一對情侶在擁抱，兩個人身體緊緊貼著。禮貌上、人身安全上，筆者沒有走近仔細打量這兩個「擁作一團的情侶」。內心還鮮明地留著昨晚 SL 與男仔夜歸的情景，眼前又見到兩個人相擁，一刻間筆者便把兩件事串連在一起。雖然沒有看清楚那個陌生少女的面容，筆者就此覺得那就是 SL 和她的男朋友。

這幾日的日記記錄如下：

————————

1991 年 10 月 22 日　星期二　天晴　Day 2

　　……

好傷心的下雨晚上啊！完了——完了——一切也完了。晚上九點四十分見到她（因為我落街買東西）（筆者附註：她應該是這時候外出），之後我返回家，立即走到窗旁，捕捉她回

家的倩影，更欲行動結識她。可是，五分鐘、十分鐘、二十分鐘……五十分鐘後，她才出現。

其時，我實在不想見不到她（筆者附註：很想見到她），我很想這晚便結識她。可是時間越長，我的心便越焦慮。這晚我沒有求神了，與其求一個比我更虛幻的神明，不如就靠自己。

……

晚上 10:23，人——是出現了，可是更多了一個男仔。啊！他是誰？她的男朋友？那為什麼他們不拖手呀？她與他有什麼關係呀？我——我不能接受，我決不能啊！可能早幾個星期她手上的花，正是他的訂情之花，她的化妝也是為了他而妝扮。

……

我的頭也實了，什麼也想不出；心也實了，沒有血液的流通，沒有情感的起伏；眼沒有淚，可能倚窗時風已預先吹乾了我的眼。

但明天很難講！

————————

1991 年 10 月 23 日　　星期三　　天晴　　Day 3

因為昨晚的事，我今早很想見到她。我依舊的行樓梯，依舊的懷著失望的心情……我見不到她。在這條樓梯，我見不到她，如常的，習慣了的。

可是我步出電梯大堂之後，我卻見到她在前面馬路，我們大概相隔二十至二十五米左右。也許我從來沒有想過在這地方去結識她（筆者附註：這個地方不是所幻想、在腦海內所準備結識她的場景，因此不懂得如何開始去結識她。）。我很愁啊～～～～！

到了放學，我特定在學校等到四點鐘，然後才去 Book 場（筆者附註：預訂場地打壁球），再乘坐小巴回家。到香港仔小巴站時，我看到小巴上最後的座位，竟然是她。我開始想上（筆者附註：上小巴），但我又怕起來（筆者附註：連小巴也不上去），最後終於上了，忽然間有個阿婆又搶住上。啊！真是天意弄人。

晚上英訊補習完畢，回到住處，見到她已投入別人的懷抱。沒有傷感！沒有淚！喝了一罐啤酒。

────────

1991 年 10 月 24 日　星期四　天晴有時陰　Day 4

很清醒的上半日，我知道清楚我的情況。夢醒啦，不要再沉溺啦，更不應對一個夢負任何責任。就讓我忘記這個由蜜糖做成而一點也不甜的夢，忘記她的容貌，忘記她的名字……忘記痛苦，忘記那時那地所發生的一切。

……

但願從今以後，不要再見到她；但願從今以後，不要再想起她；請讓我忘記她，包括她的名字；求求你，不要再騷擾我的正常思維……

────────

都說這是一次自我欺騙的放棄。事實上，筆者沒有看到那個少女的面容，根本無法確定她就是自己所暗戀的陌生少女。可是，筆者就這樣欺騙自己，要自己相信這一個與人相擁抱的少女就是自己苦苦癡戀的 SL。並因為「確定」SL 已經有屬於她自己的戀情，筆者就一定要放棄再糾纏下去。

為了放棄，筆者的內心變得「不擇手段」！

一場欺騙自己的戲，結局就是被自己一手撕破。1991年10月23日放棄，十七日之後，又一次故態復萌。1991年11月9日，日記寫上：「她實在還纏擾著我。」。不得不承認，根本無法放棄。在日記中還表示，希望當晚與人擁抱的不是她而是別人。口風也開始變得軟化了。

　　再五日之後，1991年11月14日，筆者完全重燃對 SL 的渴望之火。這天晚上，在家中窗戶見到 SL 離開大廈，便立即更換衣服，衝到街上要見她一面。第一次失敗沒有撞上，同一個晚上第二次再出街就幸運地遇上了。能夠再次遇上，感覺到「失而復得」的驚喜。原本失望的心靈，變得「重生」一樣。兩日的日記記錄如下：

1991年11月9日　　星期六　　天陰

　　中午落街時見到她，那時我已不驚了。她實在還纏擾著我。也許當晚的不是她，希望……

1991年11月14日　　星期四　　天晴　　Day 4

　　今晚我本來在九點半打壁球，應在九點出門，但我在八點四十分望到街上，望到她。我心情很激盪，我立即換衫，趕落街，想碰一碰她。但我知可能性非常之低，但我仍堅持，趕落街。我已預定不能見到她，我真的不能。

　　我之後走去巴士站，去提款機看一看 LPM（筆者附註：初中時候的同學，找筆者頂更做救生員。）有沒有過數給我；他沒有。

之後我再去報紙攤等同學 KSW（筆者附註：一同重讀中五的同學）。啊~~~~ 她竟然再次落街，我竟然能見到她。我萬萬也想不到，我們竟能再聚頭。我本已懷著死的心，希望只像流星一樣，但她竟然令我重生，流星的希望也能得償所願。

––––––––––––

1991 年 10 月 24 日，筆者信誓旦旦的因為「SL 有自己的戀情」而放棄。誰知道十多二十日後，故態復萌而舊情復熾，彷彿完全沒有特別事情發生過一樣，SL 依舊是思念和牽掛的對象，完全沒有再提起關於「男朋友的問題」。當初是自欺欺人，最終就是心知肚明。幸好這場鬧劇除了自己之外沒有其他觀眾。

E　1991 年 12 月 8 日 —— 背負朋友恩義而放棄

1991 年 11 月 9 日故態復萌與放棄又再一次循環。二十九日之後，1991 年 12 月 8 日，故態復萌再次走到盡頭，又是放棄的開始了。筆者在這個時候，問了兩位舊同學（CJS 和 KWK）借錢，合共一千八百大元。借錢，為了買一部電子發聲字典機（快譯通）。

問舊同學借錢買快譯通電子發聲字典機的日記記錄如下：

––––––––––––

1991 年 12 月 8 日　星期日　天晴

早上和 KWK 跑步，食早餐，回家。立即沖涼，九點半前要到 CJS 樓下（筆者附註：堅尼地城），但我九點十分便到了，九點二十分他便下來，之後就過錢畀我。過完錢，我便回家，然後睡覺。正午，吃飯，溫習 Chemistry。三點半和 KWK 溫習數學。離開時，他又過錢畀我。溫書至五點五十分，去石塘咀打壁球。

錢，借到手。友情……

––––––––––––

1991 年 12 月 9 日　星期一　天寒　Day 2

　　買<u>快譯通</u>（筆者附註：電子發聲字典機）。心很痛。它背負了我下半年至下一年的窮生活、英文成績、友情、前途。不能辜負朋友！

　　之後回家，我要面對的就是家人，我要他們全知道！

───────────

　　上一次會考，因為英文科「肥佬（Failed）」而無法升上中六，所以重讀的這一年一定要好好學習英文。關於英文的差勁，第二章〈厭學抑鬱病〉已經提過，筆者這裡只再稍作點評。筆者的英語聽力可能是最弱的一環，總是無法從聆聽中，記下英文生字的發音。因為無法聽到英文生字的發音，所以自己也就不懂怎樣去「製造、模仿」發音。聽不到，又不懂發音，筆者對英文便差不多處於「一竅不通」的狀態——無法輸入（聽不懂），也無法輸出（不會講）——當中完全沒有「理解」可言。

　　而因為不會發音，筆者似乎無法從英文生字的發音去幫助自己把英文生字記下。記下英文生字的方法，只有硬生生地把英文生字的字母次序記下。因為聽力弱和不懂發音，一個英文生字就只是一串英文字母的符號。「英文生字（Word）」跟「英文字的發音（Pronunciation）」變成互不相干。這樣便令到學習事倍而功半了。同一個問題，亦出現在英文片語（Phrase）裡面，甚至出現在英文句子裡面。因為不懂發音，這些都只是一串串的英文字母組合。

　　筆者問舊同學借錢買發聲字典機，就是希望解決「聽力弱和不懂發音」這一系列的問題。買了發聲字典機之後，筆者亦身體力行，參考字典機的發音，主動朗讀英文，急起直追。日記裡面有朗讀英文的記錄：

1991 年 12 月 11 日　星期三　天晴　Day 4

　　早上回校，帶著快譯通，在飯堂讀英文！好的開始！

1992 年 1 月 21 日　星期二　Day 5

　　……

　　我早上回校讀英文，我覺得是好事一樁，且還感到很開心。

　　筆者的借錢請求，舊同學一口答應，沒有留難。在那個年代（1991 年），兩位朋友可能把一個月人工的 20%-30%，借給了筆者。還有一點，幫助筆者讀書，大概也不應該是他們的責任。筆者覺得自己欠下了老友的恩情，所以自覺地必須要對他們負上「用心學習的責任」。

　　這個時候，學習的「工具」已經齊備，或者沒有藉口再去投訴。唯一剩下的問題就是感情煩惱。筆者希望身上背負著朋友的恩義，可以幫助自己克服病態苦戀的問題，讓自己可以專心應付眼前的考試。就在這個背景下，筆者再一次選擇放棄。

　　懂得英文生字的發音之後，筆者就在準備會考之前的一個多月裡面，背下了五、六篇英文文章（從閱讀理解練習裡面找到的文章）。在背誦的過程裡面，反覆考究段落裡面的句子，與及句子裡面的用字，務求對文章有更深入和透徹的認識。最終，在會考英文科的作文試卷裡面，有幾篇文章的內容可以參考甚至直接套用。第二次會考英文科，作文試卷得到最高分，C Grade；聆聽和會話，依然「肥佬（Failed）」。

1991 年 12 月 8 日借錢買字典機之後，日記上便沒有再記錄關於 <u>SL</u> 的事情（同年 12 月 11 日，八卦地偷看她妹妹手上的書。那是中二的課本。只此一次。）。筆者沒有在日記明言要把 <u>SL</u> 放下，但是日記上沒有再把她提起。直到 1991 年 12 月 19 日，筆者在日記上寫上要忘掉 <u>SL</u>，不想再想起這個人，也不想在心裡面再呼喚這個人的名字。

1991 年 12 月 11 日　　星期三　　天晴　　Day 4

……

中午回家吃飯，見到她（筆者附註：<u>SL</u>）的妹妹，我再偷望她手中的數學書，知道她讀中二。

1991 年 12 月 19 日　　星期四　　天晴　　Day 4

……

忘掉她，包括她的名字！

這一次背負朋友的恩義而放棄 <u>SL</u>，維持了二十二日。1991 年 12 月 31 日，從家中窗戶望到街上，望到 <u>SL</u> 回家的身影，即便又令到所有放棄的防線崩潰。對 <u>SL</u> 的思念牽掛又一觸即發。這一次，筆者見到 <u>SL</u> 快要進入東翼電梯大堂，然後又掉頭走向西翼大堂──就認為她、覺得她有可能在尋找筆者……一年之前，筆者已經知道自己受到 <u>SL</u> 的注意，連她的朋友也認得筆者……

只是一個小小的舉動，筆者就如同「城門大開」地引賊入關一樣──「自動送上門」──又一次故態復萌。雖然背負著朋友

的恩義，卻又仍然無法成功放棄……四日之後，1992 年 1 月 4 日，筆者又回復為一個愛情狂人，為一個陌生少女而再一次瘋狂。

1991 年 12 月 31 日和 1992 年 1 月 6 日的日記記錄如下：

1991 年 12 月 31 日　星期二　天稍和暖

我覺得今日最值得記的，就是今天夜晚所見到的事。

晚上八點二十分許，我望落街，我見到她。她從九座樓梯落下，向著電梯大堂進發。但剛剛過了馬路，她看了那處一眼（筆者附註：電梯大堂），便轉身步向天主教小學方向的另一個電梯大堂。

我覺得這行為有點特別！

首先，她未步至電梯大堂，所以根本不能清楚那裡的情況。所以這次轉向，並不是因為沒有電梯。

我認為她是為了我（也許為了別的人？別的原因？）。試問如果她真的為了我，我便辜負了她。我不想辜負她！所以，我又想再去認識她，看真的是否就是如此。

1992 年 1 月 4 日　星期六　天陰

呀！很不高興，心很愁！心很痛！無勁，再使我頹廢；SL，再使我墮入憂鬱的深淵！她！她、她、她，我不知，全不知！不知自己在做什麼？不知她是什麼？更不知她的心是怎樣？怎麼？

SL，忘不了你！

1992 年 1 月 6 日　星期一　Day 6

開學，無學！

我早上，我的每一個早上也很想很想見到她，可惜如是者兩年幾了，只有寥寥的十幾天能夠遇上，但我還是沒能夠把握得到，真失敗。

―――――――

F　1992 年 1 月 28 日 —— 為停學而放棄

離開上一次故態復萌（1991 年 12 月 31 日）二十八日之後，又一次選擇放棄。這一次是因為厭學抑鬱病，然後向校長申請停學，留家自修。

關於 1992 年 1 月筆者向校長申請「停學和留家自修」的過程，在第二章〈厭學抑鬱病〉已經詳細記述。在此，筆者僅就事後的一點心路歷程稍作點評。停學的決定，滿足了兩個「眼前的需要」，第一是直接解決「因為厭倦學校而引起的抑鬱病」，第二是讓筆者有更安靜的地方和更多的時間讀書。然而這是一個非比尋常的決定，筆者必得到媽媽的認可和允許，才可以向校長申請。雖然媽媽大概一早就對筆者沒有期望，但是仍然希望盡量讓筆者留在學校，盡量「讀」多一點書。要說服媽媽容許筆者離開學校，這一個做法跟媽媽一直堅持的信念相違背。

可能，媽媽只是覺得筆者懶惰，或逃避壓力，才提出「停學和留家自修」的建議。事實上，媽媽在屋企裡面，對筆者日常的一舉一動有著長時間的觀察；她對筆者的心散（行行企企、不斷離開座位、經常喝水、經常去廁所……）、軟弱無力、渾噩、和頹廢等等的情況，均十分清楚——只是不知道這些表現背後，主要是因為抑鬱病影響所造成。

筆者也不知道媽媽最後是基於什麼原因允許申請停學自修。可能媽媽對筆者還有一點點信任，相信筆者會「認真和專心」留家讀書；也可能「不斷的詐病逃學」已經令到媽媽煩惱不已；也可能媽媽對筆者已經完全放棄，任由自生自滅罷了……

　　在申請過程之中，也麻煩到五哥 JOC。當校長要求「見家長」的時候，筆者不想媽媽去見校長，就找了五哥 JOC 去見。五哥 JOC 初時也不肯幫忙，幾次哀求下才勉為其難應承筆者。記得當日去到校長室，校長見到是五哥 JOC 陪伴而來，曾經表示「不夠份量」云云……

　　筆者覺得，在這個「申請停學、留家自修」的過程裡面，第一，增加了媽媽的煩憂，第二，麻煩了五哥 JOC，所以覺得欠下媽媽和五哥 JOC 兩人一個人情。不知不覺之間，筆者雖然解決了厭學抑鬱病的問題，但是同一時間卻又為自己增加了很多心理負擔。為了專心讀書，筆者感到虧欠了兩位家人。到這個時候，筆者自覺大概已經走到沒有退路的境地，只有一心一意去應付會考，決不能辜負媽媽對自己的信任，也不能辜負五哥 JOC 的一個人情……如果筆者還分心懶散，還有何面目面對這些人呢？

　　就在這個背景之下，筆者又一次放棄 SL，希望專心努力應付第二次會考。跟上次一樣（背負朋友恩義而放棄），筆者沒有在日記裡面寫上「放棄」這兩個字，不過日記裡面，從 1992 年 1 月 28 日開始便完全沒有再提起 SL，也沒有提過自己的感情問題。

　　這一次放棄，維持了二十二日，到 1992 年 2 月 20 日，便無法堅持。

———————

1992 年 2 月 20 日　　星期四

　　……

　　有些東西我在此不得不再説一次！我實在忘不了 <u>SL</u>，我不能！這多日來佢嘅感覺仍然浮現喺我嘅腦際，佢嘅笑，佢嘅聲音，佢嘅神，佢嘅髮，佢嘅名字……一切一切，就似係蝕喺我嘅骨裡面，好似要跟住我一生一世，除非我脫胎換骨。可是江山易改，品性難移。

　　從我要忘記佢嗰日開始，我個心每日都愁，但係我唔能夠再為佢多下一筆，我實在唔想再勾起一絲回憶。可是，不寫更愁！

　　呢一日，當回家後，我又忍唔住倚靠在窗旁望向街上，佢又果然出現。時正四點十六分，佢早已回家，而且換咗校服再出街，回家時給我看到了。嗰種感覺係炸彈喺心中爆破一樣，一樣劇烈！

　　之後又在五點左右再見到佢回家！我實在不能忘記佢！

———————

　　這一次故態復萌，維持了四十九日，直到 1992 年 4 月 8 日。而 1992 年 2 月 20 日至 4 月 8 日的故事，留待下一節 3.3〈傾力要愛〉再詳細介紹。

3.2.2 小結

　　「放棄與故態復萌」的日期和日子計算綜合表：

放棄原因	放棄日期	放棄時間（日子）	故態復萌日期	故態復萌時間（日子）
早期（資料不齊全）				
表白失敗	1990 年 2 月 15 日	--	--	--
第一次會考	1990 年 10 月	--	--	--
後期（資料相對齊全）				
重讀中五	1991 年 9 月 2 日	9 日	9 月 11 日	42 日
欺騙自己	1991 年 10 月 23 日	17 日	11 月 9 日	28 日
背負朋友恩義	1991 年 12 月 8 日	23 日	12 月 31 日	28 日
申請停學	1992 年 1 月 28 日	23 日	2 月 20 日	49 日

「病態苦戀」帶給筆者莫大的痛苦，在無法再承受的情況下，必須放棄。感覺到很多問題都是因為「病態苦戀」而起，而似乎「放棄」「病態苦戀」，就可以解決因此而起的所有問題。如果「放棄」可以成功，或者可以從此不再想起「那個人」，可以停止「強迫性精神纏擾」一樣的思念和牽掛，可以不再經歷火燒一樣的渴望。如果「放棄」可以成功，所希望的是可以擺脫失落的憂愁，可以不再自責無能。「放棄」了，是不是就可以離開這些「狀態」呢？事情是不是這樣簡單？

為什麼總是無法抑制內心的渴望？為什麼渴望一直存在？為什麼一直「感到」渴望？為什麼總是無法抑制纏擾一樣的思念和牽掛？為什麼一直無法離開這些「狀態」？是不是這些原因導致無法成功「放棄」？

因為無法承受癡戀的痛苦，而不斷放棄「癡戀下去」；因為無法抑制內心的渴望，而又不斷「癡戀下去」。因為一直無法突

破關係，戀情無法展開；因為每次故態復萌都無法再「承受（癡戀的痛苦）下去」，最終又只有放棄，然後⋯⋯

筆者有一個假設：如果能夠結識 SL，筆者內心的渴望就可以得以滿足——所有問題都彷彿立即解決——沒有無法承受的痛苦（沒有放棄的需要），也沒有渴望的煎熬。可惜的是，筆者一直無法成功。

3.2.3 大壓力事情

能夠跟 SL 見面的次數極少（特別是早期），而每次見到她都會感到非常緊張和亢奮（包括後期）。那是非一般的緊張和亢奮，所經歷的情況令到筆者差不多整個人由腦袋到身體各個部份都一一癱瘓下來，無法控制自己。以下是一些相遇時候的日記記錄：

_____

1990 年 5 月 21 日

今天 5:57（凌晨）被臭醒，唉⋯⋯無奈，我只希望盡快打完這場戰爭。

這麼早起來，就想盡快離開屋企。因為上星期四上學時在 7:03 見到她，所以今天我 6:58 出門，想必一定見到她了。一切都就是我所預料中，當我行到 SL 居住的樓層時，聽到步操鞋鐵馬（筆者附註：曾經看見她穿著紅十字會制服）造出的「架架」之聲，初時一兩秒，我都有些緊張，但一兩秒之後，我便平靜下來。因為我肯定我是一定沒有行動。

「架架」之聲一路接近，就在轉角位的時候，我張目一看，呀——她仍是多麼的漂亮，多麼的令人著迷。雖然心境是平靜，但一刻的相見，也令我雙腿發軟。無悔。

_____

1990 年 10 月 1 日（筆者附註：1991 年 9 月 2 日日記中回憶）

　　……

　　……有一次我們一行六人（我、CJS、KWK、CFC、GLF、YTZ），在繪圖堂完結後一起搭小巴回家（筆者附註：沿黃竹坑道，經香港仔「十五間」，再進入香港仔舊大街。）。我和KWK 是搭往黃竹坑的，他們是搭往西環的，但大家有一段路是同路。那時，CJS 行第一，剛到黃竹坑小巴站時，他看到她，便連忙走到我的跟前，說她在等車，那時我便緊張起來了。我排到她的背後，卻排不到她的心內。

　　誰知 GLF 走了過來，向我說：「我搭小巴呀！我住 N 座呀！」我聽到，她當然也聽到！我即時無名火起三千呎，直沖昏了我的腦子。我覺得 GLF 的行為很輕挑，很不尊重她和我，他很像把我和她之間的感情玩弄著一樣！在不快的心情下，我向他大大的喝了一聲：「走啦你！」真的很大聲，不知有否驚嚇了她。上了車之後，她坐在最後一排，我和 KWK 坐在之前一排。我沒有向她表示什麼，只向 KWK 說了一句：「今晚又畫唔到圖了。」

　　下車之後，她快步的回家了。我沒有刻意的追上她，也不想，也不會。

────────────

1991 年 4 月 24 日（筆者附註：1991 年 9 月 2 日日記中回憶）

　　……考 D&T，終於給我見到了她。那天一早我便出門，與平時一樣，是懷著希望的行樓梯。當我行過 SL 居住的樓層時，我聽到有一些腳步聲，所以我回頭一望。啊！她終於出現了！她行在我的後面，這次我特別減慢了腳步，所以能與她保持一段距離。大家行著，我沒有回頭望她，她亦沒有追上來趕過頭。雖然我行得好慢，但是我的心卻在狂奔著。我很想結識她，我

真的很想啊！但是我又不夠膽，自己又放棄了這次機會。我真是很想的。

─────────

1991 年 4 月 24 日

今日考設計（筆者附註：D&T 科目其中一份試卷），早上想碰見她，今日終於都見到了，可是我還是不敢上前說句早安。

今次的相見，我看不到她親切的笑容。

─────────

1992 年 1 月 24 日　星期五　Day 2

明天測中文。

放學搭小巴回家，到黃竹坑，落車見到 SL 和一個人說說笑笑（那人看似是一個男仔），但我叫自己鎮定，冷靜，因為我明天要測驗，要讀書，我知道情緒一波動，便會頹廢便憂鬱，所以我一定要控制自己，要處理應做的事。我叫自己唔好去想佢，更加唔好胡思亂想，若是這樣，就讀唔到書。

總算是勝利，算叫做控制到自己嘅情緒去讀中文！有進步！若是以往，早又就胡思亂想到心肺反轉，撕痛欲絕！

─────────

1992 年 3 月 28 日　星期六　寒

無聊的早上。下午四點左右落街，終於見到 SL 了！但係我唔知做乜嘢好。

不過我發覺每一次見到佢，心情一定好澎湃，情緒波動得很！

當時我剛剛步離第七座，進入第三座街市；十尺左右，瞥見一個清秀的、穿白色外套嘅女仔，再定神一看——是 <u>SL</u>！我凝望住佢，我能做到的，就只有凝望……佢曾經一度逃避我嘅眼神，但係佢亦有同我眼神接觸。美，清秀。直至我們擦身而過，我個心才停止澎湃！

之後到雜貨店買東西，發覺自己嘅情緒太高漲，好似一頭瘋獸。

下次要好好控制情緒。

─────────

1990 年 5 月 21 日，只是在樓梯間擦身而過；由聽到腳步聲開始，便立即緊張起來；見過面後，更感到兩腳發軟。1992 年 1 月 24 日，1992 年 3 月 28 日，同樣在街上擦身而過，由遠處見到 <u>SL</u> 的身影開始，緊張和亢奮的程度，隨著一步一步靠近的同時，便一級一級上升。「胡思亂想到心肺反轉，撕痛欲絕！」、「像一頭瘋獸」，都是心情癲狂、極端的情緒狀況。

1990 年 10 月 1 日，覺得「和 <u>SL</u> 兩個人的世界」受到同學騷擾，所以大發雷霆。似乎就連兩個人一起的沉默，也覺得有一種聯繫，也許還是兩個人不曾承認的一種相處秩序……可能完全是筆者的幻想。但是這一個「幻想的世界」，在筆者的心目中是何其「神聖」，所以半點也不容干擾、遑論侵入。同學可能想出手幫助，只是筆者的「愛情聖地」不容「非法入侵」。

1991 年 4 月 24 日，「撞返學」差不多一周年，終於遇上了自己在腦袋中預演了不知多少次的情景，應該是結識的最好時機。可惜的是，太緊張了，整個人也不聽使喚。終於邂逅，<u>SL</u> 從走廊轉入樓梯間開始，一直步行九層樓梯落到地下，筆者也無法好好善用這一個「步行九層樓梯」的機會。<u>SL</u> 一直在筆者身後「八級

樓梯」之上，可惜筆者連「轉個頭望一眼」也沒有膽量。兩個人就這樣「一前一後」的維持著「八步之遙」，一直到地面一層。在極度緊張和亢奮之下，筆者傾盡最大努力而能夠做到的，就是停留在「八步」之外——「遠一步」心不甘，「近一步」做不到。

在 1990 年 5 月 21 日的日記記錄，減少或舒緩緊張和亢奮的方法是「放棄企圖」。一旦帶有企圖，面對 SL 就會變得極度緊張。情況變得十分弔詭，極度緊張和亢奮令到筆者癱瘓而無法有任何行動，舒緩這種緊張和亢奮的方法是放棄企圖，然後才可以「有限度地」使喚身體。可是在「放棄所有企圖」之下，筆者縱然可以重拾「身心的活動機能」，卻只能夠做一個「路人甲乙丙」、只能夠「扮自然」、扮演街上「一個沒有面目的過路人」……在這個困局裡面，筆者一直無法結識到 SL——因為無法帶住企圖去面對她——只要一帶有企圖，身心便立即癱瘓。

再者，「結識陌生少女」本來（應該？）就是一件十分困難的事。想要在「偶然見到」的機會下，要求自己開口跟「朝思暮想的暗戀對象」交談或結識，大概是天方夜譚。加上那非常強烈的病態渴望、纏擾一樣的思念和牽掛、彷彿不容有失的期望，無形中就更加令到「結識」這件事變得十分嚴峻……在無半點經驗下，又沒有犯錯空間似的……

內內外外的因素與及種種的原因相加起來，使得面對 SL 就不期然變得十分緊張和亢奮。亦是這種發瘋一樣的身心狀態，令到「結識」SL 永遠都不會成功——除非能克服這種極端情緒反應。

3.3 傾力要愛

「傾力要愛」，日期由 1992 年 2 月 20 日開始，終結於同年 4 月 8 日，歷時四十九日。這是「停學、留家自修」的「放棄」失敗，而又再一次「故態復萌」的開始（也是最後一次）。這是歷時最長的一次「故態復萌」，而且是記錄最為詳細的一次。當中相信亦帶著最瘋狂、最熾熱的「動力」的一次。筆者誓要傾盡全力，捉緊心中所愛的人。

促使筆者傾盡力量追求心中所愛，有環境條件的配合，也有心態上的改變。所居住的屋邨，一條方便的通道解封，居民出入大廈便集中在此路徑上。同時間，筆者認為過去的失敗、無法突破兩人關係，主要是因為筆者還不夠投入。再加上意識到「或會失去 SL」的點點危機感，筆者便下定決心，誓要趕緊追求，挑戰心中的「大壓力事情」。

四十九日之間，早期時候還有一點點猶豫，心理調整了幾日之後，便克服了最後的心理障礙，之後就如脫韁野馬一樣，心態上再無任何束縛。最終筆者雖然還沒有結識到夢中情人，但是卻找到了「一定可以見面」的方法。

3.3.1 環境與心態的改變

A　環境的改變

出現「傾力要愛」，其中一個外在條件，是居住環境的一個重大改變。這個改變，就是一條方便的主要通道解封，並重新開啟。當這條通道解封後，隨即變成了第 N 座（即筆者與 SL 所居住的大廈）居民出入的主要通道。SL 返學放學，甚或其他外出，都因為「方便、節省時間」而變得集中使用這一條通道。因為集中使用這一條通道出入，筆者見到或遇上 SL 的機會便因此而大大提升。

關於上文所提及的「一條方便的主要通道」，可以參閱圖片：

- 居住環境（4）：對面第八座、多層花槽、地面露天停車場
- 居住環境（6）：相遇的斜坡、主要通道樓梯
- 居住環境示意圖（一）：住處、出入通道、主要建築物
- 居住環境示意圖（二）：解封後的主要出入通道、九座樓梯、通往第八座

原本的通道被封閉了幾年，原因是通道行經的第九座，被發現是「鹹水樓」，導致樓宇結構出現非常危險的問題，需要全座拆卸。在拆卸期間，通道便封閉起來。

整個屋邨，主要的街市、店舖、郵政局、小巴站和巴士總站，都是位於第二座、第三座、第四座、和第五座。在這個範圍的店舖有：開明書局、誠德書局、竹林辦館、金冠士多、零食檔口（「三檔仔」）、西湖燒味、新寶快餐店、祥興茶餐廳、天地人茶餐廳、新永發麵包店、雜貨店、理髮店（上海人主理）、五金舖、鞋舖、藥房、銀行、報紙檔、郵局、診所……第四座東翼一隅，還有檔口賣熟食（魚蛋、豬皮、蘿蔔……），此外還有水族館、彩虹沖曬影印……

到晚上七、八點街市收檔之後，熟食小販就推車出來「開檔」開始做生意，有車仔麵、魚肉生菜、碗仔翅、粥品、糖水、炒麵、糯米飯、紅豆冰、菠蘿冰、涼粉、椰汁冰、糭、燒雞翼、滷味、齋滷味、砵仔糕、大菜糕、糖蔥餅、龍鬚糖……

這一條「方便通道」還沒有解封前，要由 N 座前往上面店舖，只有走東西兩翼、兩端分別兩條較為偏遠一點的道路，兩條路都需要兜上一個大彎。

筆者家中的窗戶能夠清楚看到這條「方便通道」。偶然地、漸漸地，常常見到 SL 在這條通道出入的身影。漸漸地，筆者開始掌握到一些 SL 返學放學和外出的習慣。因應這些資料，遇上 SL 的機會，逐漸變得「可以掌握」。

B　心態的改變

出現「傾力要愛」，第二個條件是心態上的一個重大改變。筆者很早期就明白到，這一場病態苦戀，主要是一場「幻想的活動」。整段兩年多的戀情，都只是由幻想和憧憬去支持，完全沒有實質的憑藉。1990 年 5 月 11 日，日記簿上的第二篇日記，便了解到戀情的幻想和虛構性質。1991 年 4 月 18 日的日記，以「幻想」為主題寫下一首詩。兩日的日記記錄如下：

1990 年 5 月 11 日

……

和她，我只有沉醉在空想嗎？

……

一切都是虛幻，幻想。

1991 年 4 月 18 日

……

我曾看到一個幻想，「她」更引了我進去，

初時，「她」是甜的，我非常高興；

可是，我不能看真那個幻想，我漸覺「她」——很難受，

可是「她」還是甜，
因為「她」不是真實；
我很倦了，但我奮起最後的一口氣，逃了出來！
我睜開了眼睛，原來一切也是夢，
但我發覺，我身上滿佈「她」的傷痕。

———————

筆者經常覺得自己沒有認真地投入生活，做人做自己只是流於「醉生夢死」、「顛倒夢想」。因為自覺沒有認真投入，所以必須接受失敗；又或者已經經歷了太多失敗，不自覺地又認為這是沒有認真投入的必然結果。

而兩年多以來的病態苦戀，筆者相信沒有把握相遇機會的原因，完全是個人的問題，是自己沒有認真、沒有盡力。筆者認為自己沒有「全情投入」，亦自覺一直欠缺力量和決心，所以一直無法結識 SL。要改變現狀，就要傾力去愛，全情投入。

關於希望全情投入生活的日記記錄如下：

———————

1991 年 11 月 27 日　星期三　天陰天時晴

是日考 D&T，我唔考（筆者附註：因為上年會考已經考過，今年不想再花時間在這一科上面，所以不再報考了。），所以不用回學校。

早上六點四十五分，心中正掙扎著，掙扎應否出門去碰一碰她呢？最後，都係出門了，因為我要把握自己的命運，追尋自己的愛情！

———————

1992 年 3 月 14 日　星期六　暖

……

下午和舊同學 GLF、KWK、同埋佢哋嘅女朋友 REB、LWY 睇花展。

行，睇，默想，無話。只因我唔投入，我不知不覺咁唔去投入生活，唔去投入佢哋之間，我終於領會到二哥 JSC 嘅教訓：「你唔講野，令人覺得你遠離圈子、遠離人群，一 D 都唔投入！」

恍然大悟！過往常去尋求生活目的，尋求愛情，從而遠離咗生活。

下次盡量去投入、投入。

──────────

似乎，「不投入」甚或「抽離」是筆者的一個普遍問題，而不是單單出現在病態苦戀的範圍裡。因為在 1991 年 12 月的時候，二哥 JSC 覺得筆者沒有投入家人的活動當中，經常默不作聲，不知道是不是有任何不滿，云云。1991 年 12 月 26 日的日記記錄如下：

──────────

1991 年 12 月 26 日　星期四

晚上看戲！看完戲後，二哥 JSC 對我說話，他對我默言無聲像有點不滿，他認為我這樣對我日後在另一群體會有影響。他認為，人家會以為我對團體不滿，人家會以為我對某人不滿，人家會以為我不投入。

我不出聲，因為我覺得家中無人聽我的說話。

──────────

證諸 1991 年 12 月 26 日的日記，二哥 JSC 也察覺到筆者「離群、孤立、抽離、封閉」——概括為「唔投入」——等等的個性。筆者自己也一早察覺到相關的問題，所以 1991 年 11 月 27 日，才有「把握自己的命運、追尋自己的愛情」這一個想法。沒有深究是什麼原因造成這一個情況，大概就連情況是什麼也不一定清楚知道。

　　筆者可能長期出現一種迷迷糊糊、渾渾噩噩、懶懶洋洋的身心狀態。大概，這一種狀態令到筆者身處「生活之中」，卻又無法「進入生活」——「生活」彷彿就在自己前面一步之遙，跨出那一步之後，就可以進入生活。相反，沒有跨出那一步，「生活」彷彿無法捉緊、「生活」彷彿不屬於自己、「生活」彷彿只是眼前一步之遙以外的一個電視螢幕的影像——跟看著電視的那個自己無關、毫無聯繫⋯⋯

　　上述身心狀態的另外一種感覺，就是「越停頓」，身心就變得「越沉重」；想要再推動身心，就變得越困難⋯⋯「生活」原本是「一步之遙」，漸漸地變成了「兩步」、「三步」⋯⋯可能，到最後會在「生活之中」失去了「生活」⋯⋯又一次在「生活的巨輪」上摔下來⋯⋯

　　筆者意識得到，不可以再跟隨著身心狀態沉淪下去。要挽救自己，要進入生活，要重新跟「眼前的電視螢幕的影像」聯繫上，筆者必須要跨出「那一步」，乃至「兩步」、「三步」⋯⋯直到「進入生活」、「投入生活」、「掌握自己的命運、追尋自己的愛情」⋯⋯

C 危機感

筆者感到 SL 會有她自己的戀情，或者其他人也一樣受到吸引而追求她。所以這一個暗戀的夢，還是會隨時幻滅。筆者因此而多了一份危機感。1991 年 12 月 2 日，因為一個情景，便立即觸發了「隨時失去」的危機感。日記記錄如下：

1991 年 12 月 2 日　　星期一

　　……

　　四點半出門打壁球，上到去八座時（筆者附註：黃竹坑邨），望到一男一女學生正在情話綿綿，男的頭部明顯親近著女的，女的亦無抗拒之意。女的身穿藍色校服，正與 SL 相似。我一望見他倆，心中驚震莫名，是失落，是失去！再細心一想，原來她不是她！

　　可是亦給了我一個啟示——你不去認識她，遲早有一日，真的會被人捷足先登。

就是這一點點危機感，令到筆者覺得「失去 SL」是一個實在的「可能」。尤其是 SL 還是青春少艾，這一份危機感更加與日俱增……筆者似乎不能夠再猶豫不決……

3.3.2「傾力要愛」經過

這是一次「爆發」，為了實現心裡面所幻想的、而又十分痛苦的愛情。這一次爆發歷時四十九日，開始於 1992 年 2 月 20 日，終結於同年 4 月 8 日。四十九日間，筆者覺得事情經過和發展有

相當的完整性，也有較為完整的日記記錄，故一次過、一氣呵成
地把這段期間的日記羅列出來。日記記錄如下：

1992 年 2 月 20 日　　星期四

　　……

　　有些東西我在此不得不再說一次！我實在忘不了 SL，我不
能！這多日來佢嘅感覺仍然浮現喺我嘅腦際，佢嘅笑，佢嘅聲
音，佢嘅神，佢嘅髮，佢嘅名字……一切一切，就似係蝕喺我
嘅骨裡面，好似要跟住我一生一世，除非我脫胎換骨。可是江
山易改，品性難移。

　　從我要忘記佢嗰日開始，我個心每日都愁，但係我唔能夠
再為佢多下一筆，我實在唔想再勾起一絲回憶。可是，不寫更
愁！

　　呢一日，當回家後，我又忍唔住倚靠在窗旁望向街上，佢
又果然出現。時正四點十六分，佢早已回家，而且換咗校服再
出街，回家時給我看到了。嗰種感覺係炸彈喺心中爆破一樣，
一樣劇烈！

　　之後又在五點左右再見到佢回家！我實在不能忘記佢！

1992 年 2 月 21 日　　星期五

　　今早五點四十五分起床，事關昨日多口，應承咗舊同學 CJS
今日七點正喺西環 77 號巴士總站等，一齊乘坐 77 號巴士，欲
一見往日佢所暗戀嘅、就讀聖士提反嘅女仔。

　　可惜，撲個空（筆者附註：沒有遇上）。

……

　　……五點十五分我又出門去<u>聖類斯</u>補習至七點半。這天出奇地很早便有小巴（筆者附註：<u>由西營盤回香港仔的小巴</u>），我正猶豫好不好上車，事關<u>SL</u>有時會在八點半左右出街（唔知做乜），我很想見她（筆者附註：如果要見她的話，這時上車便會太早。）。但我最後還是上了，我心想，只要有緣，大家便一定會有將來。

　　八點正我已回到<u>黃竹坑</u>（已從<u>香港仔</u>再轉乘了<u>黃竹坑小巴</u>），見不到她。飯吃罷，人欲動，便以到<u>香港仔</u>Book 壁球場為名，再出門，很想很想再見她。緣有，就在九點左右，在七座地下長走廊相遇。可惜，還是不知怎麼樣，心還是愛她，還是非常緊張——好緊張！我很愛她！

1992 年 2 月 24 日

　　……

　　下午打壁球，打完之後四點，特定預計好時間，要在回家路上見到<u>SL</u>（通常四點二十五分放學回到所住大廈）。可惜只見到她的妹妹和讀幼稚園的小妹妹。

1992 年 2 月 25 日　星期二

　　晨早要把昨晚寫的信交給同學<u>KSW</u>，相約七點半等。

　　我很想見到<u>SL</u>，所以我七點十四分便出門了（筆者附註：停學自修期間），在<u>天主教小學</u>（筆者附註：<u>黃竹坑天主教小學</u>）下面的勞工署前等——她！

等——等——等。

心想她又見到我不穿校服，不用上學的姿態，一定很奇怪！我期望見到她出奇的表情時，向她笑一笑。我真的很想。我愛她，我要關懷她，不能讓她行一點荊途。

七點二十五分，我望向遠些的那一個電梯大堂（筆者附註：筆者當時身處西翼，所望向的是東翼。），見到她的背影！想必是太遲了（筆者附註：筆者一直相信 SL 使用西翼樓梯出門返學。這一日，或者她太遲出門，所以改變了返學路線。），要行那處較快的路！時不與我！

下午，同學 LWT 約了三點半，但他遲到了。到了第四座（筆者附註：黃竹坑邨）的「彩虹」影印店舖，我們在看 D/T Project，但 SL 的妹妹來到，並打尖，我只好再向 LWT 評評他的 Project，不過挑剔的多。之後我到開明書局買幾樣文具，回到電梯大堂，又如昨日一樣的情況，和 SL 的兩個妹妹同坐一架電梯。

─────────────

1992 年 2 月 26 日　星期三　天氣轉熱

很早起來，但見不到 SL 上學。

早上溫 Chemistry。下午做 Additional Mathematics 練習。

三點四十三分左右，見到她回家，很少那麼早。之後心神恍惚，極有衝動去見她，但她已入大廈。不過，我沒有放棄，我落樓，期望見到她步出電梯回家。可惜，我從十三樓來回八樓六次，還是見不到她，也許她已回家了。

晚上，我借 Book 場打波，又出街走一趟，但還是沒有碰上。

九點四十分，倚窗外望，見到她，她又望上來（筆者附註：地點應該就在「回望的平台」），但我覺得一秒至兩秒，或三秒，是看不到什麼的。我立即又借買東西，再落街一趟！可惜！十點，開始癡癡地等她，但仍是……

這一段是胡思亂想的時間，應該忘記！

1992 年 2 月 27 日　星期四

心很煩！

早上查字典（筆者附註：看英文文章，查英文字典。）！

三點三十分到學校交三、四月學費。回來時，到電梯大堂，見到兩個學生妹，神情動靜古怪（我的感覺）。之後，<u>SL</u> 的兩個妹妹又來到，啊，原來她們是認識的，怪不得舉止那麼古怪了！

1992 年 2 月 28 日　星期五

今日回校考 Listening（筆者附註：英語聆聽），所以很早便出門了，欲一見她，可惜！

……

下午四點零五分回家，什麼想見的人也見不到。之後到<u>聖類斯</u>補習。

1992 年 3 月 1 日　　星期日　　潮濕

　　早上下雨，沒有跑步。

　　到 LTK 修士那裡補習英文。

　　下午睡。

　　早上六點四十五分，我睡在床上，但已清醒，突然間聽到街上有個女人怪叫一聲，我略感心寒，之後又聽到這女人大聲叫「搶野呀！搶野呀！」

───────────

1992 年 3 月 2 日　　星期一　　潮濕

　　七點半起床，畫圖！

　　九點開始樓下裝修，鑽牆，嘈到無法讀書，心很躁，很煩！

　　生命把我投進荊棘中，我很痛，身體上非常多的創傷。

　　我懸垂在中間，萬料不到自身的重量，竟然把軀體加壓的往下沉；

　　荊棘已入骨、已入了心，我的血流盡，淚流盡，

　　可惜還不能使那些荊棘開一朵花；

　　心死，但精神未死，我還是每刻也感受到劇烈的痛楚！

　　……

　　下午剪髮──薯頭！

───────────

1992 年 3 月 3 日

　　早上起床，七點十五分出門，見不到她。

　　今日 Mock Exam……

1992 年 3 月 4 日　星期三　天陰下雨

早上做 Mathematics。想著 <u>SL</u>，微微解愁。

下午到舊同學 <u>TSM</u> 那裡，溫 Physics，好慶幸能夠教識佢一點東西。希望可以令佢得到更多。

之後到聖類斯補 Chemistry，見識 <u>LY Wong</u>（筆者附註：一位在同學之間享有名氣的補習老師）！

晚上趕去<u>英訊</u>補英文，無聊！

1992 年 3 月 5 日　星期四　天寒亦陰

早上，家人看電視！無法讀書。

很有衝動去買一部 Sharp 牌子的計算機，事關那型號可以很快地計算「積分（Integration）」。但最後也打消了這個想法，不是因為金錢，只因單單為計算 Integration 而買，太不值得了。

下午做了 1986，1987 年 Mathematics 卷一。

……

對不起，<u>SL</u>。我真的思想有點錯亂！但我忘不了你！我很想念你呀。

1992 年 3 月 6 日　星期五　天很寒且雨

早上醒來——<u>SL</u>，唉——

……

中午吃過飯，又想起 SL 了。

什麼是愛？付出？我不想對空氣付出。如何？如果能跟你認識，我會好過一些，積極些！啊！你那秀麗的容顏，從我腦海中會發出柔和的感覺，溫暖、柔滑。我笑自己，因為兩年多的日子，我還記不清你的樣子，哈哈。但——那高貴，溫婉的感覺，我就能感受得到。

晚上七點三十分，聖類斯放學，我很想回家路上碰見 SL，因為多碰見一次，多少也牽起我的情感。我到香港仔吃飯，等到八點三十分才回家，為著見 SL。

可惜！

─────────────

1992 年 3 月 8 日　　星期日　　天寒

到 LTK 修士那裡補習英文。

下午無聊。

⋯⋯

晚上九點半，忽然感到 SL 喺樓下，匆匆趕去窗前，望，真係見到佢！佢果真步行至電梯大堂！

追趕下去，就真的不能，也沒有可能。我等一段小時間，欲待她步出電梯之後，在樓梯間上落去碰上她。可惜仍然無法遇上她回家。

之後，我沿樓梯一直行落樓，再搭電梯回家。計一計，原來由地下乘搭電梯至九樓，只需要三十七秒左右，我明白這次是我太遲了。

─────────────

1992 年 3 月 9 日　星期一　上午寒下午轉暖

好劫，十點才起床；睇電影《五虎將》至吃飯時候，聽歌到下午兩點。

戰勝心魔！溫習了才下結論！

……

晚上，心血來潮，好想出街。之後就喺八點四十分左右落街，喺小巴上，見到 SL。其實早喺九座已經見到佢嘅背影。喺小巴上偷望來、偷望去。SL，究竟要多少時間，我才可以說一句話，打破大家嘅沉默？如果我有機會嘅……SL，我愛你，我一定會用行動表示，不是空談。

……

明天考聖經。明早，我希望我對 SL 說我們的第一句話：「早晨！」。

———————

1992 年 3 月 10 日　星期二　寒

早上如常的出門，如常的失望。

回校考聖經科。

下午好失敗呀！渾渾噩噩！好唔要得呀！一定要集中精神，排除萬難！

吃晚飯時，SL 的影子不斷的出現在腦海中，回盪回盪再回盪，那朦朦朧朧的樣子，掩不住那溢瀉的清秀；每一想，心一盪。明天，也許機會在明天。

明天考 Mathematics，挑戰無限！

明天，我愛你。

1992 年 3 月 11 日

考 Mathematics。早上本以為會見到 <u>SL</u>，結識她。

可惜。

考 Mathematics，好劫。回家吃飯，之後睡。

今早應承三哥 <u>ADC</u> 去曬相，放學曬，下午取。三點五十分出門，本想見 <u>SL</u>，回來時亦可能有機會。但是今次又是空走一轉。可是第二次再出門，四點三十三分，終於相遇。相對雖然無言，但多一次相見，多一刻愛意，加深一個印象。

……

如果我當時立即記下我的心情，也許會幽怨得多呢？！

初時出門，我都想著：「只要我們有緣，那就一定會相見的；不見，遇不上，也許緣未到！」第一次出門不見，回來又不見——未絕望——未失望。第二次出門，心裡想著她已經回家，可是步出電梯大堂到街上，仰望，就見到 <u>SL</u>。當我上九座長樓梯時（筆者附註：<u>SL</u> 正由九座長樓梯步行下來），心裡叫著：「冷靜、定！」事關我不想被她見到我緊張面紅的樣子呀！清秀的 <u>SL</u>，這刻更泛著艷光。

1992 年 3 月 12 日　　星期四

……

早上又有人在街上大叫搶嘢了。

七點三十三分，終於解開多一個謎了——見到 <u>SL</u> 這時落樓，用九座嘅長樓梯前往小巴站。怪不得呢幾日考試出門都見佢唔

到（筆者附註：一直以為她七點正出門，亦一直相信她使用西翼樓梯。1991 年 10 月 23 日，日記記錄 <u>SL</u> 仍然使用西翼通道返學。）！

佢行到去八座時，回望上來（筆者附註：在「回望的平台」望向筆者的方向），我不知道這麼短的時間，佢可否看到我的身影、我的心境。但願明天你便不用望上來——因為我已陪著你上學。

三點四十分，正在修理<u>黃大仙廟</u>買回來的風車，一瞥到街上，<u>SL</u> 回家了，那麼早。當佢過馬路時，沒有四處張望，我估，佢看到我（筆者附註：在八座時已經望到我在家中窗前）。

<u>SL</u>，我希望我們終有相處在一起的一天。要是相愛，縱是一天，也不恨晚；縱是一刻，也不恨晚，只要我們一起⋯⋯

1992 年 3 月 13 日　　星期五　暖

昨晚溫書，溫到好夜，成兩點三十分才睡覺。還未睡覺時，千想萬想，想這朝早跟 <u>SL</u> 結識。心想著昨天 <u>SL</u> 七點三十三分上學去，我便在這個時間左右出門。當在樓梯間碰見 <u>SL</u> 時，向 <u>SL</u> 說聲：「Hi，早晨。」展開我們的對話，我更希望和你一起搭小巴，再相約放學一起暢談暢談。

可惜早在七點二十四分，已見到你落到街了。也許，機會在下午吧！（早上十一點二十二分，考完中文作文。）

放學也不見你（四點零五分）。中午心情又起伏，為誰？為 <u>SL</u>，為何早上不能跟你相碰面、眼神相接觸呢？

很劫，很劫。

1992 年 3 月 14 日　星期六　暖

　　早上，阿媽拜神。一早起來，煮了齋粥一大鍋（筆者附註：拜神當日全家人都要在早上齋戒），之後就忙著打點打點，裝香，燒元寶。對門神、黃大仙，跪著、拜著……

　　十點三十分先開始溫習英文。下午和舊同學 GLF、KWK、同埋佢哋嘅女朋友 REB、LWY 睇花展。

　　行，睇，默想，無話。只因我唔投入，我不知不覺咁唔去投入生活，唔去投入佢哋之間，我終於領會到二哥 JSC 嘅教訓：「你唔講嘢，令人覺得你遠離圈子、遠離人群，一D 都唔投入！」

　　恍然大悟！過往常去尋求生活目的，尋求愛情，從而遠離咗生活。

　　下次盡量去投入、投入。

　　……

　　夜晚九點，見到 SL 出街，本來都無衝動落街，事關佢應該係出香港仔，我換衫再追，亦都趕唔上。之後，我已經上咗床準備瞓覺，但千思萬想，心頭像似又不甘、不願，一定要非見到佢唔可以，一定唔能夠放棄每一個機會！我就立即從床上跳下來，忽然間又想起要去 KWK 拎球拍，好，落街去！可惜，天不隨人願。空走一轉，空追憶。失敗，有時真會令人頹廢。

———————

1992 年 3 月 15 日　星期日　晴

　　已經見到燕子了。

　　投入生活，請不要再自我封閉了，請請！

　　……

晚上很想出街——希望能夠遇見 <u>SL</u>。就在八點四十分左右，到<u>香港仔</u>買 CD。本來亦有很大的心理阻力，但是我要重新投入生活，重新主動地投入我們的戀愛，我落街去。

可是，還是可惜。

1992 年 3 月 16 日　　星期一　潮濕

夢迴時，想著 <u>SL</u> 這早上要上學，我就不用了，又少了一個機會。不過，機會是自己爭取的，縱是有緣遇到的而自己沒有把握，那麼有就等如無。所以我今早又打算到電梯大堂等她，我要呵她護她愛她惜她。這個衝動衝破過往心中的矛盾，是因為我要投入生命，我要衝破在我們之間的黑色的薄紗。我深信，只要有人踏前一步，天空便會明媚，太陽的光更會照著我們兩人。

可惜就在我整裝待發時，在窗旁把麵包塞入口時，她就出現在九座長樓梯！是時七點二十分。也許，我是應該早一些落樓；也許，我該要萬無一失的行動。

……

晚上打壁球，在小巴上見到 <u>SL</u>……她這晚口上塗著鮮紅，艷麗照人。我覺得已超脫了昨日的清秀，艷得接近冶！（我自己都變了！不是心變，而是性格變。）我怕，我真的怕她……我怕我自己是閉著眼睛擁抱炸彈，可能會被爆得稀巴爛，骨頭也粉碎。

說真點，我真的不了解她，一小點也不了解。

1992 年 3 月 17 日　星期二　開始熱

　　真估不到，在一天之間，心情又會如此的起伏。

　　早上考英文，步出門口時，心中矛盾、忐忑，不知行哪一邊嘅樓梯，我肯定，SL 還未落樓，如果行九座那邊嘅樓梯（筆者附註：東翼樓梯），一定見到佢。就係咁樣，我就有 D 卻步。見到佢，佢又一定意會得到我係刻意行呢邊，如果佢已經對我反感，我呢個行為沒意義至極，反而感覺到自身很卑微，我自卑！但佢係我心愛嘅女仔，點可以放棄呢？點可以唔行呢邊呢？

　　可是還是自卑沖昏心房，我最終選擇另一邊嘅樓梯（筆者附註：西翼樓梯）。

　　可能係因為星期五朝、星期一朝，當佢行經八座時，沒有回望過來所致，令我感到佢已經不再對我有意（筆者附註：筆者觀察，以往 SL 行經八座時，都會回望筆者所在窗戶的方向。）。

———————

1992 年 3 月 18 日　星期三　涼

　　好劫，九點才起床。腰骨都有 D 痛。早，渾渾噩噩。看看舊相片，懷緬以往嘅事，有 D 溫馨嘅感覺。無心機去讀 Physics。

　　下午，心情反而變成恐懼。怕時間太短，唔夠用來溫習明天要考嘅嘢？唔係，我估係 SL 吧！心靈真係有好大好激烈嘅鬥爭，搞到有幾分憂愁。

　　下午，三點四十五分，再見到 SL 回家，亦都有回望我。但心中還是有矛盾呢？真心地說，我忘不了她。四點二十五分落樓，見到佢嘅妹妹。

去補 Chemistry。

明早，真係唔知行唔行嗰邊好。若不行那邊，心有不甘；不行，我實在不想——失去她，放棄她，牽掛她……我要——愛她。OK！明早落那邊，希望……明天不要用可惜開始我的日記！

————————

1992 年 3 月 19 日　晴

恨可惜，恨空行。可惜。

當我排除了心中障礙後，有足夠衝動行那邊樓梯，可惜，心情由初初行落十一樓急升到四樓再急跌，精神彷彿渡過幾次滄海桑田。啊 ~~~~SL 啊 ~~~~ 憂傷，無邊的憂傷。

由下午開始很想見一見 SL，知一知她的境況。只想每日見她一面，填充一下心中的空間。四點五十分見到她和妹妹、小妹妹和朋友落樓。

農曆二月十六日，月圓。連月也圓了，但我仍然只是我，欠了另一半。做月亮也好，只要等十五日，便團圓一次；我呢？等了兩年，還是只得一半。

明天考 Chemistry，沒有溫書。

————————

1992 年 3 月 20 日　星期五　天晴

我要把握我嘅命運，我嘅生命，我著實不能再無明地憂傷，因為自己不進取而失敗嘅憂傷，所以，我這天又準備行九座嗰邊嘅樓梯了（筆者附註：早前見到 SL 行這一邊的樓梯返學）。

啊～～～ 啊～～～！？為何？為何我老是遲了，老是早了。這天，我又見到她已經落樓了。但是她沒有帶上書包，我覺得十分出奇。不過她到第八座的時候回望上來，雖然我看不到她的眼神，但我們總算有過心靈的交往。

之後我立即落樓，不是去追趕她，而是往南朗山道，等待她乘坐的小巴經過。小巴是等到，人亦是見到——美艷、靈秀……但又為什麼，SL 狠心得連眼尾也不瞥我一眼呢？

翻滾的心靈，仍留著 SL 的俏臉兒。可恨我自己，在過往沒有把握機會。後悔！

由於她沒有帶上書包，我估計她下午不用上課，中午便回家。所以我對於中午，存有能再見到她回家的希望。可惜……可能這天是正常的上課日，但我真的猜不到她為何今天不用帶書包？

————————

1992 年 3 月 21 日　陰晴相間

劫。在床上想著 SL，擁著她——「我感受到她的溫暖，但我也要用我的溫暖再溫暖她。」幻想……唉，不知何時才有這切切實實的溫暖？

早上，下午，渾噩，還未能適應正常的生活。心，是知道要溫書的，是清楚時間不夠的，但是卻有相對的退卻壓迫在心頭。懶散勝了，人不動，心動。啊～～～弄得矛盾極了，心鬱住。

三點左右見到 SL 和另一人落街，可能是她的妹妹。我不敢貼近窗前，我自卑呀！好像不想給她看見我這頹廢的神髓，及那男子漢不應該有的「矜持」。我實不該像個女孩子那般，在窗前等人。（退卻心理）

渾噩，憂鬱！

今晚想到一些事，和人生、考試有關的。過往考試對我來說，只是名次，只是虛榮，只要得到較前的名次便可了。近年來的考試，更覺得可有可冇，我完全都唔緊張的。

但是這晚，想著考試就等如考驗，如何面對考試，就即是如何面對考驗。

過往我未曾試過好好的準備考試，往往都只是半桶水去赴考，用著這半桶水去做試題，得到一點成績便好自豪，真係自欺欺人。有時也都會在考試前讀書，不過時時有退卻心理抗衡，搞到自己總是只得半桶水。

還有面對每一次考試後，都沒有好好檢討，這都是我沒有進步的原因。

1992 年 3 月 23 日　星期一　陰晴

五點十分，心頭雜亂。今日考完試了。

早上行九座那邊的樓梯，滿心希望的想見 SL，可惜當行到四樓時，望出九座樓梯（筆者附註：大廈內的每一層均有頗大的通風空間，類近於很大片的通花氣窗，可以清楚望到大廈外邊的環境。關於這一個環境狀況，可以參考圖片「居住環境示意圖（二）：解封後的主要出入通道、九座樓梯、通往第八座」。），見到她已經出門並正步行上九座樓梯。又是撲個空，習慣了？確實太習慣，我太習慣失敗了，好像完全忘記了什麼是成功。

這時，心想著她必是乘坐小巴，自身亦必會在沿路給她看見。我一路行，一路都不斷回望後方，怕那小巴走過時，自己

來不及把握那一刻，看一看她的身影——只是身影。就在電力廠對前位置，小巴走過了我的身邊，我亦看到她的身影、她的眼鏡、她的感覺。不知她有否同樣的看見我呢？不知，但很想知，希望有一天她會告訴我吧！

考 Additional Mathematics，個心口好痛！唔知道係乜嘢事，總之陣陣劇痛！

今天再和舊同學 <u>TSM</u> 補習；原來佢上次嘅嘢一D都唔明白，少少都忘記了。唉～～～～我回憶佢上次嘅眼神，自覺內疚，竟然以為自己將佢教個明明白白，到頭來原來是假的。

回家後，心更愁。

病，很像再一次把我領向死亡。唉～～～～我自覺真的沒有什麼求生意志，我不會像某些人，勇敢的面對絕症，我不會、不能。

1992 年 3 月 24 日　星期二　陰

早上，懶懶的躺在床裡，明知七點二十分左右 <u>SL</u> 會落樓，自己還不起來。唉～～～～或許無謂的相見已無法令我滿足了。依然在昏昏暈暈中，浪費了這個早上——即使有回校補習。

現在好好檢討一下這次 Mock Exam。

……

心理方面：

1. 覺得辛苦，成日坐住，精神很多時又集中唔到。有時雖然坐住，但並不是在讀書。

2. 退卻心理,又想起為何要讀書呢?不過這點並不算太強。最麻煩的,就係成日行來行去,心想讀,但身體唔讀!

3. SL,為了見她,由三點四十五分起至四點半,都走到窗旁望街,浪費了不少時間,又成日出街想碰見她。

1992 年 3 月 25 日　星期三

早上回學校補習,行九座那邊的樓梯,可惜!
渾噩回校!

1992 年 3 月 26 日　星期四　寒雨

心中已經再沒有不去那邊樓梯的鬥爭了,我一心要結識 SL!(不是沒有鬥爭,只是衝動戰勝了退卻!)可惜,連續幾天也見不到她。

這日本不用回校的,但為了見她,我換上校服,上學去。但還是白行一次,每次遇不到她,心靈就起伏不定,心緒凌亂。

返到學校我問老師 SKH,我有冇可能修讀文科呢?佢話:「可以,不過去私校!」可笑!

1992 年 3 月 27 日　星期五　寒雨天

要行九座那邊的樓梯!滿以為今天能見到 SL,結識她,可惜,還是撲個空。

這天我亦是不用上學（不是不用，只是成班同學一起集體缺席。），但為了見 SL，為了衝破現在的生活，我一定要行那邊的樓梯。天意弄人！積極吧！

檢討一下讀書時間：

星期一至五：

早上八點半家中理論上冇人，直至食午飯十二點四十五分。不過這段時間我的心好散，好難集中精神。

下午一點至一點四十五分，六家姐 BDC 回來吃飯、食煙，之後家中又回復清靜。不過通常飯氣攻心和睡眠不足，昏昏欲睡。

晚上通常都無法讀書，兼且家人看電視，要十二點才可以睡覺。

環顧，理應善用早上和下午。

接下來應做的事：

中文科 ── 我希望最希望排除退卻心理！一定要讀熟，有幾課書還要背了它！一定要讀。

英文科 ── 把所有練習完成，包括 Complete Exam 及 Effective！（筆者附注：考試練習習作本）

數學科 ── 把十年的 Multiple Choice 完成，專研 Statistics。

附加數學科 ── 有好多課都未掂！

Physics── ？？

Chemistry── 有好多內容都未掂！

努力吧！

我投入愛，投入生活！

1992 年 3 月 28 日　　星期六　　寒

　　無聊的早上。下午四點左右落街，終於見到 SL 了！但係我唔知做乜野好。

　　不過我發覺每一次見到佢，心情一定好澎湃，情緒波動得很！

　　當時我剛剛步離第七座，進入第三座街市；十尺左右，瞥見一個清秀的、穿白色外套的女仔，再定神一看──是 SL！我凝望住佢，我能做到的，就只有凝望……佢曾經一度逃避我嘅眼神，但係佢亦有同我眼神接觸。美，清秀。直至我們擦身而過，我個心才停止澎湃！

　　之後到雜貨店買東西，發覺自己嘅情緒太高漲，好似一頭瘋獸。

　　下次要好好控制情緒。

1992 年 3 月 29 日　　星期日　　寒

　　往 LTK 修士那裡補英文。

　　啊～～～～ 這天是準備會考前的最後一天，我真的希望在這天結識 SL，訴說我的情。

　　早上八點半很想見到 SL；補習完畢十二點半，想見到 SL；四點半落樓，想見 SL……可惜。

　　……

……必勝客食晚飯。回來時,在小巴站和一個菲傭用英語交談。在巴士上,很擠擁,我被迫到最後(下層企位最後),前面是幾個女仔。巴士實在太迫了,我站立得很辛苦,而前面嘅女仔,經常又撞到我,一程 70 號巴士的路程,講咗數次 Sorry。不過我就慣常無出聲,只苦笑了幾次。不知對否。

1992 年 3 月 31 日　星期二　潮濕

渾噩!……見到 SL 回家!

1992 年 4 月 1 日　星期三

今天終於和 SL 說了第一句話了:「Sorry!」我用我慣用的極低而無感情的嗓子說出,她卻還我一句:「唔緊要。」好特別的聲音,出自很特別的她!沒有什麼感覺,可能因為心中太多時和她對話了。

她的感覺,整天也存在在我的心中。早上行那邊的樓梯,想見 SL,結識她!可惜,天意總愛愚弄人(尤其今日的愚人節),早上見到 SL 就只能夠在家中的窗前,SL 像似是這春深的霧,可遠觀而不能讓我近看。啊~~~~失敗,失望,雖然不能一下把我擊倒,可是長年的失望,把我的骨頭都蝕得弱了脆了。

放學,因為某些煩事,三點半才離開學校,之後去香港仔,到市政局拎健身報名表,事畢,乘搭小巴回家。時為三點五十分左右,我踏上小巴,看不到她的影子,心中就響起慣用麻醉自己的話:有緣就一定見到!

思想脫離現實的坐到小巴總站，下車。聽到身後兩個男仔的對話，其中一個說：「你好夠薑喎，夠膽坐條女隔離！」當時我心想，不知是不是 <u>SL</u>？

步行到<u>開明書局</u>，遠遠給我望見 <u>SL</u>！驚！心驚，情緒又高漲，但我盡量用呼吸去平靜自己，情緒才被平伏，可是心依然是驚！……到七座，我清楚地聽到一種特別的腳步聲，我假定是她。行，行，行，到八座，直到出九座我都聽得到那個腳步聲，但下了一段九座樓梯之後，我便聽不到了。心情立即下降，但當過馬路時，我回頭一望，隱見一條藍色裙的影子，<u>SL</u>，是她！

當我步入電梯大堂，到九樓的電梯全部都往上走了，只餘下一部往十一樓的停在地下大堂。我走入電梯。她雖然和我有一段小距離，但仍是趕不上我的這程電梯。

當電梯門關上時，我的心大力呼叫：「不！不能！命運已放在你的手上，握緊她吧！」我便立即按下開門掣，門便打開了，但仍見不到她，門又再一次關上，呀！聽到！我聽到腳步聲！門關，得僅剩一條小小罅隙，她出現了，我再按開門掣。門開，她便步入電梯，可是當她踏入電梯，門又突然關上，還撞到她一下，之後再彈開，這時我便向她說了一聲：「Sorry！」她溫柔的說：「唔緊要。」。

啊！在這一程電梯的時間，我竟不能結識她！真失敗！到十一樓，出電梯後，當我們步行到樓梯處時，電梯門猛然大力關上，發出巨響，嚇了她一跳。

明天，就讓明天，有這一天的延續，我真的很希望。假如我無病的話……

再一次看清楚 SL 那俏臉兒了。當 SL 入了電梯之後，我站在她的右面，我凝望住她那蛋白兒的臉，那實在不該愁著，如此俏麗的臉，著實不該愁著。SL 這時似是微笑。眼神也似在微笑……如果我能夠看到 SL 的心，知道 SL 真心的在笑，那就更好了。

唇角包了圓的 SL，沒有塗上口紅，更顯清純。

回想當初，1989 年 10 月 24 日，我們又不是身處同一情景嗎？那時我想望真 SL，但只能夠望到 SL 的側面。當 SL 轉頭正面望向我的時候，我心怯地逃避跟你四目交投。啊~~~~如果……如果……我很希望能夠令到 SL 快樂。

這天我們行出升降機之後，SL 行在我前面，當行到樓梯處時，身後的電梯門突然間很猛力關上，發出一聲巨響。那時 SL 花容略失色，眼見 SL 雙手微微一提，似被嚇了一跳。SL 再回頭向我望一望，帶著驚奇的笑容，在我眼中，恰似小鳥依人。

也許，你是期望我的反應……我真無用！

1992 年 4 月 2 日　星期四　濕

上午，算叫做溫英文，主要我係讀文章，希望讀得流利一點，記得多一點。下午，回學校拎聖經卷。打壁球！

失望只因為見不到 SL，一心想著會得到昨天的延續，可惜。就在我回家後，SL 才出現。

1992 年 4 月 3 日　驟雨天

好難受嘅一個早上，心靈猛烈嘅鬥爭，叫我呼吸也感困難。

鬥爭些什麼？就係今朝回校不回校好？

唉～～～～ 幾個多星期以來嘅失望，雖未能令我死心，但不多不少，心中也是灰暗了，有咗好大嘅陰影。呀！就係呢樣慣性嘅失望，令我腦海中浮現一幕一幕悽冷嘅往日情景，心中又泛起咗嗰時嘅寂寞難奈、孤單失落嘅感覺。

如果呢 D 能令我死心都係好，可惜我愛佢嘅心，拼命咁反擊，再加上我正在改變當中嘅「投入的生活態度」，亦與失望抗衡著！唉～～～～ 難委我個心，受住兩面嘅衝擊，彷彿就要停頓了。

最後還是出門去了。我愛她。唉～～～～ 還是失望……如此強大鬥爭後，腦袋彷彿沖昏了，整日思想錯亂……

見到 SL，終於又見到 SL 了。但 SL 在街上，我在小巴上。

下午，下雨。回想星期二見到 SL 冒雨回家，心中暗暗酸著。這日，一心想帶上傘子外出，與 SL 一起共用。三點四十分落樓，相約四點喺香港仔等舊同學 TSM，借中文科資料畀佢。出門，遇不到她。但當小巴轉上天橋後，卻見到她和一位同學，正在大家樂對出，往小巴站方向前進。天意弄人。回家喝了一罐啤酒。心煩。

晚上打壁球，手很劾，所以寫日記的字很醜怪。

———————

1992 年 4 月 5 日　　星期日　　大雨

去 LTK 修士那裡補習。下午，睡。

SL，呀 ~~~~

───────────────

1992 年 4 月 6 日　　星期一　　大雨

SL。（筆者附註：全篇日記只寫下愛人的名字）

───────────────

1992 年 4 月 7 日　　星期二　　陰

早上，放棄那無為的相見，因為我很希望今天下午見到
SL──結識 SL。

唉 ~~~~ 親愛的，今年我又會考了，回顧上一年，我每天
也在想你念你，以致無心向學，無心向生。最後，會考失敗。愁、
憂傷，需要重讀中五！啊，這一天，是會考英文的前一天（明
天就要考英文了），我真的很想把 SL 安放在我的心中，讓我倆
不再飄泊，不再發放無目的的情感。

這天下午，我和同學 KSW 打波，三點三十分至四點，SL 回
家的時間不能確定，令我無從捉摸。這天，讓我遇上 SL 吧！讓
我結識 SL 吧！讓我們有美好的將來吧！

……

求求你別再讓傷心充滿我的心靈，我要的──是愛，是你
的關懷。別讓我無聲地為你哭泣。

……唉 ~~~~ 見不到……（筆者附註：下午沒有相遇）

為什麼？──SL──天！祢這麼狠心！失去 SL，就等如失
去自己。

晚上，最後的晚上……SL……

我已經很劫了……

9:20pm，再但願，再讓我……

唉～～～～還是撲個空。

不過我心想沒有你，我還是要生活。

1992 年 4 月 8 日

今日考 Listening（筆者附註：會考英文科英語聆聽）。

六點四十分左右，還躺在床上，鬥爭著。不過今天心中很堅定，因為我再一心想，在過往的日子裡，SL 的妹妹、SL 的行為，不是為我做的嗎？她不是愛我的嗎？是！一切也是！她愛我！

就是因為這點，我肯定了。所以這天我要見到 SL 要結識 SL，我更不要像以往那麼消極，單單換上校服行那邊樓梯一次。我這天，沒有換上校服，行那邊樓梯，但沒有走到地下層，步行至二樓便掉頭行上大廈。

見到。

心中本想著結識她，向她說我又會考了，今天考 Listening……可惜……

我向上，行呀行，聽聽有沒有腳步聲……至 SL 所居住的樓層，心中想著又要掉頭了，誰知她竟然毫無聲色地在走廊轉角出現，相遇了。呀！一切太突然了。我竟又說不出一句話。

但見她那對我感到奇怪的眼神，又頗為有趣。

綜觀此事，發覺自身做事不懂得應變！行動過後，回家吃罷早餐，沒有溫習英文。唔係放棄！

……

十一點三十八分，還是念念不忘她那回望、疑問的眼神。似在問：「為何在此？」「不用上學？」「為何見到了又不作聲？」「真係無 X 用！」。

────────────

1992 年 4 月 8 日，筆者找到「一定可以見面」的方法。那就是早上行東翼的樓梯，一定要早於 SL 出門的時間。向下行見不到她，便往上行，還見不到的話，再掉頭向下行。如是者，只要早過 SL 出門，這就大概可以在樓梯間相遇。這一天，筆者就在向下行之後，第一次上行時遇上 SL。就在找到「一定可以見面」的方法之後，SL 就突然間在日記裡面消失……

3.3.3「傾力要愛」四十九日點評

四十九日裡面，或者跟之前的七百多日一樣，都是每一天也在思念牽掛著所暗戀的人。

每一日裡面，就由早上還未離開床舖開始，就想著要「撞返學」的事情。早上七點開始就整裝待發準備出門，出門之前，亦不忘走到窗前觀望，視察街上的情形，看看 SL 會否又早一步出門。由家住的樓層，踏上通往地面的樓梯，到十一樓便開始屏息靜氣，聽聽有沒有腳步聲。經過十一樓之後，便得留意前面有沒有 SL 的身影。到達地面，快快張望前方，看看能否追及 SL 的返學的背影。

中午食飯時間，又會想起 SL。不時又走到窗旁，看看有沒有運氣，會不會在不應該的時間看到 SL 回家的身影。

放學時間，3:45pm-4:30pm，盡量安排活動，包括去 Book 場打波、幫家人買東西、自己去買零食……總之，盡力在這個時間出現在 SL 歸家的路上，希望可以見到一面，或者上前認識。

要是第一次沒有遇上，回到家後就走到窗前，看看能否見到 SL 回家，或者 SL 再出門的身影。要是時間許可，筆者還會再落街一次，希望幸運地能夠見到 SL。如果在窗旁見到 SL 回來，就會「撞出 Lift」，在十一樓和八樓之間上下來回，希望見到 SL 出 Lift，然後行樓梯回家。

晚上，有些日子會到西營盤補習，7:30pm 落堂，總想等到 8:30pm 才回家，因為 SL 很多時候晚上也會出街。8:30pm 回家見不到，9:30pm 就再落街一次，碰碰運氣，或者又走到窗旁，守候她出入的身影，然後又再「撞回家」或「撞出 Lift」。

上述就是「強迫性纏擾一樣的思念和牽掛」的情況。這種「纏擾」，霸佔了不少時間，尤其在 3:45pm-10:00pm，橫跨六個多小時。

除了「時間維度」之外，在「質量維度」上，筆者還會出現「強烈的渴求」。例如早上，不用回校的日子還會換上校服出門「撞返學」。見到 SL 已經出門返學，便走到她所乘搭的小巴的必經之路，趁小巴走過的時候，捕捉她在小巴上的身影，也許筆者還想讓她看到自己的存在。3:45pm-4:30pm，在放學回家的路上出入，第一次出動見不到，就再出動第二次，晚上亦然。有一次甚至已經上床睡覺了，還是心有不甘，下床更衣，落街去碰運氣。所做的一切，都是希望可以見一面，繼而結識。

這四十九日，可算是筆者「最瘋狂的日子」，而之前的七百多日，瘋狂程度雖然不及，不過亦可作為當中痛苦的參考。

1992 年 3 月 19 日之前，筆者面對 SL 還有一點猶豫，早上「撞返學」還是不想做得「太刻意、太著跡」，還希望可以像過去一樣「扮自然」。掙扎了、調整了幾日，終於可以克服心理阻力，挑戰自設的「大壓力區域」。

1992 年 4 月 1 日是一個很特別的日子，因為這一日，筆者跟 SL 又再一次單獨同 Lift。這一程 Lift，由地下去到十一樓，大概有五十秒左右。這一次確是一個十分難得的機會，也是筆者夢寐以求的。可是面對「大壓力事情」，沒有預演、沒有練習，最後筆者還是動彈不得，白白浪費了難得的機會。或者，能夠見到一面，當時就已經覺得非常滿足，所得到的（見到一面）就已經遠遠超出了所期望的（渴望結識）……

3.4 病態苦戀終結

自 1992 年 4 月 8 日開始直到同年 5 月 14 日，三十六日當中寫下十八篇日記，當中提及 SL 的只有十一日。而 4 月 8 日之後，筆者彷彿真正解脫一樣，再沒有受到「天天渴望見面」的煎熬。

1992 年 4 月 16 日　　星期四　　晴

病，又病。鼻又塞，又流鼻水。頭又燒，又暈暈地。

無無聊。

早上睇醫生，很想碰見 SL，告訴 SL：「我病呀。呵我呀！」

1992 年 4 月 17 日　　晴

七點四十五分，迫自己起身。事關病倒的兩日心中很怕，怕會考！半個月來的頹廢，使我浪費了很多溫書的日子，早在三月尾，定落的溫習計劃，亦一一失敗，無法實行。很怕，怕得不到好的成績，不能離開這間學校，怕得不到好成績，之前在學校停學，會被人睇死，怕得不到好的成績，不能養妻。

所以當下要發奮圖強！溫書！

早上溫習 Additional Mathematics！

下午溫習 Additional Mathematics！

今日總算活得充實，心情可能因此而又感到豐足。

「SL，今晚又在窗前等你，雖然見不到陰曆十五的月下的影子，但你的感覺卻在我的心中，散發安祥。」

明天，繼續努力！

1992 年 4 月 19 日　星期日　雨

這天七點幾已醒來，再也沒有睡，雖然很边。做 1986 年的 Additional Mathematics (I) 練習。積極投入生活！把握明天！

正午時間舊同學 KWK 上來，借「會考精讀」。良友相聚，感覺已不同，因為我也消除了憂鬱。

下午，背誦〈張中丞傳後敘〉、〈畫〉（筆者附註：會考中文科範本文章）。

六點幾，見到 SL，由八座行經九座返回 N 座。今天她衣著非常性感，一件黑色背心。雖只在家中窗前遠望，但仍感到她的冶艷！！有點怕。之後心中想著，自身當初只係因為她的外表，清純的外表而著迷，但現在卻換來一身惹火……唔。本來愛上一個人，已是不理智，現在人已變了，我應怎麼樣？心中竟然沒有鬥爭（可能已經沒有自憐），毅然把她從心中放低，放下了一個背負了兩年的無謂包袱，很好！隨風吧！風。

我不是完全拒絕，只不過我不再可憐自己，無謂的憂鬱。如果我倆真的有緣，那麼大家便一定會有將來，何用急？

當下心平氣靜的背中文，完全的控制自己。我希望進步，再進步。

中午，約了舊同學 <u>TSM</u>（晚上）拎<u>英皇書院</u>的模擬會考試卷。

Why？我有預感 <u>SL</u> 晚上一定再出街。Why？事關六點左右她回家時，走到過馬路嘅路口，有意識地回望九座嘅長樓梯。到咗電梯大堂，又唔入去，轉身行去另一邊嘅電梯大堂。如果我有舊時嘅衝動，晚上我一定會出街。<u>SL</u> 對我有意識（過去）就已經肯定了。

我晚上出街去找 <u>TSM</u>，回來時不見 <u>SL</u>。
終於在八點五十分左右，見到 <u>SL</u> 和朋友出街。
假定 <u>SL</u> 會回家，所以我九點半落街。撲個空。
心不息，十點十五分左右，又落街。再撲個空。

─────────

1992 年 4 月 21 日

早上七點半起床，一切搞好後，想溫 Chemistry，不過無乜心情，跟住寫咗一封信，到十點左右。還是心不在焉。跟住去背中文課文，今早搞掂咗〈捕蛇者說〉。

下午一點，見到 <u>SL</u> 出街，行到第八座，回望上來我的方向。

Haa──我今天已把 <u>SL</u> 放下了，大家的將來，隨緣吧！

下午兩點半，還是不能集中精神，像欠缺了往日的勁，可能有點攰的關係。

─────────

1992 年 5 月 4 日　星期一　晴與熱

因為實在無心，既又無時間，所以停寫了好多日（筆者附註：上一個寫日記的日子在 4 月 22 日）。

昨天下午五點左右，在B室窗前，望到SL（筆者附註：筆者那時家住兩個左右相連的公屋單位，座向一樣。）。呢個係好奇怪嘅情況，可能是大家好耐都冇接觸所引起。

話說，當我步出廚房，望向街上，見到SL。佢竟然又不期然望上來，我一路推想，佢可能只知道我住在A室，但呢一次佢竟然凝望住B室呢一邊，深信佢已經知道我也住在B室了。

我又是膽怯的退卻，但當我再步前想望SL時，佢竟然冇走開，仍然停留在八座（筆者附註：回望的平台），繼續望向我嘅方向。

今早，為咗搞清楚我哋之間嘅事，我決定早上出門，希望可以見一見佢。預期中嘅失望。直至到達香港仔舊街往西環小巴站，才看到佢帶住疑惑嘅表情。我呢個時候可以做乜嘢？

我沒有放棄，亦不能忘記。最終還是記掛住SL。

––––––––––––––

1992年5月5日

SL，等我，26號後……（筆者附註：會考完畢的日子）

––––––––––––––

1992年5月8日　星期五　雨

雨，大雨，暴雨。

停電下，蠟燭的火光使這個愁煞人的下雨天更加愁煞。

很掛念、很擔心SL啊！這麼大雨，SL如何上學？鞋襪一定濕透了。還有那摩星嶺道，一定又是像個瀑布一樣。最擔憂的，就是SL如何放學回家呢？薄扶林道山泥傾瀉，SL一定搭不到小巴了。相信SL只有先到中環，才可以回到香港仔。

之後又聽到黃竹坑道水浸，真是禍不單行。

（筆者附註：1992 年 5 月 8 日雨災之後，香港天文台設立暴雨警告系統。）

1992 年 5 月 11 日　星期一

下午六時的驚鴻一瞥，在我心中烙下了印。情，從深心處再傾瀉出來。不過相隔五十里，我們又可以做什麼？也許，我能向 SL 揮一揮手。

等我，求求你，讓我有償還的機會。

1992 年 5 月 14 日　星期四

回憶星期二（1992 年 5 月 12 日）：早上，因為第二日（星期三）考 Mathematics，所以心中很想見到 SL。

早上便藉著買早餐，希望能夠遇見她認識她。落樓梯到三樓，外望九座樓梯，啊，她竟然已經上了那裡。立即追上去。上九座，八座，七座，到三座⋯⋯已經沒有再追上去了⋯⋯

從上面的日記資料看來，筆者當時似乎是為了應付會考，暫時把 SL 放下。並自我期許，將感情留待 1992 年 5 月 26 日，會考完結之後再努力要愛。也許，4 月 8 日找到了「一定見到」的方法之後，就將希望留待會考完結之後，藉此結識 SL。筆者在 1992 年 5 月 4 日和 5 月 14 日想要見 SL 一面，有趣的是沒有用上「一定可以見面的方法」。

不過，或者真的因為可以暫時把 SL 放下，筆者可以有一個多月的時間，專心應付會考，最後英文科得以及格，其他科目大都能夠保持水準或稍有升級，雖然無法到其他學校升讀中六，但是在原校升學已經綽綽有餘了。

1992 年 5 月 14 日晚上，與舊同學 GLF 到香港仔聚餐，路經一幢唐樓時，瞥見 SL 跟一個男仔步落唐樓的樓梯。筆者感覺到兩個人當時正「手拖著手」。1992 年 7 月 30 日、31 日，見到 SL 真的跟一個男仔「手拖手」了。相關的日記記錄如下：

1992 年 6 月 2 日　星期二　天亦晴

　　啊，感情總算完結了，就在五月十四日完結的。當晚，舊同學 GLF 請食飯，在香港仔，他的女朋友也一起到來，到九點半左右散席。大家步行到香港仔舊大街，GLF 他們上漁暉道乘坐小巴回西環，我便繼續向前行乘坐往黃竹坑小巴。步行了一刻，SL 便和一個男仔步落一幢唐樓。驚鴻一瞥，我清楚看到她的笑臉，感覺到她是和那男孩子拖著手。我依舊的，若無其事的繼續向前行，又是沒有悲傷，又是沒有動一條汗毛──完全的接受這事實。

　　事實上這樣的一個情景，我已經幻想過。當時我心想，自己沒有行動，以她的美艷一定有其他人追求。可是到了這一夜，她真的有人追求，我還是自閉的存在著。不能怪任何一個人，要怪只有我自己。當下既沒有愁，也不再追憶，就檢討一下吧！心想，這一戰，由始至終我都未著實參與過，失敗，是當然的！所以，要戰鬥，一定要有雄心！

1992 年 7 月 30 日　星期四　晴

　　今天，早上 8:15 左右，又望見 <u>SL</u> 了（有 90% 似），唉~~~~真的拖著一個男仔了。

_____

1992 年 7 月 31 日　星期五　晴

　　今早，肯定 <u>SL</u> 是拖著一個男仔了。

_____

小結

　　一段歷時三十二個月的病態苦戀就此終結。如上面日記所說，筆者當時也淡然接受，沒有情緒洶湧，畢竟很多機會的確從自己手上白白流走，怨不得人。另一方面，這也是一個了斷，筆者亦可以從此離開由 <u>SL</u> 而起的纏擾狀態，大概不會再經歷火燒一樣的渴望，也不會再因為「見不到的失望」而憂愁。

　　關於抑鬱病，筆者失去了長期困擾的暗戀對象，注意力也重回身心之內。失去了病態苦戀，抑鬱病也失去了一層保護色，不得不呈現出「本來面貌」。關於抑鬱病的本來面貌，在往後章節一一詳談。

　　筆者今天很想知道，渴望、憂愁、和強迫性精神纏擾背後，究竟是什麼「東西」、什麼「機制」？與抑鬱病的關係是什麼？

第三章結語

　　病態苦戀的根源，可能是筆者心裡面的一股對戀愛的熾熱渴望。致使筆者想要放棄，結果亦因為無法壓抑這一股渴望，而又不斷故態復萌，一直沉淪在病態苦戀之中。

後記　病態苦戀的句號

1992 年 10 月 21 日　　星期三　　寒

　　又好久無寫日記了，不是生活上沒有感覺，只是真的忙得很。

　　今晨 7:44 落樓，在行過南朗山道時，竟然又見到 SL 坐在一輛的士上。我看到她，她也看到我。沒有，什麼也沒有，一根汗毛也沒有動。心如常也沒有動，只在想：別人的女友，對我還想什麼呢？

1993 年 4 月 10 日　　星期六　　陰寒

　　……落街買野，著短褲底衫加風褸，踢拖鞋。落到去 Lift 口，竟然見到 SL 嘅背影（佢都外出）。佢著得好靚，三年以來，我見到佢著得最靚嘅一次。黑色小小窄身牛仔褲，黑色長袖外套。成身打扮好靚，好能夠突顯出佢窈窕又夠高嘅身材。我立即覺得有 D 自卑！

　　我尾隨佢後面。當行到出馬路嘅時候，我好想轉彎去天主教小學（西翼）那邊上去街市。事關大家一身衣著真係好大對比。不過我最後都無掉頭走，我要面對佢呀！當佢轉上樓梯時就望到我了，可能因為咁，佢就開始加快速度。都好，唔駛等我追到佢，唔駛尷尬！

Ha～～～ 一路行，一路諗，自己真係好傻，真係好自卑好無用。這是我自己個人的生活模式，怎麼要跟人比較呢？

1993年7月2日　星期五　天晴

考完試，返屋企。在N座下面紅綠燈，撞正 SL 同佢男朋友從熟食檔行落嚟。唉～～～雖然無以前咁緊張，不過都心跳。我冇望佢哋，而佢哋跟我擦身而過，走過紅綠燈。

我好傻。為著一些歷史而心跳。也許已沒有人再注意我了，但自己反而為那些人緊張。好傻──好傻。唉～～～

1994年5月7日　星期六

SL 的句號。

星期三星期四我都見到佢。以前清純嘅氣質已經完全冇咗了，換上去嘅係一個看似廿幾歲女人嘅艷光。清純係內歛嘅，艷光係向外放射嘅，一靜一動。呢次見到佢，已經冇再戴上金絲眼鏡了，相信已經用上隱形眼鏡。長到去背脊嘅頭髮，亦已經電曲咗。嘴唇上塗上鮮艷嘅火紅，放喺白白嘅面上，係對比，係潮流。佢身上穿著嘅，係一條裙，連身，都幾短。漂染嘅藍色，令人更覺佢嘅神秘。

呢 D 已經唔再係當日嘅佢了，但我亦都唔係當日嘅我。盲目嘅日子實在過得太耐了，呢段期間，我實在賦予咗佢──呢個外表太大能耐了。一切一切，都係自己幻想出來，從第一次見到佢之後，一個以「佢個樣」為形象、以「個人對愛侶」嘅投射嘅「佢」，就活喺自己嘅腦裡面。實在「佢」美麗，若非

如此，就唔會一見鍾情，「佢」適合我，咁「佢」就係自己心目中所渴求所要求嘅對象（「個人對愛侶」嘅投射），當然合適吧！

可是我錯誤地又將呢個「佢」，又投射喺現實嘅佢身上。

咁樣一來，我過去實在賦予佢太大嘅權力了。我令到佢令到我癡情，我令到佢令到我害怕佢，我令到佢令到我反被自己封閉。

請把幻想與現實分離，她是她，「她」是「她」，絕不能再把「她」投射在她身上。

───────────

第三章第一稿完成於 2015 年 12 月

第四章

休閒的折磨

1992年5月27日 — 1992年8月31日

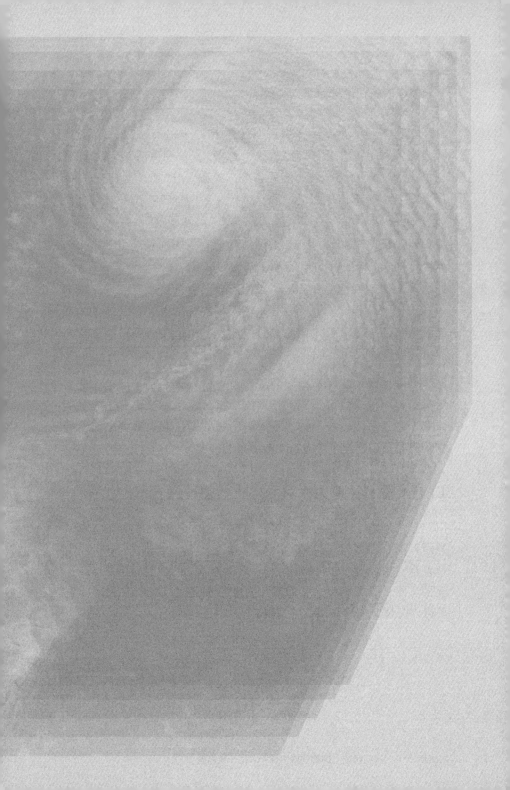

【全章摘要】

　　最後一科的會考，考試日期就在 1992 年 5 月 26 日；之後，悠長的暑假便開始。隨著考試完結，應考的「高壓生活」成為過去。再加上，一直困擾筆者的病態苦戀，亦在 1992 年 5 月 14 日「無疾而終」。心靈彷彿得到「戒除毒癮」般的重生。就在這兩件事情得到解決之後，筆者頓時得到了一段「舒適的時間」。

　　可惜的是，抑鬱病並沒有因為「考試的完結」而過去，也沒有因為「病態苦戀的終結」而痊癒。相反，身心得到短暫舒適之後，便重返「恆常的抑鬱狀態」。等待放榜的悠長暑假裡面，簡單的生活不再感到休閒，「無聊」迅速惡化成為抑鬱。在「恆常的抑鬱狀態」下，筆者分別因為家庭、朋友、和學校內的一些事情而觸發起幾次抑鬱病。

　　暑假期間，雖然有很多時間都有很多遊樂活動，但是往往在活動過後，很快就又再陷入抑鬱的情緒。似乎不論出現過幾多的快樂，也無法阻止抑鬱的出現。到了暑假的後期，筆者更因為無聊悶極而持續經歷了十多日比較嚴重的抑鬱。

4.1 「解除考試壓力」與「停止病態苦戀」

　　第二次會考完結，使到筆者離開了壓力的源頭、與及問題的源頭。第一件事就是「解除考試壓力」，因為重讀中五這一年，筆者有很強烈的「自我催逼」和「自我催谷」的感覺。第二件事，就是「停止病態苦戀」。筆者總算能夠徹底地「死心」，離開一場自作多情又糾纏不清的感情鬧劇。

4.1.1 解除考試壓力

事實上，會考的最後一科是英語會話（English Oral），日期在 6 月初到月尾左右。不過 English Oral 不像其他科目，沒有操練試題的溫習活動；大概當時的態度也是馬馬虎虎、不了了之。因此，筆者就把 5 月 26 日這一天當作會考完結。這一日，考試完結之後，就正式告別過去重讀中五以來的高壓式應考生活，並開始「第二個」漫長的會考暑假。

A　證明自己

高壓的應考生活，從當時「特定時空」的心態上可以窺見一斑。1991 年第一次會考失敗，筆者內心滿是不忿和不甘。最為不忿不甘的，就是因為單單英文一科「肥佬（Failed）」，直接導致無法升上中六；而當時筆者的其他成績，本來就「足夠」升學有餘！（當年會考的計分方法，六科獲得十六分就有升學資格。筆者五科就已經十六分了。）說實在，好些科目也沒有得到滿意的成績，例如：中國語文、物理、和附加數學（Additional Mathematics）⋯⋯

這是筆者第一次在學業上感到挫敗，也是人生之中第一個重大的挫敗。從這一次挫敗之中，自尊心受到很大的傷害。回想起第一年中五開始的時候，筆者可以有幫助同學應付會考的想法（詳情可參閱第二章〈厭學抑鬱〉2.2.2〈活躍投入班中活動〉），可知內心對自己學業上是何等自信（後來卻發現那點點自信很有可能只是自己的「不切實際的、毫無根據的妄想」）。可是到頭來，自己也是會考的失敗者。自尊心作祟，無法接受這個結果。

只是，想深一層，卻又發現自己原來是多麼的目光短淺、幼稚、天真，令自己一直活在一個自命不凡、自以為是的「聰明仔」假象裡面。會考失敗而需要重讀，把這個自命不凡、自以為是的「聰明仔」假象一下子撕破。

所以，重讀一年中五，再會考一次，對於筆者而言，是一次重新證明自己的一年、重新肯定自己的一個考驗。這一年也是重整自尊心的一年，重整自我形象的一年。再失敗的話，大概自信心就要崩潰了。這一年的考試，對於筆者的「自我」有著很大的意義。

B　償還恩義

筆者有一個習慣，就是為自己增加（或發掘）「恩義的動力（壓力）」，以期望獲得「額外的力量」去推動自己（雖然不知道那種力量是否真實的存在）。筆者希望一些「信念」或者「想法」，可以變成一種「強力的意志」，能夠對抗疲倦和睡意，幫助「集中精神」，從而延長溫習的時間和效益；同時間又可以控制「心散的身心狀態」，阻止身心「如遊魂野鬼一樣」四散遊蕩。重讀中五期間，有幾件事令到筆者自覺背負上若干「恩情大義」，從而令到筆者自覺下或不自覺下，對於「偷懶、退縮、或放棄」都會感受到十分巨大的罪惡感。

i. 欠下家人的恩情

第一件，莫過於欠下家人的恩情。四家姐 CLC 知道筆者會考英文科「肥佬（Failed）」，就立即替筆者四出尋找英文補習，最後找到了位於香港灣仔謝斐道的一間英文科補習社（英訊），並全數負責起筆者的補習費用。這個會考英文補習課程，有一項退款的保障，如果英文科會考只考獲 Grade D 或以下，就可以退回若干補習費用。可惜筆者懶散，缺課太多，違反了相關「最低出席率的條款」。雖然最後考獲 Grade E，但是仍然無法要求補習社退款。三哥 ADC 也負責起筆者的附加數學（Additional Mathematics）補習費用。

以下是一些關於欠下家人恩情的日記記錄：

1990 年 7 月 14 日

好傷心，因為阿媽今天哭了。眼見佢淚如雨下，我心痛得好似成個世界都變成灰咁。事情因由，係五哥 JOC 同阿媽嘈開始嘅……

好了，搞到阿媽喊啦，罵戰先停止。阿媽從哭泣聲中，道出佢多年來嘅痛苦，叫我都要落淚。佢成日辛苦咁工作，由朝做到晚。如果佢係用來自己享受，佢根本唔駛憂慮 D 乜野。但係，佢係背負住我哋嘅痛苦同埋飢餓去做事，但係卻得唔到我哋嘅支援同埋孝順，唉～～～～今日我終於知道阿媽嘅悲傷。

佢喺哭泣中講：「我咁辛苦，為咗邊個？」佢嘅悲傷，令到我終於醒覺咗。我希望我自己再不要令到佢再度悲傷。

今天立志：將最好嘅換去阿媽嘅傷痛。

關於筆者的家庭背景，與母親的關係，可參閱第一章〈抑鬱成病〉1.1.1-B〈家庭概況〉。

1992 年 1 月 22 日　　星期三　　Day 6

……

我實在欠人很多情：欠媽媽的情，欠她多年來艱苦地養大我，我實在要好好的償還。欠哥哥和姐姐的情，他們供書我讀，若還不盡力，實在有負他們；且他們讀書時，環境比我差，但

還讀得比我好，我有面目做他們的小弟嗎？欠同學 CJS 和 KWK 的情，他們儲來不易的錢，卻給我借去買快譯通，若還在鬱鬱不得志，對得住朋友？欠了 SL，若我對她不負責任，怎有好的將來？

二哥 JSC 今天對我說要好好讀書，我會的！

———————————

關於家人的恩情，還有一件事可以體現。筆者自知懶散，很容易就分心，意志稍為鬆懈就「神遊物外」，所以十分需要一個清靜的溫習環境。在家溫習的時候，希望家人不要吸煙，同時不要開著電視。兩件事只要出現其中之一，便立即無法集中精神，無法溫習。1992 年 5 月 1 日，筆者在家中（B 室）牆壁上張貼了一張 A2 畫紙的告示；告示的內容是告訴家人，希望他們可以在這個準備會考的時期，稍作忍讓或者犧牲，騰出一點安靜的空間，讓筆者可以專心溫習。告示下面，筆者還設有「收條」，分別寫上了家人的名字，並許下諾言一定會償還這一份「恩情」。家人都一一把「屬於自己的收條」取下，筆者就當作得到他們默默的合作。

在 1992 年 6 月 2 日的日記裡面，筆者檢討過去一年應考的情況，也有記錄這一件事。日記記錄如下：

———————————

1992 年 6 月 2 日　星期二　天亦晴

5 月 1 日，大膽地貼了一張告示在 B 室，話畀家人知道，我真係讀書啦，靜一靜好吧！大家也肯合作……

———————————

就如上述幾篇日記的記錄（1990 年 7 月 14 日、1992 年 1 月 22 日），筆者習慣把身邊的人的幫助，化作「恩情大義」，希望可以成為一些力量。

1992 年 1 月尾，向中學校長申請「停學自修」（詳情可參閱第二章〈厭學抑鬱病〉2.4.2〈「厭學抑鬱病」的結果——申請停學、留家自修〉），一方面押上母親的信任，另一方面也麻煩了五哥 JOC 充當「監護人」，陪伴筆者一起「見校長」。還有的是，「申請停學」似乎同時間又挑戰著學校方面的底線。筆者非常多謝媽媽最後還是讓筆者留在家中準備幾個月後的會考，也多謝五哥幫忙會見校長。

ii. 欠下朋友的恩情

1991 年 11 月期間，問兩位舊同學借錢（上面 1992 年 1 月 22 日日記記錄中的 CJS 和 KWK），合共一千八百元，買了一部電子發聲字典機「快譯通」，希望可以幫助自己學習英文（詳情可參閱第三章〈病態苦戀〉3.2.2-E〈1991 年 12 月 8 日——背負朋友恩義而放棄〉）。那時候，開口借錢的那一刻，內心十分難受，而筆者知道這些金錢背後有一定的「恩情大義」份量。錢到手了，買了，內心還是感到大石壓著一樣。那兩天的日記記錄如下：

1991 年 11 月 28 日　星期四　天晴但天寒

……

昨日問 CJS 借了一千元，今日問 KWK 借了八百元（筆者附註：兩位舊中學同學，中五之後便出來工作。）。是，我是借到了，他們口頭上亦肯。可是借得到，比借不到更是痛苦。皆因這一千八百元的意義實在太大了，這些是他們的血汗錢，用

他們的辛勞換取而來的，可是我以一句話，一句說話便輕易借得，一句說話便要了他們的血和汗。

......

這一千八百元實在太沉重了，對我壓力實在很大。借了他們的錢，欠了他們的人情，若我還頹廢下去，怎有面目見他們呢？怎有面目還人情？所以我接下他們的錢，接下他們的情，貫注在此字典機上，不能令他們失望，不能令到自己後悔！

我不知何時能把錢還給他們，我更不知何時能把人情還給他們！

———————

借到錢買一部快譯通，這東西說不上是一件學習英語的「必需品」，學習英語應當還有其他方法。有這一個「買快譯通」想法，做這一個「借錢」決定，然後付諸實行——半點也沒有感到快樂。刻下的英文水平也不會立即就改善。然而，心裡面明白，從借錢那一刻開始，便欠下了朋友的恩情，如果沒有盡力準備考試，就會辜負了兩位好朋友。

C 第二次會考的期許

考試壓力的來源，還有的就是筆者對這一年會考的期許。重讀中五的這一年，不單只希望可以得到好的成績，也不單只希望升上中六；筆者還希望「好成績」可以幫助轉讀文學（筆者是「理科生」，期望「好成績」可以得到其他學校酌情處理。），亦希望「好成績」可以幫助筆者離開香港仔工業學校，到另一所中學升讀中六。筆者對於這一所就讀了六年的中學，已經感到十分厭倦，希望可以到一處新的環境，重新再開始自己的校園生活。筆者心底裡面還有一個奢想，最好的就是可以到 SL 的中學升讀中六。雖然那是一間女校，不過聽聞預科班也會取錄三幾個男生。

關於申請停學與及離開原校升學的壓力，有以下日記記錄：

1992 年 4 月 17 日　　晴

七點四十五分，迫自己起身。事關病倒的兩日心中很怕，怕會考！半個月來的頹廢，使我浪費了很多溫書的日子，早在三月尾，定落的溫習計劃，亦一一失敗，無法實行。很怕，怕得不到好的成績，不能離開這間學校，怕得不到好成績，之前在學校停學，會被人睇死，怕得不到好的成績，不能養妻。

所以當下要發奮圖強！溫書！

4.1.2 停止病態苦戀

關於整個病態苦戀的故事，關於病態苦戀的痛苦，可以參閱第三章〈病態苦戀〉。1992 年 5 月 14 日的苦戀終結，筆者大概早早就已經有充份的心理準備，完全沒有引起情緒的波瀾，反而有一種解脫的感覺。這些都正好迎合會考的最後衝刺時期（1992 年 5 月 14 日到 5 月 26 日）。

完全接受「她不是我的」的結局，沒有舊情復熾。過去一如火燒的熱熾渴望，都一一熄滅了。心裡面即使再空虛再失落，也沒有湧起對 SL 的愛慾。當渴望熄滅之後，過去如同病態一樣、接近「強迫性纏擾」的思念掛念，也就同時戛然止息了。對 SL 再沒有牽掛。渴望和思念都不再了。

因此，早上、中午、下午、與及晚上的時間，一律都不再「望窗」，不再捕捉 SL 返學、放學、外出、和回家的身影——不會去「撞出 Lift」，不會出門去「撞返學」，不會去「撞放學」，不會走到小巴的必經之路，不再捕捉「SL 在小巴上」飛過的身影；不

再為「見 SL 一面」而落街遊蕩，不會走到香港仔，不去撞 SL 一起搭小巴回家……

筆者沒有想過「橫刀奪愛」，只有默默接受病態苦戀「自然死去」的這一個結局。這一年的暑假開始之後，以上所有關於 SL 的「活動和身心反應」──猶如「愛情毒癮」一樣（曾經一度佔據大部份生活空間）──一下子就「撼甩」掉。

4.2 舒適的休閒

1992 年暑假開始的時候，筆者確切得到了一段舒適的時間，日期就在 1992 年 5 月 27 日至同年 6 月 28 日，合共三十三日。身心與及生活在解禁和解脫之後，彷彿得到重生。而最重要的是，筆者能夠從平淡的生活當中，享受一份休閒。從簡單靜態的活動中，已經能夠獲得一點點樂趣。

4.2.1 享受休閒

暑假開始，生活彷彿得到了解禁和解脫，整個人頓時感到如釋重負和脫離苦海。就是單單的離開了壓力生活，而又不再自尋煩惱，身心就立即感到舒泰。情況也就如一條「緊緊壓緊或是狠狠拉緊」的彈弓（Spring Coil），一下子壓力或拉力完全消失，回復到原本的狀態一樣（Stress Free），靜止、自在……

當然，除了心態的解禁和解脫，日常作息亦有很大的改善。所有溫習活動都從日常中消失，早上八點半之後、午間一點半後、晚上十一點前，都不用再溫習。同樣，所有相關於 SL 的活動也從日常中消失，包括早上、午飯、放學、與及晚上的時間，都不再靠在窗台旁邊守候。這四段時間裡面，也不再離開屋企、不再「出出入入、奔奔波波」走到街上、不再等待相遇、不再求見一面。

「休閒」展開了這一個暑假。所有忙碌的，都完結了。生活從「沒有忙碌」之後再開始。筆者對這個暑假的期許，只有閒讀幾本書，可以的話再去學習英文和電腦。會考完結六日之後（6 月 1 日），筆者才寫上暑假的第一篇日記。會考完結第七（6 月 2 日），比較認真的檢討一下這一年的應考經過。日記記錄如下：

————————

1992 年 6 月 2 日　　星期二　　天亦晴

　　自 5 月 26 日起，又是暑假的開始了！終於可以做自己鍾意做的事！

　　第一，看《紅樓夢》；第二，看《三國演義》；第三，學好英文；第四，學電腦。

　　希望可以達成吧！

————————

　　在這一段休閒的生活裡面，的確能夠遠離痛苦。雖然，難言是樂趣無窮。最起碼，在這一段時間裡面，感到一份「安祥」。可能生活本質上變得簡單了，沒有什麼事情刺激思緒；可能內心真的變得平靜，沒有因為特別的事情而颳起波瀾。

　　以下是放假九日之後的日記記錄：

————————

1992 年 6 月 4 日　　星期四　　晴與熱

　　不經不覺，離考完 Additional Mathematics 已經十日了，過了十日安祥的生活——懶的生活。

5 月 26 日，買了《紅樓夢》，在這幾日看。又借了《三國演義》。

休閒到好似無事可記。

───────────

半個月左右的休閒生活，沒有太多活動，甚至沒有「精彩」。大部份的時間都是留在家中，也只是聽歌和看書。就是沒有「悶」的感覺、更不覺得「愁」。感覺到的，是一顆「可能是久違了的『平靜的心』」。半個多月以來，休閒得近乎乏味的生活裡，就連抑鬱的情況也大幅減少。

───────────

1992 年 6 月 9 日　　星期二　　雨

不知不覺又五日了，對時間彷彿沒有了感覺，不覺快，也不覺慢。

近日來的生活也算休閒，抑鬱病已經很少發作了，可能因為它的根兒已經被淡忘了所致。

日日在家中，我不覺得愁，也不覺得悶，只因我已心靜如鏡，再沒有可再平淡了，我已習慣了，每日聽歌，看書……

唉 ~~~~ 每天最難過的，反而是熱鬧的時間，如媽媽早上的嘮嘮叨叨，中午家姐回家吃飯，晚飯後……等。

───────────

這裡有兩點非常重要：第一，平淡的生活，沒有產生沉悶的感覺，大概也就沒有無聊的感覺。第二，從非常簡單和靜態的活動中（聽歌和看書），能夠產生趣味。而這兩點加起來，亦反映筆者在這段平淡的時光裡，能夠享受當中的休閒生活。

另外，對於時間的感覺，大概是一種「沒有感覺的感覺」，說不上忘記時間的存在，只是時間的快慢或日子的流逝，沒有特別的感覺。而相比起應考期間，時間流逝的感覺是十分強烈，尤其覺得催逼；對於時間的浪費，更常常成為自責的原因、自殘的藉口。

能夠從一些簡單的活動中得到樂趣，與及在平淡之中沒有沉悶或無聊的感覺，原來是在精神健康的狀態下，才可以出現的身心反應。而 6 月 9 日的日記記錄當中，記下「抑鬱病很少發作」的情況，亦反映出當時的身心狀態應該是相對地「健康」。

4.2.2 舒適終結

日記記錄，1992 年 6 月 29 日，舒適便終結了。這一段舒適的時間合共三十三日（5 月 27 日至 6 月 28 日）。而舒適的終結，就在於平淡的生活，產生出「沉悶」和「無聊」的感覺；還有一直做著的簡單活動，已經無法產生趣味。有可能，身心裡面產生出很多「不舒適」的感覺，程度強烈，把一點點簡單的趣味都掩蓋掉。當舒適終結，當「沉悶和無聊」湧出心頭，同時代表著身心又一次重返「恆常的抑鬱狀態」。

6 月 29 日，日子開始變得百無聊賴。在日記裡面，還深深的「長嘆了一口氣」。過去平淡帶來的休閒舒適，彷彿已經消失，並開始變得無聊。三日之後，7 月 2 日，身心的各方面都似乎全面惡化，沉悶和無聊變成痛苦，也成為了自責的主題——憎恨平淡無聊當中的自己。

關於舒適的終結，日記記錄如下：

———————

1992 年 6 月 29 日　星期一　晴雨相聚

Haa~~~~ 百無聊賴。

生活靜，但心靈不感到靜。與天氣有關？未必。

上星期四，我喺第七座又再見到 <u>SL</u>。我雖然唔係完全嘅平靜，但也沒有以往嘅驚惶失措；反而我今次凝望住佢，完全沒有機心的，見佢亦有幾次嘅偷望我。佢亦靜，可能比我更靜。

之後幾日心情都有 D 起伏（是捨不得？），可能真係捨不得！佢嘅眼神、佢嘅事、佢嘅感覺，又一一喺呢幾日裡面，浮現又浮現。啊~~~~ 想起佢又係別人嘅，又係神秘嘅，心中真係矛盾。

———————

1992 年 7 月 2 日　星期四　時雨時晴

我越來越憎恨我自己了。為什麼？我只懂問為什麼！但我從不回頭想一想啊！

如果……如何！

把握自己吧！

———————

原本以為，在沒有壓力、再加上抑鬱的源頭消失之後，身心便可以遠離抑鬱病，可惜結果並非想像之中的「美好」。原來身心都出了問題，身心都受到抑鬱病「感染」，並非簡單地遠離壓力和離開抑鬱的源頭，就可以痊癒。

4.3 重返「恆常抑鬱」的身心狀態

休閒的舒適結束之後，身心重返「恆常的抑鬱狀態」。在這種狀態之下，筆者經歷了三次「由外在因素所觸發」的抑鬱病，日期就在 1992 年 7 月 6 日，7 月 10 日，和 8 月 11 日。同年 7 月 29 日，筆者因為純粹的無聊，又一次抑鬱病發。快樂無用，抑鬱病爆發之前，日子密密麻麻的、滿是各式各樣的遊樂活動。似乎是不論有多少快樂的時光，也無法阻止抑鬱病的出現。同年 8 月中以後，單單是無聊就令到筆者連續經歷十多日的抑鬱折磨。

4.3.1 外因觸發抑鬱

1992 年 6 月 29 日，平淡變成無聊之後，同年 7 月 6 日和 7 月 10 日，筆者因為幾件生活事情而觸發抑鬱病。

1992 年 7 月 6 日，主要發生了兩件事。第一件，是家人仍然不滿意筆者問同學借錢買快譯通。或者他們覺得，需要借錢，最好還是問家人，不應該向「街外人」伸手。又或者，他們根本覺得沒有必要去買一部快譯通，學習英文應該有很多方法。尤其是對於身無分文的筆者而言，一千八百元不是一項小數目！（筆者沒有收入，在家中也沒有人負責筆者的零用錢。）

二哥 JSC 還跟筆者一起「計數」，如何用那不穩定的、點點的零用錢去償還給朋友。計算這一個「還債」的預算，令筆者感到無地自容。事實上媽媽已經暗暗幫助，早就把借款全數歸還朋友。只是筆者一直因此感到在媽媽面前「抬不起頭」。

頃刻之間，因為金錢，因為沒有人「負責」筆者的「成長開支」（筆者十八歲），筆者突然之間覺得在這個世界上很「孤苦」，在這個擠擁的家庭裡面感到很孤獨、孤立無援……自覺孤獨孤苦，筆者憂愁地鑽入媽媽床上的被窩裡面。憂愁的思緒無法停止，一直往抑鬱裡沉淪……

同一日黃昏時間，幾位要好的朋友原來都已經相約在一起，卻把筆者冷落（沒有通知）。內心非常懷疑是不是刻意「不通知呢？」。這一點對於筆者而言，比起「被家人遺棄」更為傷心，所觸發的抑鬱程度，應更為嚴重。

　　關於 1992 年 7 月 6 日的日記記錄如下：

1992 年 7 月 6 日　　星期一　早晴晚雨

　　今日，有好幾件事令我思潮大波動，抑鬱病再來。

　　……二哥 JSC 又向我講道理。初初問我點樣去償還拖欠朋友嘅一千八百元（筆者附註：買快譯通借款），接著媽媽便大叫：「我已經借咗畀佢啦！」我立即沒有話說，二哥 JSC 又立即短話加長說，又同我計零用。呢一刻，發覺我原來好少零用。唉~~~~我唔係因為少零用錢而傷心，而係點解我老豆老母唔養我呀！我真係好唔明，點解人哋有老豆畀錢屋企，支持家庭生計，我呢？！我呢個家呢？！點解冇呢？仲要哥哥姐姐來承擔。我活在其中，我呢一刻覺得無人養我，無人供我讀書。我回想以往，那麼倚賴哥哥姐姐，幻想有人養我係一個誤會。我認為呢一日開始感到，我喺呢個家裡面已唔能夠依賴任何人了。

　　但係對於我點解無人養，我仲係想唔通，好唔開心。

　　之後一直都好唔開心，三點左右就走上阿媽嘅床；好舒服嘅床，好難受嘅感覺。反覆再反覆咁去鑽進憂鬱嘅牛角尖。

　　Haa~~~~

　　最唔開心嘅事終於來了，五點半左右，忽然聞舊同學 CFC 來電，問今晚有冇野玩。原來佢喺 KWK 屋企，CJS 都喺埋一齊！我霎時間有一個問號衝上心頭，點解佢哋聚會時唔搵埋我呢？

樓上樓下也不聚一聚，Why？Haa~~~~莫非我平時同佢哋一起，佢哋係陪我笑，係畀面我，一切我以為係朋友嘅都係錯嘅？我感到很失落，再一次感到完全的——孤單，心中竟連一個人也沒有。

不過再想深一層，我係要信任佢哋嘅，唔理點樣都好，真誠係對待朋友之道，我該咁樣嘅。

———————

二哥 JSC 了解到筆者差不多完全沒有零用錢之後，奇怪地，大家姐 SHC、四家姐 CLC、五哥 JOC，開始不定期不定量地給予筆者零用錢。三十年之後，筆者在檢閱日記之後才發現，二哥 JSC 可能將筆者沒有零用錢這一件事跟其他兄弟姊妹商量，並「協議」出為筆者提供零用錢的方案……

1992 年 7 月 10 日，亦發生了兩件事。第一件，是遇到學校老師刻意留難。筆者回校領取第二個學期的成績表。誰知道，負責老師竟然拒絕派發，原因是筆者在第二個學期開始不久便「停學」了。雖然停學得到了校長的許可，但是老師似乎認為筆者「自把自為」，在學校內「任意妄為」，無視「制度」，感到十分不滿和震怒。

最後筆者需要親自找校長處理，才能夠得到第二個學期的成績表。雖然事情得到解決，但是老師的留難，仍然令到筆者惶恐和憂愁。

第二件引起憂愁的事，就是再一次受到朋友的冷淡對待。原本約定的一個節目，在電話傾談之間，筆者覺得朋友的態度冰冷，又有愛理不理的感覺。最終這個節目大概就在「不歡」的情況下取消了。也許最終大家都沒有因為取消了一個節目而高興。不過因為這一種冷淡，著實令到筆者傷感。可能因為筆者總是覺得自己對待朋友「熱情」，可能筆者總是希望從朋友身上得到更多……

因為這兩件惱人的事，令到筆者十分疲倦，所以又鑽入被窩睡覺。可是心情惡劣，憂愁的事情根本無法放下，導致無法入睡。相反更在大腦之中不斷纏擾，像龍捲風似的越想就越憂愁，抑鬱就越陷越深。

上述日期的日記記錄如下：

——————

1992 年 7 月 10 日　星期五　天晴（寫於 7 月 12 日）

早上有開朗的心情，皆因《強者的誕生》一書中，帶給我一個「愛撫」的訊息，所以和媽媽相處，也開心了一點。

上午十點左右舊同學 <u>GLF</u> 來電，話今日返去學校，去拎「成績記錄」和「離校聲明」。我陪佢去，而我亦要返去學校拎返我嘅成績表。

唉~~~~ 估唔到老師 <u>YLF</u> 竟然唔畀我，仲好唔高興咁向我大聲疾呼：「你第二個 Term 都有返學，有成績表可以畀你！」跟住我話：「但係校長批准我停學，而且佢仲話過會出成績表畀我。」佢條氣都係唔順，又喝：「我收你 Repeat 時都叫你要遵守校規，叫你唔好淨係返嚟考試！你自己去問校長拎你嘅成績表！」

我唔想同佢嘈，我都無心同佢嘈，其實我幾尊重佢。搵到校長，佢話：「我會同老師 <u>YLF</u> 講，你遲 D 打電話來學校問下啦。」唉~~~~ 有 D 唔開心。估唔到「停學」一事，咁快就有後遺症！遲 D 可能更勁呢！

……

就係咁樣嘅一個上午，由喜轉憂。

懷著憂愁的身軀回家，霎時記起要搵 <u>CJS</u>，事關日前約定今日和 <u>SSS</u> 一起傾談上星期所拍攝嘅嗰一輯相，但係原來今晚要去謝師宴，所以我就約佢放工喺<u>西灣河</u>（謝師宴地點在<u>太古城</u>），但係佢嘅態度好冷淡，令我嘅心情變得更差。最後取消了。

Haa~~~~ 腦疲——睡覺。呀——呀……好唔開心，越瞓越唔開心，越瞓就越胡思亂想。

———————————

筆者個人留下一個疑問：因為身心都重返恆常抑鬱狀態，所以情緒變得特別脆弱？好容易就受到外間的刺激而引發抑鬱病？另一角度，是不是「觸發事件」帶有強烈的嚴重性？在任何時候出現都可以令筆者的情緒崩潰？

4.3.2 快樂無用 – 玩樂之後的抑鬱

1992 年 7 月 29 日，抑鬱病又一次在這個暑假裡面發作，原因——「無聊」。日記中寫道，這一天下午，「無聊」好比「服毒」一樣，慢慢變成莫名的憂鬱，而且還令到胃部不適。可是這一次出現無聊之前，由 7 月 11 日踩單車活動開始，到 7 月 28 日大夥兒去游水，期間差不多每天也有一定的外出遊樂活動，當中包括了一次到<u>香港新界烏溪沙</u>三日兩夜宿營，之後好幾個晚上也在同學家「玩通頂」，不少日子還會去打壁球……

需要指出的有一點，就是在這一段充滿遊樂活動的時間裡面，筆者沒有投訴抑鬱病。也許在一個接一個的遊樂活動裡面，確實有快樂的感覺。而當節目豐富，筆者大概也沒有空檔去多愁善感。

可惜的是，這些開心快樂的活動一旦過去，抑鬱便猶如夜幕一樣悄悄降臨。以下是 7 月 29 日的日記記錄：

1992 年 7 月 29 日　星期三　晴（寫於 7 月 30 日）

　　百無聊賴的一天，真真正正徹徹底底的很無聊。抑鬱病又發作的一天。

　　早上，好劫（可能昨天病了又去游水，晚上又睡得不好。）。七點半起來後，梳洗吃早餐後又再一睡，至正午便往香港仔新光酒樓吃午飯。

　　……

　　下午，無聊變成憂鬱，憂鬱莫名。胃很不舒適，在七成飽的情況下，仍去吃一個即食麵。

────────────

　　以下是 7 月 11 日到 28 日的活動日記記錄：

────────────

1992 年 7 月 11 日　星期六　晴（寫於 7 月 12 日）

　　……中午十二點左右起來，簡單的吃了一份餐蛋治便出門，往紅磡火車站等人（今日去踩單車）。兩點半等齊人，出發去大圍踩單車。

　　好曬，好劫。將緊握軑盤的雙手放開，好好 Feel！回程時有條大直路，唔用手嘅好機會，加速呀，加速，加呀，放手，呼～～～～好 Feel 呀！忽然間，單車向左偏，左面係城門河，對手又唔聽使，直炒埋去欄杆嗰度，成架單車插入欄杆之間嘅夾縫，被欄杆夾實，連前轆個「轆叉」都撞歪咗！

有唔好，亦有好嘅，就係佢哋都好肯幫助我，CJS、CFC 幫我拉住架車去單車舖交還，LCY 畀佢自己架車我坐，我都好安慰。

踩完單車之後，就去了吃飯，我喝了六罐汽水。成班人在大快活食完飯之後，一起身，我、CJS、CFC、CST 立即抽筋，好 X 痛呀！

打機，完了今日。

———————

1992 年 7 月 12 日　　星期日　　一號風球　　上午好好太陽

呢三日來，節目密密，沒有空寫日記（先行回顧過去兩日的事情）（筆者附注：回顧星期五和星期六）。

星期日，相約定今日影相。今次的對象是妹妹 DSC 和她的四個同學。而影相佬就有舊同學 SSS、CJS、三哥 ADC 和他的朋友。

……

走的時候下起傾盆大雨，成個人濕透。

下午，睡！

———————

1992 年 7 月 13 日　　星期一　　晴

很劫，三日來嘅疲倦，今日好好休息。之不過都休息不了多久，只因怎樣也不能熟睡。

———————

1992 年 7 月 14 日　星期二　晴

　　早上七點半起來，免得阻住家姐準備上班。但其實我好劫。吃罷早餐後在媽媽的床上再休息，瞓咗一整個上午。

　　下午往永安百貨看一看 REB（舊同學 GLF 女朋友），事關日前答應過 GLF，講過會去探一探佢，等佢有咁悶。當我去到時，佢正在埋頭咁，繡緊佢嘅手巾，完全不在意我已經靠近佢嘅身旁，半響才以為我是顧客，回望過來。

　　嘻哈一輪之後，佢竟然叫我去幫佢買繡花線，我都好樂意幫佢去買，只不過男仔之家去買繡花線，我唔想。最後在利群商場（香港仔）幫佢買到。

　　晚上打壁球，對手是 CFC、CJS、TSM，本來 SSS 也一齊來的，但係佢臨時有事無法來。

————————

1992 年 7 月 15 日　星期三　晴

　　如常，一切如常。打掃，做一些家務。

　　早上，處理一 D 電子與電學嘅資料，寄給 CJS。我本身唔係好清楚 CJS 讀 D 乜嘢，只不過，盡朋友嘅一點綿力去幫助佢。我一路處理一路寫，一路諗 CJS 會唔會笑我白痴又無知呢？呢 D 資料佢可能一早就知，一早就已經熟悉，我寄去就係多餘……點都好啦，信就已經寄出，心意亦都為人送上了……

　　下午看《李天命的思考藝術》（我一定會多看一次）。

　　晚上去香港仔市政大廈上器械健身班。

————————

1992 年 7 月 16 日　　星期四　　晴

　　早上，7:30 起來。8:05 左右見到 <u>SL</u>，正行緊九座嘅長樓梯。已經有一段時間沒有見到佢了。唔係掛住佢，只是很久沒有想念佢，現在看到，有遇到一位熟悉嘅人嘅感覺。我諗佢可能係上班去吧（暑期工）。

　　上午十點到<u>港灣道</u>與五哥 <u>JOC</u> 打壁球，整體上我都比佢優勝，不過佢話我走位好差同埋唔夠狠。呢點我承認，之不過我自己打壁球，由始至終都唔係諗住勝利，只係享受當中火爆機會嘅快感。

　　……

　　下午 4:30，再打壁球。

―――――――――

1992 年 7 月 17 日　　星期五　　一號風球　　好好太陽 間中有雨

　　七點半起來。今日好有意識去再看一看 <u>SL</u> 是否又在 8:05 左右出街呢？答題是——真的。追望佢，心中又不期然湧起了暖流，但比起當初，只是九牛一毛而已。不想欺騙自己，心中對佢仍有少少意思（畢竟這是一個能夠單憑第一眼而給我留下烙印的女仔，獨特、清秀、美艷，彷彿有隔世相逢感覺嘅女仔。）。

　　之不過細心一想，她還是如霧般的飄渺……

　　上午十點社工 <u>M</u>（中學的駐校社工）打電話畀我，叫我去參加一個暑期宿營……

　　六點左右，佢果真如昨日般回來，上班嘅可能性已甚大了。

―――――――――

1992 年 7 月 19 日　星期日　好曬呀（寫於 7 月 23 日）

　　上午 11:30 大夥兒約定在 CFC 家中集合，誰不知就只有我準時到（去宿營的人：CFC、CST、LCY 和我）。

　　到了 CFC 屋企，原來 CJS 早已上去了。好愁，就只有佢同埋 CFC 傾偈，我好無奈。

　　人陸續到齊，二時出發到第一街與主辦當局會合，出發。

　　到咗香港新界烏溪沙。小小聚會後便自由時間，我們一行四人再加 LWT 去咗游水。CFC 成日叫我教佢游水，原來佢本身可以叫做識，只不過無法堅持一直游，成日游下又停下。呢日我就教佢一些幫助前進嘅做法，改良一下姿勢，最重要嘅係佢要肯去堅持。

　　游完水就夠鐘食飯，差勁嘅一頓飯。平時我吃一碗飯，今晚大吃三碗！Why？事關晚飯時間為六時，太早了，我怕肚餓，嗰個營舍沒有其他食物（我亦沒有帶備食物）。

　　晚上小組活動，好悶，好無聊。返自己宿舍同大夥兒傾偈到夜深。

————————

1992 年 7 月 21 日　星期二　早上開始陰天 下午三號風球（寫於 7 月 23 日）

　　宿營活動閉幕禮。走人。

————————

1992 年 7 月 22 日　　星期三（寫於 7 月 23 日）

八號風球，沒有大雨只有狂風。

上午十一點左右，CFC 忽然來電叫大家去佢屋企玩（原來這是 YTZ 的主意）。我就叫「譚 Sir 俱樂部」出來，一齊去……最後一行九人連同 CST 到了 CFC 屋企。

……

呢晚佢哋「鋤大 D」鋤通宵。我喺 CFC 家中，錄完歌就收皮，睡覺。

_____

1992 年 7 月 23 日　　星期四　　陰

一連數日都沒有寫日記，只因為難得有連續六日的節目。由頭寫起吧！（筆者附註：過去幾日的日記，已分別記錄了。）

一整日就在瞓和寫日記。

……

我肚臍生了瘡，媽媽只叫我去香港仔馬會診所睇街症，唔肯畀錢我去看私家醫生。又同佢反面。

_____

1992 年 7 月 24 日　　星期五　　晴

早上做家務（雖然同阿媽冷戰！）

下午到 CFC 屋企，打「波動拳」……「波動拳」，唔識玩，任人魚肉！

五點左右，<u>CFC</u> 留我哋過夜，我好唔想呀！事關今個星期，都冇喺屋企瞓多過兩晚，又同阿媽冷戰，再傷和氣就唔好啦，係咪！？不過最後都係敵唔過「朋友」嘅「單打」。屈服！唉～～～～屈服嘅條件係 <u>CST</u> 請食早餐！

　　打機，飲酒，又一個夜晚。

––––––––––––

1992 年 7 月 25 日　　星期六　　晴

　　喺 <u>CFC</u> 家中起身，幾番擾攘 <u>CST</u> 才肯請食早餐。佢之前本來唔想認數，唔認昨日答應過，不過最後都去咗<u>石塘咀麥當勞</u>，請食一個漢堡包加一杯細可樂。

　　下午睡覺。晚上，打壁球。本來約了 <u>CJS</u>，但係佢幾日前發覺唔得閒，唯有自己打啦（一小時）！回家，九點左右……

––––––––––––

1992 年 7 月 26 日　　星期日　　晴

　　……
　　早上 <u>CTL</u> 突然從<u>美國</u>打長途電話來，好出奇呢！
　　早上，如常的平凡。但病。
　　下午，瞓。我病呀！流鼻水，鼻塞，頭重重，身體無力。瞓……

––––––––––––

1992 年 7 月 27 日　　星期一

　　病。鼻塞、鼻水、頭暈暈。

––––––––––––

1992 年 7 月 28 日　星期二　晴

游水天。

病得好辛苦，周身軟，鼻塞，頭暈。一心都諗住唔去游水，因為媽媽唔鍾意我游水（尤其在農曆七月十四「鬼節」前後），我自己都唔想個小病變大病。

不過最後都係去了，硬著頭皮去。

────────────

7 月 11 日至 28 日，期間十八日，活動不少，而且類型不同。就連無聊變成抑鬱之前的一日，7 月 28 日，也跟朋友一起去游水。一日之後，日子就覺得無聊，繼而就抑鬱病病發了。

4.3.3 無聊氾濫、快樂短暫

1992 年 8 月 3 日，之前一晚到朋友家中「玩通頂」，早上買到心愛的音樂唱片，下午就感到無聊。由遊樂活動之後到感到無聊，只是一個早上到一個下午的時間。至此，筆者個人的疑問是：是活動的樂趣太少？是偶像的音樂唱片令人失望？還是抑鬱的破壞力太強烈？所有的樂趣都變得無用？關於 8 月 2 日和 3 日的日記記錄如下：

────────────

1992 年 8 月 2 日　星期日　晴

今日原本去大澳和陰澳的，但是昨晚三哥 ADC 忽然話唔去，原因係佢喺舞蹈比賽之後很劫。

一早起來本來可以 Call CJS 的，不過我怕嘈住佢，所以就冇 Call。最後還是親自到了港外線碼頭，親身同佢講清楚。

同佢講嘅時候，佢仲係一貫嘅茫然，好似一件平常嘅事咁；但反面看來，佢係唔高興嘅。

　　晚上去 CFC 屋企，打「波動拳」，過夜。這夜我買咗三支生力啤，TSM 買咗兩支，喝個醉的。

　　呢晚我真係想大醉一番，因為我好唔開心。首先 CJS 又喺 CFC 屋企，我仍然覺得對佢唔住，而我倆打（對打）「波動拳」時，形勢又好對立，LCY 同 CST 又只係教佢，而唔教我。跟住，無情情又想起了 SL，又一陣悲傷湧上心頭。

　　大醉，八成醉，仍未嘔吐。

————————

1992 年 8 月 3 日　星期一　晴

　　早上七點左右便起來，梳洗沐浴。跟住大夥兒去食早餐。

　　吃罷後，TSM 先走，CST 要返工，而我、CFC 和 YTZ 就返去 CFC 屋企執拾執拾。之後就出發去柴灣打羽毛球。SSS 亦早在柴灣地鐵站等候我哋。

　　當我哋去到嗰度之後，SSS 就話畀我哋知，呢次活動要取消了，事關 LCY 要開工，唔能夠去體育館簽場。一場歡喜一場空。

　　買 CD，Beyond 嘅《繼續革命》。

　　下午，無聊。

————————

　　身心處於恆常的抑鬱狀態，便無法享受休閒。相反休閒可以變成折磨，無聊可以變成抑鬱。當抑鬱的情況稍為嚴重一點的時候，快樂也無用，再多的遊樂活動也無法阻止抑鬱病的漫延和爆發。

4.3.4 抑鬱自生 – 悶極抑鬱

1992 年 8 月 7 日，筆者患上重感冒，發燒最高到四十度。8 月 14 日才算大概地痊癒。期間，8 月 11 日會考放榜，成績雖然合格，但還是遠低於預期，只有留在原校升讀中六。感冒加上失望（無法離開<u>香港仔工業學校</u>），筆者又一次因為外因而抑鬱病發，8 月 26 日，回憶起這一日，更感到這是「抑鬱病顛峰期」！而 8 月 14 日之後，恆常的抑鬱狀態依然，沉悶無聊繼續變成抑鬱，痛苦地折磨筆者。

關於放榜之後觸發抑鬱病，有以下日記記錄：

1992 年 8 月 11 日　星期二　晴（這日記寫於 8 月 17 日）

這天終於會考放榜了，結果真是強差人意！我想，真是沒有天理……

真係估唔到，唯有返<u>香港仔工業學校</u>升中六，無辦法啦。不過，我自己好唔想，真係好唔想返呢間中學繼續讀上去。事關我一來好憎呢間學校，二來校內又冇好老師！再讀兩年，隨時白費。

不過如果唔讀呢間，我又冇咁叻去揀其他學校，如果有預科讀，又入唔到大學！

1992 年 8 月 26 日

……

……8 月 11 日左右，抑鬱病顛峰期……

放榜之後，同日就在學校完成中六註冊手續，前路去向已經相當明朗。暑假便餘下二十日左右，大半個月之後就要重返原校開學，展開預科課程（Matriculation）。

1992 年 8 月 14 日，重感冒尾聲。之後兩日（15 日和 16 日），感到十分沉悶無聊。8 月 17 日，沉悶無聊又一次變成抑鬱。平淡的時間變得十分難受，無聊在這個時候，變成了折磨。這種較為嚴重的抑鬱狀況，一直持續了三日。到了 8 月 25 日，抑鬱病延續到第二個禮拜時，連胃部也不時出現劇痛。

以下是 1992 年 8 月 7 日至同年 8 月 26 日的日記記錄：

1992 年 8 月 7 日　星期五　熱

有幸，小病，發燒。

1992 年 8 月 14 日　星期五　晴　雨

好久沒有寫日記了，因為病。

上星期六（8/8）燒烤完畢又去咗 CFC 屋企通頂。星期日（9/8）就病咗！星期一（10/8）病得更重！呢晚去睇醫生。星期二（11/8）食咗藥後好咗好多。星期三（12/8）仲係骨軟軟咁樣。星期四（13/8）瞓咗一個上午。星期五好咗九成吧！

1992 年 8 月 17 日　星期一　晴

很很很很很很很很很很很很很很很悶的這幾天啊！悶得我快要死亡！死呀！

想想這一個暑期，我不是亦有很多無聊的日子嗎？但卻沒有這幾天那麼難受！這幾天的平淡，令我的抑鬱病又再出現，折磨得我死去活來。唉～～～～

呀～～～～真係唔知有乜好做！好悶呀！悶到死呀！

1992 年 8 月 18 日　星期二　陰 晴

自從病倒後以來，心情一直很煩，悶到煩。想想舊時，我都好習慣平淡、悶，都唔會感到煩；但係依家煩到抑鬱病又起，好鬼難受。

想想，可能係同家人少接觸咗。

下午，到 SSS 那裡，又有一點細藝！

好愁呀！

1992 年 8 月 19 日　星期三　陰晴相間

悶到死，悶到嘔，悶到胃痛！

上午七點半起來，雖然已經沒有睡在房內，轉而睡在地下，但是我也覺得阻住家人。

過到去隔離（筆者附注：A 室），睡在三哥的床上……在家中很無聊，無聊到心痛胃痛。

下午又無聊，看看《Effective》（英文科會考練習——竟然翻看），然後翻看《紅樓夢》（還只是那種看看、停停，沒有心機的看書方式。）。

四點半左右，打電話畀 <u>CST</u>，無聊咁同佢煲電話粥！呀！呢個時候才知道 <u>CFC</u> 走，<u>YTZ</u> 走（到外國升學）！唉～～～～天下無不散之筵席，人生總要習慣離別的。這時，有上一年的感覺，傷痛。

────────────

1992 年 8 月 20 日　星期四　陰雨

　　這些悶極、無聊到極的日子裡，每朝七點便起來，過去 A 室再瞓到九點正，睇電視——《福星鴨小子》、《伙頭智多星》。打掃，無聊。唉～～～～

　　真係好無聊嘅生活。

　　下午，竟然要去睇《Effective》（英文科會考練習），不過我係好應該去睇嘅，事關想當初（六月頭，可能還要早），我唔想做暑期工，全因為我想喺呢個時期讀書。但環顧呢個暑假，兩個多月來，就只係喺考 Oral 前有讀過一 D 英文，呢樣真有違我唔返工嘅最大原因，可悲。

　　除了《Effective》，我亦有睇《紅樓夢》。

────────────

1992 年 8 月 25 日　星期二　晴

　　如常的早上，抑鬱病的第二週延續，胃有時很痛。

────────────

　　1992 年 8 月 11 日會考放榜，成績未如理想，抑鬱病到了顛峰程度。同年 8 月 15 日開始，經歷十多日無聊抑鬱的折磨。抑鬱病逕自產生出來的痛苦，令筆者苦不堪言，外因的存在或不存在，大概已經不再重要。

第四章結語

　　考試的高壓生活完結，病態苦戀止息了，筆者在一段少少的時間內（三十三日），身心都得到若干的舒適。抑鬱病沒有發作。然而，「恆常的抑鬱狀態」很快便重新出現，休閒的舒適立即消失。在抑鬱病的影響下，平淡變得難以忍受，休閒變成折磨。抑鬱自生，純粹因為無聊就讓筆者抑鬱起來。

第四章第一稿完成於 2016 年 4 月

第五章

逃避「『逃避痛苦』的痛苦」

1992年9月 — 1994年4月

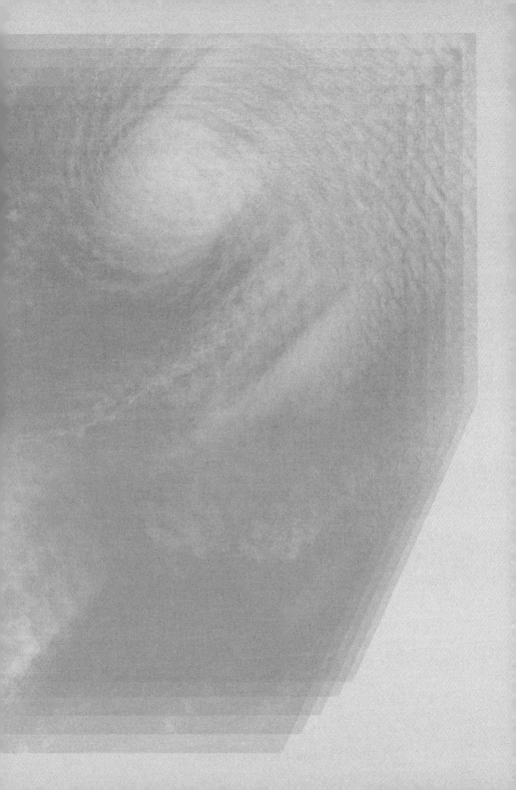

【全章摘要】

終於能夠升上中六，雖然「在原校升學」並不是最理想的結果。筆者對這一個結果感到不快樂，而不快樂的情況就一直維持到開學之後。預科課程開始，工作量突然大增，筆者無法即時適應，而且更處處逃避。到了 10 月初，就連「為了逃避痛苦的行徑」也變成了另一種更為巨大的痛苦，令到筆者深深陷入了抑鬱痛苦的谷底。

為了離開谷底的痛苦，筆者必須要離開「『逃避痛苦』的痛苦」，因而重新去面對自己的學業問題，重新去認認真真面對自己的校園生活，融入身邊的環境——認識新的同學，建立新的友誼，學習新的知識。從谷底走出來之後，筆者花了差不多四個多月的時間（到 1993 年 2 月尾），才算是「成功追趕上」一度大幅落後於人的課程；對於功課、測驗、和學科內容，終於有一份「識得做」和「跟得上」的「感覺」！

慢慢地，終於在學業上見到理想的成績，同時亦開始受到同學的尊重，得到老師的讚賞。為了更上一層樓，就在中六的暑假，筆者為自己定立了一個目標，希望能夠在中七考入頭三名。

可是，1993 年 10 月 6 日，填寫大學入學申請表的時候，發現自己所最喜歡的香港大學哲學系，入學門檻非常高，以筆者當時的情況，大概沒有機會獲得取錄。一刻間，「大目標」幻滅。在中七考入頭三名的「小目標」亦隨即淡出。因為筆者大概已經沒有留在學校的理由。

5.1 谷底

1992 年 9 月 1 日至 1992 年 10 月 7 日

1992 年 10 月 7 日，中六開學一個多月之後，「生活與及情緒」問題墮入了谷底。這一次抑鬱的爆發，似乎跟「失敗的校園生活」有著緊密關係。之前，9 月份時候，大概就已經彷彿具備「充足的下滑條件」了；再之前的 8 月份更曾經經歷過兩個多禮拜較為嚴重的抑鬱。

5.1.1 暑假的抑鬱概況

1992 年的 6、7、8 月，第二次會考之後的暑假情況，在第四章〈休閒的折磨〉裡面，有詳細的記錄。現在僅作點評。

這個暑假就在壓力解除與及煩惱消失的背景下開始。可惜的是，休閒的生活只維持了一個月左右。踏入 7 月，筆者便無法再享受暑假的休閒了，煩悶更從心中滋生，最終變成抑鬱。7 月裡面，遇上幾件突發的事情，又引發出幾次較為嚴重的抑鬱情況。也許這個時候身心都已經變得相對脆弱，很容易因為一點點刺激而墮入抑鬱的狀態。

1992 年 8 月 11 日會考放榜。日記記錄（1992 年 8 月 26 日），這一天是抑鬱病最為嚴重的一日。對於第二次的會考結果，筆者是失望的。大概是因為對會考「結果」抱有很大的期望。筆者希望可以在預科時候轉讀文學，又希望可以到第二間中學升學，離開這一間已經讀了六年的學校……無奈地，手上成績平平，所有計劃都無法實行。「不能修讀文學的遺憾」彷彿成為了內心的一道傷口。

踏入 8 月，筆者首先患上了一場重感冒，發燒到 102.2 度（華氏）。這場重感冒從 8 月 8 日禮拜六，一次通宵 BBQ 之後開始，直至 8 月 14 日，才算「痊癒了九成」。8 月 8 日至 8 月 14 日，前後七日。8 月 15 日至 20 日，心情變得極其難受，平靜的休養日子，內心只生出無聊煩悶，最後又變成了抑鬱。抑鬱的情況一直持續到 8 月 25 日，連胃部也一同不適。8 月 26 日，抑鬱的情況開始改善，諷刺的是，失眠問題隨即出現。

這一天失眠的日記資料如下：

───────────

1992 年 8 月 26 日　　星期三　　晴

又再有失眠了。

回想初初 8 月 11 日左右，抑鬱病顛峰期，晚上一覺便瞓到天光，好不快感啊！但係依家瞓下醒下，又唔知點解特別多嘢諗，早上又大早就起來，又有小便充滿嘅感覺（急尿），早上解決解決。

一開始正常便這樣，真吹脹！

下午買校服。買咗一條尼龍（Nylon）嘅西褲，冬天又被靜電煩擾了。

───────────

失眠之後，暑假就只餘下五日。五日裡面，還是有一些遊樂活動，例如打壁球、買流行音樂 CD。8 月 31 日，更和同學一起去沙田、大圍踩單車。

5.1.2 開學心態

「上大學」是仍然繼續預科課程的唯一原因。除此之外，一切其他事情，都不想理會，包括不想認識新同學。當時大概也選擇了放棄融入這個環境裡面。

A. 失望、抗拒、阻滯

第一日返學，開學禮，就對「返學」十分抗拒。勉為其難地在最遲一刻出現在校園，活動完結之後就立即離開，多一秒鐘也不想逗留。在學校裡面，也變得「自我隔離、自我防衛」起來。第一日進入課室，就揀選最後排最偏遠的座位，盡量希望把自己封閉起來，不去接觸其他人——也不許其他人接觸自己。

關於開學首兩日的日記記錄如下：

───────────

1992 年 9 月 1 日　星期二　曬

終於開學了，中六，不值得高興。

第一日，這一日我便遲到，我係刻意嘅，因為已經沒有東西令我留在這裡，恨不得立即走吧。

新班房，新班主任 WKS，新同學。Haa~~~~ 沒有特別的感覺，和 KSW、LCY 一同坐在最後的一排。

下午去社工室，為第二本班刊做訪問。不過社工沒有時間。

晚上去 GLF 那裡，借錄音機。

───────────

1992年9月2日　星期三　晴且很熱（此日記寫於9月8日凌晨）

　　第一天的上課日，又如昨天一樣，打鐘前一刻返到學校。唔，既來之，則安之吧！一入學校就打鐘了，上去足球場，聽早會，站著曬太陽，好難受啊！汗流個滿額，直流到兩條腿也是汗珠。完了，入到課室，又再焗過。外面馬路又多車、又多塵、又嘈，我又坐在最後，真係聽唔到書呀！成日無人教書。焗到放學就走人。

<hr />

1992年9月10日　星期四　晴曬

　　記一記近日來嘅事吧。對上一個星期，開學。又再踏上我恨透的上學之路。我這時，也還未決定我應否升上中六，應否在原校升中六！

　　一入班房（我、LCY、KSW、WAL排到最後，所以最遲入班房。），我們四人坐到最後嘅座位。初初都唔覺得有乜唔妥，但阿Sir一開聲講說話，問題就出來了，在班房最後嘅位置，係聽不清楚阿Sir講說話的！我立即在Day 1調位。

<hr />

　　開學時候，還有一個困擾的小問題。兩個主要科目，Pure Mathematics（純數學）和Physics（物理），老師們都表示沒有完全合用的課本，同學們需要選購兩套至三套書本，才可以完全涵蓋整個考試課程。需要買兩三套書本，筆者立即感到煩惱，究竟可以跟誰人索取買書的資金？應該怎樣去解釋這個情況？怎樣去解釋這個需要？要錢買額外的書本是一個難題，應該選購哪幾本，也不容易取捨、也不懂得取捨。要是有足夠的金錢，把老師們介紹的幾套書都買下來，相信就不會太過煩惱。

關於買教科書的阻滯，日記記錄如下：

1992 年 9 月 3 日　星期四　晴（此日記寫於 9 月 8 日凌晨）

又係可以曬死人嘅天氣。

Day 2 了，老師 <u>WKS</u> 今日有兩堂，不過竟然又無教書，扮幽默，不知所謂。今年和出年畀佢教，這科 Pure Mathematics（Algebra 部份）要靠自己了。

沒有多特別的一天，還是依然很少教書，只不過是介紹書本。這個也是煩透了，沒有一本真正的教科書（所有理科也是），呢本又話有幾頁合用，嗰一本又話得一半有用，都唔知點！？

中六開學，原本就帶著失望和抗拒。筆者在這個起始時候，就已經覺得不情不願和不順不利。

B.　偏執起衝突

可能因為曾經重讀中五的原因，內心極度害怕重蹈覆轍，不想再「失手」而「肥佬（Failed）」，所以就把所有的注意力都高度集中在學業和考試當中。筆者不容許學習受到其他人妨礙──包括老師。正式開始上課第三日，筆者因為無法看清楚和無法聽清楚物理科老師的實驗示範，向老師提問（投訴）而變成衝突。

關於這次衝突，日記有詳細記錄：

1992年9月4日　星期五　晴（此日記寫於9月8日凌晨）

第三日上課，第一次有老師 TKY 的課堂，等咗好耐。

又同阿 Sir 嘈了，同老師 WSL 嘈呀！話說物理堂，做實驗。老師 WSL 做實驗畀我哋成班同學睇，但係物理科實驗室老師枱好細張，成張枱被同學圍住，站在後面嘅同學根本睇唔到嗰 D 實驗點樣做，只係可以聽到老師 WSL 在不停說話。

唉～～～～條友本身講說話好細聲，要用揚聲器，效果又唔係咁清楚，又經常加插一些英文生字名詞，我頭頭都能明白一D，跟住佢講一部 CRO（Cathode-Ray Oscilloscope）就真係乜都唔知；一來睇唔到佢點用部機，二來聽唔清楚、聽唔明白佢所講嘅所有內容。

咁佢講完所有實驗就剛剛三點鐘放學，佢問我哋有冇問題，我第二個人話有：「我乜都聽唔到，咁今次呢 D 實驗嘅示範係唔係好重要呢？今次聽得唔明，影響係唔係好大？」

啊，條友立即發火！話個責任本身喺我自己身上！！！同佢嘈咗兩句，就費事同佢再嘈落去。

今次我好唔開心，事關我自己只係想求學，我只想將我嘅處境話畀佢知，竟然又要嘈。我唔想同阿 Sir 嘈。

中五 Repeated 咗一年，我雖然唔高興，不過我學到好多！第一，求明白。中六呢一年用得著了，我肯定開學以來，我係最多問題嘅人，唉～～～～～～可能因此又招人妒忌啦。我甚至發覺到我好似一個 BB 咁，一肚餓就一定要吃奶；一有些不明，就一定要問。唉～～～～

我不為今天嘅困難而改變自己。總有一日，人會明白我的，我自求我道。

――――――――――

　　這一件事肯定是一個重大的打擊。向老師提出問題，心情本來就已經高度緊張。萬萬想不到，隨即變成了口角。筆者在當時的處境裡面，身心消耗都很大。誠然，向老師發問的態度並不「良好」，可是當時筆者只是一位十八歲的少年，一心一意全力求學。而當時的情況，最希望讓老師知道的第一件事情，就是太多人在一起，無法看清楚無法聽清楚老師的示範和講解。筆者也希望自己可以明白這些物理實驗的做法，希望可以明白實驗的內容和意義。可惜事與願違，最後變成一場師生之間的小小大衝突。求學的意願竟然撞板。

C.　對舊同學依戀

　　重讀中五之前的同學，是筆者最為珍惜的一班朋友。畢竟大部份同學都是由中三開始同班，小部份更從中一開始認識。大家有很多共同成長的、同喜同悲的經歷。

　　早於中四下學期，筆者就跟同學們一起製作過一本「班刊」。那是一本很簡單的刊物，收錄了同學們的一些文章、一些漫畫、與及一些校園生活點滴。全書黑白，篇幅也不過只是四張 A3 影印紙（雙面影印）。由於是同學之間自發的製作，沒有老師的規範，大家都彷彿有一次自由自在、毫無束縛、暢所欲言的機會。

　　除卻老師們對全班同學的留言之外，其他所有同學的投稿，都是一些嬉笑怒罵、東拉西扯、和譁眾取寵的圖畫和文字。很難說得上有什麼水準，不過就是中學四年級的生活和想法。還有的是，這一本班刊完全由同學們包辦製作，由構思、收集稿件、排

版、影印、最後用釘書機釘裝，全部都是大家一手一腳完成。所以這本《一班刊》（最後名稱），除了盛載著同學之間的一份情誼，還包含著大家的一份付出。

筆者無法放下對這班同學的情誼，也許是太過依戀中四和中五這兩年的美好時光。而彷彿為了挽留這段光輝歲月，筆者在重讀中五的暑假後期，就開始跟幾位舊同學籌劃製作第二本「班刊」。初期的構思，是希望可以報導一下同學們在中五之後的去向和改變。到了預科開學的時候，筆者更開始聯絡舊同學，並約定了進行幾個訪問。

可惜的是，預科課程緊迫，訪問活動只進行了一個禮拜。到預科開學第二個禮拜時，筆者已經無法分身兼顧，只有把這項工作放下。只是當時不知道，「班刊」工作放下之後，便一直沒有重新再開始了。

關於製作第二本班刊的日記記錄如下：

1992 年 8 月 24 日　　星期一　　晴

還有七日便要上學去了。
早上如常的看《紅樓夢》。
……

近日很有衝動去再做一本班刊，衝動原因有二：一、CST 成日講返本《一班刊》裡面的內容（中四時自己班出版的班刊），聽返都覺得好有趣；二、星期六（8 月 22 日）二哥 JSC 和他的舊同學聚舊，忽然有感而發，以往 5C 同班同學，好似散沙一盤，無乜美麗嘅回憶。

我心想，找舊同學 LSL、CST、和 SSS 一起搞……

1992 年 8 月 28 日　星期五　晴　夜雨

　　開始做《一班刊 -2》了。同 CST 一起用電話訪問人。晚上和舊同學 WKW 做詳細的訪問。

1992 年 9 月 1 日　星期二　曬

　　下午去社工室，為第二本班刊做訪問。不過社工沒有時間。晚上去 GLF 那裡，借錄音機。

1992 年 9 月 2 日　星期三　晴且很熱（此日記寫於 9 月 8 日凌晨）

　　回家（筆者附注：放學），等舊同學 LYM 嘅電話，約咗佢今天做班刊嘅訪問。呢個時候我喺度搞緊 GLF 嘅錄音機，條友部機壞壞地，一路搞，搞到 LYM 打電話來都唔得，唉，唯有唔用啦，用手寫。

　　到 LYM 公司，嘩，條友西裝骨骨；同我去會議室，做訪問。條友成個人完全變咗，以前 D 下流古靈精怪奇形怪狀嘅行為唔見晒，換來嘅係正經、斯文、而又大方……

　　呢晚就整理佢嘅訪問，事關用手寫，好多說話都冇記低，訪問記錄可以話無咁傳神。

1992 年 9 月 3 日　　星期四　　晴（此日記寫於 9 月 8 日凌晨）

……

　　放學訪問社工，好開心呀！由放學到五點。跟住去商務想買書，但係冇！回家，差不多六點了。立即要聽一聽剛才的錄音帶！係呀，今次訪問，GLF 部錄音機又忽然間用得，好神奇呀！又令到訪問十分順利呢！

————————————

　　也許，在重讀中五的一年裡面，筆者已經沒有重新開始過「新的校園生活」。沒有新的朋友，沒有新的生活圈子。校園生活都停留在「舊時的」。所以即使是預科開學了，對新同學都不見得感到興趣；反而逆向的走回「舊時」，妄想要留住往日的快樂時光——著手為舊同學製作第二本「班刊」。只是校園生活迫人，學業忙碌，開始了十日左右，便要把製作放下。

5.1.3 疲累

　　中六開學第一個禮拜的尾聲，筆者就感到十分疲累。然而，待得禮拜六禮拜日放假，卻又無法好好休息，身心都無法復原。疲憊的身心狀態，延續到整個第二個禮拜。最後只有「詐病請假」休息，希望獲得額外的休息時間。兩個禮拜裡面，家人也認為筆者的疲乏並不尋常，就帶筆者到診所驗血，看看是否患有其他疾病。驗血結果得知，原來是乙型肝炎帶菌者，肝功能是僅僅合格。

　　9 月 1 日開學是禮拜二，所以這一個禮拜只返學四日，而且第一日還是開學禮，只需要上午回校，中午之前就放學回家了。頭三日的返學活動，大概都只是介紹課程和書本，一點也不趕迫。不過這三日已經令到筆者感到疲倦。一到禮拜六，就渴望可以好好休息，希望身心都可以復原。

可惜的是，經過了禮拜六及禮拜日，筆者的身心均似乎無法復原。疲乏的情況完全沒有改善之餘，還彷彿一直累積。第一個禮拜的禮拜四，還覺得上課步伐緩慢，一到第二個禮拜的第一日，就頓時感到課程緊迫，工作量突然之間大幅增加。應該是「課程介紹活動」完結之後，便立即正式進入各科課程，功課測驗便隨即到來。所以疲乏的情況持續了整個第二個禮拜。

只是返學第二個禮拜，筆者就對於預科課程，開始起了猶豫和放棄的想法。究竟自己應否攻讀預科呢？究竟「完成預科然後上大學」是不是自己想要走的路？這條路適合自己嗎？自己又應該去哪裡？也許一開始就帶著失望、厭惡、和反感，加上第一個禮拜就遇上阻滯和衝突，這些都在在令到筆者產生放棄學業的想法。

開學第二個禮拜的禮拜五，筆者就厭學抑鬱病復發。早上不想返學，詐病請假逃學，留在家中休息。可以在急迫的課程上停下來，這一日感到舒暢，心情也在額外的休息時間裡面得到鬆弛。可惜的是，到了禮拜一，還是不想返學，身心和生活在過去三日裡面都沒有好好調整過來，無法再踏上返學的路途。繼禮拜五詐病請假逃學，禮拜一又再一次詐病逃學，請病假留在家中休息。

家人終於覺得筆者的疲乏並不尋常。這一天（9月14日禮拜一），已經是連續第四日留在家中。家人想知道「筆者的疲倦」是不是隱藏著其他疾病，所以就帶同筆者到診所驗血。驗血結果得知，原來筆者是乙型肝炎帶菌者，而肝功能只是僅僅合格。這就是疲倦不堪的原因？家人都似乎相信。筆者彷彿也似乎找到了「答案」。只是乙型肝炎是一個不治之症，「乙型肝炎帶菌」的情況也沒有根治的方法。

關於開學兩個禮拜的疲乏情況，日記記錄如下：

————————

1992 年 9 月 3 日　星期四　晴（此日記寫於 9 月 8 日凌晨）

　　Day 2 了……沒有多特別的一天，還是依然很少教書，只不過是介紹書本。

————————

1992 年 9 月 5 日　星期六　晴陰 下雨的晚上（此日記寫於 9 月 8 日凌晨）

　　啊，一週的疲憊，要休一休息了。

————————

1992 年 9 月 7 日　星期一　下雨（此日記寫於 9 月 8 日凌晨）

　　兩日的休息都無法令身心回復體力和精神。很劫，很劫，心也很劫。

　　上學去。

　　回來，好急，走去做英文，還是無法集中精神。

————————

1992 年 9 月 8 日　星期二

　　現在是 9 月 8 日，零時五十二分。

　　開學已經一個星期多了，很忙，沒有一點空閒時間。今天，今晚無論如何，也要寫一寫，通宵都要寫。

————————

1992 年 9 月 9 日　星期三　晴

很𤲞，心很𤲞，又睡得不好。Haa~~~~ 還是要上學去。

Day 6，差點忘記了，以往我是記下循環週的日子。

Haa~~~~ 如常的上學，如常不知得到些什麼？若不是為了讀我想讀的、自由的、愛讀的書！ Haa~~~~ 忍。生活？何為生活？我該怎樣面對？

————————

1992 年 9 月 10 日　星期四　晴曬

記一記近日來嘅事吧。

對上一個星期，開學。又再踏上我恨透的上學之路。我這時，也還未決定我應否升上中六，應否在原校升中六！

————————

1992 年 9 月 11 日　星期五（此日記寫於 9 月 13 日）

沒有上學，厭學症又再復發了。唉 ~~~~

不過這日很舒暢，心情完全咁放鬆了。兩個星期以來，上課也很不高興。初初，坐得後，聽唔到阿 Sir 講書，成日舉手問問題，同學們又唔夾得來，講書時，又聽得不大明白。下課去了，心情又變得緊張，又掛心上課時間聽得不明不白的地方，但又沒有教科書可以去跟從，又要讀英文，又要做班刊，又要寫日記……

啊，又不能讀文科，怎麼辦？

讀書來有何用呢？ Haa~~~~ 真係想退學，好想好想，離開這個不知所謂、極之討厭嘅校園。

我渴望讀文科，我愛文學。可是這些日子以來，就連看看《紅樓夢》也沒有時間。我想現在退下來，專心的讀我嘅文學，專心的。

不知怎樣好。

———————————

1992 年 9 月 13 日　　星期日　　晴

Haa，疲憊。

———————————

1992 年 9 月 14 日　　星期一（這日記寫於 9 月 26 日，內容亦涉及往後幾日）

這日，因為唔鍾意返學，所以心情好差。

又唔返學了。唉，我真係好唔鍾意呀！

上午在家休息。下午去看醫生，驗血。之後又同四家姐男朋友 ALL 到銅鑼灣紅十字會捐血。這是我第一次捐血。（筆者附註：目的不在捐血，而是透過捐血而驗血。）阿媽一直都唔畀我捐血，佢認為無益，反而有害。今時今日，我亦已經十八歲了，我可以自己去捐。

一入去，驗血紅素後，條友突然之間畀張紙我，問我要上面邊一種飲品。我頓時愕然，點解條友咁樣問我呢，我以為係心理測驗。原來係問我捐完血之後想飲乜，我最後揀咗奶茶。

捐血，先打麻醉針，然後插條管入去放血，條管成 3mm 直徑。睇住個姑娘插入去我條手臂時，我唔知點解好想笑。

呢個姑娘都非常友善，好平易近人。喺我填寫捐血者資料時（捐血之前），個姑娘鄭重指住嗰一項「濫交人士，請勿捐血」，同我講，多過一個都叫做濫交！我立即同佢講，我只得十八歲！

第二日（筆者附註：1992年9月15日），醫生那邊的驗血報告已經有結果，呀！原來我係乙型肝炎帶菌者呀！天呀！點解呀！星期四還要抽多一次血，驗下肝功能。

星期六19號（筆者附註：1992年9月19日），去家庭醫生診所，睇肝功能報告。原來我的肝功能都只係剛剛合格，剛剛叫做無事。

現在家中吃飯，要分開用公筷和自己筷子。我唔想傳染其他人。

————————

筆者相信，身心的疲乏跟肝臟的功能有關。同時，身處討厭的學校，攻讀不喜歡的科目，身心對「校園生活產生的抗拒」都不能忽視。再者，筆者在九個月之前（1992年1月），就出現過厭學抑鬱的情況（詳情可參閱第二章〈厭學抑鬱病〉），兩個時段的身心狀態十分相似。

5.1.4 競選學生會

————————

1992年9月26日　星期六　晴

已經十三日冇寫日記了，忙。主要係選舉學生會嘅事情。

————————

1992 年 9 月 15 日到 9 月 25 日，筆者跟幾位同學「組閣」，一同參選學生會。全部學生都公平地可以自組內閣報名參選，同時所有學生都有平等的投票權。筆者早在暑假的時候，就想過開學之後組閣參選。只是萬萬想不到，開學之後，校園生活與個人健康便一直走下坡。9 月 15 日禮拜二，詐病請假逃學之後回到學校，幾位同學就通知筆者，已經把參選申請遞交，大家都「推舉」筆者為內閣主席，云云。

二十多年後的今日，筆者對於參選學生會一事仍然感到後悔。以當時的健康狀況，應該選擇休養生息。不過，由中三開始，筆者一直也在班級當中擔當班會幹事或班長，也許自己對這些「虛銜」有一定的虛榮心，所以對學生會主席這職位有點點趨之若鶩。曾經考慮過拒絕幾位朋友的邀請，原因是自己連應否繼續學業、應否繼續留在這所學校⋯⋯等等問題，還在認真考慮。就在自己還沒有答案之前，同學們就替筆者報名了⋯⋯

「既來之則安之」是當時的態度。筆者沒有堅決退出內閣，「半推半就」下跟著同學一起參選，一起進行之後九日的選舉工程。當時，筆者大概也希望「參選學生會、成為學生會主席等事情」可以為校園生活帶來一些「改變」，甚或改變自己對學校的厭惡心態。然而幾位毫無經驗的同學，只是拉雜成軍，甚或無心戀戰（尤其是筆者），敗選彷彿早就「寫在牆上」。

參選學生會，有好處也有壞處。好處就是可以名正言順地，把所有課程和功課放下不理，因為老師們都彷彿明白到十日的選舉工程（投票日為 9 月 25 日），是十分緊迫。參選內閣需要在十日之內擬定政綱、招攬義工、製作宣傳品、展開宣傳活動（包括走入所有班房宣傳、張貼海報、派單張⋯⋯等等。）、準備選舉日的辯論、與及參選演說⋯⋯等等。就在這一堆繁重的選舉工作下，老師們大都默許，參選的同學們在這十日內「專注認真」應付選舉。而筆者亦可以在這段日子裡面，把對校園的厭惡放下，

同時又把「學業上的所有問題」置之不理，更可以放棄「本來無法專心完成的功課」。

參選學生會的壞處，就是這十日的非常時期，只是把問題推遲，而沒有把問題解決。更甚者，就是有些問題在這十日裡面不斷累積和惡化。其中一個問題，就是追趕預科課程本來已經十分吃力，現在再停頓了十日，期間所教授的內容完全沒有「上心」，也沒有時間溫習。還有的是一直累積下來所欠下的功課，就在選舉完結之後，都需要一一加倍「償還」。

所以，惡夢大概就在選舉完結後開始……

5.1.5 墮入谷底

10 月 7 日，筆者就墮入了谷底。時間就在敗選學生會之後兩個禮拜。參選學生會沒有改善眼前的學業問題，只是把問題推遲爆發。簡單的校園生活也走到了崩潰的邊緣。厭惡學校又抗拒返學，懷疑「返學的目的」並有放棄學業的想法，身心疲乏無法復原，課程無法跟上，功課無法完成……詐病請假逃學所獲得的額外時間，也無法重整生活規律。最後連詐病請假逃學都成為問題和痛苦。筆者陷入了進退維谷的折磨裡面。

這個時候，筆者在學校的表現，可以說是多年以來最為差劣的了。以往，學業方面，有能力教導同學，甚至很多時候主動為同學補習。現在連課程也無法跟上，上堂也無法理解老師的講課。做功課突然間變成了嚴重的問題，總是無法集中精神把功課完成。過去的歲月，從來沒有這個問題。筆者在學校大概已經感到十分卑微，甚至低賤……

「學生會敗選」之後的第一個禮拜一，筆者就因為無法完成功課而詐病請假逃學。想到回到學校欠交功課的情境，已經讓筆者感到沒有顏面去面對老師和同學。

到學生會敗選之後的第二個禮拜，筆者又一次因為「無法完成功課」而再詐病請假逃學。這一個禮拜，禮拜一是重陽節補假，禮拜二是水運會，下午無須返學。所以由禮拜六開始計算，已經有三日半的時間留在家中。可是，就是無法把功課完成，最後又一次感到無法面對老師和同學的鄙視，沒有顏面返學去。

　　開學後的六個禮拜，筆者已經在其中四個禮拜詐病請假逃學。沒有請假的只有第一個和第四個禮拜。第一個禮拜，除了開學禮，只返學三日，課堂多是介紹整個課程和有關書本。第四個禮拜，參選學生會，期間前後十一日沒有寫日記，所以沒有請假的記錄。第二、第三、第五、和第六個禮拜，均有詐病請假。一次在假期之前的週五（11/9，也是中六第一日詐病請假。），三次在假期之後第一日。而當中 11/9 禮拜五及 14/9 禮拜一兩日請假，讓筆者連續放假四日。

　　那個時候，筆者也自覺詐病請假逃學已經變成了另一個問題。第一次詐病請假（11/9），筆者還可以感覺到身心在「額外的偷閒裡面」得以放鬆、感到舒暢。可是到了第六個禮拜，持續不斷詐病請假之下，就已經無法再在「額外偷閒的時間裡面」安心休息了。筆者在第四次詐病逃學的這一日，由衷地感到自己「做錯了、不應該」。或者，筆者已經感到不可能每一個禮拜請一日病假、不可能一直詐病逃學下去……額外的休息時間彷彿是「偷來的」，自己都變得鬼鬼祟祟、見不得光。

　　10 月 7 日，筆者雖然可以留在家中，但是感到十分難受，完全沒有「偷得浮生半日閒」的輕鬆——經歷著的反而是「心痛」！——詐病請假無法解決「無法完成功課」這一個問題。筆者感到一方面學校表現差劣，自我形象卑微，另一方面又找不到第二條出路，只得在一處自己不喜歡的地方不情不願地苟且偷生。

原本，詐病請假是為了逃避「面對問題的痛苦」，現在連「逃避痛苦」也變成了另一種更為劇烈的痛苦。這時候，筆者已經身陷進退維谷的處境裡面。

以下是墮入谷底的日記記錄：

───────────

1992 年 9 月 29 日　星期二　天陰

昨天冇返學（9 月 28 日）。

Haa~~~~ 好唔應該有嘅一日，這是我生命中，最遺憾嘅一次。呀！起來，心很痛，無功課交，又唔鍾意返學。唉，咁就唔返學。

……

下午開始愁啦！沒有做過什麼事，只有睡覺。

───────────

1992 年 10 月 2 日　星期五　天晴

又幾日沒有寫日記了。

……

這日非常之劫。上課也沒精打采。

───────────

1992 年 10 月 5 日　星期一　放假（重陽節補假）（此日記寫於 10 月 7 日）

好劫，睡了一個早上。下午竟然無聊。

1992 年 10 月 6 日　星期二（此日記寫於 10 月 7 日）

　　學校水運會，我第二次做救生員。悶，曬，不過我喜歡。

　　晚上，好好好好好想做英文功課，好好好好可惜屋企無地方做。呢個時候個心都有 D 煩嘅，連一處地方都冇，難得嘅，係我竟然肯做功課！長此下去唔係辦法，有地方，呢個係事實，我好應該處理一下呢個問題。或者可以去自修室，不過我又唔鍾意成日坐喺度，我要行下坐下才讀到書。

　　心好痛。

1992 年 10 月 7 日　星期三　寒

　　又兩日無寫日記了，今日又唔返學。

　　今日唔返學，我諗主要係無做英文作文，今日無功課交。唉～～～～唔知點解呢，個心又好痛，我諗我係應該返學的。Haa～～～～開學以來，呢一次係我自己都覺得做錯、唔應該，逃避現實。

　　心好痛，好唔開心。

　　抑鬱病的谷底就是痛苦的煎熬。生活走到崩潰的邊緣，而且進退維谷。詐病請假，希望可以避開眼前問題，到頭來又因為請假太多而變成了另一個更嚴重的問題。無力面對，逃避也不成，筆者就在問題的夾縫中痛苦地煎熬。

後記

　　1992 年 9 月 24 日，筆者便開始在<u>石排灣聖伯多祿小學</u>（1998 年因<u>石排灣邨</u>清拆重建而一同拆卸）成人夜校擔任義務教師一年。筆者負責教授中文科，逢禮拜四晚上授課。

　　關於開始擔任成人夜校義務教師的日記記錄如下：

────────

1992 年 9 月 24 日　星期四（這日記寫於 9 月 26 日）

　　教成人夜校（筆者附註：一項聯校的義務工作，由中六同學到一間成人夜小學任教。）。初初入班房都有 D 心驚驚，個心都唔係好定，講書又無乜條理，事關無備課。不過之後就好了一點點。

　　主要教「疑問句子」，不過好難去將疑問句嘅概念，打進佢哋嘅腦袋，真係好困難，可能我表達能力差吧！

────────

5.2　反彈

　　1992 年 10 月 8 日至 1993 年 2 月 27 日

　　為了離開谷底的痛苦，筆者選擇重新踏入學校，重返生活的主體。學業問題最終也是無法逃避，不過方向漸漸地認清，就是「考上大學讀自己喜歡的文學」，所以必須要好好應付預科一年半的課程。對於筆者而言，要到 1992 年 11 月中，才算是預科生活的「正式開始」——這一刻才開始認認真真地面對自己的學業和校園生活。這一點象徵著一種心態的改變，就是不再封閉自己，並開始融入身邊的環境，認識新的同學，建立新的友誼，學習新的知識，開展新的校園生活。

5.2.1 重返校園生活

A.　由再逃避開始

10 月 7 日，詐病逃學，進退維谷，墮入谷底。10 月 8 日，筆者不得不返學去了。也許，事情已經去到身心無法再承受的程度。再詐病逃學，再請假「躲」在家中的話，痛苦的情況大概只會加劇而無法得到解決。大概是為了逃避「『逃避痛苦』的痛苦」，筆者要離開屋企，硬著頭皮返學去。可能仍然沒有完成所有功課，可能還是沒有顏面面對老師和同學，但是此時此刻，「離開屋企返學去」這個選擇，比起「再詐病逃學、再請假留在家中」，來得舒服——或痛苦比較少。

的確，再次回到學校，情況沒有預期中的難受。可能「所有事前擔憂的、所有事前幻想的」受人奚落、冷言冷語等等的事情，都沒有出現。所以，這一天回到學校，筆者感覺到的是「開心」。也許留在家中的「『逃避痛苦』的痛苦」沒有再出現，而擔憂「在學校出現的問題」看似是杞人憂天，自己想的太多……

回想 10 月 8 日的早上，大概是「沒有足夠的衝動」自殺。也許，返學並不是去面對自己的學業問題，而只是單單地為了逃避詐病逃學的痛苦。10 月 12 日禮拜一，又一個假期之後的返學日子；抉擇返學還是不返，仍然是一個難題。雖然詐病逃學的痛苦還是瀝瀝在目，但還是需要經歷一段內心掙扎，才能決定返學去。沒有義無反顧的果斷，亦非自然而然，返學依然是一個含糊不清的「舉動」……

以下是從谷底走出來的日記記錄：

──────────

1992 年 10 月 8 日　星期四　寒

上學去了。開心。

1992 年 10 月 9 日　星期五（此日記寫於 10 月 11 日）

　　無事可記的一天！（呀！呢日好劫。）

─────────────

1992 年 10 月 11 日　星期日

　　又三日冇寫日記了。

　　（今日寫下了 10 月 9 日的日記）

─────────────

1992 年 10 月 12 日　星期一（此日記寫於 10 月 14 日）

　　早上起來，都有一點掙扎，返學還是不返學，不過最後都係返去。

─────────────

1992 年 10 月 14 日　星期三　秋涼

　　又三日。

　　（今天寫下了 10 月 12 日日記）

─────────────

　　再一次選擇「逃避」，就是為了自己免得再一次經歷「谷底的痛苦」。雖然是逃避「『逃避痛苦』的痛苦」，卻是實實在在地離開了谷底。也許這只是一個短暫的過渡時間，因為太多的問題還是沒有得到解決。最基本的，自己是否應該繼續預科課程？是否應該留在學校讀書？也許還沒有決定之前，還是渾渾噩噩，還是隨波逐流；但是最重要的是「解決了眼前的問題」，令到自己不再墮入「『逃避痛苦』的痛苦」當中。

B. 確立目標

筆者始終需要面對自己「應否繼續學業」的抉擇問題。然而，谷底反彈一個禮拜之後，筆者才漸漸認清方向，下定決心，立志以「考上大學」為目標。因而必須要好好應付預科（一年半）的課程。立志之後更要求自己，實施一個「積極制度」，每天要工作到晚上十二點才可以睡覺，藉此希望可以好好的完成學校對自己的要求。上上落落跌跌碰碰，開學兩個月之後，筆者才認真地面對自己的學業。

筆者在十月初所面對的學業問題，就是無法完成功課。好幾次詐病逃學，都是因為無法完成功課。所以當時最為「迫切」的問題就是怎樣去完成功課，讓自己可以有面目回到學校，面對老師和同學。第二個問題就是學科內容，而主要就是上課能否跟上，測驗能否應付。

面對這兩個問題，大概當時也沒有什麼特別的方法，更沒有額外資源去應付。筆者擁有的，就只是「自己」。而第一樣可以做到的，就是增加工作的時間。過去的中學生活，晚上十點之前就鑽上床睡覺了。現在似乎要為這個「奢侈的習慣」加倍「償還」。增加工作時間，就是減少睡眠時間。所以內心所想到的「積極制度」，就是先行減少睡眠時間，必須要工作到晚上十二點，才能睡覺去。希望增加了工作時間，就可以應付得到預科沉重的「功課量和學習量」。

除了開始面對問題之外，筆者偶然之間，領略到一大痛苦的來源，原來就是「逃避」。原來逃避，為自己帶來很大的痛苦。開學以來就一直逃避學業，逃避校園生活，逃避做功課，逃避學習……所以令到自己的學業表現充滿挫敗，校園生活一團糟，不堪入目，無地自容……筆者徹底明白到，再不能逃避，否則只會一直為自己製造痛苦。遠離痛苦，就必須要面對自己、面對生活……

關於不再逃避，面對問題及確立目標，日記記錄如下：

1992 年 10 月 15 日　星期四　晴

時間為晚上 11:16。

今個星期，實行積極制度，每晚十二點才睡覺，要努力呀！點解？想入大學。不過今晚剛剛教完書，好攰，即使明天測 Applied Mathematics 我都唔想讀（咁點解又要現在寫日記呢？因為我洗完頭，頭髮濕，未乾，唔瞓住！）。

……

好攰！

1992 年 10 月 21 日　星期三　寒

又好久無寫日記了，不是生活上沒有感覺，只是真的忙得很。

Haa~~~~ 早好幾日，有一個大頓悟！話說唔記得邊一日，我無做功課，搞到我又好唔想返學，但係唔返又唔得；個心又好唔舒服——Haa~~~~

霎時頓悟到，生命是不能逃避的，沒有人可以逃避生活，除非她沒有生命。

1992 年 10 月 29 日　星期四

現在是 10 月 29 日晚上 12:30。以前嘅我，鮮有咁夜仲未瞓嘅。依家中六，好多野做，唔做到咁夜係唔得，況且我喺屋企，又唔係想乜嘢時候讀書就有乜嘢地方畀我。我係好受環境影響

嘅一個人，開住部電視，我已經做唔到嘢啦。所以，我喺晚上十點後先至有一個較為安靜一D嘅環境，最少電視關上了。（所以我相信呢一個係原因，導致我晚晚失眠。）另一個原因，就是我做嘢時，精神好難集中，好難專注做一件事情。成日做下，停下，飲下水，食下嘢，行下，企下，啊~~~~又一個鐘，又一日了。所以近月來，我成日「讚」自己，精於浪費時間！（終於有一樣專長！有一個強項！）

─────────────

「反彈」雖然由「逃避痛苦」開始，但是隨即就蛻變成「面對問題」。始終「逃避的空隙」只是短暫出現的，也可能造成第二個問題。目標確立了，就是「考上大學讀文學」。配合上「積極制度」，相應大量增加工作時間，務求能夠解決功課問題，應付課程的要求。

C. 正式開始返學

11 月 16 日，開始一本新的日記簿。對於筆者而言，中六的預科生活在這時候才算是正正式式開始。之前的還是踟躕不前，猶豫未決，這一刻才開始認認真真面對自己的學業。際此，筆者才算是正正式式認認真真的重返校園生活，做一名「名副其實的學生」。

這一點象徵著筆者在心態上的改變。可能對學校還是討厭，但是已經不再封閉自己，並開始融入身邊的環境，認識新的同學，建立新的友誼，學習新的知識，開展新的校園生活。

這一日的日記記錄如下：

———————————

1992 年 11 月 16 日　星期一

晴陰寒暖，轉眼秋去冬又來（已經立冬了）。好好久沒有寫日記了（筆者附註：上一篇日記為 10 月 29 日），平日好似好多野做，其實唔係，唔係有時間呢個理由，好似有時唔寫開，就唔去寫。

新一年中六，正正式式開始了。我這裡的意思是，學生會競選過去了，中五嘅我也過去了，要真實面對這一個中六，包括課程、功課、新嘅同學……

近呢一個月來，因為我唔識得去安排時間，所以搞到自己有時得閒，有時忙到死。我再要再四檢討一下了。

這是第一頁（日記簿），應、好應立下一些目標。

就：完全能處理中六中七課程吧！

———————————

經過了兩個多月的調整，包括心理上與及生活作息上，筆者終於可以習慣預科生活。個人的意向，終於可以跟「主體的生活」配合一致，免除了很多節外生枝的情況。雖然耽擱了兩個多月，校園生活在這時候，總算是正式認真地開始，筆者整個人也重新投入校園生活裡面。

5.2.2 進入學習問題

邁向目標的道路，從來都不是一帆風順。筆者選擇繼續返學、面對校園生活，隨即就進入「學習的問題」。「心散」是筆者第一樣亦是最為嚴重的學習問題。問題的另一個面向，可能是「無法集中精神」。大概，筆者也無法好好的理解這一個問題。只是寶貴的時間都大量浪費，所以經常懊悔自己的不是。

面對預科課程的龐大工作量，筆者只是懂得「不斷增加工作時間」。長期透支之下的疲累的苦況，與及興趣的犧牲，令到筆者不時懷疑自己「繼續讀書」的決定，甚至萌生放棄的想法。期間「上大學」的學業目標仍然算是堅定的，所以決定繼續留在「追求學業」的路上。

A　積極制度

前文多次提及的「積極制度」，實施之後，大部份日子均能夠貫徹，有時候更可以工作到凌晨一點。「交功課」大概已經可以應付，「制度」達到初步成效。

以下就是出現在日記簿上的工作時間：

日記資料	禮拜	工作時間
1992 年 10 月 15 日	禮拜四	11:16pm
1992 年 10 月 29 日	禮拜四	12:30am
1992 年 11 月 17 日	禮拜二	12:58am
1992 年 11 月 18 日	禮拜三	12:06am
1992 年 11 月 19 日	禮拜四	12:15am
1993 年 2 月 13 日	整個禮拜	2:00am

過去，睡覺的時間通常在晚上九點到十點左右。「積極制度」的用意，就是減少晚上睡眠兩至四小時，轉為工作時間。希望這段「從睡眠剝削而來」的時間，可以用來完成學校的功課。雖然並非每一個日子都有寫日記，也並非每一篇日記都有記錄晚上的工作時間，不過，自從 1992 年 10 月 15 日開始，筆者便沒有因為無法完成功課而苦惱，更沒有再「詐病請假逃學」（1992 年 12 月 3 日，考試之後，才再一次詐病逃學，請假休息。）。「積極制度」是成功的，背後「上大學」的信念也是堅定的。

重返校園生活之後，筆者的確忙碌起來。這亦顯示出，生活變得充實。活動，那怕只是單一的學業活動，充斥著日常生活裡面。事實上，相比起中四中五的中學會考課程，預科的課程是非常龐大，內容要艱深好一段距離。所以，本來一開始就要比起中四中五時候，要有加倍的付出；也許是這個原因，筆者開學的時候，因為沒有把心態和作息（負荷）調整過來，所以無法應付而措手不及，然後就焦頭爛額、墮入谷底……

B　疲累伴隨努力

「積極制度」帶領筆者重新投入校園生活，減少了很多困擾；「積極制度」之下，大量增加了工作時間，同時又造成大量的「力量赤字」。筆者也需要面對原本的「身心常態」，那就是淺睡、多夢、早醒、和思維過度活躍……

早在暑假的休閒時候，筆者已經有「不尋常疲累」的情況。睡眠的情況一直也不好，淺睡、多夢、早醒、和思維過度活躍……中六開學之後，疲累和睡眠的情況沒有改善，還越來越惡劣。9月中，情況更顯得不尋常，就連家人也察覺問題的嚴重性。可惜的是，雖然筆者知道了自己是乙型肝炎帶菌者，但是疲累沒有因為「知道」或「發現原因」而消失。疲累仍然是困擾。

過去的作息時間，是早睡（晚上九點半上床睡覺），日間大致精神，甚少在課堂出現睡意，連打瞌睡也沒有。下午放學之後到晚飯之前，是主要的工作時間。捱夜可以，卻不能經常。早上五、六點起來工作，似乎比較習慣。「積極制度」實施之後，晚上變成主要的工作時間，日間精神減弱。下午放學到晚飯之前的時間，有時會因為太疲倦而無法工作，需要睡覺休息，或者因為精神不足，工作的效率變得很低。

工作到晚上十二點，究竟是增加了工作時間？還是只是把工作時間由午間轉移到晚上？

雖然筆者把心志都投放在學業上面，可是仍然沒有為自己帶來額外的力量；疲累的情況沒有改善，卻因為預科的龐大工作量而惡化。因為工作時間由下午轉移到深夜，令到日間在學校和晚飯之前的時間變得疲乏，工作效率下降，有時甚至需要睡覺休息而無法工作。

以下是一些關於身心疲倦的日記記錄：

————————

1992 年 11 月 17 日　星期二（已經是 18 日的 00:58）

天微暖。很劫。

好想（急需）盡快完成《生命的奮進》一書嘅讀書報告，呢灘野拖倒我近呢兩個星期嘅生活、學習程序。Ha~~ 不過呢一件真係好困難嘅功課，做得好，不是不是不是一件易事。今早（17 日早上）五點本來打算起來讀、做的，但係還是疲憊至極嘅身體包著懶惰懦弱嘅心，致不能起來。我真係好好好好劫。

一放學返屋企，本來打算做英文 Section D 同埋讀明日測驗嘅 Physics，但係一返到屋企，就做咗「寫封信畀 <u>SSS</u>」嘅呢件工

作先，是關後日（19日）係佢「牛一」大日子，預咗唔出來，
就寄咗算吧，況且我上年都有寄咗畀佢。今日順手寫封信「搭」
落去，慳番個郵票。寫到四點左右寫完，跟住讀 Physics，發覺
字典機無電，落街買啦！（其實無乜心讀書又兼非常疲倦呢！）
上到莊，又行行企企，又無讀——我實在太劫了，劫得無法集
中精神，怎麼辦？食個麵，「充一充」個身體，希望刺激一下。
OK！醒咗一醒，不過我走咗去聽 Walkman。聽下又睇下，發覺
好多唔識呀！心好愁。為著不懂而愁。Ha~~~

其實我好唔應該愁，我應該面對呢個困難。

———————

1992 年 11 月 18 日　　星期三（已經是 19 日的 00:06）

晴暖的冬天。

昨晚寫日記時太劫了，劫得腦也實了，所以寫唔出真情感來。

⋯⋯

放學回家實在太劫了，本來好想做中文《生命的奮進》的，
但係太劫了，要睡覺——去瞓。

⋯⋯

近日生活大失規律，晚上太夜睡覺了，返學放學又無精神，
尤其放學三點到五點，讀書黃金時間，又因太劫往往又只得睡
覺。Ha~~~ 不知點算好？

《生命的奮進》，一拖——再拖——三拖，拖垮我嘅學業呀！

———————

1992 年 11 月 19 日　星期四（已經是 20 日的 00:15）

晴暖的冬日。

一寫到「19」，便發覺今日是 SSS 生日。

好歿。好很歿。

C　心散

「心散」是筆者在工作時候經常出現的情況，而工作量越大、工作越困難的時候，問題越是顯著。在工作的過程中，總是感到難於集中精神，無法應付眼前的工作。很多時候，就連好好的安坐也無法做到。就算能夠好好安坐，思想也不受控制地神遊物外。也許，筆者很容易受到環境的影響，注意力很容易分散在環境當中的一些事物。

在這種狀態之下，寶貴的時間都大量浪費。最嚴重的時候，所有準備做功課或溫習的時間，可以完全浪費掉，手上、眼前的功課可以完全無法開始。不過理性上（清醒時），自己很清楚眼前的工作是絕對應該要努力去做，更應該在限期之前完成。面對這一個彷彿自己一手一腳造成的「爛攤子」，筆者經常因此而懊悔不已。

心散的問題，早在重讀中五時候已經明顯出現，可能因為這一年的工作量開始大量增加（相比起一年之前）。中六開始，問題亦早在 9 月 7 日禮拜一出現（第四個正式上課日）。當日放學，筆者便立即回家做功課。可惜的是，因為心散無法集中精神，繼而無法開始，白白把一個下午浪費掉。

以下是 9 月 7 日的日記記錄：

1992 年 9 月 7 日　星期一　下雨（此日記寫於 9 月 8 日凌晨）

　　上學去。回來，好急，走去做英文，還是無法集中精神。

　　筆者是緊張學業的（或者是緊張自己在學校裡面的「表現、形象」），尤其是目標確定了之後，再加上深明「逃避的痛苦」。胸懷「一顆努力的心」是無庸置疑。不知道是自己很容易受其他事物吸引而分神，還是心裡面總是「不安定」而四出找尋其他「新奇」的事物。也許身體裡面住著一頭「靈巧的小野貓」，活潑、好奇、而心神不定……

　　筆者在做功課的時候，總是無法安坐，總是經常離開工作的座位。在家裡，不停地四處踱步，或者是「A、B 室」之間來來回回出出入入，要不是就不停翻看漫畫、聽歌、彈結他、飲水、去廁所、食零食……等等（很多很多的這些表現，媽媽長期都看在眼裡。）。電視不能開啟，因為聲音和畫面會令到「心內的小野貓發狂」……除了眼前的功課以外，所有「其他活動」都變得非常吸引……

　　心散會引起後悔、內疚、自責、和憂愁。大概因為著緊「時間」，筆者無法「放下」浪費掉的時間（一定要追究到底！）。時間都是從自己手上和眼前「溜走」，自己就是罪魁禍首。總是覺得自己太軟弱和太無能。如果自己可以有更堅強的意志，應該可以把「精神」「集中」到功課和溫習上。就是因為自己軟弱無能，所以就沒有意志去「集中」「精神」，強制自己安坐、強制自己專心、強制自己做功課、強制自己溫習……而每當面對心散

的結果——功課沒有完成、學科內容一竅不通——這個學業的「爛攤子」都是因為自己軟弱、懶散、和無能而一手造成！怎不難過和懊悔呢！

到第一段考開始之前（1992 年 11 月），筆者在放學及晚飯後，便開始離開屋企到居所附近的自修室做功課和溫習（黃竹坑邨第八座地下一處基督教會的自修室）。希望藉此把自己關閉在自修室的一張檯和一張凳裡面，遠離容易令自己分心的屋企，遠離電視、漫畫、Beyond、零食、水、廁所……1993 年農曆新年期間，筆者也經常走到二哥 JSC 還未入伙的新居溫習，同樣也是希望自己可以遠離分心的引誘。

以下是一些關於心散的日記記錄：

───────────

1992 年 11 月 25 日　星期三（寫於 1992 年 12 月 3 日）

這日考 Chemistry，我前一日無讀，因為 Chemistry 我諗住放棄，不，係已經放棄咗。

下午，本來要專心鑽研 Pure Mathematics，一心亦都諗住做數，好勤力嗰種喎。點知自己又行行企企，冇讀……

───────────

1992 年 11 月 29 日　星期日（寫於 1992 年 12 月 3 日）

早上跑步，今次路線同 KWK 一起跑的一樣，在培德斜路開始（香港仔水塘道）。我今次仲跑得快過以前，初初有乜嘢，上到最後一段，開始無力，個肺大口大口咁吸氣……

───────────

1992 年 12 月 3 日　星期四　寒晴

今日又冇返學了。懶！

又好久都冇寫日記，我好攰，每一個晚上入睡前都好攰。

這麼一來，又檢討一下吧！

第一段考已經完結了，第一樣要檢討嘅就係交功課問題。唉～～～被學校記咗一個缺點，因為遲交太多功課。我唔係介意缺點，我想交功課，好似英文咁，唔做就即係唔駛用，唔用就退化！Applied Mathematics，我想做得比功課更多，做得更熟，可惜，我竟然連功課都做唔足！唉～～～原來我真係用咗很多時間來「浪費」，浪費在「唔知做乜」。

成日自己都係「喺度行行企企」，心好愁（為唔做嘢而愁），愁極都係唔做嘢。我現在已不「望窗」了，可惜，時間就用在沉思中。

還有，自己原來又放得太多時間喺中文科（文化）。好似第一次做 Presentation，就做準備功夫做咗幾日，又做到成夜晚三點。

好啦，有一個好時辰，真真正正「坐喺度」做嘢啦，個心又唔知去咗邊度，硬係要諗其他嘢，做其他嘢，行行企企、飲水……總之唔想做正經嘢咁啦。

我諗我要鍛鍊一下自己要集中精神。

近日進步嘅事（學習方面），就是去自修室了，自修室在八座，宣道會。

學習方面，Applied Mathematics，Pure Mathematics，Physics I，一定要追，實在被人拋得太後了。

1992 年 12 月 15 日　　星期二　　晴 (1992 年 12 月 16 日 00:30)

　　昨日天晴，這刻天寒。

　　好久又冇寫日記了，係冇心又係冇時間。

――――――――

1992 年 12 月 17 日　　星期四　　晴

……

　　啊，我唔知，近日對生活有乜嘢感受，日記都寫唔落。

――――――――

D　動搖

　　就在「反彈」開始的幾個月裡面，筆者就經歷了好幾次信心動搖的情況。為著追趕落後於人的課程，筆者比一般同學付出的為多而進度又較為緩慢。原因是，開學時候跌入了「谷底」，使得學業荒廢了一個多月。畢竟，原本身心就已經長期疲憊，好不容易才能勉強應付預科課程。每當困倦的時候，只有告訴自己，「辛苦的原因」就是要「上大學」。

　　困倦的時候，筆者都會質問自己：「為什麼要這樣辛苦？」其中一件耿耿於懷的事情，就是所辛苦修讀的，卻又並不是自己所喜歡所嚮往的科目。這樣就更加令到自己困惑，明明自己喜歡的是文學，為文學而犧牲應該尚算值得……

以下是 1992 年 12 月 28 日到 1993 年 1 月 31 日的日記記錄：

———————

1992 年 12 月 28 日　星期一　大霧日

　　心，亂了，愁了。

　　呢幾日，過得好逍遙，好似放暑假咁。不過心開始動了，開始愁了。因為功課又未做，課程又未追。唉～～～我又懷疑自己點解要喺度讀書呀！？我唔係唔鍾意讀書，只不過唔想讀依家 D 嘢啫。

　　我好想入大學。我要入大學，讀書吧！

———————

1993 年 1 月 3 日　星期日　天晴

　　明天上學了，可是我仍是一點功課也沒有做。

　　1993 年，希望不要渾噩了。

———————

1993 年 1 月 16 日　星期六　晴　寒　6 度

　　Ha～～～又歎氣了。

　　農曆新年假可以話今日開始（下星期二返半日），又一次新的開始。回想聖誕假，開始時是多麼的雄心萬丈，想著必要在這假期搞一大作為——追回每科課程。大失敗。

　　現在，在學業方面，我實實在在被人拋得太後了，近來上課，因為基礎不好，所以再上課也不知道人家在做什麼。

撇開學業，我自己不斷的在想：「為什麼我要在讀書呢？」數日之前，我得不到結論。我那時反反覆覆的想，人生在世，絕對不能單單的在讀書。我要精神方面的食糧，我玩結他，我學習、感受音樂、體會——情。我聽歌亦一樣，填補我心靈對情的渴望。看書（我所熱愛的心理、哲學、文學），我在另一方面學習，吸收知識。

還有，最重要這一點，我熱愛平靜恬靜的生活，希望得到、培養出一個安祥的心靈空間。無奈，在中學，在香港的中學讀書，絕對不是平靜，絕對不能過安逸的生活。

大量的功課，很多很多的課本課程。哪裡有閒暇把人鬆弛下來，感受一下周遭呢？

Ha~~~~~~~~~~~~~~~~~~~~~~~~~~~

即使我讀書，我都唔鍾意讀理科。我鍾意讀文科。

1993 年 1 月 23 日　星期六　寒　年初一

唉 ~~~ 這刻，我發覺憂傷是寫日記其中一種動力，怪唔之得我以前寫咁多日記啦！

1993 年 1 月 25 日　星期一　寒晴　年初三

又寫日記了，因為我不想失去記事、分析事情的能力。

昨天，舊同學 TSM 來電，把原定今天燒烤活動改為踩單車。OK！十點鐘大圍火車站等。

1993 年 1 月 28 日　星期四　晴寒

……

呢幾朝起身，個肩、膊頭好攰，肌肉有 D 酸，好難好難才起床。

1993 年 1 月 29 日　星期五　晴寒

早上起來，又是很攰很辛苦。

上午，很想做功課，可惜自己心散，又懶，終於「咪咪摩摩」，乜 Q 都做唔到！唉～～～ 我應該做嘅事！

昨晚十點半，本來打算做中文，自己又賤，又無鬥志，又無做！唉～～～

下午，往哥哥新居做功課，兩點到，聽咗幾首歌才開始做，中途睇咗〈長腿叔叔〉（卡通片）。六點四走人。

1993 年 1 月 30 日　星期六　晴

……

早上，還是什麼也沒有做到！！！真失敗。

下午去二哥 JSC 屋企做英文。

……

上去二哥 JSC 屋企溫書好凍呀！

1993 年 1 月 31 日　星期日　晴　年初九

　　早上跑步。胃有問題，好似出血。

　　上午，又有做過任何功課！唉～～～下午，去二哥 JSC 屋企，不過，上到去個心好愁呀！愁乜？唔知呀！

5.2.3 收成

　　「積極制度」施行了四個多月之後，筆者終於嚐到了「積極的成果」。一次物理科測驗裡面，筆者可以有信心地完成了七成題目，雖然另外三成題目沒有時間開始。在這整整一個多小時的測驗裡面，筆者可以全神貫注地回答問題；雖然談不上應付自如，卻是由中六開學開始，從來沒有這種「識得做、做得到」的感覺！而從開學到物理科測驗這一天的六個月裡面，大部份測驗不是只懂得一點點，就是差不多交白卷一樣。

　　重返校園生活，筆者的第一項目標就是「交功課」。也許花了很多時間，把「跌入谷底」所欠下的功課一一償還。學業上，因為競選學生會，差不多把所有課堂學習都完全放棄，置之不理。所以，又得花上額外的時間，追趕之前被拋離的部份。1992 年 11 月尾，第一段考，筆者自知成績還沒有追上，不抱任何期望。

　　1992 年 12 月的聖誕假期，筆者有一個很大的「聖誕願望」。這就是希望可以善用這個假期，追趕第一個學期所失落的時間。可惜，日記資料記錄，這個假期還是受到心散問題影響，似乎無法達到假期開始時候的期望。1993 年 1 月下旬，農曆新年假期開始，筆者反而變得不敢對「自己在假期裡面的表現」抱有太大期望，不敢要求自己去讀幾多書去做幾多練習。也許聖誕假期的失敗經驗，令到筆者對自己的自我控制能力已經沒有太大信心了。

這段時間，筆者仍然感到自己學識基礎太薄弱，上堂的時候還是跟不上、聽不明白。

直到農曆新年假期結束之後，筆者開始改變上課的態度，開始增加發問和敢於發問。誠然，筆者過去的學習，一直都是敢於發問。只是中六開始之後，太多的挫敗經驗，令到筆者感到被課程拋離太後，甚至有跟課堂脫節的感覺。所以中六開學之後的好一段時間，筆者上堂的態度都變得退縮起來。農曆新年假期之後，計算離開谷底重返校園生活的時間，大概也有三個多月。而三個多月的「積極制度」，似乎讓筆者漸漸回到課堂教學的「主體／主流」當中。所以筆者感到有點點信心去發問「有價值的問題」。

而漸漸地，老師對自己的態度亦似乎開始改變。初初向老師提出問題，有些老師覺得「筆者的問題」不應該是問題，或者在言語之間覺得「筆者的問題」層次太低，不無鄙視嫌棄地回答。可是到後期，終於感到老師的回答，是誠懇而認真的、而再不是敷衍了事的。不知道這是老師的改變，還是筆者自己的心境改變。總之，上堂的情況是在改善當中。

入實驗室做實驗的情況也在改善。筆者沒有「備課的習慣」，沒有「事前預習實驗的內容」，也沒有「了解實驗所需要使用的工具和儀器（包括電子儀器）」。很多時候進入實驗室，都是「白紙一張」，莫說不知道實驗的目的及內容，甚至連做實驗的工具和儀器（包括電子儀器），也完全不知道怎樣使用。所以，進入實驗室，筆者會有無助的感覺。而看到自己一竅不通、一事無成的情況，就有非常強烈的無能感。這些情況，以往中學六個學年從未發生過。

後期，筆者才學識主動備課。在實驗之前，就要預習實驗的內容，並要提早熟習所需要使用的工具和儀器（包括電子儀器）。有備課的情況下，進入實驗室才可以掌握做實驗的意義，獲得實

驗的結果，繼而從中學習。當然，「主動備課」更讓自己很大程度上不會感到無助和無能。

1993 年 2 月 24 日，物理科測驗，筆者有信心有能力地完成了七成的問題。雖然只是完成了七成，還有三成沒有開始，但是這一點已經是中六開始六個月以來，第一次可以應付得到的測驗。就連測驗夠鐘時候，老師叫「停筆」這兩個字，也令到筆者感到無限滿足。可以想像這是長時間失落的反彈。雖然還沒有知道測驗的成績，但是因為付出過和努力過，所以特別滿足。

關於追趕學業的日記記錄如下：

──────────

1993 年 2 月 1 日　星期一　晴　Day 1

開始。開學，多麼艱難才起床，很劫，不夠睡眠。

無特別事情好記。

──────────

1993 年 2 月 2 日　星期二　寒晴　Day 2

比昨天更困難艱辛才起床。

中文堂，派發昨天做嘅閱讀理解，其中有一處地方我覺得很有問題（老師 AUB 的答案），但係我冇去追問。因為自開學以來，我試過幾次問嘢問到佢口啞啞。我唔係怕去得罪佢，只係成日問佢嘢，都「支吾以對」，唔知佢答乜 Q！

Physics 堂，我積極啦，發問啦開始，不過老師 WSL 嘅反應好似覺得我程度太低，問 D 太簡單嘅問題。不過我問同學 SCP 和 CKC，佢哋都唔識，LWK 亦唔清楚，即全班最少有四個唔識，七分一人。

放學回家，到現在十二點半（晚上），我覺得我浪費咗好多時間。放學回家，唱歌彈結他，原本諗住四點收，不過就玩到四點半。之後就可以話開始讀書，因為我拎咗數學筆記到 B 室，不過當然乜 Q 都無做啦！明天測 Polynomial，但係一點東西也沒有做到。臨食飯前，將 Pure Mathematics 功課馬馬虎虎抄下來（前天做好了），算是這天所幹的大事。

　　唉~~~ 晚上十點左右才開始做正經嘢。唉~~~ 咁樣唔得，蹉跎歲月！不，要把握時間了！

1993 年 2 月 3 日　星期三　晴寒　Day 3

　　放學回家便開始溫習了，可是仍然心散，進度、效率很低。晚上反而浪費了！

　　Ha~~~ 一熱，面部頸部就好痕癢，痕到刺痛！真的很難忍受，很像面部全是毒蟻在咬著、毒蜂在刺著，很難受呀！

1993 年 2 月 4 日　星期四　晴暖　Day 4

　　……

　　課堂中，已經沒有心機上老師 WKS 嘅堂了（Pure Mathematics I），因為佢現在教嘅，是中五 Additional Mathematics 教過嘅。這時間用咗來睇《棋王》（中國文化科閱讀報告指定書本）。

1993年2月5日　星期五　暖　Day 5

　　……

　　早上，英文 Listening，我抄答案！好唔應該，好唔誠實。有違正直嘅心。我覺得自己嘅實力太差了，唯有……呀！請不要呀！

　　測 Pure Mathematics II，唔識。原因——做得少，以前唔積極。But——以後將不會！積極了！

　　————————

1993年2月6日　星期六　晴　Day 6

　　早上，「Dig」起心肝往二哥 JSC 屋企溫書，可惜，三分鐘熱度。

　　……

　　下午，攰，睡。但瞓得不好，很久也沒有試過熟睡了。

　　做 Chemistry Project，好多嘢唔清楚。

　　————————

1993年2月8日　星期一　晴陰　Day 1

　　今晚，這刻，正填寫大學申請表（中大）（筆者附註：暫取生申請）。

　　有一欄竟然要填：「入學理由」。理由？

　　————————

1993 年 2 月 12 日　星期五　晴

很忙的一週，每晚也兩點才睡！

————————————

1993 年 2 月 13 日　星期六　晴

回想這一週，真係恐怖。每晚也兩點才睡覺，睡眠嚴重不夠。每日每夜也在做，但不知是為了什麼。這一週嘅上學行情，我估係最多嘢想嘅一週；星期一、二，我苦思我這樣的辛苦為了什麼，是為了工作？我不明白，為什麼人要這樣，弄得自己如此辛苦？

Physics Laboratory，今次我覺得受了很大很大的屈辱！入到去，乜都唔識，CRO 唔識用，乜野掣打乜野掣唔知，Signal Generator 唔識，點樣輸出都唔知……Lab. Sheet 唔識做……坐喺個 Lab. 度，乜 Q 都做唔到，無援、無助，我自小以來，從未試過咁樣，從未試過咁無援。我唔算蠢，平時盡管無乜讀書，D 嘢都搞得掂，今次……

很攰了！！！

我是埋怨，我是要努力，我要追返上個 Term D 嘢。辛苦，是理所當然的……

————————————

1993 年 2 月 15 日　星期一　晴

三日來，沒有特別的事發生。

星期六，一早便上去哥哥 JSC 屋企讀書……

————————————

1993 年 2 月 16 日　星期二　陰晴

　　近排又少寫日記了。劼，少顏廢⋯⋯

　　一切都好似變平常了，平常———我愛。一個平靜的心，即一個不會發狂的心，沒有仇恨。Ha~~~

　　又病了，小病，有少少怕會發肝炎。

　　沒有溫書。

———————

1993 年 2 月 18 日　星期四　晴

　　小病一週，身體時常也很劼，很劼，即使一起床，也是很劼，所以很影響本週的溫習。

　　今天，Physics（老師 <u>TCW</u> 教嘅嗰一部份）好似好掂咁，不過我知道這還是不夠的（堂上指出老師 <u>TCW</u> 兩點錯處）。至於 Physics 老師 <u>WSL</u> 教嘅嗰部份，提出咗少少問題，老師 <u>WSL</u> 都一一以尊重誠懇嘅態度回答我。我積極了，各位老師請小心。

———————

1993 年 2 月 19 日　星期五　有霧

　　終於等到星期五了，真好，明天不用上學。

———————

1993 年 2 月 20 日　星期六　晴　有霧

　　Physics Laboratory，今次好咗一 D，因為有充足的準備。整個實驗中，都算能完全控制得到，做完還餘下四十五分鐘。可惜最後還是無法完成所有問題。

Ha~~~ 下一週將會更多嘢做！

……

星期四夜校放學，落去市政局街市大廈打波，撞正 <u>SL</u> 拖住佢嘅男朋友，身旁還有另一個不知名嘅女仔。佢哋喺<u>市政局街市大廈</u>門口，我從<u>利港與珍寶商場</u>中間前往<u>市政局街市大廈</u>……

這天下午，無緣無故又憂鬱了！

_____

1993 年 2 月 21 日　星期日

又是憂愁的一天。

明知有很很很多嘅功課做，但還是一點東西也沒有做到，唉 ~~~~

憂鬱，做不到任何東西；不做又引起憂鬱。Ha~~~

_____

1993 年 2 月 22 日　星期一　Day 4

頗有感受的一日。（但我這刻很妼）

同學 <u>FWM</u>，很多謝他今天對我的鼓勵，真的很多謝他。

同學 <u>CGM</u>，很佩服他！六體投地。

_____

1993 年 2 月 23 日　星期二　寒陰　Day 5

平靜。開心。

_____

1993 年 2 月 27 日　　星期六　　晴

好趔好多嘢做嘅一個禮拜。

Chemistry Report 昨日終於交咗了⋯⋯

星期三（2 月 24 日），Physics（老師 <u>WSL</u> 部份）測驗，今次雖然有兩條（全部七條）全部有做過，但係有做嘅都好用心去做，即使今次唔合格，但我都感到滿足，因為今次我真係出過力！當時，夠鐘嘅時候，老師 <u>WSL</u> 叫停筆，雖然係有兩條無做（未必唔識！），但係我成個鐘頭都係喺度不停咁做，好高興。停筆呢一聲我好滿足。以前兩次 Test 一次 Exam，我都接近交白卷。

───────────

這是「過去半年時間的努力」的成果。筆者重返校園生活，亦必須要倍加出力，才能補償當初錯失的時間。努力四個月之後，終於可以有能力應付到沉重的學業要求，可以再次自信地踏上返學的路，邁向自己的目標。

5.3 恆常抑鬱的失控──1993 年 3 月

1993 年 3 月 1 日至 1993 年 3 月 31 日

1993 年 3 月 1 日至 3 月 23 日，筆者在恆常的抑鬱狀態下出現了一次較為嚴重的情緒失控，情況大概是經歷了一次比較強烈的抑鬱病爆發。爆發開始，心情變差，感到不快樂、憂愁、和抑鬱。接著更對於學業生活又一次感到厭惡，又開始質疑自己，究竟是不是值得「為不喜歡的理科學習而犧牲？」這次爆發的強烈程度，在情況改善之後的九日裡面，還留下了清晰的痛苦記憶。

關於這次「恆常抑鬱失控」的前期探究，日記資料顯示 1993 年 3 月份之前，的確還是仍有憂愁的時候。而在 1993 年 2 月份的時候，爆發之前一個月，一份化學科的小組習作，就令到筆者整個月都身心嚴重過度透支。

抑鬱的復原過程有點不清不楚、面目模糊、與及不知就裡。3 月初開始的失控，直到 3 月尾才可以好轉過來。到 4 月初，可以重新應付考試測驗，學業生活可以重返比較正常的軌道。4 月中旬到下旬，可以積極投入校內辯論比賽，重新喚起內心的熱誠，但是身體又為著參與這一次喜歡的活動再度嚴重透支。

5.3.1 抑鬱病爆發

1993 年 3 月，這一次抑鬱病的爆發，情況大概是一次「恆常抑鬱」狀態的「失控」。抑鬱爆發期間的 3 月份，只寫下五篇日記，分別在 4、5、21、28、和 31 號。這次爆發，差不多持續了二十三日（1993 年 3 月 1 日至 3 月 23 日）。往後九日（3 月 23 日至 3 月 31 日），仍然對這一次爆發的痛苦與及內容，留下清晰的記憶。

爆發開始，心情變差，感到不快樂、憂愁、和抑鬱。雖然身心長期都十分疲累，但是這一次疲累的感覺總是揮之不去，成為主要的身心感覺（霸佔意識空間）。期間一直無法復原、補充、或改善。3 月 5 日，日記上清楚寫下，這又是一次「再抑鬱」了。同時間，筆者對於當下的學業生活，又一次感到厭惡，感覺上跟中六 9 月份開學的時候相似，又是跟自己投訴現在所做著的事情都不是自己所喜歡的——不喜歡修讀理科，不喜歡攻讀理科之下的現有生活。

關於 1993 年 3 月份初期的日記記錄如下：

1993 年 3 月 4 日　星期四　陰寒濕

　　不多快樂嘅幾日，好劫，好愁……

　　Ha~~~ 我好唔鍾意依家 D 生活方式，做 D 自己唔鍾意做嘅事！

1993 年 3 月 5 日　星期五　陰濕　Day 1

　　疲倦，再抑鬱，只因做自己唔鍾意做嘅事！

　　自 3 月 5 日之後，直到 3 月 21 日為止，筆者期間沒有寫過一篇日記。可以說，抑鬱的情況直到 21 號也沒有改善，而且還一直惡化下去。抑鬱由月初的心情惡劣、與及對「主要生活」反感，到了 3 月 21 日，生活已經十分辛苦。疲累的情況沒有改善，再加上二十日的抑鬱情況，心頭對於這樣的生活這樣的生命更多了一份「厭倦」、和「傷感」。

　　關於 3 月 21 日的日記記錄如下：

1993 年 3 月 21 日　星期日　陰寒

　　要總結這半個月來的日子，就只有失敗這兩個字。

　　好辛苦，好傷感，抑鬱又再一次在我的心頭出現，腐蝕我嘅靈魂。

長期嘅失敗殊不好受，我終於感受到舊同學 SSS 嘅感覺了。失敗，最差嘅人就係我和 SSS，無論怎樣，也不及別人。究竟人家是過住 D 乜嘢生活呢？佢哋完全不理會自己在幹些什麼嗎？佢哋嘅心中，沒有理想的嗎？點樣可以將自己充滿青春朝氣嘅年頭，拎去死死地去做一些不知是什麼，別人規定你要做的東西呢？

　　我不知道！我現在實在很是辛苦，疲倦的心靈比身軀更是疲憊。活在別人的迷宮裡，一生受著金錢的擺佈。人格越來越倒退了，脾性更是暴躁……

　　好劫……面對著這些東西，真的倦透了！

　　Ha~~~~

　　除了「不快樂」和「憂愁」，這時候內心亦覺得自己「失敗」，而且是「長期失敗」，是「最差的人」。「不快樂」以外，對自己亦覺得毫無價值，自我形象非常低落。相信這一點跟自己在學校裡的表現有很大關係。這個時候最大的挫敗，大概就是自己在學業上的表現。

　　這段期間，筆者曾經為了一份英文作文的功課努力了五日，可惜的是這份功課最後只有三十分（滿分一百分）。這個結果是一個沉重的打擊。在這一個「恆常抑鬱失控」的時期，挫敗會被加倍放大。也許是這一個打擊，就令到筆者覺得自己很失敗，從而懷疑自己的能力。再加上應付功課和學業，已經是一件疲累辛苦的事情，令人猶如身處「負荷極限」的邊緣。

　　筆者不禁在這時候質問自己，究竟這樣辛苦是不是值得？誠然，內心已經有了確切的答案——這樣辛苦是並不值得！尤其是

現在所修讀的科目並不是自己所喜歡的！筆者強烈感到不值得為這些不喜歡的事情而犧牲。因為覺得不值得再犧牲下去，所以就不再堅持、不再維持這種「積極制度」、不想再催迫自己、不想再違反生理需要、不想再捱夜對抗濃濃睡意……結果是又一次選擇放棄完成功課，不再準備測驗……

　　身心不需要透支催逼，不需要捱夜，就不會令到自己疲憊不堪。但是沒有帶來快樂。學業表現無法維持，無顏面出現在學校的情況又一次出現……也許，這個時候又是進退維谷的煎熬處境。

　　到 3 月尾，筆者對這二十三日的回憶，仍然覺得十分「辛苦」、「痛苦」、和「難受」。抑鬱病爆發，抑鬱重上心頭、心痛、就連靈魂都被腐蝕似的。這段時間的痛苦，其強烈程度，為筆者留下了深刻的烙印。這一段痛苦的回憶，「持續保鮮」（歷歷在目、沒有淡忘）最少九日。

　　關於 3 月 28 日至 31 日的日記記錄如下：

───────────

1993 年 3 月 28 日　星期日　熱

　　Ha~~~ 都好一段日子沒有寫日記。呀 ~~~

　　呢段日子初期，真係好難過，好悲傷，唔知自己做 D 嘢為咗乜……總之人就好唔開心啦！

　　影響最大，我記憶中係英文作文得三十分。死唔死！？自己嘔心瀝血咗五日做出來嘅嘢就只係得三十分。自己好多地方都唔 Q 知錯乜叉。

　　不過近期又好返 D 了。

───────────

1993 年 3 月 31 日　　星期三

是一個初時很傷心、很憂鬱嘅一個月。

很辛苦啊！趕交功課，壓得腰骨也曲了。很可惜，這個月頭中，我又竟然很多時選擇了放棄，寧願欠交！弄得心頭矛盾得揪揪的痛。

……

夜校，前一次嘅課堂，自己準備唔足，思想又鈍了，所以都唔知自己喺度教乜，睇見班學生個個目光迷惘，我覺得好唔開心，欠咗佢哋一堂咁！

5.3.2 前期探究

A　1992 年 11 月至 1993 年 1 月

從谷底反彈的過程當中，還是仍有憂愁的時候。「問題」主要來自溫習和做功課，尤其是狀態太疲倦與及心散而無法工作的時候。彷彿清清楚楚實實在在地「親眼見證」，所有的時間，不是「敗倒在睡眠之前」，就是「在自己手上白白流走」。碰上學業表現不濟時，筆者不單止對自己深感失望，而且彷彿非常了解這是自作自受的結果。

筆者也有無緣無故就憂愁起來的時候，日期就在 1993 年 1 月 31 日。這一日是農曆新年假期，年初九。筆者獨自一人走到二哥 JSC 還未入伙的新居做功課。一踏進大門，走入空空的房間，心頭就湧上一股濃濃的憂愁。不知道原因。

這段期間的憂愁，大都只是短暫持續，少則幾分鐘，長則也不會多於半日。憂愁的出現也不算頻密，情況也不算得強烈，也沒有造成任何特別的記憶。

B　1993 年 2 月 – 化學科小組習作

　　1993 年 2 月，佔用最多的時間和需要大量額外透支的一件事，就是一份化學科小組習作。整個工作小組包括筆者一共四個人，但是大部份工作都落在筆者和另外一位同學身上。其中一個原因是筆者家中有齊備的電腦和打印機。

　　當然，化學科小組習作的同一期間，還是一樣需要應付其他科目的功課，而在 2 月 24 日，日記記錄上有一次物理科測驗。

　　日常的功課加上一個化學科小組習作，在 2 月第二個禮拜裡面的五個工作天（8/2-14/2），就需要筆者工作到晚上兩點鐘。而這一個情況，相信是之前所無法做到，大概也無法想像。所以在這個禮拜完結的時候，筆者就覺得這個禮拜的工作情況十分「恐怖」。

　　接著的 2 月第三個禮拜，筆者就開始病倒了。雖然算不上是大病重病，但是令到身心十分疲倦，嚴重影響這個禮拜的工作和溫習進度。到了禮拜六，筆者在無緣無故之下，感到了一陣莫名的憂愁。這種憂愁的感覺，在之後一日的禮拜日也有出現。在禮拜日裡面，這一種憂愁的感覺，令到筆者無法處理眼前「大量的工作」。而又因為「沒有著手（開始）工作」的關係，眼前「大量的工作」又倒過來令到筆者憂愁。彷彿眼前又是一個自己一手一腳造成的「爛攤子」！又一次「自作孽」！情況在兩日之後得到改善，內心能夠平靜下來而感到點點快樂。

　　關於上述兩日的經歷，可以參閱 1993 年 2 月 20 日和 21 日的日記，收錄在 5.2.3〈收成〉。

　　這一份化學科小組習作需要在 2 月 26 日禮拜五遞交，2 月份最後一個禮拜的最後一日。這個禮拜裡面，筆者禮拜三及四，均需要工作到晚上三點鐘。而且在禮拜四，交功課之前一日，更需

要詐病請假半日留在家中工作，才能把這份習作完成。最後，禮拜五，小組習作準時交到老師手上。

禮拜五放學之後，筆者又需要為夜校教師工作準備活動計劃書。由放學下午三點半回到家之後，便著手工作，一直到晚上九點十五分（中間連吃晚飯的時間也沒有）。夜校放學關門之前，把完成的計劃書送到校長手上。

根據日記資料，筆者嘗試粗略估計一下 2 月份期間的工作和休息時間。化學科小組習作由第二個禮拜開始，2 月 8 日到 12 日，每晚也工作到凌晨兩點鐘，以筆者早上七點起來返學計算，這一個禮拜的五個工作天，每一日只有五小時睡眠時間（2am-7am）。之後一個禮拜（15/2-19/2），小病了幾天，影響了這禮拜的溫習和工作進度，禮拜六和禮拜日便因此而憂愁，而似乎又因為憂愁而又無法工作。

最後一個禮拜（22/2-26/2），由禮拜三開始便需要為化學科小組習作和夜校活動作最後衝刺。以筆者大概早上七點起來返學開始計算，禮拜三就工作到凌晨三點，工作時間為二十小時。這個晚上（24/2）休息了四小時，禮拜四早上七點起床，又開始第二日的工作。禮拜四又是工作到凌晨三點，所以禮拜四的工作時間又是二十小時。這個晚上（25/2）休息了四小時，禮拜五早上七點又起來返學。禮拜五終於完成了化學科小組習作，而最後一件工作就是夜校教師工作計劃書，在晚上九點十五分完成，然後在夜校關門之前送到校長手上。禮拜五的工作時間大概就是十五小時。

所以以禮拜三（24/2）早上七點起床計算，直到禮拜五（26/2）晚上十點，期間合共六十三小時，筆者的工作時間為五十五小時（87%），睡眠時間為八小時（13%）。

5.3.3 復原探究——1993 年 4 月

　　抑鬱情況的復原，可能比起抑鬱的爆發更加不清不楚。即使已經有多年寫日記的習慣，復原的過程還是面目模糊、不知就裡。這一次「恆常抑鬱失控」的復原過程，也是迷迷糊糊。3 月初開始的「失控」，直到 3 月尾才可以好轉過來。到 4 月初，可以重新應付考試測驗，學業生活可以重返比較正常的規律。4 月中，跟義務授課的夜校的學生 BBQ。4 月中旬到下旬，可以積極投入校內辯論比賽，重新喚起內心的熱誠，身體又再透支參與喜歡的活動。

　　3 月 31 日的日記，記錄了 3 月 23 日，班中同學一起研習艱深的純數學（Pure Mathematics）代數部份（Algebra）。筆者為此情此境而感到十分高興。也許，同學之間團結一致並守望相助，是很有感染力的團體動力（Group Dynamics）。誠然，筆者心底裡面一直嚮往群體生活，所以特別容易受到班中的氣氛所影響。

　　而這一次「高興」的意義，就在於「恆常抑鬱失控」的身心能夠重新再一次產生「開心」、「愉快」……等等的感覺。而且這一次的感覺經驗，在八日之後仍然沒有忘記，可以記錄在日記簿之內。所以筆者相信這一次「恆常抑鬱失控」的改善，由 3 月 23 日開始。致使在 3 月 28 日的日記裡面，談及抑鬱的情況時，也表示「近期得以改善」，最難過最悲傷的時候應該已經過去了。

　　4 月 1 日，筆者參與第三次的英文科會考的聆聽考試。4 月 3 日禮拜六，到學校參與中國文化科的校內測驗。可以見到，在 4 月初的時候筆者已經能夠重新應付課程的測驗考試，而沒有再採取反感或逃避的態度。

　　4 月 11 日禮拜日，跟義務授課的夜校的學生到<u>香港仔水塘</u>BBQ。一行二十二人（學生十七人，老師五人。），一大清早就出發前往目的地。筆者可以享受群體生活，也享受之前對活動的計劃和準備。

4月23日，中六年級兩班之間（中六只有兩班），舉辦了一次辯論比賽。筆者對於自己的辯才，一直有一份自信，因此對這項活動表現得十分熱衷和非常投入。準備的十日時間裡面（由4月13日開始），就跟同學們開會六次，差不多是隔日就開一次，藉以好好準備辯論的內容。

回想起「恆常抑鬱失控」的時候，筆者認為自己一無是處，更一度想放棄學業。這一種「時而自信又時而自卑」的強烈對比，經常在人生之中出現。

關於復原過程的日記記錄如下：

————————————

1993年3月31日　星期三

　　……

　　3月23日前，我好高興，因為6A開始有學習氣氛（是因為Pure Mathematics老師 <u>TKY</u> 負責的部份測驗。）。

————————————

1993年4月2日　星期五　濕

　　昨天考Listening，會考（筆者附註：第三次報考），好唔掂呀！一來自己進步唔係咁多，二來自己又未習慣答嗰D題目（未習慣答題目）。自己又諗諗，好似有好多（足夠的）軍隊，但係好耐無打仗，今次輸咗。

　　……

　　4月11日，將會同夜校嘅學生去BBQ，不過情況唔係咁好，因為好少學生去，只係得十幾到二十個左右，隨時去嘅老師仲多過學生！而且班級分得好散添！

1993 年 4 月 4 日　星期日　晴

熱傷風，鼻塞塞。

昨日考中文，不知所謂。

1993 年 4 月 10 日　星期六　陰寒

……

……明天夜校旅行事宜。有夜校學生十七人去，而教師有五個（到 7:10pm 為止），分別是我、KSW、LWK、WAL、和ELB。

1993 年 4 月 12 日　星期一　晴

昨天同夜校學生 BBQ，當中曾經和一位學生辯論——「安樂死應合法化」。我當然係反方啦！箇中，同學曾經提及一個論點，我當時亦無乜聲出。佢講，假如你患咗絕症，醫生就已經講咗你得番若干日子嘅生命。喺呢個情況下，你身為呢一個病人，每一日每一日都受著死亡嘅壓迫，精神一定唔好受。再者，同學深信絕症病人喺呢段期間，身體亦不會好受，除咗受疾病本身嘅折磨，仲有喺治病期間（再一度延續生命）、過程中受住醫療嘅痛苦，例如打針、傷口消毒、抽血、抽骨髓、食有副作用嘅藥……等。

嗰時我只有無言以對或亂講一通……

1993 年 4 月 14 日　星期三　晴

呢兩日，都係喺度搞 23 號嘅辯論。

昨天 4 月 13 日是第一次開會，到（找）嘅人有同學 <u>LWK</u>、<u>WNC</u>、<u>HWC</u>、<u>CKC</u>、<u>FWM</u>、同埋我……

不過這一次基本討論中，意見雜亂，大家沒有一個共同的概念，對是次辯論的題目認識不深和對於討論沒有條理。

總而言之，好亂！我相信要喺第二次開會時確立好討論基礎。

_____

1993 年 4 月 15 日　星期四　晴

明天將開第二次會了。要盡快確立辯論基礎。

_____

1993 年 4 月 18 日　星期日　昨晚下雨 下午轉晴

數日以來，都係忙喺準備辯論比賽。自己覺得投入程度都未夠 100%，事關有好多時自己都退卻下來了，冇咗一鼓作氣之心。

疲倦係事實，我可能因為有時睇書睇得太夜而打亂咗自己嘅生活規律，搞到一時間精神不習慣而疲倦了。不過，面對疲倦我沒有壓倒它，係我本身缺乏強悍嘅意志同毅力。

暫時來說，我方嘅立論已經有七成嘅形態出來了，不過（剛剛想到的），現在好似有需要著手去估計正方那邊會有 D 乜野招數，咁先可以接近到「知彼」，再加埋「知己」，先可以有優勢做到「百戰百勝」！

_____

1993 年 4 月 19 日　星期一　陰

好攰！

⋯⋯

今日發生咗一件好突發好意外嘅事。放學後，我哋（同學 LWK、CCT、CKC、WNC）到香港仔市政大廈上面嘅咖啡閣餐廳，傾辯論比賽嘅事情。商談之間，SL 突然出現，仲要坐喺我對面嘅餐枱，中間隔著 WNC 個頭。

Ha~~~ 無反應就假，初時係變得有 D 緊張，心跳。不過當投入去討論時，呢 D 感覺都忘記了。再一次令我個心再度猛跳的，就是佢嘅男朋友竟然來了⋯⋯終於見到了。

見到他之後，心情沒有特別變化。

辯論比賽，同學 LWK 喺呢一次嘅活動裡面，對我哋所建立嘅言語論據，能夠作一個驗證嘅角色。佢今天教我嘅事，係要對問題嘅回答而並唔係迴避。

Ha~~~ 又歎氣，精神真的很攰！

————————————

1993 年 4 月 24 日　星期六　有霧

昨天終歸也完成艱苦的辯論了，雖然我係勝方，但係我都唔係咁開心。因為自己 D 表現好差勁。

我嘅缺點：説話欠組織能力，有時語無倫次；説話時太快太亂，有時自己好似有一種感覺就係盡快表達心頭嘅説話，所以會導致到自己會好亂；唔懂得辯論技巧，單單放重於自己嘅立論，有去攻擊對方嘅謬論；無條理；無急才；無耐性；無留心正方言論！

希望如果再有機會嘅話，自己會有改進啦！

今次之能夠贏，只係因為我方準備充足。

今次由籌備開始到比賽，一共用咗兩個星期。呢兩個星期一共開咗六次會。而呢兩個星期以來，我自己本身亦都好盡力去準備，每晚都係深夜才瞓覺，真係讀書都無咁認真。

————————————

在這個復原過程裡面，失去的「感覺、生命力」一一回復。最先的是因為同學們的守望相助和積極學習的氣氛而感到高興。及後生活規律回到正常軌道上，可以一如以往的應付學業要求。最後，做人做學生的熱誠也重新喚起，身心都再次能夠為自己所喜歡的事情奮鬥。可惜的是，是什麼改變了「恆常抑鬱失控」？這一個過程還是沒有在日記資料上反映出來。

5.4 越級挑戰

1993 年 4 月 19 日至 1993 年 10 月 6 日

學業上的點點成功經驗，令到筆者有「更上一層樓」的想法。就在中六學年完結的時候，筆者為自己定立了一個目標，希望能夠在中七「考入頭三名」。如何可以「考入頭三名」，筆者完全沒有方法，有的只是一腔熱誠——幻想或者可能因為「鍥而不捨」而啟發出「前所未見」的潛能。

可是，1993 年 10 月 6 日，填寫大學入學申請表的時候，發現自己所最喜歡的香港大學哲學系（筆者在中六後期，對哲學的興趣已經大於文學。），入學門檻非常高（筆者的成績太差），評估到當時的情況，大概沒有機會入讀。一刻間，「大目標」幻滅。在中七考入頭三名的「小目標」亦隨即淡出。

5.4.1 有能與無能

「我是什麼？」……半年努力追趕課程之後，筆者終於見到理想的成績，可是一次校內辯論比賽之中示弱出醜，令到筆者的自信心粉碎，從而不敢領受成績優越的喜悅。困擾一段時間，才能重新調整心態，一方面接受自己的無能地方，同時又要學會重視自己在過程中的付出。

A　自信與自卑

由 1993 年 4 月 19 日到 5 月 17 日，筆者被兩件事反覆折磨，高低跌盪，由興奮開始，接著變得非常沮喪，然後又向上盪回，最後又落得自信心徹底崩壞。兩件事情，第一件就是過去半年以來的努力終於見到成績，第二件事就是校內辯論比賽贏出卻又覺得自己在比賽當中示弱出醜，懷疑過去一直自信的演說能力。

早在 1993 年 2 月期間，筆者就已經在一次物理科的測驗中，感覺到自己已經累積到相當的實力。雖然這一次測驗成績在日記裡面沒有記錄，但是在答題的過程當中，已經感覺到自己有足夠的能力去應付試題。隨後，1993 年 4 月 19 日，第二學期考試的成績陸續派發，其中兩科數學（Pure Mathematics-Algebra 和 Applied Mathematics）成績十分優越。

誠然，並非全部科目都十分出眾。其中，Pure Mathematics-Calculus 還是不合格，而且非常低分，只有 11/50。喜歡的中國文化科也未如理想，只是剛剛合格而已。不過，Pure Mathematics-Algebra，全班同學只有兩個合格，而筆者就是其中之一。此等「全班第一」或「最頂尖幾個人」的位置，實在令到筆者有鶴立雞群的超然感覺。而另一科 Applied Mathematics，只差 8% 就滿分了。

在日記上，因為這些自覺超然的成績，筆者直言這是心情暢快的一日。追趕了半年時間，在這一日終於見到實實在在的「成績」，內心亦感到十分安慰欣喜。這一種暢快和欣喜，遺忘了很久，也期待了很久。彷彿一切付出和堅持都沒有白費。

關於派發成績的日記記錄如下：

1993 年 4 月 19 日　星期一　陰

……

幾暢快嘅一日。Pure Mathematics（Algebra），全班得兩個人合格，我係其中一個！Applied Mathematics（老師 <u>LYC</u> 負責部份），意外地得到 33/50 分數，不過老師 <u>YAK</u> 負責部份，竟然間得唔到滿分，只有 46/50，有兩分仲係因為唔小心而失去，其餘兩分就衰在表達能力唔夠，不過都頗高興。Pure Mathematics（Algebra）嘅嗰份卷，都係衰得好 Q 粗心大意！中文一份五十分，一份六十分。

1993 年 4 月 20 日　星期二　下雨天　Day 5

Pure Mathematics（Calculus），只得到 11/50 分，預咗。

可惜的是，四日之後，暢快的感覺便很快被沮喪取代了。這一份沮喪，在生活裡面還有一種水銀瀉地的氾濫情況。1993 年 4 月 13 日著手準備校內的辯論比賽，4 月 23 日（禮拜五）便是比賽日期。筆者為反方主辯，比賽在當日是勝出了，但是卻因為自己表現差劣而感到十分羞愧，也因此而十分難過。

這份羞愧和難過，還牢牢的停留在身心裡面最少五日。就在辯論比賽勝出之後的禮拜一，筆者因為仍然耿耿於懷，又一次詐病逃學，連物理科的實驗課堂也置之不理。

　　或者筆者對於「口若懸河、雄辯滔滔」的影像和形象，十分膜拜和嚮往，或者筆者本來就十分希望自己是一個「口若懸河、雄辯滔滔」的人，可能還經常把自己幻想成為一個「口若懸河、雄辯滔滔」的人……幻想得多，可能就不知不覺之間、自欺欺人的就以為自己是一個「口若懸河、雄辯滔滔」的人。而無形之中，筆者大概相信了「謊言的幻想」，對自己的口才產生出一份自信，並認為這是自己的一種優越的才能。

　　好可惜，這一份自信，這一個「口若懸河、雄辯滔滔」的假象，就在這一次辯論比賽當中徹底粉碎。這是筆者第一次參加辯論比賽。當時對於辯論比賽的規則、評分方法、與及技巧，均一無所知。有的只是腦海裡面那「口若懸河、雄辯滔滔」的影像，當然還有幻想自己就是台上面那一個「口若懸河、雄辯滔滔」的人。筆者在這十日的準備過程之中，大都把時間花在跟隊友們討論辯題的內容上面，而忽略了——大概也沒有想過需要把辯論的講稿反覆練習。

　　另一方面，也許是太想贏，又太想表現到最好，所以人就不期然地緊張起來，還帶著一點點亢奮的情況。心裡面總想把論點都用上最澎湃的激情去演繹……結果是身體都變得僵硬，就連氣管和聲帶也好似變得不能正常運作。筆者在台上辯論的時候，連呼吸也感到困難，差不多無法呼吸一樣，所以一句說話完結之後有時接不上第二句。因為亢奮激動，聲線聲調也變得單一，只能夠停留在繃緊高音的區域。

　　心裡面那一個「口若懸河、雄辯滔滔」的「自己」、那份對口才的自信，就在這種表現之下，在自己的手上徹底粉碎。過去

一直心所嚮往的假象終於撕毀，自己不得不去面對一個無能空洞的、又更為真實的自己。這一份沮喪的感覺十分「苦海無邊」——比賽完結之後，牢牢地停留在身心裡面好一段時間。4月26日禮拜一，筆者需要「逃避」，便又詐病請假半日了。也許是之前太投入準備比賽，完結之後就帶來強烈的失落。也許是自己無法面對一個無能空洞的自己，自己在自己面前無地自容。

4月27日，派發中國文化科 Oral Exam 成績，五十二分，剛剛合格。於當時而言，這一個成績是不是又一個無能的佐證？！

關於辯論比賽之後的日記記錄如下：

———————

1993 年 4 月 27 日　星期二　Day 4

昨日下午逃學，無做 Physics Laboratory。

呢幾日都無乜心返學，辯論比賽完結之後都無乜寄託。

今日心情都唔係咁好，覺得自己好無用！以前以為自己口才好叻，今日終於清楚自己乜野料——第二段考中文 Oral Exam 得五十二分，星期五辯論又表現失敗，霎時間真係覺得自己乜 Q 都唔掂呀！成績又未到理想！心痛！

———————

4月29日，辯論比賽結束後第六日，筆者又經歷了一次心情興奮、引以為榮的事情。那就是因為學業成績良好，而受到別人讚賞。只是單單的受到幾聲讚賞，就令人快樂頂透了。日記的資料，與及腦袋的記憶，均沒有記錄何人讚賞，讚賞何事，相信是校內第二段考試，若干科目的成績表現。

這一次受到讚賞的快樂程度非比尋常，在日記裡面，這一股

快樂的感覺或神經系統的反應，竟然令到筆者連一直對自己所持有的印象，也彷彿有著一百八十度完全的「反方向」改變！在這一日，筆者竟然覺得自己是一個快樂、開朗、和喜歡微笑的人！日記也這麼寫上：「被人讚賞，真係一件樂事。」可見因為受到讚賞，令到筆者有著非比尋常的快樂反應，好似一道光芒在一刻之間把整個人生，包括過去的時空，也一應照亮通明。

關於受到讚賞的日記記錄如下：

───────

1993 年 4 月 29 日　星期四　陰雨　Day 4

開心，心情開朗。

變了，發覺自己真的變了。睇番本紀念冊（中五），原來以前我喺同學眼中係好沉默，成日唔講野嘅人。變了，微笑，開朗係依家嘅我。

不過，我當然仍有憂鬱嘅時候。

好想寫野，不過無咗悲傷做力量，好似冇乜野寫到出來咁。

心裡面有乜鬱結，不過依家好似有 D 麻木咁。讀書，好似純粹為咗「成功感」，冇好似以前咁，成日諗讀書為乜 Q，依家心靈係好過好多，係好似過緊一 D 快樂嘅生活，但係覺得自己精神和實質生活都好空泛！

被人讚賞，真係一件樂事。《棋王》（作者張系國、AL 中國文化科指定閱讀書本）裡面程凌曾經講過：「一個人時常可以謙虛的笑笑，委實是很痛快的事。」（大意）。

阿媽昨日喺中國返來到今日，質我飲咗兩杯「神茶」。

───────

雖然因為受到讚賞而快樂頂透，又一次為之可惜的是，四日之後，那一股因為示弱出醜的空洞無能的感覺，又再一次湧上心頭，佔據了整個人的意識。筆者不知道這一日之前又發生了什麼事，日記裡面也沒有留下痕跡，可能純粹只是 4 月 23 日辯論表現差勁，延伸下來的一份沮喪。彷彿在自信假象撕破之後，不敢再把自己想像得「有能力」，不敢再開始建立另一樣自信——一切一切似乎最終都要成為假象而又以粉碎收場。

　　關於再次出現沮喪的感覺，日記記錄如下：

―――――――――

1993 年 5 月 1 日　星期六

　　又一個月的新開始。

　　時間是什麼？

　　病。

―――――――――

1993 年 5 月 3 日　星期一　上晴下雨　Day 2

　　語文與語言能力，我也很低。還以為，一路也以為自己說話頗了得，作文有文采，對於文章有理解力。不，這三方面原來我的能力也很低。一路高估了自己。說話嗎，對住一 D 人，即使係自己班裡面嘅朋友，說話也面紅耳赤，心跳加速，「漏口」，說話無條理。

　　Ha~~~ 一路都覺得自己講嘢幾好，原來只係講得少，講 D 無用嘅嘢！無組織能力，語無倫次！改！

　　表達能力低，寫 D 嘢不能一矢中的！理解力差！

―――――――――

由 4 月 19 日到 5 月 3 日，在這十四日裡面，筆者就在「有能力和無能力」、「信心爆棚和信心崩壞」這兩極之間搖擺。精神在「成績優越的認同」和「自信假象的粉碎」之間，感到非常不解困惑，無所適從。大概，筆者已經迷失於「我是什麼？」的危機裡面，面對著「我真是如此慘不忍睹？」和「實力是什麼？」的自我質疑。

B　調整心態

直到 5 月 17 日，筆者才能從這個「兩極拉扯」的處境中解脫出來。終於在困擾自己的問題裡面找到答案，那就是必須接受自己某些方面的不足，又要肯定自己某些方面的能力。同時又學習到，除了事情的「結果和得失」，還應該要欣賞當中的過程，更要肯定自己的付出。

原來，有時「解決問題」的方法，是十分簡單。

筆者內心有一個必須要解決的問題，那就是究竟：「我是什麼？」究竟自己是有能力呢？還是無能力？能夠解答這個問題，大概就能夠脫離那一種困惑不解和沮喪的狀態。可能最痛苦的時間捱過去了，身心都得到一點點喘息的空間，可以慢慢再想想自己的情況，可以成功面對一個「滿目瘡痍的自己」。

終於想通了。放下過去那一個自信的假象。面對自己，面對自己的不足。接受自己，接受自己的無能。只有這樣，才能夠重新上路。或者只有這樣，才能夠讓身心離開那種「困惑不解和沮喪」的狀態。即使「我是無能」是一個「更低的起點」，甚至是一個比「真實」更低的起點——能夠重新上路，就是一個「解（Solution）」。

能夠面對個人的不足，就得以重新評估自己。一個「自信的假象」粉碎之後，反而無須要恐防這個無能的秘密外洩，又無須要「日日夜夜處處」提心吊膽地保護這個假象。這時候彷彿能夠把自己看得更加清楚。過去小心翼翼地逃避觸碰、與及小心翼翼地隱藏著的「無能自卑」，終於可以變得稀鬆平常了。

當「無能、空洞」不再是問題之後，「內心的視野」就自然地「擴闊」，從而放眼到其他過去忽視的地方。辯論比賽在 4 月 13 日開始準備，到 4 月 23 日比賽，十日的準備時間裡面，筆者和隊友進行了六次會議，商討辯題的內容，與及準備三位台上辯士的分工、還有台下的發問。十日期間，差不多相隔一日就開一次會。自己在晚上也為著準備辯論而工作至夜深。

這是一隊十個人的辯論隊伍，筆者還需要兼顧隊友之間的合作情況，處理討論時候的思想「交鋒」，同時又要凝聚大家的團結，保持士氣……直至比賽完結。如果以「時間數量」計數，筆者在九成以上的時間都做得「很好」。在這一「點」之上，必須要學會欣賞自己、肯定自己。除了結果，筆者必須要學習欣賞當中的過程，尤其是當中「全力應付的毅力」。

最後、最重要，就是筆者認為——並決定——「要（做人要）開心」。在人生的遊戲裡面，不論輸贏不論得失，也要在遊戲當中享受快樂（這一句說話寫在 1993 年 5 月 17 日的日記的開首第二句）！

關於離開困惑不解的狀態，日記記錄如下：

―――――――――

1993 年 5 月 17 日　　星期一　　晴

好劫的早上。

已認定活著是遊戲，在這個遊戲中，不一定要贏，但係一定要開心。

可是「開心」的定義好多時同「贏」掛鉤；依家唔贏我會唔開心。

今日，我就諗緊乜叉嘢在過去令到我開心呢？贏，好多時候我都會好開心，不過其實諗番起，都係盡力（盡過力）先至開心！

愛我嘅人開心，我亦開心。有需要我去幫助嘅人得到我幫助，我開心（老奉屈我嗰D另計！）。

身體觸覺有好嘅享受。見到自己想見嘅嘢（例如朋友和睦，人人互愛。）。

Ha~~~

―――――――――

「我是什麼？」――就是一個帶有不足的平常人、一般人，看到自己的「滿目瘡痍」，從而把自己看得更清楚，並在「更低之處」開始重新上路。學會欣賞過程，也要學習享受過程。

5.4.2 目標成為手段

中六完結之前，筆者為自己定立了一個目標，就是在中七的校內考試裡面，考入頭三名。這是「目標」，同時也是「手段」。筆者希望透過一個「崇高而又宏大」的目標，幫助自己解決心散

和懶惰的惡習。同時因為這是最後的中學生活，筆者希望可以在離開中學之前，努力一嘗「盡力」讀書，看看自己的「真正」實力。

A　考入頭三名

中六期終考試在 1993 年 7 月 5 日完結。筆者就在這一日對自己定立目標。

定立目標的日記記錄如下：

──────────

1993 年 7 月 5 日　星期一　熱

完了，中六嘅大考終於完結了，中六完了。在未總結這一年之前，首先好想記低下一年的一些計劃——中七兩個學期中，好想考入頭三名。唔係想認吚，只係想真真正正試下自己嘅「考試能力」！淨係想咁……

呢個計劃，將會非常辛苦，我嘅生活亦會一百八十度大轉彎，少咗時間甚至沒有時間對生活反思，沒有時間享受生活。生活習慣改變了，人不知會不會變呢？

中學未試過嘅事，要喺剩番嘅呢兩個學期做下。成績上——第一！這是一個勇往直前嘅計劃，不能有後顧之憂，請各位人士小心！

平靜，好平靜。靜到好似死水。

氣，真的很靜，但心卻不平。這是靜的火，死的水。

Ha~~~

──────────

日記裡面，沒有記錄太多「定立目標」背後的前因後果，只是寫下了兩個原因，第一是想知道自己的「考試能力」，第二是想在最後的中學生活裡面完成未曾試過的事。大概第一點是好奇心的驅使，想把自己的實力清楚看一次，也可能又想去證明自己的一點點能耐。第二點是希望在告別就讀八年的校園之前，清理一下「後悔的可能性」，嘗試留下引以自豪的記錄。

B 近因：中期考試的驚喜

「考入頭三名」這一個想法，想起來似乎並不是一時興起的衝動，或霎時之間對自己實力高低的好奇心。大概這一個想法是有其更長時間的醞釀和發展。

最新近的一個影響，筆者相信是 1993 年 4、5 月期間，第二學期考試的優越成績（即使只是個別幾個科目），與及其後因為優越成績而受到讚賞，令筆者快樂頂透，經歷到久遺了的成功感，同時又得到不少人的認同，當中包括「關係不好的老師們」。這時的快樂，強度「暴烈」，在身心甚或整個神經系統裡面留下了非常深刻的記憶。身心也許在不自覺的情況下，時刻希望把這一次讚賞的快樂經驗複製。

必須承認，筆者在中六期終考試，準備功夫做得不好、不理想。在這十日左右的考試（包括考試準備）時間裡面，身心總是不在應戰的狀態，心散、無法集中精神、懶惰、無法克服睡意、無法堅持溫習、然後就選擇睡覺去了⋯⋯因此，雖然還沒有知道考試的結果，但是對於這一次的考試表現已經十分不滿。大概就在考試時候，填寫答案的過程裡面，就已經感覺到自己的不濟。

關於中六期終考試以及之前 5、6 月的經歷，期間的日記記錄如下：

1993 年 5 月 18 日　星期二　晴

　　劫，睡眠不足。

1993 年 6 月 3 日　星期四　下雨天　樂逸天

　　這是，將會是沒有記憶回憶反省的時候，即使有，也沒有時間抄下。

　　好好好好好好好好多嘢做，只是在學校這地方也有好多嘢做。

　　生活為它而改變了，自己的理想也低下頭了。

　　希望，如果一年之後不是有光線照到人的身上，誰會甘願在此受刑？

　　人説：「忍耐三分一，享受三分二。」又云：「享受頭三分一，忍耐其後三分二。」

　　Ha~~~ 人生。

1993 年 6 月 21 日　星期一

　　不能回憶的年頭。

　　痛苦是孤單的嗎？

1993 年 6 月 28 日　星期一

　　唔能夠否認，我對於明天物理科考試嘅準備好失敗！心散，懶。到現在為止，自己感到已經準備同所需要嘅比率只係50%，即係明天我要毫無錯誤，先至有少少機會──合格！

　　我好失敗！

────────────

1993 年 6 月 29 日　星期二

　　記這日，重蹈昨日覆轍。

　　我好劫，我唔知係咪我嘅讀書方法唔正確，讀書時間唔好，定係我自己真係好懶？

　　今日下午又有溫書了，原定今日溫 Pure Mathematics，點知劫到瞓咗。可能真係我心散啦！同一個情況，就已經喺星期五（25 號），星期六、日溫 Physics 時出現。Ha~~~ 我諗心散係我一大障礙。

　　究竟係咪溫習時間出現問題？未考試時，我覺得十點到一點（晚上）好精神，好清醒，做到好多野。我想將個時間，我最活躍嘅時間變做早上，所以我進入考試期間十點便睡覺，早上六點起來。

　　係，早上係精神咗、清醒咗！不過下午就開始劫了。晚上兩點睡覺，早上就劫，晚上十點睡覺就下午劫。

　　我諗考完試後，我會利用晚上十點後嘅時間。不過依家考試，都係要早上清醒。

────────────

期終考試，筆者在那段時間，身心無法進入應考的狀態。事發和事後，都只能夠自責、投訴自己「心散」與「懶惰」。也許，就是「心散」和「懶惰」，嚴重妨礙了考試的表現，結果想當然是不會得到任何讚賞，換來的卻是懊悔、不滿的投訴、與及自我虐待式的自責。

大概，筆者不想經歷懊悔和自責，想要的是能夠集中精神和克服疲累，去應付學業。「考入頭三名」是「目標」，也是「手段」，讓筆者去解決心散和懶惰（疲累）這兩個問題。親身所經歷的心散，就是無法集中精神，就是心思都不由自主地神遊物外，很容易就受到細微的事情影響。或者眼前的溫習或者功課，不是身心本性所嚮往的、也不是一些有樂趣的事情，所以身心都在不知不覺之間就抗拒起來。

筆者大概相信，自己需要一個「崇高的目標」，可以就此簡單地讓自己「不假思索」就五體投地的完全拜服。所有的思想、信仰、批判、比較、取捨、或疑惑，在這個「拜服」面前都毫無站腳之處，因為目標的「崇高」沒有質疑的餘地。筆者就是希望可以在這一個「崇高的目標」面前，可以沒有「心散」的餘地。

疲累的問題，就是無法克服睡意，在睡意面前倒下，然後人就進入被窩，意識就進入夢鄉。經驗告訴筆者，在睡意面前，只要捱過一段時間，睡意就會自然消失。所以，每每無法克服睡意，筆者就知道自己沒有堅持、沒有把「那一段對抗睡意的時間」捱過去。不過，似乎筆者沒有計算過，究竟自己的精神可以透支幾多？「想透支就要透支」，肯定是沒有可能。可是，筆者就是希望可以把睡意捱過去。最少，把過去「自己應該讀書而睡覺去了」的時間（例如日常下午放學回家之後的時間），都重新用在讀書之上，那就最理想了。

為了克服睡意，筆者大概相信自己需要一個「宏大的目標」。在睡意濃烈的時候，這個「宏大的目標」可以幫助筆者支持一段時間，把最渴望睡覺的時間捱過去，讓自己回復點點精神，繼續溫習或做功課。這個「宏大的目標」，可以成為堅持背後的重要精神支柱。

所以，一個既「崇高」又「宏大」的目標，是筆者的一個解決眼前問題的「手段」。「考入頭三名」是目標，同時又是手段，雖然有點點自欺欺人的味道。當然，希望再一次享受到讚賞的喜悅，也是真實的動機。

C　遠因：未嘗盡力的遺憾

除了近因之外，在筆者心裡面，的確存在「認真看一看自己的實力」的想法。誠然，筆者是一個自負的人，一直心高氣傲。可是這種也許是毫無根據的自負，卻又經常遇上不大不小的考驗、刺探。就正如之前的辯論比賽一樣，自己過去一直自信的演說能力，原來只是一個假象，並在比賽之中一下子就徹底粉碎。事實上長時間以來，大概都是身處一種對自己能力患得患失的心態之中，無從絕對地肯定，同時又無法絕對地否定。感覺就是經常左搖右擺、高低跌盪。是「潛龍勿用」呢？還是「飛龍在天」呢？

過去，筆者對於學校裡面的所謂「精英班」，或者是所謂的「精英學生」，態度一貫地嗤之以鼻。或者是自卑感作祟，或者是「吃不到的葡萄是酸的」，總之，筆者就是覺得自己不是「比不上」，而只是「不去比」。而事實上又真的從來沒有認真地去比較過，或是「較量」過。究竟是筆者自以為是呢？還是真的「無得比」地「比下來」呢？筆者就是「一隻落在天秤上的老鼠」一樣，只有自說自話的妄自尊大。

再者，可能因為總是心散，大概從來也無法「長時間進入認真的狀態」，所以筆者一直沒有覺得自己「全力以赴」。又或者，筆者總是覺得沒有把所有時間都善用在學業上，有很多很多的時間，都在心散和懶惰（疲倦）的狀態下白白流走、浪費。所以常常覺得從來沒有好好善用時間，沒有把所有時間都好好使用。也許就是這點點的遺憾，就是這些「缺失的碎屑」，就令人覺得還有很多「盡力的空間」存在。因此，筆者心裡面就認定，自己從來都沒有盡力去面對學業，未曾全情投入和出盡全力地去學習。

1993 年 5 月 17 日，筆者在調整心態的時候也領悟到，「盡力」就已經值得開心。因此，定下考入頭三名的目標，或者無法做到，不過如果能夠在過程之中「盡力」，對「盡力」問心無愧，也應該是一件值得快樂、值得自己欣賞的事情。

所以，筆者十分希望實實在在地知道自己的能力，而並非封閉而又自我欺騙似的，活在自己的幻想假象裡面。又想在中學完結之前，嘗試一次「出盡全力地」去學習、去應付學業。因此，就有了決定在中七的兩個學期裡面，努力讀書希望可以考入頭三名。

5.4.3 只有方向而沒有方法

如何可以考入頭三名，筆者完全沒有方法，只是知道自己在心散和懶惰的時候，浪費了很多時間。如果可以減少浪費的時間，或者就能夠改善學業表現。初時，筆者能夠做的就是不斷調整自己的心態，為自己的艱苦學習作出心理上的準備。到後期，心志表現堅定，並為這個目標犧牲不少個人生活。雖然只有一腔熱誠，說不定真的可能因為鍥而不捨而啟發出前所未見的潛能。

A 挑戰的格局

筆者只是擁有一個清晰的方向——「考入頭三名」。或者，筆者第一步能夠做到的，就是為這一個目標，營造出「一腔熱誠」。筆者有的只是一個目標和一腔熱血——與及一心只是想透過這個目標去規範和鞭策自己。

筆者經常遇到的問題，更為切身的問題，就是心散和懶惰。因為很多時候就是這兩個問題而影響到學業上的表現，有時候是無法完成功課，有時候是無法完成測驗考試的準備。近者，剛剛過去的中六期終考試，就是因為這兩個問題而表現差劣。

可以肯定，要考入頭三名，就一定要解決心散和懶惰這兩個問題。相反地，如果無法解決這兩個問題，似乎沒有可能「接近、邁向」定下的目標。只可惜，在日記記錄裡面，筆者的焦點一直都放在考入頭三名之上，而沒有認清當中妨礙學習的這兩個問題。或者，筆者當時真的沒有重視這兩個問題。大概，當時似乎對於這兩個「問題」，還是處於十分含糊的狀態，還未能夠充份掌握⋯⋯

如果問題的癥結是心散和懶惰，筆者需要的是一個堅定強烈的心志。然而是這一個「崇高宏大的目標」如何能夠製造出堅定強烈的心志？筆者沒有方法⋯⋯

踏上越級挑戰的路途，筆者只有方向而沒有方法。情況大概是猶如「在旅程中」只有「一份內心的嚮往」而沒有「前往目的地的地圖」。第一步應該如何踏出？下一步又如何接上？完全不知道。筆者只知道，自己一定要做到「專心」，同時間又必須要克服懶惰和睡意，不能像過去一樣把時間浪費掉。大概能夠意識得到的就是這兩點，但是依然不知道有何方法。

B 挑戰的過程

筆者為目標而努力的過程，因為無方法，所以事先沒有一個計劃。所有的事情都是在探索之中構思然後實行。所以在早段時間，必須花費不少時間去思考，構想比較可行的一些做法。筆者在 1993 年 7 月 5 日定立了考入頭三名的目標，緊隨的一個月，都為義工活動（夜校授課）而忙碌。8 月 6 日才算是正式開始踏上挑戰的征途。

初期的時間都在調整心態，準備快要來臨的艱辛日子。同時又自我催眠，希望加強對目標的認同。開始溫習便立即遇上「老問題」，雖然沒有治本的解決方法，但是自己在心理上準備付出更多的時間，同時又準備犧牲更多的生活。

關於定立目標初期的日記記錄如下：

――――――――――

1993 年 7 月 6 日　　星期二　　熱

寫日記係處理自己個心，分析她，了解她。

放在眼前的是要打入頭三名，不過我相信會出現好多問題：好有可能，這個「執念」不能貫徹到底，中途放棄、轉彎。

回憶我以前做事有許多缺點。

一、沒有堅定的意志，就好似選學生會咁，自己都唔知做唔做好，就上咗台，跟住就打定輸數去選。不過今次「執念」都好強，最少比贏學生會強！

二、精神惘然，自己都唔係咁清楚究竟呢種係乜野來，總之自己一墮入了這種情況，個人就乜乜都唔想做；唔係一種「靜的狀態」，總之連自己都摸唔清。通常我會在 A 室和 B 室行來

行去，又坐下發呆，又唔係咁有動力，總知唔知發生乜事，真係——渾渾噩噩！

我成日問自己點解要讀書？不過今次我諗我唔會問，最多會問點解要考第一。

1993 年 7 月 11 日　星期日　驟雨

……

考第一，會有一個情況出現，那就是第一個 Term 考不到！要堅持到第二段考！

1993 年 7 月 12 日　星期一　驟雨

唔算充實嘅一日。

早上八點開始活動，有好多時間係未能善用。好似起身之後，等哥哥 JOC、ADC 走人，到九點左右才開始活動，下午吃飯後到三點半才活動。其實呢 D 時間，可以用來睇下報紙，溫下 Mathematics。

1993 年 7 月 25 日　星期日

今日睇下 D 舊相，發覺原來自己都有好多開心嘅回憶！

好攰，但要收復失地！

1993 年 8 月 1 日　星期日　晴雨相間

　　今日同夜校學生去<u>香港公園</u>，之後又去咗二哥 <u>JSC</u> 屋企天台 BBQ，好開心！

　　不過今日之後，就係我改變生活之時。

──────────

1993 年 8 月 2 日　星期一　晴雨相間

　　忙碌的都已經過去了。回想 7 月 10 日至 19 日，忙夜校畢業典禮。

──────────

1993 年 8 月 6 日　星期五　晴

　　征途已上，修心！斷絕以往更多活動！

　　昨天，最後的活動──<u>海洋公園水上樂園</u>。好曬好劫，皮膚好痛。

　　修心！修心！修心！修心！修一顆能集中精神的心！

　　本來我係好希望過一 D 安逸嘅生活，但下一年，我要戰鬥了！

──────────

1993 年 8 月 15 日　星期日　晴又雨

　　要改變生活了！唔係要改變自己嘅真性情，只係改變生活，去迎戰這九個多月！考入頭三名，係返學時候嘅生活目標，係我嘅「執念」！（入魔？）過去深入嘅超然冥想要減少了，渾噩減少了，遊戲減少了……一心一意！

──────────

從上面日記資料可見，由定立目標之後，筆者的心思都主要集中在心態的調整上。在這時候，不斷告訴自己，要達成這一個目標，是一個很辛苦的過程，當中自己需要犧牲很多，必須要減少很多娛樂的時間。必須要有堅定的意志，把事情貫徹到底，才能「對得住」自己。同時間亦可以在日記資料裡面看到，筆者確實沒有一些「實在的、可行的、甚或有效的」方法。

關於定立目標中後的日記記錄如下：

1993 年 8 月 17 日　　星期二　　陰晴相間

征途。一心一意。

雖說已經踏上征途，但是自己還是未全力以赴，還是用了很多很多的時間「無無謂」。暑假剩番冇幾多日子，真係蹉跎咗好多歲月！

真係好好好唔想再 Repeat ！

1993 年 8 月 22 日　　星期日　　雨晴

不知寫些什麼好，總之沒有衝勁。好懶。

1993 年 8 月 27 日　　星期五　　晴

好久沒有寫日記了，心散，志散。Ha~~~ 雖然話踏上了征途，但係自己卻沒有很大的催逼自己。

1993 年 9 月 1 日　星期三　晴　下午下雨

　　長征！耐力！

　　霎時間感到這場「心戰」是我這麼多年來「思想成績」大考驗，但亦隨即感覺，這七個多月，亦是我「思想發展」大停頓。

　　一直以來，自己不知不覺間變得愛上了「思想」。想些什麼？想做人道理，想人際關係。

　　……

　　一切仍記得的，合用今次戰鬥的，都大受考驗。相信今次是思考的「全面性」與「可行性」的考驗。

　　不過有很多人生意義的部份，卻要放下了。思想發展大停頓。

　　七個月時間，什麼也沒有，只有「第一的執念」。

　　————————————

1993 年 9 月 5 日　星期日

　　好劫。

　　雖然話以前好多嘢都唔做，但係我現在發覺，我用了頗多時間玩結他！

　　————————————

1993 年 9 月 10 日　星期五

　　自身還是過份懶散了！

　　————————————

在挑戰中期，筆者大概開始很大程度地進入了溫習的活動。相信兩個「老問題」亦隨即出現。誠然，開始著手讀書時，筆者還沒有很嚴屬的催逼自己，或者時間上沒有迫切性。或者是這個原因，總是覺得，自己還沒有很大的動力。不過，筆者開始著緊時間的使用，並為著未能善用時間或浪費時間而自責了。因為著緊，所以不容有失。

關於定立目標後期的日記記錄如下：

────────────

1993 年 9 月 11 日　星期六

「勇往直前」，係要靠好強的「信念」。我喜歡叫它做「執念」，是一種精神上的堅持。

現在讀書，「執念」還是不夠，心很懶散。經常地被一些很小的事物分散了「讀書」的「高度需要集中精神」的精神。不過在精神鬆懈同時，自己的思維是有正面的聲音的，它是會叫我讀書的，很可惜，自己並不能夠把握呢段聲音，唔能夠堅持自己嘅理想。

────────────

1993 年 9 月 15 日　星期三　晴

好似好久沒有把事情記下來了。

疲倦，但還得堅持下去！

這是分秒必爭的時候，原因是我過去太懶散了，太多東西欠缺，要現在補救。

我要比別人付出更多時間！我要一嚐第一的滋味！

────────────

1993 年 9 月 17 日　星期五　八號風球

　　好開心，因為昨晚還未做完英文作文。

　　分秒必爭，這時刻真是一個分秒必爭的時候，是沒有可以浪費的時間。第一！

　　　　　　──────────

1993 年 9 月 24 日　星期五　下大雨

　　心志還未到最高昂！……我能寫下來的，就只有這些東西。腦實了，心靈又停住了。鑽鑽，鑽往那牛角的頂尖兒，考個第一回來！

　　開學不知不覺二十多日了，暫時未發覺學業上有什麼很多的進展──即使我經常很劼！慢 D 蒞先，過了第一個段考，再去檢討自己讀書的方法。

　　今後我要做嘅係集中精神，強化意志執念去讀書。希望在未來兩個段考中，追個頭三名回來！

　　從此刻至考試 A Level（筆者附註：香港高級程度會考），思想沒有了、遊戲沒有了，只全情投入去讀書！

　　　　　　──────────

　　以前提及過一個關於「生活表現」的觀察，如果覺得生活忙碌（甚或是投訴生活忙碌），其實就代表著投入生活。所以，9 月中以後，筆者覺得生活忙碌起來，就有著投入學業生活的味道。同時也可以觀察到這個時候，筆者的信念仍然是非常的堅定，9 月 24 日的日記可見一斑。當中，筆者也開始感到疲累，大概是開始一如以往地透支著晚上的睡眠時間。但是在這段期間裡面，筆者半句怨言也沒有。相反，有的是向目標發奮的幹勁。

此外，在這個時候，筆者雖然已經感到十分疲累，甚或感覺不到有任何進展，可是心中所想的，是如何加倍努力，與及準備犧牲更多的個人生活，希望騰出更加多的時間放在學業之上。決定不再寫日記，就是其中一樣犧牲。9 月 24 日是 9 月份最後一篇日記，10 月份只寫了三篇，大概一共寫了九百六十字，11 月份亦只寫了三篇，大概一共寫了一百二十字，12 月份沒有寫日記。可見為了考入頭三名，筆者放棄了很多很多。

　　雖然這段時間筆者大幅減少寫日記，所以沒有把學業表現及進度作詳細記錄。大概在半年之後，1994 年 4 月的時候，筆者在日記裡面回憶起開學這段時間，學業表現還真的不錯（測驗得到高分），甚有苗頭。

　　關於放棄寫日記和中七初期學業表現的日記記錄如下：

―――――――――

1994 年 1 月 1 日　　星期六　　凌晨一點鐘左右

　　上年今日唔知做緊乜呢？

　　好久沒有寫日記了。藉口，完全係一個希望自己連寫日記嘅時間都唔可以「浪費」而要去讀書的偷懶藉口。

　　Ha~~~ 到今日先發覺，即使要做大事，生活都唔可以停下來。我要吃、喝、寫，我更要愛，更更要被愛！

―――――――――

1994 年 4 月 14 日　　星期四　　陰　　20 度

　　……

　　……開學嗰時係幾勤力，測驗都合格仲唔低分添……

―――――――――

C 挑戰的結果

這一場挑戰，就在 1993 年 10 月 6 日完結。這一天，填寫大學入學申請表，最希望入讀的是香港大學哲學系（在中六後期，筆者對哲學的興趣已經大於文學。）。可惜當閱讀過入學要求的時候，這個心願便立即破碎。因為這一科的入學要求，需要有良好的中英文水平，其中一個要求就是中英文兩科的會考成績都要達到優良水平（Grade C 以上）。這是筆者所沒有的。

突然之間，「上大學讀自己喜歡的科目」這個重要的精神支柱一下子就崩塌了。筆者頓時感到前路茫茫。一個支持著自己捱過中六低谷的信念幻滅了，筆者失去了「留在學校」的理由。連「留在學校」也沒有理由，那麼為什麼要追趕「考入頭三名」的目標呢？為什麼要把自己推向一種極度辛苦的狀態呢？

1994 年 1 月 1 日，筆者覺得自己的前路將不會留在學校裡面讀書了。

5.4.4 目標幻滅

筆者辛苦地堅持「完成預科課程」的信念，就是為了「爭取上大學讀自己喜歡的科目」。可是，面對「高不可攀」的入學門檻，以筆者當時的情況，大概沒有機會入讀自己喜歡的科目。一刻間，「大目標」幻滅，彷彿再也沒有留在學校的理由。

學業失去目標之後，筆者便把心思精神投入去校內的課外活動。尤其在第二個學期開始，一個又一個的活動就填滿了筆者的日常時間表。因此，留在學校的日子還不算是太過難受。只是最終都必須要面對自己的前路問題。

A　上大學讀哲學的目標幻滅

　　填寫大學入學申請表的時候，筆者的首選一定是「人文學科」，似乎無論如何都要離開「理科」了。<u>香港大學</u>哲學系是排第一的選擇，相信是自己當時最喜歡、最嚮往的科目。可惜的是，這一科的入學門檻實在太高──中五會考中英文兩科都要達到優良的水平。對於筆者來說這是「致命傷」，因為這兩科的中五會考成績是 D 和 E。連最低門檻也沒有達到，大概就知道自己沒有可能就讀<u>香港大學</u>的哲學系。

　　這時候，還未開始高級程度會考，彷彿就已經「被判決」失敗。筆者知道自己無論在高級程度會考得到什麼成績，也只是徒然，因為一早就已經被人拒諸門外。一直支持著自己苦苦堅持下去的信念，就在一刻之間崩塌。

　　幾多次在心情鬱悶的時候，幾多次在學校「無法招架」而快要放棄的時候，自己都一定投訴，這些科目都不是自己所喜歡的，為什麼自己要為不喜歡的科目付出甚至犧牲？唯一可以解開這個困局想法的，就是「只要上到大學就可以選擇自己喜歡的科目」……筆者經常自我開解，自己還是喜歡讀書，還是覺得應該讀書，只是不喜歡讀理科……

　　筆者彷彿預見得到，自己也許只有一直在不喜歡的科目裡面抗拒、厭惡、懊悔、和沉淪。又或者，理性一點，應該及早放棄。

　　關於大學選科當日的日記記錄如下：

────────

1993 年 10 月 6 日　　星期三　　晴

　　今日係我升中七以來第一日請「懶病假」。愁。再抑鬱，很久很久以前嘅胃痛又復發。心好痛。

　　Ha~~~ 理想、生活、快樂。

我有生活得好快樂嘅時候，只要我翻翻照片就知道就能看出了。無拘無束，我就最開心。我現在為咗理想很辛苦，心很痛，沒有時間反省，沒有時間寫日記，但係我並不感到憂愁，沒有討厭，因為我要達到我嘅理想！

但係呢一刻真係叫我憂愁，全因為大學選科嘅問題。我好重視我讀乜嘢科目，因為呢兩年之間，我深深感受到做一D自己唔鍾意做嘅事，係幾咁嘅難受啊！係幾咁嘅痛苦啊！

<u>港大哲學</u>，我打算把她放在第一位。但係問題係<u>港大收生</u>嘅問題。不過這也罷了，一切也算數了。呢一科，我依然會放喺第一位，不收我麼，咁就讀其他罷了。

因為非常失望，筆者因此而感到非常憂愁，抑鬱的情況又一次出現在身上。身體的抑鬱反應非常劇烈，除了心痛之外，很久沒有出現的胃痛，都因為信念崩塌而再次出現。也許這一個打擊實在太大，過去一年以來，長期催逼著自己維持在極度透支的狀態、身心都在虛脫的邊緣、還持續嚴苛地鞭策自己——這一刻，過去所承受的一切彷彿都變得毫無意義、多餘。

往下該怎麼走？考入頭三名？然後上大學再讀理科？讀書為了什麼？

可幸的是筆者沒有一下子崩潰，也沒有立即就自暴自棄。只是過去努力的情況肯定不會出現，因為已經沒有拼命的意志。

10 月 29 日，第一個學期已經去到尾聲，筆者在這一日感到迷失。離開上一次抑鬱病病發的時間，是差不多七個月之前（3 月，恆常抑鬱失控。）；10 月尾，再次對自己感到迷失。7 月 5 日定立目標之後，更是一直一心一意的勇往直前。原來，在這一段「越級挑戰」期間，筆者的生活雖然嚴苛，但是情緒卻相對穩定。

關於 10 月 29 日的日記記錄如下：

───────────

1993 年 10 月 29 日　星期五

今日係迷失的一日。

───────────

以上這一句說話，就是當日日記的全部。

大目標幻滅之後，考入頭三名的小目標，就在第一次考試之前已經下降到考入頭十名。11 月 19 日禮拜五，第一次考試開始。11 月 22 日禮拜一，中國文化科和英文科考試已經完結，純數學（Pure Mathematics）、應用數學（Applied Mathematics）、和物理科（Physics），這三科的考試還沒有開始，筆者就彷彿已經知道，自己連一個下降了的目標，大概都無法達到。這一日，在日記裡面已經說出一句關於預見考試結果的話：「話過頭十名，未必得。」

也許，筆者已經失去了精神支柱，無法再承受經常透支身心的消耗，同時也失去了鬥志，無法再克服心散和懶惰（睡意）。大概，在準備考試期間，筆者沒有去應付、沒有去對抗這些「老問題」⋯⋯

關於目標下降和無法達到目標的日記記錄如下：

───────────

1993 年 11 月 22 日　星期一　寒

考試幾日，中文、英文都考完了。

話過頭十名，未必得。心很散，讀書不得其法。

───────────

在 10、11 月期間，筆者在學業以外，積極參與了三項活動。第一項是中文演講比賽，是校內「中文推廣週」的其中一個活動。半年之前（1993 年 4 月）辯論比賽示弱出醜之後，筆者捲土重來，希望在第二種活動裡面再看清楚自己的演說能力和技巧。這一個演講比賽的內容沒有限制，任由學生自己選擇。筆者也花了好些時間去準備，最後作了一篇文章作為演講內容，題目為〈論示威遊行的意義與成效〉。筆者更再三檢討自己在辯論比賽時候的缺點，希望可以作出針對性的改善。幾番努力，可惜到最後還是落敗收場。不過筆者清楚感到，比起辯論比賽時候，自己的確有了進步。

其餘兩項活動，就是班際足球比賽和班際籃球比賽。這兩項比賽，筆者在以前都會參加。不過在重讀中五的時候、和中六的時候，均沒有參加。原因是跟同學比較疏遠，一開始就沒有合作精神……明顯地，中七這一年，筆者跟同學們的關係得到大幅改善。一來是相處的時間已經有一年，大家接觸的機會多了。二來，筆者由中六下學期開始，成績表現開始優越，自我形象同時間亦大大改善。就這樣慢慢地，筆者亦開始得到同學們的尊重。

B　歌唱比賽

1993 年 11 月 26 日，中七第一次校內考試完結。之後筆者就開始全情投入去校內的歌唱比賽裡面，而又一次完完全全把學業放下。這是第三次參加校內的歌唱比賽。第一次在中四，第二次在中五。為什麼筆者那麼熱衷於校內的歌唱比賽？完全是台上表演的虛榮心作祟。加上，筆者的偶像是香港樂隊「Beyond」。中三開始，便因為想模仿「Beyond」的黃家駒和黃貫中而跟五哥 JOC 學習結他。在舞台上表演彈結他，一直是筆者的一個心願。

關於早年熱衷於上台表演彈結他的日記記錄如下：

1990 年 12 月 29 日　星期六

　　晚上看 Beyond，非常之勁，我又想呀！我真係好想喺中五時，上台彈一彈結他，Rock 一 Rock，唱一唱。

──────────

　　回想第一次在中四時候參加歌唱比賽，筆者找來了三位同學一起演出。筆者負責彈結他，一位負責手提電子琴，一位負責拉小提琴，一位負責主音。音樂知識最豐富的、演出經驗最多的，是負責拉小提琴的同學。而筆者當時只是剛剛開始學習結他，可能還未夠一年時間，大概完全是虛榮心作祟，才大膽參加比賽。負責手提電子琴的同學，也是剛剛學習的新手。負責主音唱歌的同學，聖誕節時候（1989 年 12 月）在班內聯歡會卡拉 OK 比賽中得第一名。

　　那時候，筆者揀選了香港樂隊「浮世繪」的〈月滿繁星夜〉（作曲／作詞：浮世繪）參賽。拉小提琴的同學，還負責前奏及中間音樂獨奏的部份。在練習的時候聽到，大家都感到這位同學十分厲害！筆者就負責上副音結他的部份，談不上出色，而當時只是一心但求一嚐上台的滋味。

　　初賽在校內的音樂室進行。第一次演出，結果是相當失敗。筆者把結他的孭帶也沒有孭好（沒有把孭帶跨過頭頂搭在左肩，只像一個手袋的搭在右肩之上。），左手要不時緊緊的把結他手柄拉近自己。因為這個錯誤，整個表演都把自己弄得手忙腳亂，左手亦因為要更用力固定結他，手指變得僵硬而難於妥當地撳著弦線，「和弦」差不多都沒有辦法彈出來。而右手又因為自己太過緊張而「發軟蹄」，勾弦的時候「手軟軟」似的。最後，當然是沒有進入決賽。

比賽結束之後，筆者回想表演的時候，總覺得木結他所發出的聲音很細小。相比起主音歌手的歌聲，與及小提琴的聲音，筆者在台上彷彿無法聽到由結他發出來的聲音。

不過，因為這一場歌唱比賽，筆者還是第一次認真地練習結他，儘管根本就沒有「渾身解數」，最少也希望自己不會當眾出醜。雖然最後還是馬虎過場，不過筆者仍然努力準備，結他技巧可算是一次的突破，終於由一個只會裝模作樣的自戀妄想狂，變成為一個「認真的初學者（Beginner）」。

筆者就在第二年重新振作，中五時候第二次參加比賽。這一次是一個二人的組合，筆者仍然是彈結他，由另一位同學負責歌唱，參賽歌曲是香港樂隊「Beyond」的〈昔日舞曲〉（作曲：黃家駒、作詞：黃家駒、編曲：Beyond、主唱：黃家駒）。吸收了第一年的失敗經驗，首先一定要提醒自己的，就是要小心注意，把結他狠好，並推而廣之，在上台之前，好好檢查自己及隊友的各個方面，務求上台之後不會「甩甩漏漏」，影響演出。

因為一年前參賽，勾弦聲音太細，學校的咪高風收音也太差勁，所以今次筆者揀選了一首以「掃 Chord」為主的流行曲〈昔日舞曲〉，希望用「結他 Pick」掃撥弦線，可以製造比較響亮的伴奏聲音。

誠然，第二次參加比賽，心理質素和台上經驗都比第一年好，結他技巧亦比一年之前更為熟練。不過，表現還是沒有到達「突出」的水平，無緣晉身決賽。

中七，是中學生涯的最後一年。筆者第三次參加歌唱比賽。這一次還是一個二人的組合，不過這一次由筆者負責唱歌主音和低音結他，而另一位同學負責主音結他。吸收了之前兩次的經驗，筆者最希望可以改善的地方，還有「樂器聲音」的考慮。筆者總覺得，木結他聲音太細，加上學校的咪高風，在大禮堂擴音器出

來的聲音，感到太弱，所以歌曲的效果，跟在耳筒和家中聽到的相差很遠很遠。

所以這一次，筆者十分希望可以使用電子結他。1993 年 11 月 26 日禮拜五，第一段考完結，黃昏，筆者就到旺角，買了一支電子低音結他，希望可以在最後一次的中學歌唱比賽中使用，從而令到結他的弦線聲音可以有更好的輸出。拍檔在半年前已經買了電子結他，加上五哥 JOC 的電子鼓機，這一次是「全電子音樂表演」。過去筆者擔心的「輸出太細聲」，希望在這一次由電子樂器直接輸出到擴音器，可以得到改善。

因為筆者的儲蓄不夠，所以又得向四家姐 CLC 借錢，才可以購買一支電子低音結他，與及一個低音結他擴音器。在此多謝四家姐 CLC 的幫忙。筆者也必須要為借錢過程中所製造的麻煩，向四家姐 CLC 鄭重道歉。

最後一次參賽，筆者和拍檔揀選了香港樂隊「達明一派」的〈馬路天使〉（作曲：劉以達、作詞：陳少琪／黃耀明、主唱：黃耀明）。由決定報名、揀選歌曲、寫結他譜（主音與及低音結他）、準備電子鼓設定（鼓聲輸入）、練歌、到 12 月 16 日初賽日子，大概只有兩個禮拜的時間。

期間 12 月 9 日學校旅行，目的地是香港離島長洲，大夥兒在長洲預訂了渡假屋，多玩一日，12 月 10 日才解散回家。筆者在中學最後一年，又參加了「巨型聖誕咭製作比賽」，12 月 17 日便要把作品送交學生會。對上一次參加「巨型聖誕咭製作比賽」，又是三年前的中五。慶幸的是，今次筆者終於嚴謹地遵守學生會定立的參賽要求，最終獲得比賽冠軍。

雖然歌唱比賽的準備時間不多，不過這一次終於能夠晉身決賽。筆者在學校八年，沒有見過全電子樂器表演。全電子樂器演出在學校裡面應該是第一次出現。初賽完結之後，兼任評判的音

樂老師對筆者兩人的演出感到興趣，還提出了一些音樂技術上的問題。負責統籌比賽的幾位師弟（學生會工作人員），亦對電子樂器的演出顯得十分雀躍。

決賽日子在 12 月 23 日。筆者當時希望改善自己的演唱表現，尤其是歌曲的最高音的部份。自知表現極不穩定，所以在這一個禮拜的時間裡面，倍加練習。只是，筆者越努力去唱、越花多時間去練習，效果反而變得越來越糟糕。似乎自己越「用力」去唱，越想唱得高音，結果都是適得其反。就在一個禮拜裡面，無法改善演唱表現的同時，唱出來的歌聲就越來越不堪，喉頭亦越來越乾涸疼痛。

再加上，第一次在大禮堂用全電子樂器演出，筆者及拍檔二人需要試一試輸出的效果。電子樂器直接輸出大禮堂的擴音器，聲音足夠，比起木結他，效果令人滿意。只是同時間發現，由電子樂器輸出的聲音，顯得單薄平面，完全沒有「深度、厚度」可言。筆者百思不得其解。今天想來，當日自己的音響工程知識極度貧乏，妄想在中學校園的台上，就要做出音樂唱片的「專業和豐富」的效果，實在似是緣木求魚。不過，筆者尚算能夠察覺「問題」和「分別音質」。

所以，在比賽前夕，筆者感到非常巨大的壓力。其一是聲帶因為過度練習和練習不得其法而變得越來越壞——也許同一時間巨大的壓力又再破壞喉嚨的狀態。還記得當時，喉嚨一日比一日乾涸，聲線一日比一日沙啞，上台的壓力就一日一日地加大。好可能聲帶一早就已經受傷了。其二是電子樂器的演奏，一直都無法達到音樂唱片的效果。

第三次參賽，雖然能晉身決賽，但是在一切都彷彿不如理想之下，對自己的表現感到十分不滿。沒有半點成功感之餘，更又一次在台上眾目睽睽下示弱出醜。當時一位同班同學跟筆者說：

「你們是第二最差。」第一最差的，是排第一出場的那一位。也許是第一位出場而感到太緊張，那位同學的表演錯漏百出、完全沒有進入狀態……

比賽完結之後，大概沒有快樂的理由，不過這個完結可以讓自己離開高壓的準備活動和擔憂表現差劣的狀態。談不上有任何收穫，只是自己從此知道，在音樂上的不足地方還真的很多。

關於全情投入參與歌唱比賽的日記記錄如下：

―――――――

1994 年 4 月 14 日　星期四　陰　20 度

……自歌唱比賽開始，我又拋低晒學業，去做自己鍾意嘅事情，到學期尾係真係人生同學業最最低潮期！

―――――――

歌唱比賽完結之後，便開始聖誕假期。1994 年 1 月 1 日，在一年開始的時候，筆者就把學業完全放棄，並覺得自己的前路不會是留在學校讀書。「大目標」和「小目標」不復存在。

關於完全放棄學業的日記記錄如下：

―――――――

1994 年 1 月 1 日　星期六　凌晨一點鐘左右

上年今日唔知做緊乜呢？

……

踏入 94 年，第一個大關 ――Hong Kong Advanced Level Examination。不過我唔想寫呢樣野住。

近日我發覺越來越好似搵到自己嘅生活道路。理想和現實嘅矛盾之間、快樂與堅毅忍受之間，心靈與行為之間，潔白與現實社會腐敗之間……好似漸漸已經找到一條雖然迂迴曲折九曲十九彎但係適合自己去走嘅路，這不是不能說是一條好好嘅路。點樣都好，呢樣唔係依家喺校園生活中嘅——「讀書」。

……

三個月後便又 A Level 了！唉 ~~~ 就辛苦三個月吧！

1993 年 12 月，一整個月沒有寫日記。1994 年 1 月 1 日，彷彿就寫下了自己的「前路宣言」。

C　中七最後階段的活動

聖誕假期完結之後，接著兩個禮拜便是學校陸運會。初賽日期是 1 月 7 日，決賽日期是 1 月 13 日。筆者參加了三個項目，跳高、400 米賽跑、和 1500 米賽跑。跳高在初賽日已經完結，筆者得到冠軍。因為這一個輕易得來的冠軍，令到筆者幻想，如果能夠在兩項賽跑也得到第一，說不定這一年可以得到甲組個人總冠軍。這一個不切實際、異想天開的念頭，令到筆者對這一次陸運會有著不一樣的憧憬。

誠然，筆者是學校陸運會的常客，不過一直都有自知之明，知道自己只是第二甚或第三「等級」的運動員。筆者沒有天生異稟的體格，也沒有卓越的運動神經，除了跳高，沒有一項突出的體能。過去多年，中二時候得到 4X100 米接力銀牌，中三得到 800 米賽跑銀牌，中五得到 4X100 米接力金牌，跳高銀牌，中六得到跳高銀牌。

筆者沒有特別為個別項目作任何鍛煉。參加陸運會是喜歡跑跑跳跳，雖然內心渴望得到獎牌，不過每每都清楚看到自己跟「得獎人馬」的實際差距。當中沒有任何爭議可言。

　　這一年因為一個輕鬆的跳高金牌，就令到筆者忽然之間覺得，甲組個人冠軍不是遙不可及。只是，回到賽道之上，一切都必須重返現實。在 1500 米賽跑項目，筆者翻查出學校的項目紀錄，計算出只要做到平均以 19 秒跑 100 米，就可以刷新學校的紀錄。400 米賽跑初賽，筆者在小組中以第一名衝線，時間是 63 秒，平均 16 秒跑 100 米。

　　也許當時以 400 米賽跑初賽的成績作比較，認為 19 秒跑 100 米應該可以做到。可笑的是筆者根本從未嘗試過以這個速度完成 1500 米，更從來沒有以這個速度為目標，做出任何的練習。大概筆者以為「計得到」就會「做得到」。到決賽當日，1500 米賽事開跑，筆者一直保持在第二的位置。在第二、三個圈的時候，因為身體太過疲勞痛苦，感到難以支持下去，就在中途離開跑道，放棄比賽。

　　放棄的感覺很難受，尤其是當初還幻想可以破紀錄得冠軍。這一個幻想，以一個很大的差距「落空」。筆者又一次感到無地自容。

　　接下來還有 400 米賽跑，筆者帶著 1500 米賽跑之後的疲軟身體，還加上中途放棄比賽的羞愧心情，感到不可以再一次讓自己退縮下來。一直領先的是一名中五同學，在中後段已經明顯地帶出幾個身位。筆者就在第二、三位左右的位置。到最後 100 米的直路，前面第一名的選手已經遙遙領先，距離一直都沒有拉近。在最後的直路上，左右視野相對清晰，筆者就跟左邊的對手競爭第二名。當時筆者意識很清楚，這是最後幾十米，要是放鬆放棄，第二名將會是別人。剛剛 1500 米賽跑中途放棄了，是很大的羞愧。

自己決不能夠又一次放棄。在最後幾十米一直堅持之下，最終得到第二名。左邊的對手緊接得第三名。

雖然得不到金牌，更沒有幻想當中的甲組個人總冠軍，但是筆者在 400 米賽跑比賽裡面總算為自己挽回一點點自尊、個人價值。

陸運會決賽第二日是禮拜五，學校假期，接著是禮拜六和禮拜日。1 月 17 日禮拜一，筆者因為中途放棄 1500 米賽跑的羞愧難受，又一次詐病請假。這一日，筆者還感到自己又一次變得很討厭讀書了。

關於陸運會期間的日記記錄如下：

1994 年 1 月 9 日　星期日　晴

1 月 7 日陸運會初賽，首先拎咗個跳高金牌先。不過拎得一D都唔值得，事關參賽者裡面，無人識跳，得我識！我以 1.44 米勝出，不 X 知所謂。以前，我嘅對手係同學 YWY，過去兩次碰頭（第一次係中五，第二次係中六，重讀中五那一年停學自修，沒有參加。），我哋兩個都咬住來鬥；YWY 有的是正統正式動作，我有的是鬥志。兩次我都輸畀佢，不過我有氣餒，將佢擊倒係我喺跳高場上嘅目標。上年我輸佢喺 1.7 米，佢過到，我過唔到，淨係過咗 1.68 米。不過唔代表佢過到 1.7 米以上。

400 米賽跑。我第一（初賽），係我喺田徑場上個人第二次衝線。我發覺到，臨尾我係勁爆，係拼到盡！我唔知係我個心變得強橫咗，定係自己嘅實力高咗。不過我記得，最後一百米時同自己講咗兩句話，呢兩個訊息就係：一、最有毅力嘅人才會贏；二、最後一年了。

呢兩個信念鞭策我「去盡佢！」63 秒（400 米成績），我諗入到決賽呱？！自己都幾滿意今次嘅表現。

1500 米比賽，要 19 秒跑一百米。

1994 年 1 月 12 日　星期三　晴

明天就係陸運會決賽了。我仲有 400 米和 1500 米賽跑兩個項目，兩樣我都好想拎獎牌，今年仲想要甲組個人冠軍添！

不過，競賽還是要講實力的，明天一定要打贏自己！

1994 年 1 月 17 日　星期一

無返學，因為好唔鍾意讀書啊。

呢幾日發覺自己好似一個傻佬咁。

接著兩個禮拜，是學校的音樂節。其中一個節目就是班際合唱比賽，每班合唱一首音樂老師指定的歌曲，然後自選一首，合計兩首歌曲的分數高低定輸贏。音樂老師指定的歌曲，是〈陽關三疊〉（王維詩作《送元二使安西》：渭城朝雨浥輕塵，客舍青青柳色新。勸君更進一杯酒，西出陽關無故人。）；而班內同學們自選的歌曲，最後決定為〈總有你鼓勵〉（作曲：李子恆／吳奇隆、作詞：潘源良、編曲：趙增熹、合唱：倫永亮／李國祥）。

巧合的是兩首歌的內容，都是關於朋友的離別。而這個主題，非常配合當時班內的處境。因為大家都進入中七最後的日子，大概一個月之後，整個預科課程就完結了，大家都將要各散東西了。

而不知是不是這個原因，同學們對這次合唱比賽均十分投入。同學們主動跟音樂老師約期練習，同時又自發相約在班房練習，更找來同學彈結他伴奏（筆者的拍檔）。又有同學主動為歌唱的前奏和中間音樂獨奏部份吹口琴演出，令到合唱表演顯得更豐富。

筆者回想起中六的時候，自己在音樂節合唱比賽當日，就詐病請假，沒有參與。

最終表演的時候，發生了一段小插曲。因為全班同學太多自行閉門練習，最後又沒有跟音樂老師一起綵排，在演出的時候，同學們的歌曲編排跟老師彈琴伴奏不配合，〈總有你鼓勵〉中間口琴獨奏完結之後，大家無法進入第三段。老師不知道口琴獨奏完結之後如何進入第三段，同學們亦不知道老師的鋼琴伴奏如何接入第三段。大家當時就「不知所措的、古古怪怪的、笨拙的、非常兀突的」停頓下來，好不容易才尷尷尬尬地草草收場。

可以見到，同學都很認真地練習，還自發地做的更多。要不是想做得更多又更好，就不會導致忽略了跟音樂老師作最後綵排，就不會出現這一次的失誤。

音樂節合唱比賽完結之後，大概所有校內的課外活動都已經完結了。筆者亦必須要面對一個「學習又不是」、「玩樂又不是」的學校，大概就是面對一個「空空如也」的地方。

關於在學校最後活動完結之後的日記記錄如下：

1994 年 1 月 29 日　星期六

我好唔鍾意依家自己呢一種感覺。迷失……好無方向，好迷惘……

班際合唱比賽結束之後，不久便到農曆新年假期，1994年2月5日禮拜六便開始放假了，2月9日禮拜三便是大年初一。農曆年假之後兩個禮拜，2月25日禮拜五，中七學期便告完結。緊接著的，便是校內的模擬考試與及對卷工作。3月下旬，高級程度會考正式開始。

筆者的中七生涯，在勇往直前地向目標進發開始，以目標幻滅然後迷失方向告終。

中七第二學期活動時間表

22/11-28/11	第一段考試 26/11 禮拜五完結。購買電子低音結他。
29/11-5/12 2-Term Week 1	第二段學期開始準備校內歌唱比賽，選擇歌曲，準備樂譜。
6/12-12/12 2-Term Week 2	準備歌唱比賽，練歌。第一次用電子樂器。 9，10 號，學校旅行，同學再過夜宿營一晚。
13/12-19/12 2-Term Week 3	16/12，歌唱比賽初賽。 製作巨型聖誕咭參加比賽，17/12 完成。
20/12-26/12 2-Term Week 4	23/12，歌唱比賽決賽。 巨型聖誕咭作品，獲得冠軍。 24/12，開始聖誕假期。
27/12-2/1 2-Term Week 5	聖誕假期 覺悟，前路不在學校讀書。
3/1-9/1 2-Term Week 6	7/1，陸運會初賽，跳高取得金牌。 400 米賽跑初賽，小組第一名。
10/1-16/1 2-Term Week 7	13/1，陸運會決賽，1500 米賽跑中途放棄。 400 米賽跑得銀牌。

17/1-23/1 2-Term Week 8	17/1 禮拜一，詐病逃學，討厭讀書。 校內音樂節班際合唱比賽開始練習。
24/1-30/1 2-Term Week 9	校內音樂節班際合唱比賽得亞軍。 所有校內課外活動完結，感到無方向，迷惘。
31/1-6/2 2-Term Week 10	
7/2-13/2 2-Term Week 11	農曆新年假期（5/2 禮拜六開始） 9/2 禮拜三年初一
14/2-20/2 2-Term Week 12	農曆新年假期（16/2 禮拜六完結）
21/2-27/2 2-Term Week 13	第二學期最後一個禮拜
28/2-6/3	校內模擬考試
7/3-13/3	校內模擬考試
14/3-20/3	校內模擬考試對卷
21/3-27/3	AL 開始，英文科考試。

　　上大學的目標幻滅之後，校內的課外活動一個接上一個，把筆者的時間表（和心靈）都填得滿滿。儘管不少活動都帶給自己挫敗感，但仍然有不少快樂的時光，最起碼這些活動都令人似是忙碌又感覺充實。其中幾樣，包括「巨型聖誕咭製作比賽」、歌唱比賽、陸運會等等，都帶有多年的心願或心結，在中七最後的時間裡面都算是一一嘗試過了、完成了……

第五章 結語

　　這一章所覆蓋的時間是整個預科課程，包括中六和中七兩個學年，由 1992 年 9 月開始，到 1994 年 2 月完結，歷時十八個月。

　　在這段期間，筆者經歷了兩次比較嚴重的抑鬱情況。第一次在 1992 年 9 月到 10 月初，中六開學的時候；因為抗拒校園生活，同時又無法立即適應預科的龐大課程，結果令到自己每天都擠壓在厭惡的生活裡面，最終無法承受而抑鬱病病發。第二次是 1993 年 3 月，這是一次恆常抑鬱的失控。表面上沒有明顯的外因，卻原來早前身心的過度透支，就觸發抑鬱病的出現。

　　另一方面，筆者亦經歷了兩段情緒穩定的時間。第一次是 1992 年 10 月到 1993 年 2 月，歷時大概四個半月。第二次是 1993 年 4 月到 1993 年 10 月，歷時大概六個月。兩段情緒穩定的時間，都是筆者努力投入學業生活的時候。雖然應付學業感到非常吃力，但是生活相對地專注，其他胡思亂想的情況都比較少出現。

後記　高級程度會考

　　1994 年 3 月下旬到 4 月尾，就是高級程度會考的考試日子。這一段日子的光景，大概沒有走出先前的事態發展軌跡。「上大學讀喜歡的科目」的目標幻滅之後，筆者就差不多放棄了學業生命，因而對校內考試亦隨即變得不再著緊。真正的公開考試來臨，情況沒有改變，筆者沒有突然之間積極起來。

　　3 月 25 日和 26 日，英文科考試完結。完成幾份試卷之後，筆者感覺到自己沒有及格的可能。英文科「肥佬（Failed）」，是一件熟悉的事件。早在三年之前，第一次中五會考，筆者就是因為英文科「肥佬（Failed）」而無法升上預科。大概這一次也因為英

文科「肥佬（Failed）」而無法升上大學了。4月5日，筆者就有了無法升讀大學的充份心理準備。

可以預計得到，英文科完全沒有把握合格之下，彷彿整個高級程度會考都可以全部「報廢」了。除了考試成績、除了升學，學業還有什麼？

關於高級程度會考的應考情況，日記記錄如下：

───────

1994 年 3 月 27 日　星期日　晴

好應該寫日記。

昨日及星期五，A Level 英文考試。合格係奇蹟！綜觀呢次考英文，係積弱！自己明知自己唔掂，又唔努力。我發覺自己原來有一種「奇蹟」的思想習慣。經常往往期待有「奇蹟」出現。

勇闖新世界！今年真真正正離開「學校」了，離開不知所謂的規條，離開功課。

自我，印證。用一個可塑造可耗用嘅身體，爆炸我有限嘅生命！

───────

1994 年 4 月 5 日　星期二　晴

溫 Physics。溫到個頭好實，寫日記輕鬆下吧！

「動」、「衝擊」，真係會帶來反省、帶來蛻變。兩年來，每逢考試，每逢遇到困難時，自己會諗多好多嘢。諗點樣去逃避，諗點樣去為逃避找藉口，諗點樣面對，點樣解決，諗點樣去諗。

A Level，迫我想做好多想做嘅事。做班刊啦，拖咗成兩年幾啦，都仲未有嘢出！音樂，結他，將會佔用我好多時間，考完試一定要「操」。作文，作為總結思想嘅記錄。勇闖新世界！發展我自己！

　　我唔怕入唔到大學，因為大學也許也會對我有好大嘅規限！

─────────────

1994 年 4 月 8 日　星期五　28 度

　　我是一頭箭豬。身外被一個肥皂泡包住。
　　外面看來很美麗，從內向外望也充滿色彩。
　　可是它很容易便破穿，
　　只要我輕輕一動，只要有外物輕輕一觸，
　　或有外物引誘我行前，它便爆破了。
　　一切也回復醜惡！

─────────────

1994 年 4 月 9 日　星期六

　　力不從心！

　　這是一場永不會勝利的戰鬥。只是維持不能戰敗，一生一世的艱辛戰鬥。

─────────────

1994 年 4 月 14 日　星期四　陰　20 度

　　今日考 Physics，令我想了很多東西。

　　時間表已經一早制定咗，可惜，真係好可惜，自己冇「自我推動能力」去實現。自問時間表唔算係苛刻，要自己十點瞓覺，又唔係通宵……唉～～～我深感後悔。

又想起自己喺呢兩年間學習 Physics，又有 D 感慨。中六，一開學以來，自己係好想積極，不過第二堂就被老師 <u>WSL</u> 打沉，之後又搞學生會競選，不單 Physics，就連其他科目都停頓下來。呢段時間，真係好差，係 100% 唔理學業嘅日子，大部份測驗都只係得十、十幾、最多廿分，真係學業最低潮。喺呢個時候，我可以感受到，以前中五身邊一班追唔上課程嘅同學，佢哋乜都唔識坐喺個課室度嘅嗰一種感受。

去到成大概 11 月至 12 月期間（1992 年），先至有 D 發奮，喺班裡面再做到「合格的一群」，十個人都唔夠嘅呢一群。呢個時候，我人生最積極！連老師 <u>WSL</u> 都喺我份實驗報告寫上：「Show Effort！」我當時真係好高興！

今年中七，本來打算一心一意去讀書，點知活動一個接一個，搞到個心散晒。開學嗰時係幾勤力，測驗都合格仲唔低分添，不過自歌唱比賽開始，我又拋低晒學業，去做自己鍾意嘅事情，到學期尾係真係人生同學業最最低潮期！

心散，自己真係好心散！

今次考試，正正代表之前出過幾多力。

1994 年 4 月 20 日　星期三

昨日考試，Pure Mathematics，真係有 D 失落。唉～～～自己以前其實都好鍾意計數，都覺得有成功感，不能否認，喺中五以前，我嘅數學科唔差，由開始到終結，都係唔駛出好多力而有好成績，中五以前……一路都係。

唔知乜嘢解究，一到中六，成績就直線下跌，仲發生一 D 自己從來唔會諗到嘅事——測驗 0 分。呢個問題，可以由我自己個人探討一下。心理、行為、性格。

行為——懶惰，係最大致命傷。喺呢兩年期間，我係想做得好好，如果我中六學期初嘅時候有寫日記，有記錄低我當時嘅理想，就知我當初係非常重視呢兩年。但係好可惜，我懶，我好懶。我係知道情況，一方面自己想好，一方面自己又乜都唔做，咁樣係矛盾。

呢個矛盾，可以從我嘅心理——生活劇本去理解。一個自閉可憐嘅小怪物，終日沉淪喺自己嘅幻想空間內，好似阿Q咁，幻想、假想、自欺欺人……還有，呢頭小怪物經常心存奇蹟，遇到困難時，不加思索，只希望有奇蹟出現：好似灰姑娘，到最後竟然能夠得到神仙幫助，盛裝出現喺王子嘅舞會。又例如若瑟王咁樣喺石頭裡面取出神劍……等等。

奇蹟，永不會出現，小怪物得接受現實。不讀書就不會學識，最終只有失敗。

心理因素（二）——逃避。面對困難——逃避。逃避方式：（i）尋找對「困難」嘅不喜歡地方。例子：我不喜歡讀理科，嗰D知識毫無用處；唔鍾意返學——皆因覺得毫無意義，教育制度不知所謂……為咗逃避，我會、經常諗大X把理由出來。（ii）去搵一D自己喺「困難事件」以外喜歡嘅事。例子：彈結他，讀文學！

唉～～～ 好失敗。

今日都好失敗，又重複自己嘅劇本。應做嘅不做，唔應做嘅又做！唉～～～ 又無溫 Applied Mathematics 了。我知我係好清楚自己應該做D乜野，但係好可憐……我發覺自己真係有問題！精神分裂……我有兩個極端的我……極積極……極懶惰……

我其實都唔係無改變過自己，好似陸運會400米賽跑比賽，我當時就已經突破自己，強忍身體嘅痛苦，奮力向前。我曾經得過！

餘下五日温 Applied Mathematics（25/4 星期一），四個部份，應該可以準備得好一 D，咁就要睇下自己喺呢幾日有無自制能力啦！（正確餘下四日）

行行企企，渾渾噩噩，咁又一日，真係「空把歲月來蹉跎」！我唔想咁，我亦唔要咁呀！要有「意義」，我要充實呀！

1994 年 4 月 22 日　星期五　晴

我覺得自己已經係一個死人了。唉～～～冇生命力。冇方向。我係想做好多嘢，但係都冇做到。好似一舊木頭。我又唔知自己係乜啦。

以前，我會覺得自己好叻，自己係、會係一個學者，飽讀詩書。好可惜，依家自己已經冇能力當自己係一個學者啦。學業對我來説已經看到終點了！

做唔到學者，我又要搵自己嘅理想層面嘅角色啦！

我係可以擁有知識，因為知識係開放嘅。但我卻沒有「學者」嘅地位。初時自己係唔習慣，不過日後我就一定要接受呢個現實：我會擁有知識，但我的知識沒有名份！

曾經諗過做創作，歌、書、散文、電影、話劇、廣告……等等。我由細個已經發覺其實自己有時都幾有諗頭，好似喺細細個時候，五哥 JOC 就讚過我有創意，當時係玩緊一 D 積木類型嘅模型（筆者附註：類似 Lego）。小學畫畫勞作，不少人都讚我，中學作文 D 人都歎為觀止……

「創意」我未完全知道係乜，不過我自己覺得，自己能夠將心裡面嘅感覺表達出來。好似以前作文，D 人話夠真，喺「殺手」老師 AUB 手上都經常六十分以上，難委有好多人中四中五兩年都無幾多次合格。D 人都話我厲害！

依家玩音樂，起步係比好多人遲，天資又未必比人高，歌聲又未純，不過我有嘅係恆心。

我現在覺得自己像行屍走肉。

生的可貴——樂。

有生命就有快樂。呢個係我中七以來同自己講嘅說話。我希望藉此加強自己「生」的意念。

講開「命」，我想起原來自己好細個時（三、四歲）都已經想自殺，尤其係被人打完嘅時候。不過好多次都係諗住用埋下一期零用錢先至去死吧。咁樣我嘅生命就延續到今天了。哈哈，人細鬼大！嗰陣時諗死，「唔死」就因為錢，因為嗰陣窮，即使極少嘅零用錢，都起碼可以得到少少享受。依家諗住死，係「本死」，為咗唔公平，為咗公平。「本死」去拼，要帶住D某某東西、某某人物和我一起完結！唉～～～

1994 年 4 月 23 日　星期六　晴

活死人。

唉～～～今日瞓足成日——瞓到頭都痛！

我唔想咁，我發覺我D思想越來越極端。我唔知，究竟我係一團死水，永遠沉淪，定還是一個屬害的人。

實際上我有強嘅一面，有積極嘅一面，有上進，有精於思考，有正義感，有快樂嘅一面。但同時間，我亦有懶惰消極、沉淪、軟弱、瘋狂、錯亂、墮落、自暴自棄嘅一面。我唔了解。但我發覺自己呢D性格行為越來越極端啦！唔通人就係咁？

今晚想舉兩個例子：

第一，今次 A Level。中六、中六暑假、中七開學等時期，我曾經係有好強嘅決心，想考好 A Level。嗰陣時真係淨係諗住學業。計劃第一步就係想喺學校考頭三名，我決心強到自己第一次寫下希望，入落家姐 SHC 畀我嘅錢罌裡面。唉～～～ 好可惜，三分鐘熱度。係，自己係經常諗住呢 D 嘢，但係好可惜，當落實去做嘅時候，就非常懶惰，又抵唔住辛苦。

　　第二個係校內運動會。400 米賽跑比賽，係我近期代表作。我當時好辛苦，我好劫，但係我都頂硬上，最後拎咗個亞軍。唉～～～ 完全燃燒小宇宙。我現在很懶，A Level 在即，自己竟然成日唔讀書。

　　精神分裂！

　　每一個片面嘅距離越來越遠了。我唔得啦！

　　一方面自己想死，一方面又要生。唉～～～ 我要喺一大群人裡面，先至有我自己。喺學校，喺班房，喺「譚 Sir 俱樂部」⋯⋯無人會睇小我，人人都畀面，但係依家⋯⋯

　　有錢可唔可以生活呢？冇錢，等如冇屋、冇衫、冇得娶老婆、冇得食，照顧唔到下一代！做自己喜歡做嘅事，極有可能係賺唔到錢。嗰時可以點做呢？哈哈，咁就不娶不吃不住吧！哈哈哈⋯⋯

　　音樂，Band，其實香港暗地裡已經唔少，識彈結他嘅人，都好多好多。所以如果我要走上專業結他手一途，真係唔容易。真係。有次，和同學 WAL 打完籃球，佢同我講，話我同 WMS 唔憂食，因為我哋識彈結他。之後我立即反駁佢，家下識彈結他嘅人多的是，而且我哋都未叻到可以出來表演，所以我哋都憂食㗎！

　　創作，呢方面對於我來說會比較踏實 D！自己都覺得自己

寫D嘢都唔係差，又有D創意。假如有機會，我都想進入呢一行。一生人出幾本書。一本書與一本書之間，自己四周圍去，去體現體驗一下生活。呀～～～

　　想深一層，自己嘅「死的意願」都真係唔細架！

　　中學真係唔係一個能夠發展我嘅潛能嘅地方。

　　好灰，我真係好想死。

　　生存可貴，死好真實。

───────

1994 年 4 月 25 日　星期一　晴

　　昨日早上，跑步，好辛苦！辛苦，係自己造成的。我要辛苦，因為我覺得呢種感覺比較真實（肉體上受外來刺激的反應）。渾渾噩噩的生活過得討厭極了，自覺是虛耗光陰，不知所謂。我要闖，我要解脫！即使到最後自己有選擇渾噩！

　　昨日辛苦完之後，遇上了一件倒霉的事──制水！無水沖涼，怎辦？等一陣又要往二哥 JSC 屋企開生日會添！眼看那時開水喉就仲有一些水尾──頂硬上啦！洗頭。我就係靠呢D小水滴來滴乾淨個頭，不過滴到最後，還剩兩成護髮素，竟然又冇水滴。今次就真係「水渣」都冇！

───────

1994 年 4 月 27 日　星期三

　　新生活，新天地。

　　從今天起，就要過新生活了。過自己想過的、並比較喜歡過的生活！

中四時候，曾作文一篇，題為〈我理想中的校園生活〉。在中文老師 <u>AUB</u> 手上取得七十四分，全班嘩然！我的思想是很單純，很理想，那時的理想生活，單字一個——好。今天，中七已修畢，人已不再是中學生了，更再也不想過中學生活。一來是「厭」了⋯⋯第二是「惡」了⋯⋯

　　人越大，累積的經驗越多。從自己的經驗，我找到一些方向，一些志趣。中四一篇中文會考課文〈與青年談科學〉，其中記敘了一句：「一個能喚起人們意志的詩人，跟一個核子專家對社會的貢獻，是不遑多讓的。（大意）」我愛文學。愛文學源於我很享受那裡的意境、詩境、良辰美景。始於美，終於維繫美⋯⋯

　　不論怎樣，從今以後我也不會再回中學了，學習已經變得純個人取向。在此，希望自己能夠抱著以上的態度及理想，成就自己。

———————————

　　高級程度會考，筆者還是勉強完成，考試期間亦進入了高壓力的應考狀態。心散的老問題仍然存在。理智上很希望努力讀書，可惜就是無法推動身體。內心在這兩股力量之間撕扯，感到十分痛苦難受，筆者更一度懷疑自己是不是患上「身心分裂」的疾病。不過，大部份因為壓力而起的痛苦，都隨著考試完結而消散。

第五章第一稿完成於 2016 年 11 月

第六章

一次嚴重抑鬱的爆發過程

1994年4月 — 1994年11月

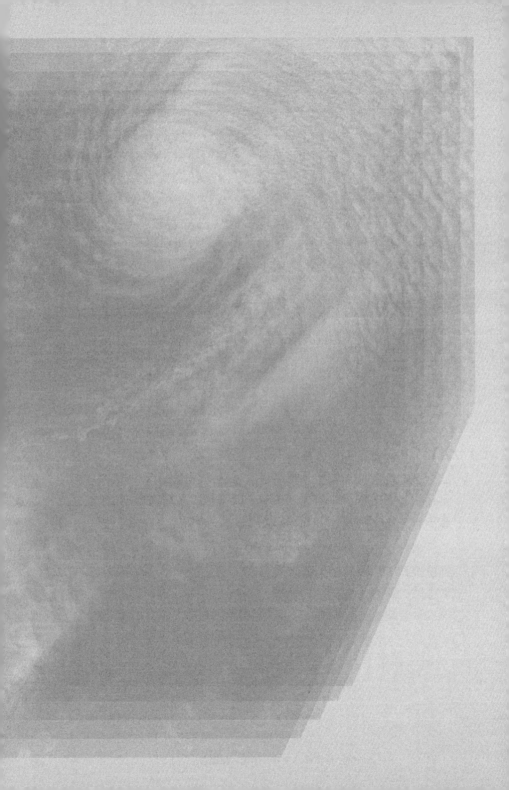

【全章摘要】

　　高級程度會考放榜之後，筆者獲得<u>香港城市理工學院</u>取錄，就讀製造工程（榮譽）學位課程。嚴重的抑鬱在正式開學之後第四個禮拜爆發（1994 年 10 月 9 日），身心和校園生活都受到非常巨大的影響。情況大概持續了四個多禮拜，才得以慢慢復原。爆發之前，8 月 25 日「英文補底班」開始，9 月 19 日製造工程（榮譽）學位課程正式開始；這兩段進入新環境的時間裡面，都曾經出現抑鬱的情況，與及出現適應的問題。

6.1 尋找出路

1994 年 5 月至 1994 年 8 月

　　攻讀哲學的目標幻滅，「學業的路途」在預科中七畢業的時候彷彿走到了盡頭。放棄學業，二十歲的筆者需要為自己的將來尋找出路。除了讀書，「彈結他」就是自己花上最多時間的活動。所以，很快就想到究竟自己可否成為一個職業結他手？加上喜歡寫作，便想嘗試一下做流行歌曲創作。高級程度會考結束，便全心全意地把時間和精力，都放在練習結他彈奏和學習音樂知識這兩件事上面。可惜終歸欠缺天份，似乎不論多麼努力，也無法在基本的「音樂感」上有任何突破。

　　尋找出路期間，筆者的情緒相對地穩定。沒有經歷過嚴重的抑鬱情況，也沒有強烈痛苦的表現。究其原因，可能是這段時間的生活，帶有一個清楚的目標，日常又有著規律的活動，還有定期大量運動，所以抑鬱的情況得以緩和，相對地減少和減輕。

6.1.1 前路

前路在哪裡？往後怎麼走？筆者檢視自己的情況，在學業以外，大概每次心散無法進行學習活動的時候，第一時間就是「彈結他」和寫作。筆者自己也分不清楚，究竟是真心嚮往？還是只是逃避眼前學習活動的藉口？或者是虛榮心作祟，便有一個想做「職業創作結他手」的想法。

A　想做職業創作結他手

中五開始，就對文學產生濃厚興趣。重讀中五的時候，更一度計劃在預科階段轉讀文學。就連大學選科，也只是揀選人文學科。筆者對於文學或人文學科產生了一種近乎病態的嚮往和渴求，這一點可能是因為對於數學物理化學已經產生厭惡和抗拒。也可能，熱愛文學或人文學科只是為了逃避眼前痛苦的出口。

1994 年 1 月 1 日的日記裡面清楚明言，「前面的路」不會在學校讀書（關於 1994 年 1 月 1 日的日記記錄，可以參閱第五章〈逃避「『逃避痛苦』的痛苦」〉5.4.4 B〈歌唱比賽〉。）。就此，筆者在日記裡面宣佈告別校園，放棄學業。筆者覺得無法選讀喜歡的科目，大學教育也只是預科生活的延續，同樣是沒有意義、是浪費生命、是受罪。

A Level 英文考試之後，筆者上大學的希望彷彿就已經徹底幻滅。大概在考試卷上寫下答案的時候，就已經感到完全沒有信心。英文科「肥佬（Failed）」，在升學的路途上就等同於被判死刑一樣。遭遇就跟第一年中五會考一樣（1991 年）——沒有資格升學。大概中七高級程度會考的結局也是一樣。這就是香港的教育制度。因此，深信英文科沒有合格的可能下，筆者更加清楚——因而更加堅定，自己已經升學無路，所以必須要走出一條升學以外的路。

關於英文考試之後的日記記錄如下：

1994 年 3 月 27 日　星期日　晴

　昨日及星期五，A Level 英文考試。合格係奇蹟！

　雖然 1994 年 1 月 1 日的日記裡面，只提到心裡面已經有一條「生活道路」，可是在整篇日記裡面，都沒有把這一條道路清楚說明。這一條埋在心裡面的「生活道路」，就是「想做職業創作結他手」。

　1993 年 12 月 23 日，校內歌唱比賽決賽，筆者表現甚為差劣。原本心想好好表現一下自己，卻換來了一次當眾出醜（詳細情況可參閱第五章 5.4.4B〈歌唱比賽〉）。只是這一次歌唱比賽之後，筆者沒有對「彈結他」失去興趣或信心，反而更覺得可能是自己放棄學業之後的出路。

　回想起決定參加歌唱比賽之後（日期大概在 11 月尾），筆者便全情投入去準備。學業活動差不多完全放下，所有的時間都放在低音結他和唱歌練習上面。可能就在這一個月左右的刻苦練習當中，突然之間發覺「彈結他」原來是自己最享受的事情，即使左手按弦的指頭已經因為長時間練習而痛苦萬分。雖然手指痛苦，還加上比賽的壓力，但是「彈結他」仍然是自己最願意花時間的地方。

　「彈結他」的時候，身心一點抗拒也沒有。相比起在學校讀書的萬般不得已，「彈結他」顯得是最值得自己犧牲生命和時間。大概內心有一種假象，有一條不真實存在的「數學」，就是讀書

和「彈結他」的痛苦程度可能相若，並同樣地消耗著生命。如果要從這兩個「生活」之間做一個抉擇，筆者當然情願去「彈結他」，做一樣自己喜歡而身心毫不抗拒的事情。而就在無法上大學讀自己喜歡的科目之後，「彈結他」就彷彿成為了自己人生的前路。

什麼是「喜歡」？也許筆者自己也搞不清楚？中七參加歌唱比賽時也曾提及，喜歡「彈結他」，是因為心中的虛榮，是因為享受在舞台上在觀眾前表現自己、在掌聲和喝采聲之中肯定自己⋯⋯可笑的是，筆者要在十幾年之後，才懂得真正用心用耳，去把木結他弦線的震盪聲音聽得清楚明白⋯⋯這些都已經是後話了。

有一點可以肯定，由中五會考開始，每逢需要專心準備考試，第一樣要放棄的事情就是「彈結他」。由此可見，「彈結他」佔用了筆者不少的時間。再者，平日最簡單最方便的消閒活動，就是在家中「彈結他」，一不用出門，二不用花錢。

第一年中五，在 1990 年 12 月 28 日希望發奮努力並專心應付會考，而其中一樣能夠「突顯出」發奮的行為，就是「全日無玩結他」。日記記錄如下：

———————

1990 年 12 月 28 日

今天，終於開始咗我嘅「會考日記」⋯⋯總算叫做開始。全日無玩結他⋯⋯

———————

「彈結他」是最簡單最方便的消閒，不用出門，隨手拿起結他就可以彈上一兩個小時。日記記錄如下：

1990 年 12 月 29 日　星期六

八點半起床，然後聽音樂、看《天下畫集》（漫畫）。上午十一點做 D&T，午睡至下午兩點，兩點至兩點半，玩結他⋯⋯

晚上看 Beyond，非常之勁，我又想呀！我真係好想喺中五時，上台彈一彈結他，Rock 一 Rock，唱一唱。

第一年會考英文科「肥佬（Failed）」，重讀中五時候筆者仍然沒有禁止自己「彈結他」，在放假的日子依然「彈結他」作樂消閒。感到時間不敷應用，仍然沒有放棄「彈結他」，也許連暫時放下的想法也沒有。日記記錄如下：

1991 年 11 月 12 日　星期二　天晴

放假。早上打壁球，好劫啊。下午睡覺，彈結他。

明日 Test Physics。

1991 年 12 月 17 日　星期二　天晴　Day 2

依家我終於感到時間不夠用了！又要讀英文，又要讀 Chemistry，Additional Mathematics⋯⋯又要玩結他，又要學用鼓。唉～～～～！

中六學期開始，筆者便到（香港仔）石排灣聖伯多祿成人夜校擔任義務教師。聖誕聯歡會上，準備表演結他彈奏。為了避免出醜於人前，筆者又一次詐病請假，留在家中好好練習，好讓晚上能夠有一次「不過不失」的表演。日記記錄如下：

1992 年 12 月 18 日　星期五　晴

發生好多事，唔知點寫好。

今日又無返學，阿媽好唔 Like，我玩結他，佢竟然惡到唔准我玩，話我好煩呀！

晚上，夜校聖誕聯歡會，好好玩嘅一晚，好耐都冇試過了。

今日整天也在家中練習結他，因為我唔想今晚出醜……

中六時候，經常問自己：「為什麼要讀書？」雖然大概一直也沒有確切的答案，但是自己也留意到，讀書之外，還需要「精神方面的食糧」，而「彈結他」就可以讓自己感受音樂，潤澤心靈。不過，同一時間，筆者不滿自己投放太多時間在「彈結他」上，影響到日常的學業進度。尤其是經常把「彈結他」放在做功課和溫習之前，似乎是把做事的輕重顛倒。日記記錄如下：

1993 年 1 月 16 日　星期六　晴寒　6 度

……

現在，在學業方面，我實實在在被人拋得太後了，近來上課，因為基礎不好，所以再上課也不知道人家在做什麼。

撇開學業，我自己不斷的在想：「為什麼我要在讀書呢？」數日之前，我得不到結論。我那時反反覆覆的想，人生在世，絕對不能單單的在讀書。我要精神方面的食糧，我玩結他，我學習、感受音樂、體會——情。我聽歌亦一樣，填補我心靈對情的渴望。看書（我所熱愛的心理、哲學、文學），我在另一方面學習，吸收知識。

還有，最重要這一點，我熱愛平靜恬靜的生活，希望得到、培養出一個安祥的心靈空間。無奈，在中學，在<u>香港</u>的中學讀書，絕對不是平靜，絕對不能過安逸的生活。

大量的功課，很多很多的課本課程。哪裡有閒暇把人鬆弛下來，感受一下周遭呢？

Ha~~~~~~~~~~~~~~~~~~~~~~~~~~~

即使我讀書，我都唔鍾意讀理科。我鍾意讀文科。

1993 年 2 月 2 日　星期二　寒晴　Day 2

……

放學回家，到現在十二點半（晚上），我覺得我浪費了很多時間。放學回家，唱歌彈結他，原本諗住四點收，不過就玩到四點半。

膜拜的偶像<u>黃家駒</u>在<u>日本</u>意外身亡。多年來浸淫在 Beyond 樂隊的音樂之中，頓時感到失落和惋惜。日記記錄如下：

1993 年 6 月 30 日　星期三　陰天

　　Beyond 的黃家駒在日本死了。三十一歲，這生的痛苦就完了。

　　很喜歡 Beyond 的歌，編曲與歌詞都好有共鳴。那是一種「灰而爆炸」的感覺，是青春、是失落、是不公平。

　　……

　　Ha~~~（晚上八點九，《娛樂新聞眼》後）可能因為這個節目，令到我好想寫多 D 關於 Beyond 的事。

　　……

　　很久以前就已經聽他們的歌了，還記得第一個印象，是他們在《婦女新姿》唱《昔日舞曲》。想想，差不多七、八年前的事了。那時候，我記不清楚是什麼感覺了，不過自己一路都無忘記那一幕情景。之後中三，五哥 JOC 買了一部卡式唱機，這時便正式聽他們的歌了。因為歌的來源，是由五哥 JOC 錄製而來的，所以不是跟他們（Beyond）發展的初期、由〈再見理想〉卡式帶開始…

　　《秘密警察》是他們第三隻大碟，是我初初接觸 Beyond 的歌。新！Rock！灰！迷住了我！新版《再見理想》那種灰的共鳴，失敗的同感，實在叫我迷住了……《願我能》、《未知賽事的長跑》、《大地》、《喜歡你》、《昨日的牽絆》、《秘密警察》，一隻碟有咁多好聽的歌，實在好難得。

　　Beyond 的歌與潮流的歌不同，不是全是男女的愛情。有很多內容很特別的，如《新天地》、《玻璃箱》、《水晶球》、《金屬狂人》……太多太多佔大部份的。另有一些是訴說一些失敗和灰色的情感，又有一些是反映時弊的……

失落，會是很孤單的。即使身邊有很多朋友，也未必能夠完全地向他們細訴。但在 Beyond 的歌聲中，我便能找到共鳴，能緩和我的悲哀。家駒的聲音是沙啞粗獷的，他的叫聲是最吸引人。重金屬電子音樂，電子結他，樂與怒⋯⋯Ha~~~ 這一切一切，都陪伴過我最悲傷的時候，是緩和我的悲哀還是使我更泥足深陷？不知道，反正他的歌就是有這樣的魔力。

———————

中六學期終結，（香港仔）石排灣聖伯多祿成人夜校的畢業典禮在即，幾位老師一起商量表演的節目。最後決定彈結他唱歌，還揀選了 Beyond 樂隊的《農民》（作曲：黃家駒、作詞：劉卓輝、編曲：Beyond、主唱：黃家駒）和《我是憤怒》（作曲：黃家駒、作詞：黃貫中、編曲：Beyond、主唱：黃家駒）。而這一次表演，筆者更當成為來年中七參加校內歌唱比賽的一個準備。日記記錄如下：

———————

1993 年 8 月 2 日　星期一　晴雨相間

　　⋯⋯

7 月 9 日，課外活動週，離 Beyond 黃家駒的離世只有八日，傳媒依然爭著報導這件事。這天有原本 Set 定的活動，不過我哋一些 Form 6 的同學沒有參與。我哋初初就在二樓大唱 Beyond 的歌，之後要落禮堂睇電影，但是我哋又沒有去。我哋這段時間就在餐房對出，樓梯低下長凳坐著，低聲唱著 Beyond 的歌。這時同學 TMT 突然提議夜校空缺的節目就不如唱 Beyond 的歌——《我是念怒》和《農民》。

———————

1993 年 7 月 11 日　星期日　驟雨

……

夜校畢業典禮決定又是結他表演，唉～～～今次要好認真！

────────────

1993 年 7 月 12 日　星期一　驟雨

……

準備《農民》（Beyond 的歌），主音已經搞掂，欠拍子和整體，欠和弦、鼓聲。期望好大，希望有一次好嘅表演，出色嘅。今次打算用電子結他，電子鼓（自己編一套鼓聲！）。我諗呢次係我出年在學校參加比賽的前奏，試驗。

我真係好想，能夠成功地表演一次結他。以前，我表演過三次，第一次、中四，不知所謂，學咗幾個月，就去表演（參加咗學校嘅歌唱比賽），條結他帶都揳錯咗位就出去演出。第二次，中五，學校歌唱比賽，略有改善，好可惜收音太差了，自己又驚，彈咗一分鐘就被人叮咗我哋落台！

────────────

中七開學，已經定下考入頭三名的目標。筆者知道要放棄很多活動，其中一樣就是「彈結他」。可惜的是，到了開學之後，還是無法把結他放下，沒有騰出更多時間去讀書和溫習。日記記錄如下：

1993 年 9 月 5 日　星期日

好劫。

雖然話以前好多野都唔做，但係我現在發覺，我用了頗多時間玩結他！

大概「彈結他」就是一項日常又習以為常的消閒活動，不論有沒有時間或者休閒不休閒，總之在應該讀書而不想讀書的時候，筆者就一定會拿起結他自彈自唱。所以很多時候，筆者都埋怨自己「彈結他」而不讀書溫習。

確實地，每當筆者心散、無法集中精神、或者是疲倦無法讀書溫習的時候，甚或根本不想讀書溫習的時候，就會自自然然拿起結他……兩件事（「無心讀書溫習」和「彈結他」）彷彿是同一時間發生一樣。不少時候，自己也感到「彈結他」可能是逃避學業壓力的一個出口。不禁思考，究竟自己是不是真的喜歡「彈結他」？定還是因為需要逃避學業壓力，所以自己才走到結他面前，抱起它然後彈奏它，然後緩和眼前的做功課或溫習壓力？「彈結他」真的是自己的興趣嗎？

筆者由中四開始便愛上寫作，一直沒有間斷。最初喜歡寫自己的浪漫史，喜歡把內心的感覺「捕捉」並呈現於文字當中（用文字「捕捉」內心的感覺）。預科時候喜歡書寫對事物的想法。所以，筆者自覺比較熟悉與熟練的，是把內心的感覺和想法變成文字和句子，最後變成文章。

筆者猜想，自己的音樂路能否就如文字創作一樣，把自己的內心感覺和想法，變成旋律，變成歌詞，而最後變成一首歌？或

者應該嘗試去實踐一下……成為一個創作結他手的想法大概由此而來。

B 參加歌曲創作比賽

高級程度會考期間,雖然未知道「前路」究竟有沒有「路」,但是已經有為「前路」準備耗損甚至大量耗損、甚至「燃燒、爆炸生命」的想法。一切一切,就是為了自己所喜歡的生活。踏入1994年4月,到了高級程度會考的最後二十日,筆者就已經急不及待,計劃定考試完結後,就要投放大量時間在彈奏結他的操練上,與及音樂的學習上。

關於高級程度會考期間的日記記錄如下:

————————

1994 年 3 月 27 日　星期日　晴

……

勇闖新世界!今年真真正正離開「學校」了,離開不知所謂的規條,離開功課。

自我,印證。用一個可塑造可耗用的身體,爆炸我有限的生命!

————————

1994 年 4 月 5 日　星期二　晴

溫 Physics。溫到個頭好實,寫日記輕鬆下吧!

「動」、「衝擊」,真的會帶來反省,帶來蛻變。兩年來,每逢考試,每逢遇到困難時,自己會諗多好多嘢。諗點樣去逃避,諗點樣去為逃避找藉口,諗點樣面對,點樣解決,諗點樣去諗。

A Level，迫我想做好多想做嘅事。做班刊啦，拖咗成兩年幾啦，都仲未有野出！音樂，結他，將會佔用我好多時間，考完試一定要「操」。作文，作為總結思想嘅記錄。勇闖新世界！發展我自己！

我不怕入不到大學，因為大學也許也會對我有好大嘅規限！

———————

1994 年 4 月 25 日，Applied Mathematics 考試，最後一科。餘下的，大概還有 English Oral 與及中國文化科 Oral，不過這兩科無須要特別溫習，同時也沒有大量操練的練習。「學業、考試」生活，隨著高級程度會考完結而成為了過去。前面的日子就是自己的「新天地」，前面的路就只有靠自己去「勇闖新世界」。所有時間都完全是自己的了，所有活動都完全是自己選擇。時間和活動都完全在自己的手上，這就是一個時機去開始自己心目中所喜歡的生活，走上自己心目中所喜歡的道路。

筆者不知道如何可以成為職業創作結他手，有的就只是當初一個「操練」的想法。過去幾年以來所彈奏過的樂曲，就不停地、不斷地、反覆地彈奏，心想一直彈奏到沒有錯漏為止，一直彈奏到自己認為滿意為止。如是者，一日、兩日、三日⋯⋯每一天都在苦悶地反覆練習。

沉悶、乏味、和手指頭的痛苦，就是每一日的練習生活。這一種處境，很快便令到自己開始懷疑，職業的道路就是這樣子嗎？每天重複又重複練習，就能夠提升技術嗎？前路真是這樣走下去？再加上自己根本欠缺音樂知識與及視野，所以大概是完全不知道自己所做的所練習的，是不是正確的訓練、甚或正確的方向。

萬萬想不到，一開始走進心目中的道路，就已經感到困惑，而又一樣有前路茫茫的感覺。勇闖新世界開始了七日，筆者由滿

懷希望、滿腔熱誠下，又再一次變成頹廢了。大概這個時候，筆者需要更加實在的「感覺」，又或者需要一位「導師」指點一句「繼續練習下去就行了」諸如此類的說話。

關於高級程度會考之後的日記記錄如下：

———————————

1994 年 4 月 27 日　星期三

新生活，新天地。

從今天起，就要過新生活了。過自己想過的、並比較喜歡過的生活！

———————————

1994 年 4 月 30 日　星期六

新生活。闖！殺出新血路！

———————————

1994 年 5 月 2 日　星期一　晴陰相間

闖進新世界實在不是一件簡單的事。向自己以往的思想衝擊，把她扭曲，雖然是為了與現實的銜接，而有限地有原則地，不過這必然是會帶來痛苦的。

———————————

1994 年 5 月 3 日　星期二　下大雨

靜、不動，對於二十歲的我來說，是沒有生命的序曲。我已經唔想咁樣了，因為依家我好頹廢，心是死的，心境是停頓了。

解脫會是痛苦，但這個痛苦是為了更大的喜悅。

這一片慾望澎湃的思想碎片，若再不變，若不與其他碎片有協調的相連，若再原封不動咁插喺我嘅腦中，我將不能突破自己的動作及思維發展。

胸有雷鳴天驚變。

可惜我的精神經常不能集中，身心不能合一，做個屁！？

……

此段期間，行樂與價值觀的磨擦，終於我也掙扎出一條新路。

———————

1994 年 5 月 8 日，禮拜日，母親節，筆者決定參加一個兒歌創作比賽。沉悶、痛苦、又漫無目的的結他操練，總令人覺得「不實在」。參加比賽，筆者頓時覺得有一個方向，彷彿練習上出現了一個目標。參加比賽也像一個「著力點」，可以讓自己有一個努力奮鬥的目標。在母親節作出這個決定，因為筆者希望贏出比賽，讓家人看到自己的一點點成績和表現。誠然，母親並不喜歡筆者沉迷於「彈結他」。

由高級程度會考結束之後，筆者便投入大量時間去練習結他。一般日子，筆者都期許自己可以上午練習三小時木結他，下午練習四小時電子低音結他。當然不是每一日都可以完全做得到，但是只要筆者在家裡面，就盡量以這個練習時間為目標。

母親希望筆者可以「出去做暑期工」，賺一點外快，幫補一下自己的生活費用，與及下一學年的返學開支。母親一貫的原則，就是希望子女們勤勤力力，讀書時候得努力讀書，不讀書的時候就努力工作，盡量減少娛樂。有機會賺一個錢，就不要去玩耍了。

這一點，筆者從小就已經清楚明白。高級程度會考完結，操練結他就變成了自己的工作。不過，當母親在家做家務的時候，筆者都會有一種愧疚的心情。自己好似娛樂消遣一樣的在笙歌作樂，漠視家中老母就在辛勤工作。

關於參加作歌比賽的日記記錄如下：

────────────

1994 年 5 月 8 日　星期日　母親節

其實我對阿媽好唔住。我做唔到佢想我做嘅事。另一方面，佢又好辛苦咁支持緊我依家嘅生活。

基本上，佢要求我嘅事情唔係多，亦唔係好高。只係畀 D 心機讀書，平日做嘢勤勤力力，唔好做條大懶蟲，就係咁簡單！錢，佢都從來無話過要我搵好多，佢話「夠擔頭家」就得。

近日，阿媽幾次表示過，擔心我第時唔知做乜好，都唔知會唔會唔識自力更生。Ha~~~ 其實我身邊嘅朋友，都會覺得我有實力，仲會畀到人壓迫感。不過，屋企人完全唔知。

為咗畀屋企人睇到，我決定要喺佢哋面前做一 D 嘢出來，話佢哋知我係得！

嗰 D 嘢──兒歌金曲創作比賽！

────────────

1994 年 5 月 9 日　星期一

媽媽又在洗地了，我不想在這時候「笙歌管弦」，實在不忍心。那我更是要積極努力，盡情去做我嘅創作。

────────────

決定參加作歌比賽，幾日之後，筆者便遇上了創作的困難。早在同年 3 月時候，筆者就已經作好了一首歌，只是對於這一首作品並不感到滿意。所以一直希望可以在這一個原有的版本上面加以改善，務求修改到自己滿意為止。可是，幾天用心的修改，均沒有任何進展，仍然原地踏步。

苦惱於沒有靈感改善歌曲的時候，就油然生出「懊悔無法升讀大學」的想法。筆者後悔，為什麼自己放棄學業？彷彿如果能夠上到大學，就不用身陷在這個「創作便秘」的痛苦處境當中。大概這時候終於發現，音樂創作是十分困難，並不是過去文字創作一樣的得心應手。畢竟，只是第一次，只是剛剛開始，或者應該給予自己多一點時間。

關於懊悔無法上大學的日記記錄如下：

1994 年 5 月 12 日　星期四　有雨
　　……

晚上我內心不安，因為 A Level 嘅原因。我得接受我出力少，收穫自然少。可是當針刺著肉時，少不免有些痛楚。真可悲，內心還幻想著有得入大學嘅一日，哈哈。泡影！

快樂與沉淪，今天在巴士想到這一個問題。好可笑，做好多事係為咗快樂，快樂亦係維持生存嘅一大元素，但係在追求快樂嘅同時，不知不覺間又淪入沉淪反而腐蝕生命！

抱死的精神。假如覺得活得不自在，活著等如死亡，那麼就用這待死之身，去拼命去為那少少理想拼搏吧！

迷失。現實，理想！？不是矛盾，而是不協調！

筆者最終對於手上的作品還是不滿意，沒有參加比賽。而自從 5 月 12 日，因為「創作便秘」而懊悔「無法升讀大學」之後，便沒有在日記裡面提到作歌的相關事情。直到 5 月 30 日，才再一次提到——因為第二日就是比賽的截止日期。5 月 31 日，比賽截止。在參加比賽的三個禮拜裡面，筆者一直沒有靈感、一直無法把作品改善。

　　關於無法完成作品的日記記錄如下：

1994 年 5 月 30 日　星期一　早上晴

　　……

　　兒歌創作比賽，明天截止。

1994 年 5 月 31 日　星期二　下雨天

　　……諗諗下，自己都其實係有 D 嘢做得唔係咁好。今次 D 嘢自己其實都唔應該等到最後先至趙趕，其實曲同詞一早喺三月尾就搞掂，真係唔知自己點解搞到咁後先至趙錄音，唉～～～

　　作歌比賽在 5 月 31 日截止之後，6 月 1 日開始，筆者便到北角做暑期工。大概早在一兩個禮拜之前，筆者應該已經去了見工。工作是四家姐男朋友（ALL）介紹，是一間美國的商業資料中心。筆者的工作是更新商業資料中心的檔案資料，主要是香港的公司，檔案資料包括公司名稱、地址、電話號碼、傳真號碼、僱主名稱、主要僱員名稱……等等。更新的方法就是直接打電話去該公司，口頭查詢。

筆者不喜歡這項工作。每天早上九點到達公司開始工作，便在一個極度狹小而又封閉的地方，一直打電話，一直重複著幾條問題：「你公司叫乜名？公司老闆係咪邊個？公司地址係咪邊度？電話呢？傳真呢？總經理係咪邊個？……」令筆者最難受的，就是經常被拒絕；此外，更新商業資料工作，彷彿妨礙到「其他人的正常工作」似的。暑期工只做了十日便辭職了。

雖然是辭去了一份毫無趣味（十分厭惡！）的工作，但是筆者內心也並不好受。內心總是覺得，是不是自己太無能，所以無法承受工作上的困難？家姐男朋友作介紹人，會不會令到他也得失了朋友或工作上的伙伴？媽媽一直希望筆者外出工作賺錢，自己彷彿又一次令到她失望，又一次在她面前表現得好逸惡勞。

這個時候，筆者也感到兩個問題同一時間出現。其一就是「辭工的顧忌和顧慮」，其二就是「作歌比賽的挫敗」。或者在暑期工的十日裡面，筆者可能因為投入工作而沒有時間懊悔。但是當辭去暑期工後，時間又一次充裕起來，筆者便又再得到了胡思亂想的空間。參加作歌比賽，原本是自己一個目標，同時又希望可以在家人面前做出一點點成績。可惜到最後還是一事無成，筆者不禁懷疑，究竟自己有沒有能力走出一條喜歡的路？當然還有一個老問題，就是究竟前路在哪裡？筆者又一次落入迷惘的境況。

關於暑期工的日記記錄如下：

─────────────

1994 年 6 月 1 日　星期三　晴陰

厭惡嘅工作，打電話去人哋公司，查人哋，被人當賊咁！

─────────────

1994 年 6 月 2 日　星期四　晴　晚上大風

是一個沒有回憶嘅年頭。工作已習慣了許多。

———————

1994 年 6 月 12 日　星期日　陰

又迷失了。

……

死亡意願比生存意願強，係我近排所諗嘅事。由有思想開始，我就想自殺了。真的，依家還不時響起嗰時嘅聲音：「死咗算吧！不過用埋今期嘅零用錢先！或者喺下期零用一出，用晒就死畀你睇！」

咁樣嘅個人思想，唔知可以生活到幾時呢？

獨自一人在一間黑暗嘅房內，我覺得安靜，寧靜，而又像隱藏害怕。

———————

1994 年 6 月 15 日　星期三　陰

又迷失了。唔知自己想點。

———————

1994 年 6 月 27 日　星期一　晴

成十二日無寫日記，其實呢段時間發生咗好多事，不過個人迷迷惘惘咁，又冇乜動力拎起支筆。

「打電話」嘅暑期工，做到 6 月 10 日就冇做了。我清楚記得，當我喺最後一日做野嘅時候，我同人講電話時，已經唔想用氣，發聲發得死氣沉沉，真係頹廢到極點呀！

當我決定唔做嘅時候，同埋我唔做之後，其實都面對唔少壓力。我係咪好冇用？我係唔係自閉仔一名？我係唔係唔捱得苦呢？我唔知，究竟係唔係有 D 比較無咁悶嘅工作呢？定還是我真係冇 X 用呢？

呢份工作，只係每日不停地打電話，反反覆覆咁打、問，對住嘅只有三面牆，好少人（同事）同你講嘢嘅，打電話去Update D 資料，對白千篇一律，仲好多時間受到不禮貌對待，自己有時又怕又谷氣。

1994 年 6 月 30 日　星期四　晴

6 月份嘅最後一天了，竟然間喺呢個月裡面我只寫得三幾篇日記。有問題！？

今個月我點樣過呢？過到日記都有寫嘢？！月頭，返工，返到悶到死，完全係冇乜嘢好回憶。當時又學 Bass、又補習，真係都幾忙。話實份工都唔洗用勞力，全日對住個電話講嘢，乜 Q 乜 Q 地址，乜 Q 乜 Q 電話。一個禮拜七日，週一至五，有兩晚補習，星期五就學 Bass，星期六上午又補習，星期日下午就打籃球。

做呢份工做到我真係好頹廢呀！我自己本身英文唔係話好，不過學校用嘅英文，大部份用唔返落去工作度。我經常要讀好多人名，英文名，鬼佬、<u>中國人</u>，普通話譯音，<u>日本</u>人……點講都講唔到，我無晒自信同自尊呀！開聲問對面線個Reception，邊個邊個，個名係咪乜 Q 乜 Q，立即被人吋完先更正！

<u>香港街名</u>，大廈名，D 人以為佢自己以外嘅人一定識，唔識就係白痴咁，好難頂。做咗成九日咁長，成間公司幾十人，都係得幾個人同你講下嘢，打招呼。有好多好多人，日日撞口撞

面，眼尾都唔會望下我，真係冰冷！我決定唔做，我唔覺得有錯！

習慣環境，我諗係我呢九日工作得到最寶貴嘅經驗。諗返第一年中五暑假，去好樂意快餐店做，做咗五日又唔做。嗰時真係好唔習慣嗰度D環境，嗰度D人，做得又唔係咁開心。今次，九日裡面，其實第二日我就想唔做，不過我嗰時同自己講，等下啦，一兩日就會習慣……

習慣咗同嗰幾個人相處，熟落咗一D，習慣咗工作，但最後仍不能接受！

時間太長係另一個我決定唔做嘅一大理由。早上八點前出門，上午九點至下午五點半嘅工作時間，七個半鐘頭。六點半歸家。太長了！冇咗思想嘅時間！

C 放棄邊緣

歌曲創作比賽無疾而終之後，筆者只有重新回到日常練習之中。5月20日，返到旺角黑布街的一間琴行，再一次跟琴行老師學習電子低音結他（早前因為應付高級程度會考而停止），每個禮拜一次，每次半小時。日常練習的重心，加入了上堂的功課。

1994年6月24日晚上，預科謝師宴。筆者是中七甲班的班會主席（班會內閣由公平選舉產生，每一位同學也有公平的參選權利、提名權利、和投票權利。），因而自動成為謝師宴的其中一位負責人。而早在5月中，筆者便得四出尋找合適的地方。接著便要籌劃當晚的活動安排、準備所需物資、人手分配……等等。雖然筆者這個時候對於中學生活的一切，差不多完全沒有好感，但是仍然努力去承擔班會主席的責任與及努力完成手上的班會工作。

關於籌辦謝師宴的日記記錄如下：

_____

1994 年 5 月 17 日　星期二　極晴又驟雨

今日 Book 咗<u>喜來登酒店</u>來搞謝師宴。點解要搵呢度呢？去酒樓，本來就已經好了，因為場地能符合我哋嘅要求：我哋能自成一廳，有咪，有卡拉 OK……一切 OK，更包括價錢係我哋預算之內。

好啦，呢回我就大膽地要同學們再支付多 50 大元，去一處高消費的地方，我要令呢一晚佢哋值回票價。

_____

1994 年 5 月 22 日　星期日

呢一刻我好劫，因為下午剛剛打完籃球。

今晚開會。內容係商量 6 月 24 日謝師宴嘅 Program。這是一次賭博，我要同學們交多五十大元，要準備捱罵、準備一敗塗地咁，去搞一次有可能好好嘅謝師宴。事實上去酒樓食，錢又夠，又簡單，一 D 都唔駛煩！

_____

也許，校園生活已經走到盡頭，就連懷緬也完全沒有。謝師宴（畢業聚餐）在無聲無色之間舉辦，在無聲無色之間完結。

1994 年 7 月 15 日晚上，<u>石排灣聖伯多祿成人夜校</u>畢業典禮，筆者跟幾位同校的老師與及籃球隊隊友一起參與其中一個表演項目。早前 7 月初，大家就決定表演「彈結他」唱歌。決定表演活動之後，大家便一起揀選表演歌曲，然後就準備排練。

揀選表演歌曲之後，筆者便跟拍檔（一起參加中學校內歌唱比賽的同學 <u>WMS</u>）一起準備練習的曲譜。就在編寫曲譜的時候，拍檔所展現出來的「音樂能力」，令筆者驚訝不已。他只要把歌曲聽過一兩次，就可以寫出歌曲的旋律，然後隨即就在旋律上譜上結他和弦。

兩項工作在拍檔的手上，彷彿是「手到拿來」，十分駕輕就熟。可是筆者看在眼裡，卻感到神乎其技。而在拍檔手上看似簡簡單單的工作，自己的感覺卻是遙不可及。如果自己要譜出歌曲的旋律，只有逐句逐句去聽，然後從手上的結他逐個音符逐個音符去試，才能慢慢地把旋律「試出來」，而且旋律當中還經常錯漏百出。同樣地，為旋律配上和弦，筆者也只能夠逐個部份逐個部份去嘗試，而無法像拍檔一樣，「渾然天成」的一揮而就。

後來拍檔告訴筆者，歌曲的結他和弦，並非在旋律中考究，而是從歌曲原本的編曲音樂與及歌手的演繹裡面聽出來。筆者雖然終於知道了竅門，卻也還是無法做到。

經過了 5 月和 6 月的刻苦練習，筆者頓時之間覺得，自己的音樂知識、音樂能力、和「音樂感」都十分不足。內心不禁想到，究竟自己是不是沒有天份去成為職業創作結他手？是不是拍檔的能力太過超凡？還是自己根本不是音樂的材料？再練習下去，是否能夠獲得這些能力？音樂感能否在不斷練習當中就可以「增加」？「獲得」？

筆者對以上問題沒有答題。可以做的，大概只有繼續努力去練習；最終或者能夠證明音樂感是可以鍛鍊，又或者相反地證明自己真的沒有天份，到最後一切都是徒勞無功……想要知道結果，還得繼續練習下去……

有關夜校表演的日記記錄如下：

1994 年 7 月 2 日　星期六

很亂。很迷失。

我又唔知究竟我有冇用啦？！

我用咗好多時間去玩結他，但係學來學去都係冇乜進步咁。今日 <u>WMS</u> 蒞咗我屋企商量 7 月 15 日夜校畢業禮唱乜嘢歌。Blue Jeans 樂隊的《浪漫年頭》（作曲：<u>黃良昇</u>、作詞：<u>湯正川</u>、編曲：<u>黃良昇</u>、主唱：<u>黃良昇</u>），係最終決定。<u>WMS</u> 可以一路聽一路背出個曲譜，確定到個 Key，配埋和弦，重可以立即轉 Key……我覺得自己好冇用，好似個低能仔咁，乜嘢都唔識，乜嘢都唔會，淨係識扮嘢、欺騙人。

我唔想喺我自覺無能嘅時候，去刻意搵一 D 自己覺得叻嘅事情，去執番 D 自信。我唔想喺文人面前賣弄武藝，喺武人面前賣弄文藝。自欺欺人！

一針見血——痛。我認我其實好多方面都輸蝕畀人，但係我唔知點去習慣、點去做一個唔係最叻嘅人——一路上好多方面我都以為自己好叻！

1994 年 7 月 25 日，筆者把自己一把長長的頭髮（只是及頸、遠遠還未可以結辮子）剪光，留下一頭只有一厘米長的「短毛」。因為筆者十分渴望轉變。高級程度會考完結了已經三個月，這三個月裡面，筆者對自己十分不滿，同時對於前面的人生路又感到越來越迷惘。作歌不成，毫無頭緒；練習苦悶，沒有成果；自己又總是提不起勁，日子都在渾渾噩噩的狀態下白白流逝。職業創

作結他手的路彷彿已經無法再走下去了，筆者需要另外一條更為清晰的路。

關於渴望一條清晰前路的日記記錄如下：

_____

1994 年 8 月 3 日　　星期三　　晴

7 月 25 日星期一，我把長長嘅頭髮一剪，剪成每條大概一厘米長，好短好短。那刻，霎時間因為我覺得呢一個暑假嘅頭三個月，過得渾渾噩噩，我要清晰咁走一條路，我唔想再迷惘！因此，我先將蓋著我雙眼嘅頭髮剪短。

呢三個月我點過呢？

_____

D　製造工程學位課程 —— 得到香港城市理工學院取錄

1994 年 8 月 4 日，筆者一個人在三哥 ADC 的家中，在一個十分偶然的時間甚或是誤打誤撞之下，終於寫出一首自己真心滿意的旋律。一首歌之所以成為一首歌，未能寫出來的時候，投放幾多時間幾多心思也可以完全沒有結果、完全白費。一首歌之所以成為一首歌，能夠寫出來之後，卻又感覺到每個音符都是「理所當然」、「自然而然」、而又「順理成章」。能夠寫下第一句，接著的第二句、第三句……往後的都彷彿自然出現……

辛苦了三個多月，筆者終於做到了。

關於終於能夠寫出滿意的旋律的日記記錄如下：

1994 年 8 月 8 日　星期一

時間係最慢又最快。

一切從沉淪開始。直至十點二。

第三首曲，係我最滿意嘅一首。喺三哥 ADC 家中創作，依家又在這裡填詞。遲遲也填不上詞，唔係有放時間下去，而係有好嘅詞可以放下。

呢首曲嘅旋律，太扣我嘅心弦了。呢晚要、誓要放下一樣滿意嘅詞。

1994 年 7 月 8 日，高級程度會考放榜，筆者意外地全部科目都合格，物理科得到 D Grade、Pure Mathematics 得到 E Grade、Applied Mathematics 得到 E Grade、中國文化科得到 E Grade。

而英文科成績，在更早的時間就已經獨立發放。猜想是方便學生及早準備其他升學選擇。意外地，筆者的英文科竟然也可以合格。想起 3 月尾的時候，筆者覺得需要有奇蹟才可以合格。萬萬想不到，奇蹟真的會降臨到自己的身上。那一天回到中學收到英文科成績之後，筆者開心得跟幾位同學相擁跳起。大概在放榜之後，筆者重燃上大學的希望。

1994 年 8 月 9 日，大專院校招生結果公佈，香港城市理工學院取錄筆者，就讀製造工程學位課程。職業創作結他手的路不好走也不懂走，而且在探索的過程當中就感到十分痛苦和迷惘。就在前路茫茫並差不多到達放棄邊緣的時候，可以到香港城市理工學院升學，就是一個上佳的選擇。同一時間，也是一個「探索艱

苦」的逃生門。再者，能夠成為「大專生」與及見識「大專教育」，筆者的虛榮心得到很大滿足。就此，筆者在不假思索之下也沒有考究「製造工程」為何物，一頭就栽進這個學位課程。

關於獲得<u>香港城市理工學院</u>取錄的日記記錄如下：

1994 年 8 月 9 日　星期二　下大雨

兩年以來嘅「因」，得出今天嘅「果」。

這是<u>香港城市理工學院</u>（City Polytechnic of Hong Kong）的製造工程（Manufacturing Engineering）學位課程一席。

呢一個係點嘅樣嘅「果」呢？有乜點樣勤力讀書，兩年來懶懶散散咁、渾渾噩噩咁，就過咗去，就得到個學位、入學資格。呢一灘野好似喺天上面跌落蕰咁。

製造工程，都唔知係乜春春嘢，我喺份報名表上面都有填過，無啦啦又會派到畀我讀，都唔知係咪「豬頭骨」。不過，這個也是一個工程學位，我估當我讀完咗之後，會比較容易搵到工作。

E　能夠升學的分析

究竟筆者能夠升上專上教育學府（Tertiary Education Institution），獲得工程學系一個學士學位課程（Bachelor's Degree Course）取錄，是不是完全因為幸運？因為奇蹟？

筆者在準備考試期間，對自己的溫習情況十分不滿，經常埋怨自己懶散、渾噩、無法集中精神、和無力推動自己。如果單單以準備考試的時間（1994 年 3 月至 4 月，校內模擬考試完結後留

家溫習的兩個月。）而對考試結果作出評估，大概當然是十分「幸運、奇蹟」。再加上剛剛完成考試卷之後的第一個反應（尤其是英文科），對自己寫下的答案亦沒有信心，肯定沒有得心應手的感覺。

不過，如果以整個預科課程的時間去量度筆者在學業上的付出，似乎又可以得出一幅「並不太差劣」的畫面。預科課程在1992年9月開始，至1994年2月完結，期間十八個月。誠然，筆者在這段期間一直受到「恆常的抑鬱狀態」影響，不過很多時候仍然能夠應付生活包括校園生活。當中又的確有一些時間，抑鬱病的影響比較嚴重，甚至校園生活也一度受到影響，無法好好應付學校的要求，有些時候更想到要放棄自己。

下列圖表顯示出預科期間的學習情況和月份：

年份	月份	校園生活情況	正常／病	累計時間（月）
1992	9月–10月中	嚴重適應問題	抑鬱病影響	1.5
1992 1993	10月中–2月	重新投入校園生活	正常 努力追趕	4.5
1993	3月	恆常抑鬱失控 疲勞過度	抑鬱病影響	1
1993	4月–4月中	積極投入辯論比賽	正常 全情投入	0.5
1993	4月中–5月中	辯論比賽後期懷疑個人能力	患得患失	1
1993	5月中–9月	立志考入頭三名	正常 積極	4.5

1993	10月–11月	大學門檻太高 目標動搖	患得患失	2
1993 1994	12月–2月	目標幻滅 放棄學業	放棄學業	3

可以見到，筆者學業情況最為惡劣的時間有三段。第一為中六開學的一個半月，其時遇上了嚴重的適應問題（詳情可參閱第五章5.1〈谷底〉）。第二為1993年3月，因為疲勞過度而引起恆常抑鬱失控（詳情可參閱第五章5.3〈恆常抑鬱的失控——1993年3月〉）。第三為中七最後三個月（詳情可參閱第五章5.4.4〈目標幻滅〉）。

三段最為惡劣的日子，合共五個半月。如果以十八個月的預科時間計算，筆者「正常並努力讀書」的日子，佔整個預科課程約70%的時間。相對地，「受抑鬱病影響與及放棄學業」的時間，佔整個預科課程約30%的時間。

筆者必須承認，預科課程期間，有兩段患得患失的時間。第一為1993年4月中至5月中，為期一個月。第二為1993年10至11月，為期兩個月。這兩段患得患失的時間，合共三個月。這三個月裡面，不能說自己放棄學業，也不能說自己努力投入。當中就是有一點點思想的困擾，大概就是「半放棄的狀態」。

處理「患得患失的三個月」時間，筆者嘗試把這三個月當作受到一半影響，這樣計算就有一個半月「沒有努力讀書」。把這一個半月「患得患失」的影響，加上「抑鬱病影響與及放棄學業」的五個半月，合共七個月。而以這七個月計算，筆者學業差劣的時間，佔整個預科課程約40%的時間。相對地，筆者「正常並努力讀書」的時間，佔整個預科課程約60%的時間。

所以，筆者「正常並努力讀書」的時間，佔整個預科課程 60%-70% 的時間，為期 11-12.5 個月。就在這 60%-70% 的「正常並努力讀書」的時間，筆者在高級程度會考裡面，最終全部科目合格。這個結果尚算還有其合理性，應該不完全是運氣使然。當然，當中（尤其是英文科）有一點點運氣成份也並不為奇。

關於預科課程的一年半學習生活，筆者在 1994 年 8 月 9 日的日記裡面，作出一次詳細的反省。日記的內容當中表現出對一年半的學業生活的綜觀感覺。日記記錄如下：

1994 年 8 月 9 日　星期二　下大雨

因。我想先講比起「因」更前嘅事。

由 Repeat 中五開始，我對上大學有更強烈嘅決心，我當時已知道，呢三年嘅讀書生涯，是將會必然嘅死板，必然嘅沉悶與辛苦。我係估計得到嘅。

自 Repeat 停學後至會考放榜，我懷疑自己真係有病，唔能夠喺讀書嘅時候將精神集中，以至又懶散渡過，只得十七分（會考六科分數）。

中六一開始，我係幾咁嘅、如何堅決咁一心一意，想喺呢兩年間完全地將課程內嘅書讀好，完全咁能夠處理好，好似 Repeat 中五嗰年，對於會考課程一樣咁如此熟悉。我一開始就希望咁樣的了。可惜……

呢三年間，我是有一個好明確嘅目標——讀哲學。自五年前中四開始，經過一場刻骨銘心、輾轉反側、苦痛不堪嘅暗戀後，我整個人都變咗，變得喜歡思考。難怪的呢！？一個自卑又自閉、無膽又無錢嘅人，幾年間，人哋亦有同你暗示，但又冇半點進展，你話死唔死！喺唔可以直接同佢接觸嘅時候，我

唯有幻想吧！

　　喺陣時，基於很很很很渴望見到佢結識佢，我又想想，留意佢嘅一D、同一切行為，同埋佢身邊嘅朋友，喺呢D蛛絲馬跡之中，不斷思考，不斷思索，希望搵出一D嘢出來。就係咁樣，我就愛上咗心理學同埋哲學了。

　　Repeat 中五嘅暑假嗰幾個月，SSS 又送咗一本哲學書畀我。喺嗰度我就接觸到更加多關於哲學嘅嘢。

　　近呢兩年間，我嘅日常生活同精神生活，都朝住呢個方向發展，更越發喜歡。哲學，呢兩年間係好明確嘅。

　　Social Work 係第二個目標。因為我愛思考，而我思考嘅範圍集中喺人同社會上。所以我想社會工作會滿足到我呢方面嘅需要。還加上已經去世嘅學校社工 Miss M，兩年間對我嘅影響係唔少呢！對佢，我亦好懷念……

　　目標，我係明確嘅。

　　喺有目標之下，呢兩年係點樣過嘅呢？

　　8 月 9 日下午一點到三點嘅呢兩個鐘頭，真係好能夠代表我點樣去過呢兩年，尤其係面對讀書同考試。

　　唔能夠集中精神、周屋行來行去、勁飲水、勁去廁所、打Minesweeper（踩地雷）、打 Bridge（橋牌）、翻看漫畫、心不在焉、心神不定、容易被一D細微嘅嘢吸引住、發呆、傻笑……

　　以上，仲有好多其他類型行為，會經常出現喺我身上，磨磨下，又一日了。諗番起，呢D係一D逃避嘅反射行為，每每遇到要寫嘢嘅時候、要計數嘅時候……好多好多，呢個時刻我都會放低手頭上、放低就要準備做嘅事，而走去做呢D逃避嘅行為。諗番起，逃避得蓆係好自然㗎！

想想，呢 D 逃避嘅行為真係我人生嘅一大絆腳石。做 Pure Mathematics 題目，做完 Part a，就覺得做完成題咁，要雲遊一輪先至坐低做 Part b，做完 Part b，又係咁雲遊，然後再做 Part c，咁就死啦。有時仲要一開始就唔做，等、坐，磨足成日先至開始做，成日咁長就剩番一粒鐘，咁讀書法真係食屎啦！

呢個行為，我叫佢做「停滯不踏前」。打開本日記，係唔落筆寫；打開本書，係唔讀；拎起支筆，係唔計數……都唔知做乜春唔去踏出第一步。踏出咗第一步又唔貫徹始終！改！

所以，點解我以前經常寫日記都寫住「渾渾噩噩、MeMeMoMo……」呢！都係因為我成日精神分散，成日逃避問題。結果我一日內假如有三個鐘頭讀書，往往真正讀書嘅時間就只有半個鐘，其餘反而佔去大部份嘅時間。我就經常就唔知喺度做乜架啦，真係唔怪得阿媽成日鬧我：「一日起身幾百次（離開書枱座位），成日飲水，成日去廁所……」

Ha~~~ 希望以後會有改進。

以上，係我經常喺讀書時出現嘅惡習。以下係我兩年蔈點樣渡過。

中六。摸索嘅上半年。

呢一年嘅精神寄託係成人夜小學。我差不多全副精神擺晒喺嗰度。

上半年有好多以前唔會諗過會發生嘅事情都發生咗，Physics 全部「肥佬」，仲係得幾分嗰隻喎，英文全部「肥佬」，中文考試「肥佬」，每星期請一日假……無交功課被學校記缺點……等等。

英文係一科死穴嘅科目。教科書上，一年有十個練習，每個練習分四張 Paper；除咗作文以外，我只係做過練習一嘅

Paper A（Multiple Choice），即使係作文，我都有兩三次冇交，Listening（英文課堂做）就成日唔返學添！

可悲！十張 Paper A，只做得一張，有乜辦法會有好嘅英文呀？！唔做過，答題技巧就一定弱，語文能力（理解、閱讀、句子）就更加學唔到嘢！加上自己記性又唔好，成日 D 嘢「左耳入右耳出」，唔多睇就一定好快唔記得！我就係冇睇，所以我唔識。

更可悲！自己因為英文科唔合格，要 Repeat 多一年中五。喺中六嘅時候，明知自己英文唔掂，都唔去加把勁，都仲要好似放棄咁，真係冇 X 用。成年咁長，可以話仲退咗步添呀！

中文科，係自己最鍾意嘅一科。但係喺中六嘅時候，第一段考中，竟然只係得三十五分。頹廢，我嗰時候可能真係好想放棄自己，連最鍾意嘅都唔去理會。不過中文科每一次嘅功課，我都好畀心機去做。

Pure Mathematics，好失敗嘅一科。Maths 我一向都唔差，不過預科嘅 Pure Mathematics，我就很差了。Why？因為懶，唔做功課，唔肯去追！可能因為中六中七，冇人管住要交功課，所以自己就懶惰起來。唔做功課，即係冇做嘢，冇做數！Pure Mathematics，唔做就真係唔得！我唔做，就死咗兩年！

呢一科可以話係最舒服嘅一科，就係乜都唔洗做。

兩年來，我覺得我個人喺學業上最失敗嘅，就係喺有一個目標底下，都竟然唔去追，唔去努力！好失敗，中六中七時，自己係幾咁渴望去進修哲學，去學做社會工作者！另一方面，自己又係幾咁討厭理科呢！乜嘢純數物理，真係唔想再掂！喺唔喜歡物理純數呢 D 理科下，喺咁切膚之痛下，自己都唔去走出呢個「圈」。

好失敗。我呢兩年喺學業上係失敗嘅。無可否認。沉淪，不斷嘅沉淪。有咗方向而又唔去「掌舵」。無雲無霧，卻又失咗座標！

學業上嘅失敗，實際上又有其他原因。中六，以夜校為目標。

6.1.2 相對穩定的抑鬱病概況——1994 年 5 月至 8 月

1994 年 5 月至 8 月期間，筆者的情緒相對穩定。雖然有時候會因為一些外在因素而導致情緒低落，但是都是並非嚴重的情況，沒有造成強烈的痛苦表現。

1994 年 5 月 16 日　星期一

……

近排都無乜寫日記，原因可能係近日活得比較開心！以前講過，開心係無回憶！

A　假期開始重返恆常抑鬱

應付高級程度會考的時候，筆者身處一種高壓的狀態。這一種狀態，由「不斷催逼自己」所製造出來。為了停留在「催逼」裡面，又得強力壓制自己的需要，務求達到專心一意地溫習。隨著考試結束，高壓狀態便解除。身心在高壓狀態解除之後，可以得到即時的暢快。而這一次，暢快的感覺大概維持了七日便消失，

身心亦重返恆常的抑鬱狀態（4月25日考試完結，5月3日便再感到無動力，休閒變成折磨。）。

B　尋找出路的挫折

根據日記上的資料，筆者在1994年5月至8月期間，主要的情緒問題，多數跟尋找出路的挫折有關。高級程度會考之後，筆者用了很多時間去學習和練習結他。5月中開始就再到旺角黑布街一間琴行上堂，學習電子低音結他。平日在家，要求自己早上練習三個小時，下午練習四個小時。筆者的音樂知識和視野是相當貧乏和膚淺，除了練習，並不知道其他改善改進的方法。

第一次情緒低落，出現在5月12日。這時候，筆者決定參加一個歌曲創作比賽，雖然手上已經有一個初稿，但是卻一直感到不滿意，希望可以作出修改。可是，似乎自己無法把作品修改，大概幾日以來也沒有靈感，或者根本沒有能力。就在這個創作阻滯面前，感到挫折，因而又後悔沒有好好讀書，導致自己無法升上大學。

歌曲創作比賽到了最後，5月31日截止，筆者仍然無法滿意手上的作品，所以便沒有參加了。手上既有的作品，也沒有寄出的勇氣，自己知道水平太低，無謂又出醜人前。緊接的6月1日，筆者便開始上暑期工了。工作是家姐男朋友（ALL）介紹的。可以猜想，早在5月下旬時候就已經見工。即是在5月下旬，筆者就已經有做暑期工的打算。尋找出路、做職業創作結手、作歌，原來都可以讓開和放下……

7月初，為了準備成人夜校的畢業典禮表演，筆者見識到拍檔的「音樂能力」，便立即對自己的能力十分懷疑。似乎自己十分努力的練習，當中所學習得到的，原來還是相當微小。付出了那麼多，還是連最基本的都無法做到。第一次親眼看到拍檔「處理

音樂」（寫曲譜、配和弦、初步演奏），彷彿就看到自己再努力再刻苦也似乎是白費一樣。剎那間，此情此景就好似告訴筆者：「你是沒有能力沒有天份去做職業創作結他手」。這一下打擊，令到筆者感到腦袋混亂與及迷失。

最後一次情緒低落的記錄，在 7 月 25 日。這一日是高級程度會考之後三個月的時間。綜觀在這一段日子，筆者過得並不滿意，覺得生活都是渾渾噩噩的。再加上，職業創作結他手的前路，彷彿已經走到了一個盡頭。筆者已經想要另一條路，一條清晰的路，一條更加實在的路。雖然不知道前路是什麼、也不知道有沒有前路，但是筆者毅然「斷髮」，誓要跟「過去」作出「了斷」。

C　情緒穩定的分析

高級程度會考之後的這段期間，情緒尚算能夠維持在一個相對穩定的狀態。身處恆常抑鬱再加上尋找出路遇上挫折，筆者當然有情緒低落的時候。不過，綜觀期間的日記資料，的確沒有發現到嚴重抑鬱的出現，也沒有強烈痛苦的表現。

回想重讀中五的暑假，筆者在解除考試高壓狀態後，有三十三日舒暢的日子（1992 年 5 月 27 日至同年 6 月 28 日）。反觀中七，解除考試高壓狀態後的舒暢日子只有七日。估計，兩年時間下，恆常抑鬱的情況可能也持續惡化，對筆者的日常影響也變得嚴重。不過，兩年時間下，筆者對身心內的抑鬱病也變得更為熟悉，也可能更懂得應付。

情緒表現相對穩定，筆者歸納出三點原因，第一是有目標的生活，第二是有規律的生活，第三是有大量運動（每個禮拜兩次籃球運動）。當中的生活面貌，筆者感到是「可應付的忙碌」、充實、運動、有足夠的休息時間（雖然仍是淺睡早起）、滿足感、有補習收入支持社交活動……等等。

放棄學業之後，筆者有一個清楚的目標——成為職業創作結他手。心裡面有一個非常明確的想法，就是所做的一切，都朝著這個方向進發。第一個可行的做法，就是練習，希望可以不斷提升個人技術。這一個目標，把平日所有思考的活動，都集中在這一個範圍之內。或者，這樣就減少了胡思亂想的時候，也讓自己有一個「克服苦悶練習」的支柱。

筆者的規律生活主要有四項活動，第一是每天的七個小時的結他練習（最高要求的練習時間），第二是每個禮拜三次當私人補習老師，第三是每個禮拜一堂的電子低音結他課堂，第四是每逢禮拜日下午四個小時的籃球活動〔另加一個「平日（Weekday）」的晚上〕。

每天七個小時的結他練習，包括上午九點開始練習木結他到中午十二點，下午兩點開始練習電子低音結他到黃昏六點。這是筆者對自己的一個「最高」要求，當然無法每天也能夠實行。無法做到的日子，也會感到不高興，有時也會埋怨自己，尤其是眼看時間在自己的懶散或精神渾噩之間白白流逝的時候。

每逢禮拜五，筆者便到旺角黑布街一間琴行學習電子低音結他。這是一個私人教授的課程。可惜老師同一時間遊走幾個課室，同一時間私人教授幾個學生。誠然，筆者對老師的教學感到不滿意。每次上課，老師的第一件工作就是複習上一堂的教授內容，考核一下筆者過去一個禮拜的練習成果。如果老師不滿意，這一堂也只能重複還未熟練的部份。所以筆者每個禮拜也得非常努力，把課堂內容反覆練習，務求每一堂都有新的教授內容。

每一堂的新內容，就是「新的一張練習曲譜」。老師會將曲譜示範一兩次，簡單講解，然後就離開琴房，到第二個學生那裡。筆者就留在房間內獨自練習。直到課堂完結之前一刻，老師就會

回來，看看筆者掌握了多少，或者再把練習曲目示範一次，然後就落堂——課堂就這樣子結束。下一個禮拜上堂的時候，又再一次重複這一個上堂的模式。

筆者不滿的地方，就是在教學上缺乏啟發，每一次上堂與及每一次落堂回家練習，都是非常機械。所以，筆者後期沒有再上堂了（1994 年 8 月）。學習電子低音結他的方法，變成自行購買練習書本，對著書本上的曲譜練習。

筆者在中六時候便開始當私人補習老師，賺取外快。高級程度會考之後的這段期間，每個禮拜補習三次，兩次在常日（Weekdays）的晚上，一次在禮拜六的早上，每一次大概一到兩個小時。六月中到七月初，是補習學生考試的日子，補習時間會更加多。筆者喜歡當老師（好為人師……），所以也享受當補習老師。能夠令到學生明白課程內容，也會感到自豪。當然最重要，還是能夠賺取收入，幫補日常的生活支出（玩樂、上堂、社交活動）。當年開始當私人補習老師，一小時收取補習費一百元。一個禮拜大概可以賺取三百至五百元。

筆者開始打籃球，是因為井上雄彥的《Slam Dunk（男兒當入樽）》漫畫。早在中七開學初期，筆者就跟一位同學（WAL），每個禮拜六早上也到中學校園內的籃球場練習射球和「走籃（Lay Up）」，偶然也會到「街場」打波。到高級程度會考結束之後，由 5 月 15 日禮拜日開始，便和一班同學一起到中學打籃球。這一次不單只練習射球。因為一起打波的同學大概有十多人，所以可以作全場「五打五」比賽。而「禮拜日下午到中學打籃球」這個習慣，一直維持到 2002 年、2003 年……

除了禮拜日下午，還會在常日多打一個晚上。球隊會到鴨脷洲利東邨山上的球場、香港仔海旁公園的球場、或者堅尼地城觀龍樓的球場。到後期，筆者會獨自一人跑到籃球場，用一個晚上練習射球。

禮拜日的四個小時籃球活動，對筆者而言，運動量十分巨大。記得不少打波的日子，因為日間比賽太過激烈與及太過疲倦，晚上會無法睡眠。一方面腦袋還不斷「自動」重演打波時候的情境，不斷「自動」思考打波的事情；另一方面，身上肌肉（尤其是雙腿）還會因為太過疲倦而有腫脹、充血、和痠軟的情況。兩個問題都令到筆者無法入睡，「精神」彷彿一直停留在「籃球場上的亢奮狀態」。

　　筆者初初是因為《Slam Dunk（男兒當入樽）》而打籃球，後期就真正喜歡上這項運動。當然，筆者也十分享受球場上的團體活動，包括互相取笑，還有互相競爭。因為打波，筆者跟朋友們增加了很多交流的機會。

　　關於生活規律的日記記錄如下：

————————

1994 年 6 月 30 日　　星期四　　晴

　　6 月份嘅最後一天了，竟然間喺呢個月裡面我只寫得三幾篇日記。有問題！？

　　今個月我點樣過呢？過到日記都冇寫嘢？！月頭，返工，返到悶到死，完全係冇乜野好回憶。當時又學 Bass、又補習，真係都幾忙。話實份工都唔洗用勞力，全日對住個電話講嘢，乜 Q 乜 Q 地址，乜 Q 乜 Q 電話。一個禮拜七日，週一至五，有兩晚補習，星期五就學 Bass，星期六上午又補習，星期日下午就打籃球。

————————

後記　心絞痛記錄

1994 年 5 月 16 日　星期一

　　早上跑步嘅事：什麼東西最「真實」？我想：「生命都未必係真實，那什麼是真實？」

　　痛苦最真實，肉體上的痛苦最真實！心跳急遽減慢，心肌彷彿在抽搐，整個心臟像扭曲一樣。導致整個胸前也疼痛起來。這時，死亡是幻想的，痛得連「典」也乏力就是真實。

　　那不是劇痛，那樣並非「切膚之痛」，不過把全身包括小腿、大腿、腳踝、上臂、後頸、胸、心、胃、喉的痛苦加起來，卻又叫人難以忍受。

　　跑步，就實在是很痛苦的事，是親身感覺得到，沒有花、沒有假！

　　當然，有真，也有假，真假本就原是相對的。

　　假的痛苦是怎樣的？第一，它不是「切膚之痛」。當我跑步時，很多時我會覺得很辛苦，身體很不舒服。在同一時間整個人也會產生出極大的對抗。心會不停地叫著：「停呀！停呀！好辛苦呀！好辛苦呀！」身體也會隨即發軟，就連把腳提起也要極度的用力。

　　如何得知這是假痛苦呢？很簡單，因為有很多次，在這種狀態下我也能支持多幾倍時間。所謂真正的痛苦，那時根本不能再向前進！

　　結論就是假如有力再向前進，那就未到真正痛苦的階段了！

1994 年 5 月 21 日　　星期六

　　我諗我個心臟真係可能有事。隱約記得，前幾晚佢又痛了。又係嗰種急速停止嘅感覺。我可能會喺睡夢中死去。

6.2　Ruby

　　Ruby 是我現在的太太，我們在預科時候（1992 年）認識；高級程度會考完結之後，大學開學的時候（1994 年），就開始拍拖。我們在 2003 年註冊結婚，婚宴在 2005 年 1 月舉行。

　　我們相遇的日子就是 1992 年 12 月 10 日禮拜四，在中學預科六年級的時候。那時候大家在石排灣聖伯多祿成人夜校（位於舊石排灣邨，大概在 1999 年清拆。）擔任義務教師（關於夜校的事情，可以參閱第五章。）。筆者在禮拜四晚教中文科，而她在禮拜五晚教中文和數學。教書以外，我們也需要負責一些課外活動，例如學校旅行、聖誕聯歡會、畢業典禮……等等。

　　關於我們的相遇與及情感的發展，日記記錄如下：

1992 年 12 月 15 日　　星期二　　晴 (1992 年 12 月 16 日 00:30)

　　昨日天晴，這刻天寒。

　　好久又冇寫日記了，係冇心又係冇時間。

　　Ruby，新來嘅夜校教師。佢初初蒞嘅一陣子，我完全冇接觸佢，亦唔知佢點樣。只是一次聽到 KSW 講，佢好 Cute。

　　真的，上星期四，返夜校，佢去代課。第一次聽到佢嘅聲音……好似個細路女，十歲未出頭咁呀！

星期四星期五兩日接觸佢，感覺都非常之好，好 Cute，好天真，好 Friendly……

―――――――

1992 年 12 月 17 日　星期四　晴

　　Ruby，近幾日來接觸多了。唔知點？

　　啊，我唔知，近日對生活有乜嘢感受，日記都寫唔落。

―――――――

1992 年 12 月 18 日　星期五　晴

　　……

　　晚上，夜校聖誕聯歡會，好好玩嘅一晚，好耐都有試過了。
……

　　Ruby，呢一晚又同佢玩。我知，我自己係一個好敏感嘅人，D 人特別地望我一眼，我心內就立即泛起好多波瀾，諗好多嘢。唉～～～～ 可能自己期待戀愛吧！Ruby，（喺我敏感嘅個性下）好特別。我哋好特別，我唔知佢係唔係對個個都咁 Friendly，定係我自己敏感。不過，我對佢好有好感，我唔知我係唔係鍾意佢，不過同佢一齊玩，好開心，完完全全徹徹底底嘅開懷。

　　今晚，在聯歡會上，我想同佢一齊影一張相，不過佢「刁橋扭擰」唔肯，我就捉住佢對手，硬係要佢同我影。哈哈……

　　到聯歡會完結後，大家各自回家，佢又同我講：「幾時可以彈結他畀我聽？」

　　佢好得意，好可人，好開朗。我好鍾意同佢一齊，因為佢都好純。

1992 年 12 月 28 日　星期一　大霧日

心，亂了，愁了。

⋯⋯

今日下午打電話畀 Ruby，約佢星期三（12 月 30 日）去<u>海洋公園</u>，不過佢唔得呀，理由就係考試！

緊張！？有，講電話面都紅埋添。

1993 年 1 月 16 日　星期六　晴寒　6 度

昨晚和 Ruby 講電話講咗成個鐘。

1993 年 1 月 23 日　星期六　寒　年初一

1 月 21 日，年廿九，我約佢一齊去行花市，佢嘅同學 <u>JFC</u> 亦同行。晚上八點，佢約我到<u>西環大快活</u>等，我七點已到<u>西環</u>，去<u>麥記</u>食咗少少嘢，然後再找 <u>CJS</u> 拎錄音帶，可惜佢不在家。七點九我已到了<u>大快活</u>，等、等、等、七點十一佢就來到——好女仔，有守時習慣。佢一來到，便又和平日一樣，嘻嘻哈哈（我就是喜歡佢開朗嘅性格），偶然都有將個頭枕喺我嘅肩上。不過當時我有 D 怕醜，所以表現得呆咗一呆。<u>JFC</u> 八點一左右到。三人行，立即去搭小巴，前往銅鑼灣維多利亞公園。

行、行，買咗少少嘢，買咗個電話公仔畀佢。期間，行行下時，佢行喺我後面，兩隻手推住我個背脊⋯⋯

1993 年 1 月 31 日　星期日　晴　年初九

　　……

　　做英文。做完之後，個心開始郁啦，掛住 Ruby，個心「羅羅攣」好想打電話畀佢，不過佢好似唔係咁鍾意我成日打去，所以都有 D 猶豫，唔想佢覺得我煩。

　　我好想多 D 接觸佢，好想。咁樣好似我好依賴佢（我不知怎樣是怎樣）。是！我係好依賴佢。我熱情！

　　五點八打畀佢，但佢又講緊電話，最後佢話傾完之後打畀我。六點二左右打電話來，我唔知同佢講 D 啥，不過我好想聽到佢把聲，好想大家距離近 D。好想！

———————

1993 年 2 月 27 日　星期六　晴

　　好劫好多嘢做嘅一個禮拜。

　　……

　　Ruby，實在太少接觸了，已經兩個星期沒有聯絡了！佢好似好唔緊我咁，唔知點？唔知佢想點？如果大家聯絡上再無乜來往嘅話，就算啦！況且依家覺得做嘢可以忘記感情！

———————

1993 年 6 月 21 日　星期一

　　不能回憶的年頭。

　　痛苦是孤單的嗎？

　　這段日子以來，發生了不少事，但最值得記的，還是今晚和 Ruby 的事。

話說佢今晚去同人補習，但又無人送佢返屋企，喺唔想勞煩佢媽咪，又搵唔到老師 JC（係佢同校同學）嘅情況下，就搵咗我了。相約九點半，但係我九點三已經到咗，佢九點八才到。

　　一種好卑屈嘅感覺。

1993 年 6 月 29 日　星期二

　　……

　　Ruby，今日、上星期三同佢傾電話。上星期三嗰次同佢講得好開心，真係一種好舒服嘅感覺。因為佢有 D 關心我啦！Ha~~~ 真係欣慰。雖然係咁，不過我覺得我哋仲有好大嘅距離。唔知佢點，好似唔想我哋兩個人接觸咁。好多時好多次約佢去街，佢都唔想去，一係就要叫好多人去。真係唔知佢想點？兩個人都無乜接觸嘅機會，又點溝通呀？！

1994 年 1 月 1 日　星期六　凌晨一點鐘左右

　　上年今日唔知做緊乜呢？

　　……

　　Ruby，到今日，我都依然要講一句，佢對我都係忽冷忽熱，好難捉摸、無所適從。有好幾次，真係被佢冷淡嘅態度搞到我好唔開心，尤其係聖誕那一段時間，即係近排，每每打電話畀佢，一係就唔喺度，一係就唔得閒，講多句都無癮。好心痛。愛係付出同接收，一唔平衡就會崩塌！

1994 年 1 月 29 日　星期六

　　Ruby 呢個禮拜俾我嘅感覺非常之好。我哋通過兩次電話，兩次我都有感覺到被漠視、被冷落。我就係咁易滿足嘅人，講真句，佢由始至終都冇對我千依百順，冇呀！冇乜對我關懷備至，冇呀！但係唔知點解見到佢咁傻我就鍾意，聽到佢嘅笑聲，我又會開心。Ha~~~ 我真失敗！

———————

1994 年 9 月 5 日　星期一　晴有雨有

　　9 月 4 日，星期日，踏入人生第二個階段了——昨夜 Ruby 真的真的真的成為亦承認是我嘅女朋友了！

　　……

　　呢晚佢願意握住我伸出蓝嘅手。喺街上慢行時，我緊緊咁捉住。

———————

6.3 適應新環境的抑鬱

　　1994 年 8 月 9 日至 1994 年 10 月 9 日

　　能夠升上香港城市理工學院，筆者雖然有著「失而復得」甚至是「中獎」一樣的喜悅，但是當專上教育生活將要來臨之際，心情不禁沉重和擔憂起來。8 月尾「英文補底班」開始，抑鬱的情況便隨即出現，並持續了十日左右。9月中製造工程課程正式開始，抑鬱的情況再一次出現。不幸的是，這一次的抑鬱情況一直沒有改善，最後還引發出一次嚴重的抑鬱。

6.3.1 擔憂新學習生活

1994 年 8 月 9 日至 1994 年 8 月 24 日

筆者對專上教育有一份虛榮感，又有一點點期許，希望新學習生活可以為自己帶來「生活的激勵」。可是，當取錄的興奮消失之後，就驚覺眼前的新學習生活是完全陌生，不禁又自覺性格封閉孤僻，內心漸漸開始對新學習生活擔憂起來。

A　中獎、脫困、與及喜出望外

回顧自己的讀書生涯，整個教育制度裡面，升學的競爭可謂非常激烈。或者以筆者中學（香港仔工業學校）校內的情況而言，中五會考是接近「大屠殺」似的，把大量學生淘汰出或篩走於預科課程（中六中七）之外。然而每當懷緬過去的校園生活，都不禁質疑這些激烈的競爭究竟有沒有必要性？更甚者，這些激烈的競爭對於學生個人與及整個社會是不是帶有傷害性和破壞性？「大屠殺方式」的淘汰學生，這樣的「教育」是培養人才還是毀滅人才？

1986 年 9 月，筆者由小學升上中學。當年的小學裡面，六年級有四班，每班四十二人；升上中學之後，中一是五班，一樣每班四十二人。中三的時候，「中三淘汰考試」已經取消，全數同學一同升上中四。到中六預科班的時候，就只有兩班，每班只有三十多人，兩班合共大概七十人左右。

記憶當中，筆者就讀的 6A 班（預科）裡面的同學分佈，大概有三分之一是由外邊學校轉來的學生（能夠說出名字的就有十一人），大概三分之一是原校重讀生（能夠說出名字的就有十人。筆者就屬於這一類別。），最後三分之一就是原校直升的學生。

第一次會考（1991 年）之後就能夠升上中六的，全班（D&T）大概只有三人；而當時班裡面的重讀生，升上中六的大概亦只有

三個人（當年班中有五位重讀生）。以全班四十人計算，升上中六的就只有 15%。

到第二年重讀中五（1992 年），當時五名重讀生（包括筆者），皆悉數升上中六；而班裡面（D&T）其他第一次會考的同學，能夠升上中六的，印象中只有兩位。以全班四十人計算，升上中六的就只有 18%。

中學課程與及中五會考把筆者大部份同班同學（80%-85%）淘汰出預科課程。能夠升上中六的同校同學，八、九成來自「電子與電學」的兩班；粗略估計，這兩班裡面能夠升上中六的比率大概為 30%-35%。

誠然，筆者所就讀的中學，大部份學生的才能和志向都可能不在「會考為本」的學業。或者就這樣中五時候便出現「大屠殺式淘汰」。在其他比較優秀的學校，中六這一個「關卡」，就會出現劇烈競爭；因為大部份同學的成績都合乎升讀中六的最低資格，校內的中六學位不能夠完全吸納所有「夠分」的學生。

在第一章 1.1.1 B〈家庭概況〉裡面，筆者記述了家中兄長的讀書概況。大家姐 SHC 和二哥 JSC，因為家境貧困，需要日間工作晚上兼讀，才能完成中學課程。三哥 ADC 中五畢業之後，進入師範學院，最終成為中學老師。四家姐 CLC 和五哥 JOC，由小學開始到中學，都是「第一名」的常客，升讀預科完全沒有問題，最終亦順利進入大學。

爸爸和媽媽都出生在抗戰（第二次世界大戰・中日戰爭）時期，社會動盪。第二次世界大戰結束之後，接著就是國共內戰。1949 年共產黨打贏，隨後就是「鬥地主（土改）」、「大躍進」、和「文化大革命」。爸爸和媽媽就是在大饑荒（大躍進期間）餓死四千萬中國人的時候，為保性命而走難到香港。

爸爸媽媽都只是接受過很有限的教育。到現在為止，媽媽的「一手字」依然看似幼稚園的低級學生。走難之前，爸爸是漁船木匠，媽媽在農村生活。走難之後，爸爸在香港重操故業，媽媽則留在家中看管小孩，午間到爸爸的船廠幫手煮飯。走難前跟走難後，都一樣是一窮二白。爸爸的哥哥和弟弟也先後走難到香港；大伯跟爸爸一起工作，三叔到建築地盤工作。媽媽的弟弟，在文化大革命期間走難到香港，最先跟爸爸一起工作，後來到建築地盤工作。

那個年代，大家都有一種十分清晰、十分堅定的想法──「讀書識字」就可以改善生活！或者，作為難民第二代（父母是由中國走難到香港的難民），眼見父執輩都是出賣勞力的勞苦工人，「打寫字樓工」就變成了人生目標、又或者是掙脫現狀的一個中途站。或者，大家心底裡面都看不起「自己」、都歧視「自己」，所以都彷彿盡力掙脫、務必要離開「自我鄙視和歧視的藍領、草根」階層。

「讀書、讀多一點書、最好入大學」，彷彿就能夠保障到生活，彷彿就成為了做人的唯一目標。或者，這一種心態，跟過去二千年「投考狀元」的情況一模一樣。或者，這種「唯有讀書高」的心態並不是筆者這一類「難民第二代」的特殊處境產物，而是二千年的華夏文化基因。

一直都沒有徹底質疑的「有關讀書這一回事」，毫無選擇之下就踏上這一條馬拉松式的跑道（兩年幼稚園、六年小學、八年中學），胡裡胡塗就跑到終點，獲得「獎品」！雖然遠遠說不上「金榜題名」，但是這份「獎品」令到筆者能夠滿足到很多家人的期望（或者因此而沒有令到他們失望）；同時又在內心生出一份「大屠殺」之後的幸存感覺。

就在大學收生放榜之前，筆者的生活與及對前路的探索，都深深陷入了一個膠著的困局。得到香港城市理工學院取錄，突然之間，前路就變成進入香港城市理工學院讀書；突然之間，前路就變得清晰而且「光明」起來。之前的一條令自己苦惱萬分的「道路」，一刻間就跟苦惱一起拋諸腦後。

B 對專上教育的期許

究竟「上大學」和「製造工程」是不是自己所喜歡的「路」？筆者在這個時候沒有去細想。大概能夠上到大學，一種「中獎」似的亢奮就把一切問題掩蓋。「製造工程」是不是自己所喜歡的「路」，在這個時候一點也不重要。重要的是自己已經完成了家人的期望，甚至完成了一種潛移默化、根深蒂固的「人生成就」。因此，無形中就因為「上大學」而虛榮起來。

雖然家中幾位兄姊都已經讀過大學，但是自己對於「大學」仍然所知不多。只是從電視、電影、或漫畫之中，間接認識到一些「別人所構想」的所謂「大學」。內心對於「大學」的第一個印象，就是「自由（放任）」。大概這一個印象，都只是簡單的跟中學比較：無須穿著校服、沒有早會、沒有上課下課的鐘聲、有很多科目選擇（副修科目）、沒有人管束、課堂無須要出席（「走堂」這個術語一早聽聞）、上堂可以飲食……或者，就是因為在八年中學裡面受到太多不必要的束縛，所以對於上述這些「解除束縛」的事情，感到悠然嚮往。

誠然，筆者對於「專上教育（Tertiary Education）」還是有一份期許。一處艱苦奮鬥、力爭上游到來的地方，一處「最高學府」、「知識」的開發地方和承傳地方，應該有其「獨特」和「獨到」之處——大學應該有一種高深莫測的神奇神秘「做法（教育）」，可以令到平庸如筆者的，在三年課程之後就可以變得「聰明絕頂」。

筆者對於「聰明」、「優越」、「智慧」、「修養」、「內涵」、「超然」等等，均有一份嚮往——這一份嚮往大概跟「大學」「頭銜」的一份虛榮十分相似。或者最少的，也希望可以觀摩一下博士級數的人物是何等聰明，與及觀摩一下專上教育究竟是怎麼一回事，是如何能夠把「大學生」教育得「更上一層樓」。更加優秀的專上教育家是怎樣的？更加優良的專上教育課程是怎樣的？自己又將如何參與這些優良的專上教育課程？又將如何接受專上教育家的優秀教育呢？

專上教育彷彿將會是一個眼界大開的奇妙旅程。

另一方面，對於筆者過去的學習經驗或者學習問題，有著更為切身的期許。筆者自知自己的問題就是「無力」和「無動力」，然後很容易放棄。所以個人最為渴望得到的，就是「力量」和「動力」。究竟新的專上教育生活，能夠帶來什麼？有沒有可能帶來力量？有沒有可能帶來夢想？有沒有可能帶來刺激？帶來激勵？有沒有可能令人有生活的力量？生活的動力？

究竟新的專上教育生活，能否令人喜歡生活下去？並令人努力生活下去？或者，筆者正正期待著一種能夠吸引、或是能夠激勵自己生活下去的「生活」——在這種「生活」裡面，能夠激發出「生活的力量和動力」。

C　擔憂

獲得取錄之後一個禮拜，需要親身到達香港城市理工學院，辦理正式的入學申請手續和繳交學費。入學申請手續辦理完畢，筆者還參加了由「製造工程學會（學生組織，俗稱：De-So、全寫為 Department Society。）」所舉辦的 Orientation Camp（日期在 9 月 10 日及 11 日，後來因為患上「紅眼症」而無法出席。）；此外，還參加了「劍擊學會（西洋劍）」所舉辦的花劍初級班。

因為筆者的英文科高級程度會考沒有達到 C Grade 或以上，所以學校方面便強制筆者參加一個「英文補底班」。也許校方認為，英文科沒有達到 C Grade 或以上，英文水平就應該偏低，而沒有能力應付校內的專上教育課程，所以就需要額外學習，提升英語能力。大概校方認為這三個禮拜左右的「英文補底班」，完成之後就可以令到學生達到高級程度會考 C Grade 或以上，就能夠幫助學生應付日後的專上教育課程。

　　究竟這三個禮拜的「英文補底班」，如何能夠令到學生升上英文科高級程度會考 C Grade 或以上？這是一個怎樣的英文班？是怎樣的教學方法？「英文補底班」在八月尾開始，在製造工程正式開學（9 月 19 日禮拜一）之前結束。

　　所有的入學行政手續都完成了，一個禮拜之後「英文補底班」就要開始。彷彿已經正式成為了「大學生」。這段時間，就只有等待「開學」和「上堂」。

　　「離開生活困局的如釋重負」與及「奇蹟性中獎的興奮」，慢慢地一一歸於平靜。又是回到現實、面對自己的時候。筆者開始擔憂即將開始的「新的學習生活」。究竟專上教育的生活是什麼？新的學習生活是否適合自己？自己又有沒有能力應付？這些都是筆者所擔心的問題。

　　關於擔憂新學習生活的日記記錄如下：

1994 年 8 月 15 日　　星期一

　　今日係 8 月中了，一個 5 月、一個 6 月、一個 7 月，原來離開 A Level，已經三個半月了。Time flies like an arrow！

1994 年 8 月 20 日　星期六　晴

大專生活是怎麼樣的？

我係一個唔埋堆嘅人，由中三開始，就只有人哋埋我堆；其他人、其他團體，我根本唔會去理會。

不過我估咁樣上大專唔係好掂。

……

埋人哋堆，有困難存在。冇錢同人 Social，唔識玩……

────────

1994 年 8 月 23 日　星期二　晴

有 D 怕，不過我知唔應該怕，亦怕唔菈。係唔應該怕（大專新生活）。

────────

6.3.2 開學的抑鬱

1994 年 8 月 9 日至 1994 年 10 月 9 日

1994 年 8 月 25 日，強制的「英文補底班」便開始了。進入新環境（香港城市理工學院），第一次接觸專上教育，筆者在第一個禮拜就出現抑鬱的情況。二十五日之後，9 月 19 日，製造工程課程亦正式開始。雖然對環境已經有一定認識，但是正式上課之後又出現了新的問題，最終更引發出一次十分嚴重的抑鬱。

A　英文補底班（1994 年 8 月 25 日至 9 月 14 日）

也許承接著之前對於新學習生活的擔憂，筆者在香港城市理工學院強制修讀的「英文補底班」開始的時候，就出現抑鬱的情

況。當然也可能是恆常抑鬱惡化的結果。不過隨著漸漸能夠從陌生的環境中適應過來，加上第二個禮拜便開始拍拖，抑鬱的情況很快便消退。

為期三個禮拜的「英文補底班」，禮拜一至五都要上堂，每天早上九點左右開始，直到下午三點半左右完結。中間有小息、有午飯時間。每一班大概有十五至二十人左右。印象中，需要強制上課的學生非常多（全香港城市理工學院所有學科），所以英文補底班的開班數目非常龐大。

記憶之中，當時所就讀的英文補底班由一位外籍女士擔任班主任，名字叫做 Margaret，性格十分友善隨和。課程內的所有科目，全部由外籍老師負責。英文補底班內所有的教學活動和所有的交流都使用英語。不過課程比較側重「實用性」，主要環繞著將來專上教育的「交功課需要」而制定。課程內容包括學習用英語做匯報（Presentation）、用英語撰寫報告（Report Writing）、一般英語會話練習（Oral）、和基本英語文法重溫（Grammar）。課程還包括介紹學校的學習資源，包括圖書館和語文學習中心。

感覺上由外籍老師教授英語，大部份都親切友善。而且他們似乎更加明白學習第二語言的困難，所以經常多加鼓勵，還能夠就住學生的一點點學習得著而表示欣賞和嘉許。相比起由香港人教授，以筆者的第一身經驗，就曾經因為英語不靈光而多次受到不少老師鄙視、嘲笑、奚落、嫌棄……

第一個禮拜，筆者便開始抑鬱了。也許是放暑假太耐，一時間不習慣重新返學的規律生活？也許是承接之前的擔憂情況，一直沒有改善而最終惡化成為抑鬱？還是恆常抑鬱的惡化？不過，這一次的抑鬱情況應該不算嚴重。因為最終都能夠完成整個二十多日的課程，記憶當中，期間只因為患上紅眼症而請病假一次。

日記裡面對於這一次的抑鬱情況，記錄不算多，只有在 9 月

11 日寫下一篇。這篇日記裡面，記下英文補底班開始的第一個禮拜，自己便開始抑鬱了，而不舒服的地方就是胸口位置，並有「又痛又酸」的感覺。身心在這個新環境和新生活裡面感到十分疲累，沒有朝氣，頹然地對很多事物也無法提得起勁。日記又提到，到<u>香港城市理工學院</u>返學，沒有朋友，對環境感到陌生，上堂沒有趣味。

英文補底班開始之後的第二個禮拜（9月4日），筆者開始拍拖；對 Ruby 苦苦單戀，追求一年半之後，終於成為情侶。在蜜運的狂喜之下，抑鬱的情況很快便消退。突然之間，人生變得美滿，所有眼前的困難都有力量去解決。當然，對新環境和新人際又同時間慢慢熟絡，亦能夠幫助消解「適應的抑鬱」。

關於英文補底班開學的抑鬱情況，日記記錄如下：

1994 年 9 月 11 日　　星期日　　昨晚下大雨 早上晴

時間過得好快，眨下眼又成個禮拜了，生活有好大嘅改變，全是因為佢嘅介入。

Ha~~~ 諗番起第一個禮拜返學，個心係痛係酸架。抑鬱，大部份時間纏擾住我嘅生命。嗰一個禮拜，好劫，冇朋友，唔習慣，乜設備都唔識，上堂又無聊，個人死下死下咁。我明嘅，呢 D 事並唔係乜野難題，只要過咗一段時間，就能克服。可惜，抑鬱侵蝕我個心。

但上個禮拜就唔同咗啦。早上，晨曦係朝氣啦，希望心情都變得開朗啦。

Ruby，多謝你。

B 製造工程課程（Manufacturing Engineering）

英文補底班在 1994 年 9 月 14 日完結。製造工程課程緊接在 9 月 19 日禮拜一開始。原本以為對新學習生活已經有一定的認識，適應問題應該可以很快就解決。可惜，英文補底班的情況跟製造工程課程，原來又是兩個完全不同的世界。筆者似乎無法立即適應下來，並且在正式開學之後的第三個禮拜，爆發了一次嚴重的抑鬱。

製造工程課程正式開始，一年級學生超過一百人，分成若干導修小組（Tutorial Group）。

第一個禮拜上堂，只需要上 Lecture（講課），而不需要上 Tutorial（導修課）。各個科目的第一堂 Lecture，大都會做科目簡介，包括科目要求，所需要繳交的功課，與及測驗考試的次數和日期……等等。餘下時間就開始授課。

第二個禮拜，Tutorial 就正式開始（分開每一個導修小組個別上課），緊接第一個禮拜 Lecture 所教授的科目內容進行討論和研習。第二個禮拜同時開始的，就是幾科的實驗課（Laboratory）。不過第一堂的實驗課，通常是實驗室設施介紹，最重要的是安全要求和守則。之後，實驗室導師就會把整個學期所需要完成的實驗介紹和示範一次，好讓同學們有一個初步的認識，在往後的時間可以自行完成實驗。

第一個禮拜，是最空閒，只需要上一些介紹性質的 Lecture；第二個禮拜開始忙碌，因為除了上 Lecture 之外，還要上 Tutorial，亦需要開始準備每堂 Tutorial 交功課。第三個禮拜，就是「正常」的大學生活，所有的 Lecture、之後的 Tutorial、做實驗等等的教學活動，全部都在第三個禮拜正式全面展開。

筆者所屬的導修小組，大概有十五人左右，當中有四位同學在之前的英文補底班同班。導修小組之中，已經有三分之一的同學是認識的，大家在三個禮拜的英文補底班裡面可謂朝夕相對。但是幾位相熟的同學一起上課，並沒有為適應過程帶來幫助。

第一天返學踏入演講廳（Lecture Theatre），就對專上教育課程感到十分失望，繼而十分反感。在日記裡面提到，第一次踏入演講廳，筆者就有一股「兵荒馬亂」的感覺。上堂的演講廳是美輪美奐的（<u>香港城市理工學院九龍塘校舍在 1990 年落成啟用</u>），映照出同學們喧嘩雜亂的上堂情景，令人十分錯愕。同學們不斷的進進出出、飲飲食食、說說笑笑，哪裡是上堂的行為？可憐的是講台上的講師，似乎英語甚不靈光卻又必須要英語授課，完全吃力不討好。筆者本身英語根基已經很弱，再加上環境紛亂嘈雜，所以無法從講師口中吸收任何訊息。

這一個講學的情景，跟筆者重讀中五時候的班房情況也有幾分相似。當時大部份同學對學業都已經抱持放棄態度，上堂變成多餘。當時不少老師只有無奈地每天對著班房的空氣「克盡責任地」教學，卻沒有辦法引起同學們的注意或興趣。

第一日的專上課程就是這一個樣子。講師在講台上自說自話，同學們在演講廳內自由活動。誠然，對於這樣子的專上教育、這樣子的「大學生」，筆者是失望的。

開學之後，筆者就開始受到幾位同組同學多次戲弄。而所謂的戲弄，就是「改花名」。雖然玩法十分「低級」，只是或者次數太多、時間太長（整個禮拜），同時又覺得那幾位同學一直沒有收斂……

小學的時候，筆者很喜歡打架。連高年班的同學也不害怕。中學升上一所「低 Banding」的男校，而且是一所工業學校，打

滾八年，對於「欺負」和「毆鬥」可以說是司空見慣。低年級的時候參與過一些，到高年級的時候，已經明白到「欺負弱小」一點意義都沒有之餘更是非常卑劣……萬萬想不到，那些卑劣和一點意義都沒有的「改花名」、「受戲弄」、「被人玩」，竟然在大學裡面發生在自己身上。

此情此景、此等遭遇，令到筆者十分難受。原本進入新環境，筆者就容易有「適應的抑鬱」出現；這一次進入新的製造工程課程，課堂的惡劣情況，再加上受到同學戲弄欺負，令到筆者一直無法適應下來。難受的感覺一直持續並日漸加劇。

關於製造工程課程的適應問題，日記記錄如下：

———————

1994 年 9 月 25 日　星期日　晴

返學唔係咁開心，未習慣呢種學習生活。成百人坐喺個 Theatre 裡面，個 Lecturer 自己喺度講嘢，仲用英文，死唔死？ Lecture 係學唔到嘢嘅，只係喺 Lecture 裡面，知道自己要學 D 乜嘢。

成百人，好似「生番」咁，一 D 都唔似大學生，幼稚，無聊。同以前 ATS（筆者附註：香港仔工業學校）差無幾。

喺上 Tutorial 時，又被人笑我個中文名，以前小學、中一， D 人笑我「太監」。今日大專 D 人笑我「裝假狗」。對於呢 D 嘢，我嘅態度係被人笑一次半次無所謂，我當玩，係一齊玩。但係成個禮拜 D 人都玩我唔少，我就覺得被人欺負。佢哋好幼稚！

慢慢習慣吧。適者生存。

———————

1994 年 9 月 26 日　　星期一　　晴

　　剛剛在收拾東西時，睇到喺 6 月時夜校代課後，校長頒發畀我哋嘅答謝信。Ha~~~ 一陣無奈難擋嘅感覺，有 D 傷感。夜校，可以話係大學之前，人生最快樂嘅日子。很是懷念，又很是傷感。

　　Ha~~~ 世事古難全。天下無不散之筵席，離別，真的令人難受。我不知道什麼叫做「當人離去後，還能夠在別人心中留下美麗的回憶！」真心對待的，有付出過的，要離別，那麼以往的真誠，以往的付出，要叫他們往哪裡去？或是把他們掉到「忘記」那處？

　　那一段日子，的確是我生命中一段快樂的日子。

　　實踐，是我向思想方面發展同時，忘記發展的一大弊處。

　　思想，自問真的放了很多時間落去。因此，對於某些問題有獨立見解，對於思索問題的方法亦有自己的一套。

　　有很多時候，朋友搵我傾偈，或是訴苦，我都可以給予他們一些清晰可行的意見。這全是因為我對於思考方面下過工夫，在面對及處理問題時，我睇得通，想得透，畀得出好意見。另外再加上我係一個旁觀者，當然心水比局內人清啦！

　　不過一路以來，我也發覺到我係「能醫不自醫」。人哋遇上問題搵我，告訴我，我可以清晰的分析各方面環境因素，可以從各方面跟他研究解決辦法。可是當自己面對問題時，就只有怯懦，只有退卻，完全像一個看著打翻奶樽哭泣的嬰兒。無助。

　　能思考又怎樣，原來當自己面對問題時，竟然又只會退縮。

　　有時想得到，卻又沒有實行，人還是像死水一樣。

1994 年 10 月 6 日　星期四

　　上 Lecture，所以無返學（筆者附註：Lecture，可以「走堂」。）。不過下午三點返去上 Tutorial。

　　又好耐冇寫日記了，好少時間喺屋企呀！一星期五日都去補習，成日搭車搭車，搖到個人都劫晒。有時間，自己都想去陪下 Ruby 啦。因此，雖然對於外間事物有好多反應，但係都冇乜時間去想下，冇乜時間去記低。

　　上星期三（28/9），我、LWK、WAL，下午四點左右入咗中大，食完野之後就被 LWK 唔覺唔覺咁帶咗去 Ruby 宿舍度。上到中大，我當然會諗起佢啦，不過我今次唔想去佢嗰度呀！因為我覺得我會唔捨得走呀！的確，喺我走時，真係好唔捨得呀！如果唔係 LWK 同 WAL 喺度，我一定會抱一抱佢才離去！

　　……

　　返學，其實係幾煩嘅事情。我依家唔上 Lecture，得唔係唔得，不過真係要自己 Keep 住。

　　返學第一個禮拜之後，「不快樂」就是對於新學習生活的整體感覺。隨即而來，踏入第二個禮拜，筆者便開始懷緬過去「教夜校的快樂歲月」，並對於「那一段時間的不再」與及「眼前的不快」，產生強烈的感觸、傷感。到第三個禮拜，似乎各方面的情況都沒有改善。決定不上 Lecture，減少留在學校的時間。行為上已經開始由「新學習生活」退卻出來，大概只是希望跟學校的一切，保持住一種「最低限度」的聯繫作罷。筆者又再出現抑鬱的情況。

萬萬想不到，就在開學第三個禮拜之後，就爆發了一次十分嚴重的抑鬱。這一次十分嚴重的抑鬱，將會在章節 6.4〈崩潰〉詳細闡述。

6.3.3「適應的抑鬱」的比較

到香港城市理工學院返學，位置離開住處很遠，而心理上因為陌生而覺得疏離。或者是英文補底班比較簡單，而筆者英文水平雖然差劣，但是仍然可以應付，成績和上課表現尚算「中上水平」。到製造工程課程正式開學，「適應的抑鬱」變得一直無法改善而且一直惡化。或者因為課堂情況十分混亂，加上校園內的英語媒介，導致適應和學習都遇上困難。最大的一個問題，就是受到幾位同學的持續戲弄欺負。種種因素，就構成了非常不愉快的開學經歷。

A　香港仔工業學校和香港城市理工學院的距離

新的學習生活，帶來的第一樣改變就是「距離遙遠」。過去六年的小學生活和八年的中學生活，學校都在十至二十分鐘的步行距離之內。而到香港城市理工學院返學，每天都必須要花上兩至三小時在來回的交通上。另一方面，在香港仔工業學校渡過了八年學習歲月，筆者對那裡的一切都十分熟悉；初到香港城市理工學院便立即覺得完全陌生，在心靈上對新環境感到疏離。

香港城市理工學院離開住處變得「十分遙遠」，是實際「距離」上的改變。在香港仔工業學校讀書八年，這裡離開住處黃竹坑邨，大概只有二十分鐘步程；快步的話，十至十五分鐘就可以回到學校。小學就讀的黃竹坑天主教小學，就在所住的屋邨裡面，由住處步行返學，五至十分鐘之內就到達［關於黃竹坑天主教小學的位置，可以參閱第三章〈病態苦戀〉附圖〈居住環境（8）、居住環境示意圖（一）〉］。由小學開始到中學，筆者都是步行返學，兩間學校的距離都在有限的步程之內。

那時候，媽媽為兄弟姊妹揀選學校的原則，首要條件就是可以「省卻返學的交通費用」和「省卻外出午膳的費用」。

　　然而這一段步程之內的返學範圍，都是筆者十分熟悉的地方。熟悉的程度可謂所有商舖食肆、市政機關、青年中心、圖書館、自修室……所有的大路小路和秘道、與及每一個角落，都瞭如指掌。身處其中，就可以隨時融入；同時又覺得環境也是自己的一部份一樣。

　　由家中出發到香港城市理工學院返學（九龍塘達之路），最少需要一個小時的交通時間。第一條路線，亦是筆者初初選擇的路線，就是先乘坐巴士到金鐘，然後再轉乘地下鐵路前往九龍塘。第二條路線，就是先乘巴士到紅磡火車站，然後再轉乘電器化火車到九龍塘。

　　初期選擇行經香港仔隧道前往金鐘轉乘地下鐵路，但是香港仔隧道經常非常擠塞，經常在繁忙時間出現間歇性封閉（聽聞封閉隧道的原因是避免在隧道內積存太多汽車廢氣），一停就半個小時。所以到了後期，筆者嘗試經由薄扶林道前往上環轉乘地下鐵路。

　　新學習生活的第一樣生活轉變，就是每天都必須要花上兩、三個小時往返香港城市理工學院。這兩三個小時大概都是在交通工具裡面擠擠迫迫搖搖晃晃。

　　小時候有一個乘坐汽車的問題，就是「暈車浪」。記憶之中，小學一年級時候（1980 年），筆者全家人到香港仔一間影樓拍攝「全家幅」。由黃竹坑邨老家出發，短短幾分鐘的車程，筆者就已經感到十分辛苦，還忍不住作嘔。家人不斷往筆者「太陽穴」搽藥油，而為了止住嘔吐，更要求把點點藥油吞下。拍攝完畢，吃過晚飯，到回程的時候，因為不希望再一次「暈車浪」，二哥JSC 特意陪伴，一起步行回家。

也深刻記得的是小學旅行，每一年每一次筆者都會在往返的兩程行車當中「暈車浪」，更不時嘔吐大作。情況去到六年級才慢慢得以解決。亦自小學六年級開始，筆者就不再「暈車浪」了。

除了實際上的交通距離之外，香港城市理工學院的第二個「距離感」，就是究竟學校在筆者心靈之中有多「遙遠」。這一種感覺很主觀，並很大程度上受到個人因素影響，所以沒有客觀準則；第二個「距離感」跟「疏離」很接近。然而這一種距離（又或是疏離），又關連上對於「學校」的熟悉程度。

畢竟筆者在香港仔工業學校讀書已經八年，對於這裡的一切都十分熟悉。這一份熟悉的感覺，不單只來自對於校園內的環境，還包括這裡的「人」。筆者認識校內的所有老師。當然，曾經教過的會比較熟絡；未曾教過的，亦大多認得，很多都記得姓名。

筆者也認識不少校內的其他職員，包括學校正門做接待的伯伯、小食部的「靚姑」、校務處內的書記（需要影印時候就得找他幫手）、賣功課簿和文具的修士、實驗室助理、工場內的導師和技工、學校社工⋯⋯

踏進香港城市理工學院，即使身處其中，也有一種很「遙遠」的感覺。可能這是一種疏離的感覺。產生這一種感覺，可能是因為校園很「大」。這個很大的校園裡面，人與人之間的距離很遠，人與人之間的關係很疏離。

上英文補底班的時候，每天接觸到的校方人員，就是「Class Teacher（班主任）」Miss Margaret，與及另外幾位外籍老師。除此之外，就沒有接觸其他校方人員。一般職員當然會接觸得到，包括保安人員、清潔員工、圖書館管理員、飯堂職工⋯⋯等等。到了今天，筆者沒有一個記得。

製造工程開學之後，學系部門（Department of Manufacturing Engineering）同樣陌生而遙遠。除了幾位授過課的講師，筆者在部門內完全不認識其他人，別說一般文職人員，就連每個禮拜都要上幾次的實驗室，裡面的負責人或助理也一概不認識。

可能，在這一種陌生的感覺之內，含有一份冷漠。或者，就是這些冷漠、疏離、陌生，就變成為心靈上對學校有一種「遙遠」的感覺。筆者由香港仔工業學校闖進香港城市理工學院，由一種「自在和安心的熟悉」轉變為「冷漠和疏離的陌生」。

新的學習生活裡面，對筆者的改變就是「遙遠」和「疏離」。

B 英文補底班的迅速適應

英文補底班的「適應的抑鬱」，持續了一個多禮拜左右便消退了。拍拖是一個明顯的因素，令到情緒得以即時改善。另一個重要的原因，就是英文補底班的教學方式與及簡單的規律化生活，都跟中學時候十分相似。加上筆者的英語水平在班裡面竟然已經在一個中上位置，無形中就在同學之間產生了一種優越感。

筆者的第一身經歷裡面，因為不懂英語或者英語會話不靈光而受到羞辱的對待，都是來自香港人英語老師。香港人英語老師，好容易就因為英語出色一點點而顯得傲慢、甚或自以為了不起（可能筆者早早就因為英語不濟而變得自卑、害怕英語、甚至於聞英語而退縮，所以有以上對香港人英文老師的心理反應或者投射。）。

英文補底班在外籍老師的教導下，氣氛十分輕鬆。外籍老師大都十分鼓勵同學們投入參與課堂活動，希望大家都能夠做到多說多表達。尤其是 Class Teacher（班主任）Miss Margaret，她是一位十分和藹可親的老師。由香港人英語老師教書，經常出現的恥笑、奚落、厭惡、尖銳批評、和惡意挑剔，都沒有出現。

能夠在短時間內克服「適應的抑鬱」，其中一個原因，就是英文補底班是一個簡單而又短期的課程。英文補底班的課程目標單一，就是學習英語，而且只是學習一般「做功課」的實用英語。而課程只有三個禮拜，大部份教學內容都只是「蜻蜓點水」——點到即止。或者，在課程設計時候，沒有加入大量習作或功課，所以課程的工作量不多。筆者在英文補底班裡面，沒有因為功課而感到壓力，也沒有因為做功課而需要捱夜。

　　此外，在這個簡單的英文補底班課程裡面，生活過得十分規律而又同樣簡單。每天早上七點半左右出門返學，八點九左右到達香港城市理工學院，然後走到「固定課室」上堂；上午有一個小息；午飯時間就走到學生飯堂吃午飯（第二個禮拜開始便跟同學一起走到南山邨午飯）。下午又到相同的課室上堂。放學之後就返回香港島，或者回家、或者去補習。日日如是，三個禮拜的課程就這樣開始、這樣完結。

　　就讀英文補底班的這段期間，筆者的主要校園生活空間大概只有香港城市理工學院正門到固定上堂課室的通道、固定上堂課室、課室附近的洗手間、課室通往學生飯堂的通道、與及學生飯堂。三個禮拜期間也曾走到圖書館、康樂室、和室內運動場，跟同學一起見識一下大學環境。就這點點空間與及相關活動，筆者還算能夠處理得來。

　　這一種簡單的生活，事實上十分接近中學的校園生活，尤其是相比於後期的製造工程課程。每天固定的上堂課室、單一簡單的課程、規律化的課堂活動，與及一位主理班務、統籌課程的班主任……等等，除了還欠一套「校服」，就是中學的上堂方式。或者是這一種熟悉的上堂方式，筆者便可以很快適應過來。

　　筆者能夠很快從英文補底班克服「適應的抑鬱」，「成功感」可能是另一個重要的原因。英文補底班開始之後，筆者便發覺自

己的英語水平，雖然不濟但仍然是班裡面的中上水平。就在這一個細小範圍裡面比較（班房裡面的十幾人），原來自己的英語水平也許不是「一直以為的差劣」，原來比自己還惡劣的「大學生」還是大有人在。頓時間，一種「老鼠掉落天秤」的自我膨脹、一種飄飄然而又脆弱的「優越假像」便油然而生。

記憶之中，在上課期間跟外籍老師的對答，雖然還遠遠未能夠做到發音標準和「地道」、所使用的英文生字更是「兀突」和「生硬」（因為筆者個人的「英語倉庫」來自應付考試的教課書而非日常生活），但是相比起班裡面的同學，竟然是「出奇地」已經是比較能夠「表達」的一位。或者在初初開始的時候，胡裡胡塗的受到一點點「公式的、習慣性的」讚賞，筆者就「傻下傻下」又自以為是的大膽起來。可能因為過去十分害怕「講錯、說得不好」，所以每一次開口都十分小心謹慎。

筆者上堂有一種「習性」，就是非常喜歡提問。在課堂上、在研習討論、在同學作功課匯報等等時候，都經常作出認真的提問。而這些提問，應該在很大的程度上為其他同學（甚至老師）帶來不少難題、刺激、以致煩惱。也許因為有著一種希望「標奇立異地突出自己」的原始衝動，也有可能是求學求真的精神，筆者十分認真思考課堂裡面所出現的論述內容，尤其是同學間的功課匯報——因此所提出的問題，往往都非常尖銳，與及帶有強烈的批判性。或者，站在同學們的角度，這些提問還帶有點點「攻擊性」。

英文補底班完結之後，筆者確切感覺得到，原來自己的英語能力在同學之間的中上位置。當然筆者對自己的英語能力，半點也不敢高估，只是單單在同班同學的比較下稍為優勝。而稍為優勝的地方，就在於對英語文法比較清楚（多謝重讀中五時候為筆者義務補習英語的慈幼會修士 LTK），同時「詞彙」「數量（記憶庫）」比較多一點點罷了。

英文補底班第二個禮拜開始和 Ruby 拍拖，令到筆者感到歡天喜地。而這一股強烈的興奮，似乎能夠大幅改善抑鬱的情況。

能夠在一個禮拜之後就克服了「適應的抑鬱」，相信最主要的原因，是因為筆者很快便能夠在同學之間，憑藉點點英語能力產生出優越感，隨即建立起自信來。同時間英文補底班是一個簡單的課程，功課量和測驗考試都在可以輕鬆應付的範圍內。再加上外籍老師態度寬容，對同學表現每每都多加鼓勵，課堂氣氛十分良好。還有的是，三個禮拜的學習生活與及個人生活作息均十分規律化，減少了胡思亂想的時間。

C 製造工程課程的「適應的抑鬱」一直惡化

由第一天正式上課開始，筆者感到這裡的學習「氣氛」非常惡劣，或者是當初對於專上教育有很高的期望。而身處以英語為主要媒介的<u>香港城市理工學院</u>，在學習和適應的過程裡面產生很大的障礙。不過最為難過的一件事，就是受到幾位同學的戲弄欺負，深覺無聊幼稚之餘，又確切受到傷害。

i. 學習風氣惡劣

第一天踏入上課的演講廳（Lecture Theatre），筆者就已經對專上教育留下一個十分惡劣的印象。那一天，眼前所見到的——多年以來千辛萬苦夢寐以求的「高等教育」，竟然是一個嘈雜混亂的景象，猶如街市一樣！過去所幻想的一個認真求學的「情景」，原來跟現實有一個很大的差距。當初期許大學生會為自己帶來激勵的力量，大概都不會發生。反而更因為應付「混亂」，身心在沒有力量之下還需要額外負擔。

ii. 個人弱項

上英文補底班，每天到相同的課室上堂，午飯時間就到學生飯堂；這兩個地方就成為了整個課程的主要「區域、場景」。製

造工程課程開學之後，「大學生活」正式開始。再沒有一個固定課室，因為每一科都在不同的Theatre（演講廳）上課（Lecture），每一科都在不同的 Tutorial Room（課室）上 Tutorial（導修課），每一科都在不同的實驗室做實驗……

正式開學之後，每天都要走到不同的演講廳（Theatre）上課（Lecture），與及到不同的課室（Tutorial Room）上導修堂（Tutorial）。每次落堂之後都要離開演講廳或者課室，到別的地方「落腳」，或者到下一個上課的地點。還有每個禮拜大概有三日需要做實驗，那幾個不同科目的實驗室，位置在教學樓的地下樓層（Ground Floor）。

可想而知，正式開學之後的校園生活範圍，比起英文班時候的單一固定課室要大很多很多。或者在這個時候，學習生活才算是真正開始，筆者才算是真正開始認識香港城市理工學院的環境。

英語能力弱一直是筆者的問題。大概筆者學習英語的時間，由 1991 年 9 月才算真正開始。直到 1994 年 9 月，製造工程課程正式開學，學習英語的時間就只有三年。而且這三年裡面，絕大部份的英文學習都只是集中在應付考試的範圍之內，考試以外的英文（例如日常生活使用的英語）則差不多完全沒有接觸，更遑論是英語世界裡面的文學、歷史、哲學……等等。所以，筆者所擁有的英語「庫存」，包括所認識的英文生字，都只集中在英文教科書的教學範圍裡面，其他「場合」所出現的英語包括英文生字，一概沒有能力和時間去涉獵。

香港城市理工學院的校方媒介，主要使用英文，接近百份之一百。就以筆者初初進入大學而言，所有由製造工程學系發出的通告和課程文件，都是用英文。校內的內聯網和電郵系統，也使用英文。校內康樂設施和運動場館，都是用英文電腦系統進行預訂……

以當時的英文水平，面對校園的英語媒介環境，的確感到吃不消。簡單如課程時間表，就不知道「Module」就是科目的意思，而過去一直只知道有「Subject」；又如上述上課的地方，以前只認識「Classroom」、「Hall」，而不知道有一處上課的地方叫作「Theatre」；以前只知道「教學」為「Teaching」，而不知道還可以分為「Lecture」和「Tutorial」……

突然之間，在生活當中出現大量「新」而又陌生的英文生字；同時間，在這個開學階段又必須要閱讀大量開學相關的英文資料……筆者立即感到十分困難。之前也曾提及，講師上課（Lecture）使用英語，筆者差不多無法在課堂裡面吸收到任何資料。若果是帶著「普通話（或者是上海話、福建話、鶴佬話……）」口音的英語，就更加完全聽不懂。

因為英語能力差劣，筆者彷彿因為一層英語媒介，就跟整個大學環境隔絕。上堂固然「吸引力」有限，即使是閱讀也覺得要比平時花上更多時間（開學階段出現很多陌生的英文生字）。

筆者有另外一個問題，跟英語能力差劣形成一個惡性循環——這個問題就是自卑退縮。而問題的另一面，就是不想「示人以弱」、不想「讓人知道自己是新來的」、不想「讓人知自己什麼也不知道」、不敢「承認自己的弱點」、不敢「讓別人知道自己的弱點」、不敢「讓別人知道自己英文差劣」；相反地又十分希望「保護一個有能力而又強大的形象（假象）」、十分希望自己能夠「跟別人一樣熟悉那裡的一切」……

筆者很自卑，內心十分害怕受到傷害和羞辱。為什麼英語能力差劣就令人覺得有機會受到傷害和羞辱？是不是曾經因為英語能力差劣而受過傷害或羞辱？是不是自己看不起自己？是不是太過恨鐵不成鋼？

有一個事例，可以看到筆者自卑退縮和自我保護等問題的嚴重程度。大學課程正式開始之後第五個禮拜，若再加上英文補底班的三個禮拜，亦即前後八個禮拜，筆者也未曾嘗試使用香港城市理工學院的內聯網終端機，未曾進入過內聯網內的電郵系統。

要知道，1994 年的香港城市理工學院，建成日期在 1990 年，在當時而言，很多設施都是非常新穎，當中資訊科技元素非常之高。其中內聯網終端機，在教學樓四樓演講廳層就大概有十台左右，供校內學生隨時使用。學生在終端機前，可以檢查學生賬戶、電郵、連接到校內各個學系和部門……1994 年，互聯網在香港甚至世界還未算盛行，也沒有「寬頻」、「科網概念」未成泡沫——未有 Amazon（1995 年出現）、未有 Hotmail（1996 年出現）、未有 Google（1998 年出現）、未有 Wikipedia（2001 年出現）、未有 Facebook（2004 年出現）……

筆者走到終端機面前，發現很多英文生字也不認識。而且，這一個時期的網頁設計（1994 年），比起 2000 年以後出現的網頁或網站（Portal），使用上還有很多不方便不完善的地方。所以，結果是差不多完全不會使用。

關於筆者在正式開學之後五個禮拜還未曾使用過內聯網終端機的日記記錄如下：

———————

1994 年 10 月 18 日　星期二　晴雨交集

返到學校，兩位約好嘅同學遲到，我就去睇 Email，我第一次去 Check 番我 D Email 咋。不過好驚喜，收到 LWK 一個 Message…… 即時想回番個多謝畀佢，可惜冇佢 Account Number。不過即時 Send 咗個畀 WAL。

———————

1994 年 10 月 18 日是製造工程課程正式開學第五個禮拜（開學日期為 9 月 19 日禮拜一），筆者才第一次走到內聯網終端機前面，檢視自己的電子郵箱。擁有電子郵箱（Account）、使用電子郵件，都是上了香港城市理工學院才開始，算是一件十分新鮮新奇而又陌生的事情。可笑的是，筆者完全不知道電郵系統之內，「存在」一個「Reply（回覆）」功能（以今天角度看來「Reply功能或『Reply 鍵』」可能是理所當然的自然應然）。

　　第一次站在終端機面前進入電郵系統，內心完全沒有想到系統之內有一個「Reply（回覆）」功能，而只單單知道「Send（傳送／寄）」功能；因為要「Send（傳送／寄）」，所以一定要知道「收件方」的電郵地址。而筆者的情況，就是連收到了「寄件方」一封電郵，也不知道這一封電郵裡面會否有「寄件方」的資料包括電郵地址……一方面不知道有「Reply（回覆）」功能的存在，另一方面又不知道有否「寄件方」的電郵地址，最終就覺得無法回覆一封電郵，無法為朋友的一份關懷報上一聲多謝。

　　內聯網終端機加上網頁的英語媒介，需要很多很多時間去學習……

　　在香港城市理工學院八個禮拜，筆者都沒有學習使用終端機。原因就是害怕「示弱」、害怕「暴露弱點」、害怕「讓別人知道自己無能、無知」。就是因為要保護自己一個「假象（我不是不懂）」，就變得更加逃避去面對去學習，更加不敢和不會走到終端機前面去嘗試。

　　記憶之中，開學初期，即使曾經走到終端機前面嘗試使用，只要身後一旦有人出現、一旦有人排隊等候，筆者便會立即「Log Out」離開。因為不希望自己的「學習」，妨礙到其他人的「正常使用」。更甚者，內心害怕後面的人知道筆者原來不懂得使用。

「不懂就不要用！」、「不懂就不要阻住其他人！」、「不懂？愚蠢！」……心裡面和腦袋裡面經常預期到這些「備受責罵」的話語。是不是過去的成長經驗殘留下來的傷痕？是不是壓力和驚恐作祟令人有這些想法？

內聯網終端機加上網頁的英語媒介，需要很多很多時間去學習……可是內心卻非常驚慌，害怕會讓人知道自己什麼都不懂……越去保護那最脆弱的部份，人就變得越驚慌害怕；越是驚慌害怕，就越不敢去面對問題；越是逃避問題，就讓問題一直存在或者讓問題一直惡化……問題一直存在並不斷惡化，內心的驚恐就越嚴重……

面對新鮮事物，原本應該好似一個「好奇雀躍的小孩」一樣的興奮；卻因為需要保護「自卑的大人」，而必須要禁錮「好奇雀躍的小孩」。也許，這一種情況不單只出現在內聯網終端機前面，在校園裡面很多地方也會出現，例如圖書館裡面的書本搜索電腦、體育館的預訂場地電腦系統……

這一個惡性循環出現之後，筆者在適應新環境的過程裡面出現了很大問題。由於害怕「暴露弱點」，所以又必須要小心保護一個「正常學生的假象」；又害怕又要小心，無形中在這段時間裡面就停留在緊張（防衛、戒備、小心翼翼）的身心狀態之中。

因為要額外應付心理上的壓力，所以在「認識新環境」的過程中遇上很大的障礙，又再額外為此而需要更加多時間。這一段適應和學習的時期，雖然身處校園「裡面」，卻又感到由「校園裡面」被孤立在「校園外面」。筆者自覺成為了一個「異體」。

iii. 受到同學戲弄欺負

受到同學戲弄欺負，相信是「適應的抑鬱」一直惡化的主要原因。如果單純是適應環境的問題，也許還可以隨著經驗累積而

慢慢學會環境中的各樣事物。但是受到同學戲弄欺負，似乎沒有「習慣」的餘地。

正式開學第一日開始，筆者就遭受同學「改花名」戲弄，而且在第一個禮拜裡面情況更加是變本加厲，沒有緩和、減退。第二個和第三個禮拜，沒有日記資料記錄跟同學相處的情況——當然也沒有關係改善的記錄。

「改花名」的情況發生在導修小組裡面。製造工程一百多名學生，稱為「大班」；導修小組的十多人，稱為「細班」。一般而言，導修小組的同學會比較熟絡，因為每次導修堂和做實驗，這十幾人就會在同一個課室或實驗室。

筆者的導修小組裡面，熱衷於「改花名」、「互呼」、「作弄」、「挑釁」的同學，大概只有三、四個人左右，其餘有好幾個喜歡「附和」和「趨炎附勢」。沉默旁觀的，實際上佔大多數。能夠說問題就出於那三幾個同學嗎？其他趨炎附勢的和沉默旁觀的人有沒有責任呢？不知道。只是記憶之中，小組裡面的風氣，一開始就十分「惡劣」（以受害人角度而言）。或者那幾位同學覺得很好玩、很有趣、甚或很享受這些「遊戲」。不過那些歡樂都是建築在別人的難堪和痛苦之上。

或者班中欠缺了一兩位能夠緩和情況的人。沒有人制止、沒有人說句公道話、沒有人叫停。沒有人把大家的精神或視野轉移到求學上面。或者因為沒有這一種人物出現，小組裡面的「氣氛」或「風氣」就由那幾位「玩樂得最為興奮」的同學主導了。結果班裡面就變了一個「以作弄和挑釁為樂」與及「忍受或反擊」的鬥獸場。

筆者認為這個情況是一種「倒退」。因為辛苦來到專上教育階段，應該是一個比拼「智力」的地方。可是眼前同學們彷彿天

天都在挑釁，好像要透過「打一場架、打一場仗」來分一下高低。為什麼來到專上學院跟同學們比拼的是「武力」？再者那些作弄同學的行為，大都品味低俗──即使是取笑，能否顯出一份「有品味的精神內涵」？

誠然，筆者不想自貶到要加入那幾位同學的「泥漿摔角」混戰當中。小學時候，筆者已經隨街打架，甚至遇上比自己高年班的也不怕。不過自己很快就意識到問題，究竟打架裡面的那一份凶悍是所為何事？只為了表現「強大、有力量」？為了在友儕之中的一個「位置」？筆者在進入中學之後，很快就意識到，「欺負比自己弱小的人」是一種卑劣的行為，而不是「強大」的表現。

除了失望，筆者的確在這些既幼稚又無聊的同學相處中感覺受到傷害。因為受到同學們持續的戲弄，已經覺得等同於受到「襲擊」。這一個情況一直為筆者製造「難受」的感覺。

上文提到不敢嘗試使用校內的內聯網終端機。原本這些對新事物的學習，可以在一班「新人」嘻嘻哈哈之下就能夠學會，在一班同樣「什麼也不懂」的同學之間互相學習之下就能夠解決。可是，筆者的同學不是這樣。筆者的同學沒有互相幫助的想法或風氣。

同學們的戲弄欺負，是一個主要的「痛苦源頭」。同學們的行為，「主動」和「直接」製造身心傷害。筆者也許無力反擊、也許不屑反擊，只有無可奈何地默默忍受著。大概是這一處一直存在的痛苦，令到製造工程課程開學時候的「適應的抑鬱」沒有改善的餘地。

6.4 崩潰

1994 年 10 月 9 日至 1994 年 10 月 17 日

「適應的抑鬱」一直惡化,最終造成了一次嚴重的抑鬱。這一次嚴重的抑鬱,有著比較清楚的發展脈絡,包括前期問題的醞釀情況、觸發崩潰的事件和時刻、與及崩潰之後的生活和精神面貌。

6.4.1 臨界狀態的發展、觸發崩潰、和崩潰

1994 年 10 月 9 日至 1994 年 10 月 17 日

本節嘗試以「倒後鏡」方式,把一次嚴重抑鬱的爆發,以「臨界狀態發展」、「觸發臨界狀態崩潰(觸發)」、與及「臨界狀態崩潰」三個階段為觀察框架,嘗試呈現「事態」的發展過程。

臨界狀態的發展過程,開始的日子在 1994 年 9 月 19 日(製造工程課程正式開學),而崩潰的條件全面齊備和成熟,就在 10 月 9 日或之前幾日。整個發展過程在三個禮拜之內完成。臨界崩潰的觸發,發生在 1994 年 10 月 9 日。一位舊同學的一通電話,就觸發了臨界狀態的崩潰,嚴重的抑鬱隨即爆發。崩潰之後的一個禮拜被形容為「難過到極點」。痛苦的強烈程度暴增,跟臨界狀態時候不可同日而語。

引子: 【關於臨界狀態的發展、觸發崩潰、與及崩潰】

這一次嚴重抑鬱的出現,以第一身的日記記錄,當中最為明顯的和最為強烈的一個過程,就是「身心和生活的崩潰」。因為以第一身的經驗而言,最強烈而又刺激身心的,就莫過於發生在身心神經系統的爆炸性痛苦,同時間又令到生活受到巨大影響,甚至停頓。所以在整個嚴重抑鬱事件的經過,印象最深刻的就是「身心和生活的崩潰」(對於前期情況、臨界發展,與及觸發事件,一直都在視線和記憶之外。)。

然而崩潰的開始，又可以清楚的追溯到 10 月 9 日的一通電話所「觸發」（觸發崩潰的事件）。因為在這一個電話對話發生之前，身心的狀態跟崩潰之後又並不一樣。大學課程正式由 9 月 19 日開始，筆者之後出現「適應新環境的抑鬱」；但是，「適應新環境的抑鬱」的痛苦程度、身心所受到的影響，亦不可以跟「崩潰」同日而語、等量齊觀。亦因為這一種明顯的差異，更加凸顯出「臨界前後」、或「臨界狀態與及臨界崩潰」的分別。

　　然而因為觸發，所以崩潰，因此又不得不「需要」探討「臨界狀態」的發展。臨界狀態的確有一個發展過程。可以想像，觸發事件的那一通電話，如果在 9 月 19 日出現，並不一定就會造成崩潰；甚至開學第二個禮拜出現，也未必會成為觸發點。直到臨界狀態發展到「成熟」，狀態之內的「化學結構」已經處於臨界點；「觸發事件」的出現，就一下子令到臨界狀態崩潰，內部「化學結構」全面重組——新的份子狀態出現——新的抑鬱痛苦出現。雖然臨界點不一定在 10 月 9 日形成，但是似乎前後不會相差太多。

　　這一篇關於一次嚴重抑鬱的記錄和分析，並不是一次由「事情的開始」以「垂直線方式」推演和推論，而是在崩潰出現之後，一次「倒置的、往先前挖掘的」結果。只是以下的章節，如果以一次「倒置的」過程展現，相信會顯得十分混亂，不容易理解。所以以下的章節，還是選擇以「垂直」順敘法的方式，按筆者所理解的和消化後的，把這一次嚴重抑鬱經歷重構之後再呈現出來。

　　這一次嚴重的抑鬱，不排除有其他更加合適的和更加接近事情「本體（Subjectivity）」的理解角度。

A　臨界狀態發展（1994 年 9 月 19 日至 10 月 8 日）

　　簡單粗疏地估計，這一次臨界狀態的發展過程，開始的日子在 1994 年 9 月 19 日（製造工程課程正式開學），崩潰的條件全

面齊備或成熟，就在 10 月 9 日或之前幾日。整個發展過程在三個禮拜之內完成。

臨界狀態的開始，就是製造工程課程正式開學的同一時間。筆者這時候就已經身陷「適應的抑鬱」當中（詳情可以參閱 6.3.2〈開學的抑鬱〉和 6.3.3〈適應的抑鬱比較〉）。「適應的抑鬱」在這三個禮拜之內一直持續，而且沒有改善。可以想像，這段時間裡面，身心都一直出現抑鬱的情況，身心都一直停留在抑鬱的狀態裡面。

或者，「陌生的感覺」在「新的學習環境」裡面能夠慢慢改善，但是這三個禮拜，還沒有出現「足以應付」甚或「能夠駕輕就熟」的感覺。情況也不如英文補底班時候，「成功感、優越感」沒有在這三個禮拜內出現。而總括而言，這三個禮拜裡面，大概沒有「愉快」的感覺。

相反地，同學間的關係沒有明顯改善。新的友誼還沒有妥善建立，同時間又要面對幾位同學的戲弄欺負，校園生活還沒有「愉快」可言之前，一直是「難受」、「受到侵擾和攻擊」。

開學三個禮拜，上堂的數量和工作數量都是每個禮拜遞增。第一個禮拜，只上 Lecture（講課）；第二個禮拜，所有 Tutorial（導修堂）開始，同時開始需要做功課（Assignment）；第三個禮拜，所有實驗課堂（Laboratory）亦正式開始，而每次做實驗之前都需要備課，實驗完成之後就需要遞交實驗結果和報告。

原本慢慢遞增的課堂數量和工作數量，可以作為一個熟習的過程，讓學生在早期有更多時間和空間去學習、認識、和習慣。可是筆者的問題是，連第一個禮拜的校園生活也吃不消，往後兩個禮拜所遞增的課堂數量和工作數量，都變成了超越負荷的負擔。所以到了第三個禮拜，大學生活就變成最為沉重的一個負擔。也許在課程設計而言，第三個禮拜才是「正常」的大學生活，但是

對於筆者而言，第三個禮拜的「正常」大學生活就是崩潰前夕的臨界狀態。

心態和行為上，三個禮拜內也有明顯的改變。就在第一個禮拜完結之後（9月25日），筆者就已經覺得新學習生活「唔開心」、「唔習慣」。再加上受到幾位同學的戲弄欺負，所以對於專上教育就更加感到失望。第二個禮拜（9月26日）隨即就開始懷緬兩年之前（1992年9月到1993年7月），到成人夜小學義務任教的日子，並覺得那就是自己一生人之中最愉快的時光。對照眼前的專上教育，就更加感覺到「十分傷感」。第三個禮拜，逃避的行為開始出現，筆者不再上 Lecture。大概只希望跟「校園」保持住一種最低限度的聯繫，似乎再多一點也許承受不來、接受不來。

臨界狀態發展到第三個禮拜，便完全成熟。臨界崩潰的條件，大概在這個時候已經齊備。只要觸發事件出現，內部的「化學結構」便全面改變，整個「身心的臨界」便全面崩潰。

B　觸發崩潰（1994年10月9日）

臨界崩潰的觸發事件，發生在1994年10月9日，開學第三個禮拜完結之後。這一天，一位重讀中五時候認識的同學，打電話給筆者，傾談了一些升學的情況。就這樣，筆者崩潰了，嚴重的抑鬱隨即爆發。

重讀中五的時候，這位同學是班裡面跟筆者「最為熟絡」的一位。雖然說不上是感情深厚，也不算惺惺相惜，但是在重讀的五個月裡面，大家也會一起去打壁球。打完壁球之後，也會一起到餐廳坐下傾談。他記得筆者曾經談及希望修讀文學、哲學、社會工作……大概也記得筆者表示厭倦再讀數學、物理……那一年是1991年。筆者在1992年1月就申請停學，留家自修。

中五畢業之後，他到工業學院繼續升學。兩年以來大家沒有太多接觸。當他知道筆者在香港城市理工學院升讀製造工程，就

感到有點奇怪，便打電話來傾談一下。然而被這一位舊同學來電一問：「為什麼會讀製造工程？」──可能也問及為什麼沒有追求自己當初所嚮往所熱愛的人文學科──筆者便崩潰了。

關於觸發臨界狀態崩潰和之後崩潰的經過，日記記錄如下：

1994 年 10 月 11 日　星期二　晴

好亂。為咗一個前途問題。

星期日晚（9/10），舊同學 LWT 打電話嚟。佢喺其他同學口中得知我讀製造工程，覺得好奇怪。估唔到佢都幾了解我，佢知道我唔會鍾意讀呢 D 嘢、做呢 D 嘢。係呀，呢幾個星期以來，我都再一次感受得到讀 D 自己「唔鍾意讀但又要讀」嘅辛苦法。好唔鍾意，好唔投入。

我會覺得最大問題唔係呢三年我會好唔鍾意，問題係三年之後我係只係得「工程師」呢一條路呀！唔鍾意讀，更加唔鍾意做呢一行。如果讀完出嚟，我係唔理呢個 Degree，去用 A Level 成績去搵工，咁我呢三年讀來做乜嘢先？好煩呀！

1994 年 10 月 14 日　星期五　晴

喘不過氣來。好煩！好難解決！好嚴峻嘅決定。闖！？我又可以點樣去闖？

我真係好唔開心，好唔甘心咁樣做一世工程！呢 D 絕對唔係我鍾意做嘅事！

好似個無能 BB 咁！

1994 年 10 月 17 日　星期一　00:30am

　　唔可以唔寫嘢嘅一個晚上。

　　一個星期了。呢七日真係難過到極點。難過嘅就不是這一個「前途與愛惡問題」。厭惡理科，其實已經唔係依家先有嘅問題，早喺兩年前同一個時間，我踏入中六，我嗰時已經深深咁厭惡數字同理論了。

　　每日上堂，個心抽住抽住咁，厭學症咁款，個人好無動力之餘，仲對於 D 嘢有晒興趣！好抗拒呀！

　　轉唔到科，喺嗰陣時我要面對嘅現實，一係我就唔讀！好抗拒咁，我就讀咗兩年中六中七。唔知係好彩定係唔好彩，畀我得到個學位課程，不過係讀工程——又理科！

　　同兩年前一模一樣，我依家好抗拒呀！好唔想讀，好想死呀！（不過我知死係解決唔到問題，更況且我仲有一個女人 Ruby 添！）

　　點算？
　　呢個係一個好嚴重的問題！
　　呢個係一個要好認真考慮的問題！
　　呢個可能係一個心理問題！？

　　10 月 11 日星期二，有一個女仔為咗我嘅前途問題，喺九龍火車站上面美心餐廳，擔心到喊咗起來。眼淚滴喺我嘅手臂上，係熱嘅。Ruby，為什麼？我放棄我嘅學位，一個我半點也不喜歡反而討厭嘅學位。這個對於我嘅生命真係好重要嗎？

　　我相信重要不重要，是價值觀上嘅衝突。不過我好感激你嘅擔心，你嘅關心！第一個緊張我嘅女人是媽打，第二個就係你了。

為什麼一通閒話家常式的電話就「觸發」了一場「崩潰」？那當然就是「臨界狀態」的條件已經齊備，並且已經成熟了。此外，舊同學的詢問，亦真的「一矢中的」地刺中了當下生活的核心問題。一位已經兩年沒有聯絡的舊同學，竟然因為筆者升讀製造工程這一件「好事」而冒起疑竇——是不是因為這位舊同學太多疑呢？從那一通電話的對話內容看來，在那一位舊同學的印象當中，筆者應該一定不會修讀製造工程。

　　這一通電話提醒了筆者，原來過去的時間，自己也一直希望「可以升讀喜歡的科目」。甚至有一段時間，自己也努力付出，希望爭取理想的成績，可以「選擇喜歡的科目」。及後能夠升讀大學，雖然有著「中獎」一樣的幸運和狂喜，不過一切都似乎必然重返現實——無可避免地面對製造工程的科目內容——又是數學、物理學、和化學。彷彿「中獎」的狂喜過後，一切又重返「厭倦理科」的老問題上面。

　　而問題的另一面，就是「我」究竟想要什麼？「我」所嚮往的是什麼？「我」想走一條怎樣的路？而眼前所面對的實際問題是：「我」為什要受苦痛的煎熬？「我」應該為了什麼犧牲自己的生命力？「我」的目標是什麼？

　　這一通電話刺激起很多思緒。

　　一個不能忽視的脈絡因素，就是當下所承受著的痛苦。筆者正經歷著「適應的抑鬱」，身心狀態都在緊張戒備當中，而又有孤立無援的情況；同時受到幾位同學持續的戲弄欺負，這是一大「唔開心（Unhappy）」的來源。

　　在這一種痛苦的處境底下，筆者便很容易去為這些「痛苦難耐」去找尋原因——這時候，隨手拈來的就是「我本來就討厭理科，所以我討厭製造工程，所以我不應該讀製造工程。」、「我正在讀自己不喜歡的科目。我讀不喜歡的科目令到自己難受

（Unhappy）！」、「我不應該讀製造工程！」、「我應該讀自己喜歡的科目！」……

筆者受抑鬱病影響之下，想到「有限的生命力（人生）」究竟應該使用在、燃燒在、或消耗在什麼地方？然而這一個前路問題，似乎跟「適應的抑鬱」和「眼前痛苦的遭遇」完美地結合，引爆出一次嚴重的抑鬱，生活和身心狀態立即崩潰。

C　臨界狀態崩潰（1994 年 10 月 9 日至 10 月 17 日）

崩潰的觸發在 10 月 9 日禮拜日。在 10 月 16 日晚上、10 月 17 日凌晨，筆者形容崩潰之後的這一個禮拜為「難過到極點」。在這非常難過的一個禮拜裡面，筆者受到「前路（前途）」這一個問題的困擾，身陷在專上教育的「去留抉擇拉扯」之間。留下來，眼前的痛苦持續令到自己難受；退出去，又需要面對各方面的阻力和壓力。是爾進退兩難，身心折磨。

筆者在「前路（前途）」問題裡面感到嚴重困擾。誠然在去留的抉擇之間，內心深處已經有一個清楚的想法，就是放棄眼前令自己失望和難受的學業。只是這一個想法，並不容易實現。在剛剛過去的暑假裡面（1994 年 6 月），筆者從一份十分苦悶難耐的暑期工辭職，內心就立即出現「辭工的壓力」，想到家人（或總有人）一定因此而感到不滿。「害怕辛苦」、「不能捱苦」、「好逸惡勞」、「無用」、「無能」……等等批評，當時就立即出現在腦海之中。

這時候要從香港城市理工學院退學，所面對的阻力和心理壓力一定比起放棄暑期工更大。升讀大學既是多年來的奮鬥目標，也是家人和朋友的期望；白白放棄，如何向他們交代？如實告訴他們自己「無能力」讀上去（讀落去）？家人會接受「對專上教育失望」的理由嗎？如果家人知道筆者受到同學們的戲弄欺負而放棄讀大學，大概都只會覺得筆者太過軟弱和可笑吧……同樣，

「害怕辛苦」、「不能捱苦」、「好逸惡勞」、「無用」、「無能」……等等批評，立即出現在腦海之中——還再加上「自作孽」、「自甘墜落」、「入寶山空手回」、「捉到鹿不懂脫角」……

10 月 11 日，崩潰之後跟 Ruby 傾訴自己的情況，提及退學的想法，就令到她淒然落淚。

此時此刻，最為磨人的地方就是，無法選擇離開，就等於繼續停留在眼前的苦難當中受罪！所以是「退亦難」是「進亦難」的一個「進退兩難」局面。

記憶所及，在這個禮拜之中，筆者有一天特意留在家中（所有返學的事情都完全放下），買了一份工作招聘的報紙，希望能夠找到一份合適的工作，讓自己可以「逃離大學」。結果當然是沒能夠找到，無法如願以償。不過，從眾多招聘廣告當中，筆者也發現如果只有中七畢業的學歷，可以選擇的工作並不多。放棄學業的阻力又大一重。

在這個局面之中，筆者感到十分煩惱。而繼續留在課程裡面，又感到十分難過（Unhappy）。在困擾、煩惱、苦惱、與及難過的身心狀態之下，筆者心頭感到非常不舒服。而這一種非常不舒服的狀態之下，筆者覺得辛苦的強烈程度，令到自己有「想死」的衝動，亦令這一個禮拜「難受到極點」。

D　臨界狀態與及臨界狀態崩潰的差異

臨界狀態和臨界狀態崩潰的分別，粗略地有三大方向。第一是面對生活的態度，臨界狀態的時候，還會對眼前痛苦的生活「承受忍受」，對生活問題還有一線改善的希望。但是到了崩潰之後，對眼前痛苦的生活便「拒絕承受忍受」。第二個方向是「思維的主體內容」。臨界狀態的時候，生活充滿很多問題，包括「適應的抑鬱」和受到戲弄欺負等等，但是到了崩潰之後，問題只有一

個，那就是前路（前途）問題。其他問題都消失在視野和意識裡面，或者在最根本最嚴重的問題面前，其他問題都變得不再重要。最後一樣就是痛苦的強烈程度，然而這一種無法量度的「痛苦數量、質量」，可以著墨的地方很少，亦難於表達。

崩潰前後，面對校園生活的態度，「承受和忍受」仍然是一個選擇，自己還會相信「適者生存」（9月25日日記）。也許在崩潰之前的時間，還會相信問題是可以解決，或者問題最終都會過去。也許這個時候仍然懷有希望，覺得問題過後，校園生活就可以好起來。可是在10月9日觸發崩潰之後，面對眼前的校園生活，就變得不再「承受和忍受」，甚至乎可以說由觸發崩潰的那一刻開始，就立即停止或拒絕「習慣和適應」。

由不再「承受和忍受」開始，筆者對校園內的所有事物都變得抗拒，尤其是能夠勾起一切固有問題，包括傷害自己的同學、嘈雜混亂的課室、與及校園內的排斥和陌生……

崩潰之後，突然之間，很多之前發生的「問題」都消失在視野之中，大概也消失在意識之中。這些問題包括「適應的抑鬱」與及受到同學的戲弄欺負等等。這些問題當然都沒有消失，而是彷彿都變成次要，變成了不再顯眼的問題……

或者，一個更大、更根本、更嚴重的問題出現了［「前路（前途）」問題］，其他所有的問題都變成次要。又或者，那些之前發生的「問題」和「身心痛苦」都一一隱藏在一個更大、更根本、更嚴重的問題裡面［「前路（前途）」問題］。這一個「前路（前途）」問題彷彿變成為一個「完美問題（Perfect Problem）」，有著超卓的「解釋能力、演繹能力」，能夠把之前發生的所有問題都統攝在其裡面，把之前發生的所有問題都隱藏在其裡面。

這一個「完美問題（Perfect Problem）」，彷彿又成為了之前發生的所有問題的「原因（Cause）」。開學至今三個禮拜

裡面所發生的所有問題，都是因為自己「不喜歡理科（完美問題）」所衍生出來的。倒轉想，如果自己讀喜歡的科目，就不會出現那些問題了。這一個「完美問題（Perfect Problem）」的「解（Solution）」，又成為了之前發生的所有問題的「解（Solution）」。

這一個「完美問題（Perfect Problem）」就變成了「現狀」全部。過去的「適應的抑鬱」、受同學戲弄欺負、與及孤獨和孤立的校園生活⋯⋯等等等等問題與及身心痛苦，都變成為「不喜歡讀理科」的「愛惡問題」和「前路問題」，都變成了一個嚴峻的「抉擇問題（是去是留）」！

崩潰前後的第三個差異，就是痛苦的強烈程度。在崩潰之後，痛苦的程度出現爆炸式暴增，直叫筆者有求死的想法，這一點亦毫不忌諱地寫在日記簿上。生活問題和身心痛苦的形態都在改變。

臨界狀態與及臨界狀態崩潰，「關鍵的差異」在於物質的內在「份子結構組合」改變。而這一種改變亦出現在這一次的嚴重抑鬱之中，不過所改變的並不是人體的份子結構組合，而是一種「痛苦」的劇烈增強，與及思維內容的轉變。或者，大腦內的「痛苦神經系統（如果有的話？）」與及「思維系統」，都經歷了一次翻天覆地的「重組（Re-configuration）」。致使在崩潰之後，應付生活的態度變成為「拒絕承受忍受」；思維上由受到眾多問題困擾，變成為高度集中在一個最根本最嚴重的「前路（前途）」問題上（完美問題）；痛苦的情況亦在崩潰之後爆發暴增。

6.4.2 困局思維的陷阱

伴隨著臨界狀態的崩潰，腦袋出現了一個「困局思維的陷阱」。這一個陷阱，令到筆者的思維活動，彷彿走進了一個沒完沒了的、循環不斷的迴路。這一個思想的迴路，一方面令到腦袋（Hardware）的運轉動力和思考（Software）的能量在迴路上不

停消耗；另一方面，每一個迴路的「中轉站」，又把筆者帶領到好幾種的「極端情緒身心狀態」之中，五內翻滾之餘復加拉扯折磨。

A　循環迴路

「循環迴路」是構成「困局思維的陷阱」的一個重要部份。臨界狀態崩潰的時候，思維活動都主要集中在這一個「循環迴路」裡面，不斷來回搖擺，彷彿循環不息。

「困局思維的陷阱」的循環迴路，主要有三條線：第一，就是「眼前的痛苦」，而「眼前的痛苦」是由開學時候延續下來的「適應的抑鬱」。第二，是「最壞的設想」，筆者認為最痛苦的事情，是完成三年製造工程課程之後，還需要「做一世工程師」。即是筆者不單只需要克服眼前三年的課程，還要面對一世人不喜歡的職業！畢業之後，如果要放棄這三年的學士學歷，那麼自己為什麼要堅持這三年，繼續自己所不需要的學習生活？第三，是無法做到堅決放棄學業，每每考慮到要放棄專上教育，就立即令自己處身於一個嚴峻而高壓力的抉擇處境——一方面承受著眼前痛苦的折磨，一方面又要承擔離開的阻力和「成本」。

誠然，「離開」是筆者的「傾向（Intention）」。「離開」製造工程課程，彷彿就可以立即離開「眼前的所有問題和痛苦」。只是千辛萬苦、萬眾期望而來到了專上教育，白白放棄了又該如何向家人朋友交代？又如何向自己交代？離開了「讀大學」，彷彿要進入一段「精神真空」的領域。所以「離開」並不是一個容易作出的決定。

而每一次覺得自己無法「離開」之後，筆者又必然地重返「眼前痛苦和最痛苦的將來」。身心再一次抗拒眼前的學習生活，深信自己不應該留下、不應該再讀下去、而應該去讀自己所喜歡的科目。所有原來的「適應的抑鬱」痛苦，都直接歸因成為「我不

應該讀下去」。問題一直沒有解決,甚至一點也沒有舒緩。而當「眼前痛苦和最痛苦的將來」變得無法承受,筆者又自然地想到要「離開」。

重新踏入「離開」的運轉,又再開始一次「離開」的掙扎拉扯,到達身心承受的極限之後,又再一次轉向——因為無法「離開」而又重返「眼前痛苦和最痛苦的將來」。如此,就在「離開」、無法「離開」、重返「眼前痛苦和最痛苦的將來」、無法承受「眼前痛苦和最痛苦的將來」、再轉向而重返「離開」……之間來回折返、循環不息……

「循環迴路」裡面,就是「承受眼前痛苦和最痛苦的將來」,到達極限,之後就希望「離開眼前痛苦」;希望「離開眼前痛苦」,隨即進入嚴峻抉擇裡面而產生龐大壓力,到達極限,之後就只有放棄「離開」,重返「承受眼前痛苦和最痛苦的將來」——無法「承受眼前痛苦和最痛苦的將來」,又迫令自己進入「希望離開眼前痛苦」的嚴峻抉擇裡面……就此,就在「承受眼前痛苦和最痛苦的將來」和「希望離開眼前痛苦」之間來回搖擺,循環不息。

B 極端情緒身心狀態

「循環迴路」的每一個「中轉站」,或者是「回頭折返的困局」,都令到筆者身陷若干「極端情緒身心狀態」。所以「循環迴路」之所以是一個「困局思維的陷阱」,就在於只要筆者沿著「循環迴路」的思維路線去「想」,身心狀態就會在不知不覺之間進入若干「極端情緒身心狀態」,而且循環不息,甚至沒有平伏的喘息空間。

「循環迴路」的「中轉站/回頭折返的困局」,主要有兩個:第一,就是「眼前痛苦和最痛苦的將來」;第二,就是「嚴峻的抉擇處境」。

當筆者想到自己正在就讀不喜歡的製造工程課程，就會覺得這一件事令自己十分懊悔（為什麼自己要選擇就讀製造工程？）、無奈（為什麼自己無法選擇喜歡的科目？）、難受（眼前種種痛苦就是因為就讀自己不喜歡的科目！）、與及不甘心（畢業之後做一世自己不喜歡的工程師！）……等等。

　　每每當「不喜歡讀製造工程」的反感到達極點，思維就轉向為「應該離開製造工程」。而進入「離開製造工程」的抉擇時候，筆者就立即身處一個嚴峻的處境，一方面眼前的痛苦迫令自己離開，另一方面則因為考慮離開而需要面對「龐大的阻力和成本」。這一個嚴峻的抉擇處境，是一個「非常高壓力的處境」，因為「離開」和「留下」，筆者都必須要付出非常之大的代價。所以一旦筆者進入這一個「抉擇」的思維之中，就立即身處一個「高度受壓」的身心狀態之中。

　　當這一個「非常高壓力的處境」到達極點，身心都無法承受；不能夠在「非常高壓力的處境」下作出任何決定，結果又只有選擇「離開」這一個非常「高壓力」的處境。之後就只有又「被迫留下」，又再進入「不喜歡讀製造工程」與及「眼前痛苦和最痛苦的將來」的「極端情緒身心狀態」——懊悔、無奈、難受、與及不甘心……等等，又再重新出現。

　　就這樣，思維在「眼前痛苦和最痛苦的將來」和「離開製造工程」之間來回搖擺，身心狀態同一時間亦在「極端情緒」和「非常高壓力處境」之間跌盪。

　　也許，身心都希望可以停止痛苦、身心都不希望痛苦下去。只是希望離開、甚至逃避「嚴峻的抉擇」，就變成「留在痛苦的眼前生活」；希望離開、甚至逃避「留在痛苦的眼前生活」，就把自己驅趕到「嚴峻的抉擇」……一日無法「擁抱一個更大更痛苦的結果」，一日無法作出「去或留」的決定，似乎一日都無法拯救自己……

「循環迴路」並不是單單一個思維的問題，因為在「循環迴路」上的每一個「中轉站／回頭折返的困局」，都把身心帶到若干的「極端狀態」或「高壓力處境」。而身心都在「極端狀態」或「高壓力處境」之下感到非常難受，甚至受到傷害。

C 腦袋的損耗和受傷

「循環迴路」除了引起若干的「極端情緒身心狀態」，腦袋還在「循環迴路」裡面一直在不停思考。固有的痛苦環境，不斷刺激身心；有意識的思維活動一直在「循環迴路」裡面運轉。腦袋在無法止息的運轉當中損耗和受傷。

臨界狀態和臨界崩潰的背景，就是「適應的抑鬱」、不愉快的同學關係、對專上教育的失望、與及「不喜歡讀理科」……等等。筆者原本所身處的這一個校園就是一個充滿痛苦難受的環境。然而每一個「痛苦」的出現，都成為了一個「刺激」，都把思維帶進（引領、驅趕……）「循環迴路」裡面（「眼前痛苦和最痛苦的將來」）。

臨界狀態崩潰之後，校園裡面的所有問題，都變得加倍放大。而最為關鍵的一件事，就是筆者已經絕對地認為自己「不應該繼續讀下去」。這一點的意味，就是只要身處在「校園」之中、只要身處在「製造工程課程」裡面，筆者就感到是一件「不應該的事」，身心都對「身處其中」而產生抗拒——校園裡面的一切，都變成了問題。只要「抗拒的不快」出現，又成為了「刺激」，又把思維帶進「循環迴路」裡面（「眼前痛苦和最痛苦的將來」）。

筆者在這個處境當中，受到非常高頻率的刺激。每一個刺激的結果，都把筆者的思維帶進「循環迴路」。因此，筆者絕大部份的時間，都彷彿因為「非常高頻率的刺激」而禁錮在「循環迴路」裡面。

可以想像，筆者的思維活動就在頻繁刺激之下，深陷「循環迴路」裡面，不斷運轉、沒完沒了。腦袋亦因為長時間「被迫」運轉而非常疲勞；同一時間，由「循環迴路」而產生的「極端情緒身心狀態」與及「高壓力狀態」，都帶有一定的傷害性。

6.5 純粹抑鬱的痛苦

1994 年 10 月 18 日至 1994 年 10 月 19 日

10 月 18 日，身心狀態經歷了第二次「異變（第二次崩潰）」，令到抑鬱的情況再度惡化。這二次「異變」就是「臨界狀態崩潰」之後的一個結果——也許身心都無法將「臨界狀態崩潰」再承受下去，也許「臨界狀態崩潰」本身就帶有破壞力，並嚴重傷害著筆者的身心。這二次「異變」之後，身心產生出非常強烈的痛苦。其強烈程度差不多完全霸佔了「意識空間」，使得之前一直困擾著的「前途問題」、「人際問題」、與及「學業問題」，竟然一一消失在視野和意識之中。

6.5.1 1994 年 10 月 18 日

原本已經身處「臨界崩潰」（由 10 月 9 日開始）的狀態，到了 10 月 18 日，身心在「臨界崩潰」之後，又再「崩潰（異變）」一次。彷彿，「內在的份子結構」又再一次徹底改變。崩潰之後的再崩潰，令到腦袋接近癱瘓，痛苦程度再度加劇。

關於 10 月 18 日所發生的事情，日記記錄如下：

———————

1994 年 10 月 18 日　　星期二　　晴雨交集

好亂嘅一日，每一個鐘甚或每半個鐘，情緒上都有好顯著嘅變化。每一段下落嘅情緒我都想記下來。死去活來嘅一日。

早上坐小巴經香港薄扶林返學校。早上，一日之計在於晨，我真係唔想一早成個人就抑鬱到心口痛——即使我呢個時候真係係咁樣。

Ruby，已經變成咗我嘅希望了。唯有不斷咁諗住佢諗住佢，要佢幸福，要睇佢嘅笑容，我一定要勇於對抗生活上嘅一切難關。

為咗咁樣，我要穩定自己。心情平復下來。

返到學校，兩位約好嘅同學遲到，我就去睇 Email，我第一次去 Check 番我 D Email 咋。不過好驚喜，收到 LWK 一個 Message，關於我轉科目嗰 D 嘢，我好開心呀！因為我覺得有人關心我呀！好多謝佢，霎時間覺得好溫馨呀！即時想回番個多謝畀佢，可惜冇佢 Account Number。不過即時 Send 咗個畀 WAL。

好肚餓，好悶，好無聊。冇朋友，冇娛樂呀！點解？因為我根本冇投入過去大學生活。冇呀！Class、Group、Society……冇呀！

搵 Ruby 食午飯，喺圖書館等佢覆機。

抑鬱病又蒞侵襲我了。好難受呀！成個人好似喺度腐爛緊，好似喺度被毒藥腐蝕咁。好想……

呢種，係一種唔知點解有嘅痛苦，D 內臟都好似「㧬」埋一舊咁。真係直頭好似斷腸咁款！

呢個時候，又想起我要照顧人，我一定要堅強起來。「從抑鬱自憐的深淵中站起來吧！」我不斷嘅咁樣叫住自己。想真的一點，我確實要克服佢！

1994 年 10 月 19 日　星期三

回憶昨日（10 月 18 日）：

11:20am-12:35pm，我就係喺 Library 度等 Ruby call 我。我伏喺張枱度，靜靜的、靜靜的，好似安祥咁瞓著一樣。但事實上我個心卻在滴血！原因係乜野？絕對並不是為咗等 Ruby 等到心痛（每次我都係樂意去等佢嘅），有乜野，除咗抑鬱病，除咗自憐，我諗唔到乜野理由！我嘅內臟真係好似被毒藥侵蝕，條頸好似被人捏緊一樣。好難受啊！

我知道佢十二點三落堂，我知道佢如果係袋住個 Call 機嘅話，佢大概會喺嗰時覆我。十二點半過後，Pager 仍然冇響，我就決定去醫肚了。

上到餐房，好多人，我更加覺得孤獨寂寞，嗰時間好想見到朋友，同佢哋一齊，更加想見到中學同學，因為咁樣我會倍感親切！

WAL、FWM、SCP，好多謝你哋喺餐房畀我見到，可以坐埋同你哋一齊！

WAL 真係我好好好嘅朋友，喺我失落時，喺我人生第一次滑落時，有你喺我身邊，我感到很高興，人得一知己死而無怨！

──────────

10 月 18 日，是這「一次嚴重抑鬱」最為嚴重的一日，大概歷時了大半日，由早上七、八點開始，直至下午一兩點，午飯之後。這大半日時間，大概可以分成為四段時間四件事件：第一，早上七、八點，乘搭小巴往上環地鐵站；第二，上午九點左右，獨個兒在香港城市理工學院校園；第三，上午十一點左右，在圖書館；第四，下午十二點半，往學生飯堂。

在此，筆者想先討論「第二」和「第四」兩件事，因為這兩件事情都關於當時的專上教育生活，然後才討論「第一」和「第三」兩件事，因為餘下的這兩件事情都是關於身心裡面的抑鬱情況。

【關於第二件事】10月18日早上，相約好兩位同學討論小組功課。可惜兩位都遲到，而最終亦沒有出現。「傾功課」取消。正式開學已經第五個禮拜，早上九點半左右，大概校園內沒有太多人，因為同學失約而突然「空閒」起來，筆者才第一次走到內聯網終端機前面，第一次檢查自己的電子郵箱。

在「適應的抑鬱」章節（6.3.3 C ii）之中，筆者已經介紹過這一件事（檢查電子郵箱）和背後的意義。這裡稍作點評。筆者有一個弱點，就是「害怕示弱」，害怕在別人面前暴露出弱點，害怕讓人知道自己的弱項。所以在香港城市理工學院裡面一直都不敢走到終端機前面，不敢在這些公眾的地方學習使用終端機。心裡面完全明白，一方面害怕被人取笑「無知、白痴」，另一方面害怕自己的「無能、笨拙」，會妨礙其他使用的人。所以筆者特別害怕使用終端機時候，背後有人排隊。只要後面有人排隊，筆者便會立即緊張起來，隨即就放棄使用、放棄探索、放棄學習——登出（Log out），或者慌忙之下忘記登出（Log out），然後轉身走人。

正式開學之後去到第五個禮拜，筆者就是這樣精神緊張地小心翼翼、又提防又戒備的面對新的專上教育環境。而又因為如此這般小心翼翼地「戒備、提防」，很多關於學習和適應新環境的事情都無法認真面對，最終把「適應的過程」不斷拖長、拖長。而結果是，對校園一直感到陌生，對校園生活無法投入。來到第五個禮拜，彷彿「無法投入」都變成為被校園「孤立」，內心的自卑都變成為對校園生活的厭倦。

這是一個惡性循環，自己越害怕，就越無法好好學習和適應新的環境。而無法好好適應環境，就越容易感到陌生和疏離。越覺得陌生和疏離，就更加容易感到害怕。

再加上原本就已經出現「適應的抑鬱」情況，與及受到同學戲弄欺負，筆者同一時間就身陷幾個嚴重的問題裡面。當時的處境，彷彿連眼前的問題都無法好好應付，「投入」和「享受」專上教育生活等等都變成了十分奢侈的想法。

【關於第四件事】10 月 18 日中午，去到學生飯堂，那裡人頭湧湧，筆者霎時倍加感到強烈的孤獨、孤立感覺。正正是因為「多人」，就更加對照出自己只得「一個人」。正式開學已經五個禮拜了，仍然找不到一個朋友，仍然沒有一個同伴。大概受到嚴重抑鬱的影響，此情此景、此時此刻，「淒慘」被加倍放大。

綜觀這五個禮拜的專上教育生活，是過得非常失敗，與及非常痛苦。如果沒有抑鬱病的影響，會不會過得好一點？

【關於第一件事】早上在小巴裡面，筆者經歷到嚴重抑鬱的情況。這一天因為想要避開擠塞的<u>香港仔隧道</u>，就選擇到<u>香港仔中心</u>，轉乘經<u>薄扶林道</u>的小巴，往<u>上環</u>地鐵站再轉乘地鐵往<u>九龍塘</u>。四十分鐘的小巴車程，比起「塞<u>香港仔隧道</u>」可能還要快一點點。最重要的就是小巴上不設企位，而一定有座位可以安坐到目的地。

在這一程返學的小巴上，抑鬱的情況變得十分強烈，筆者「抑鬱到心口痛」。過去很多時候，尤其是抑鬱的時候，「心口」都有「不舒服」甚至「難受」的感覺。不過這一次抑鬱的強度（影響），已經到達「痛、明顯肉體上的痛」的水平。可想而知，這一次抑鬱是非常嚴重的程度。

筆者並不想抑鬱，更加不想一天的開始就要經歷如此強烈的抑鬱（彷彿預期到這樣的抑鬱將會影響日間的時間）。可惜在小巴的座位上，筆者無法阻止抑鬱的出現，也無法阻止抑鬱的惡化，

只得像一個無助的病苦奴隸，任由抑鬱病的「利刀」，不動聲色地戳穿自己的心臟。

筆者嘗試靠著思念女朋友，把抑鬱的思緒排擠在意識之外。最後惡劣的情緒得以平復下來。去到上環地鐵站，轉乘地鐵到達九龍塘，似乎抑鬱的情況沒有再一次惡化。

【關於第三件事】直到大概十一點半左右，筆者在圖書館裡面，又再一次受到嚴重抑鬱的「侵襲」。因為兩位相約好的同學失約，筆者整個早上頓時就變得無所事事。想約在中文大學的女朋友食午飯，不過時間未到，也未收到回覆，就走到圖書館「安頓」、「庇護」、「避世」。

早上八點，經歷過抑鬱到「心口痛」；返到香港城市理工學院，相約好的同學一直沒有出現；戰戰兢兢地初次使用終端機；身處一個陌生的校園……當然還有五個禮拜以來的「適應的抑鬱」，還有10月9日以來的「崩潰」、「困局思維」、「循環迴路」、「極端情緒身心狀態」、「嚴峻高壓的抉擇」……

9月19日開學以來，問題就是這樣一件一件的累積下來……

筆者伏在圖書館的書枱上，骨頭和肌肉彷彿已經無力再支撐下去了。虛脫的軀體內，是一個「滴血」的心臟。

在獨處的時候，身體和心靈的訊號顯得特別強烈，尤其是無須要處理（理會）外在環境的情況下。早上在返學的小巴上如是，中午在圖書館的自修書枱（書枱上左右兩邊有間隔板）亦如是。

筆者感到身體裡面十分「難受」，位置包括胸口、心臟、胃、腹部、腸臟、與及頸部（可能忽略了腦袋的痛苦）。心臟的難受，似在受傷滴血。而其他內臟，就有「拉緊」、「扭曲」等等難受的感覺，腸臟有「截斷」的痛苦描述。而整個人，包括內臟，在這種「拉緊」、「扭曲」、和「截斷」的感覺下，就像被毒藥腐

蝕一樣。頸項被捏著，大概就是呼吸感到困難。或者，筆者覺得的不單單只是一種難受的感覺，還可能覺得的是身體各部份將會壞死。

在圖書館裡面的抑鬱痛苦，令到筆者有求死的想法。痛苦的程度，達到「痛不欲生」。

早上的時候，痛苦的情況集中在心口位置，大概也包括心臟裡面。到了中午，痛苦的情況卻分散到頸項（呼吸困難）、腹部和腸臟。而似乎早上是一種集中和強烈的胸口（心臟）痛楚，而下午是一種分散和陰隱的、猶如被侵蝕的痛楚。下午痛苦的時候，同時有求死的想法。

日間出現的強烈痛苦，雖然能夠大概確定範圍在胸口、心臟、腹部、胃、與及腸臟，痛苦的形態有如「受壓、拉緊、扭曲」，難受的感覺比擬為「受到毒藥侵蝕、腐蝕」，腸臟的難受就有如「斷腸」，整個人有如「腐爛」當中一樣。肺部或主要為胸口氣管部份，有「呼吸困難」的情況。10月18日早上八點和十一點發生的事情，到晚上十一點寫日記作記錄（10月19日再多寫一點點）。事情發生與落筆記錄的時間相差十二小時到十五小時，記憶與記錄可信程度甚高。可是，筆者在嚴重抑鬱的時候，及至下筆記錄事發經過時，都不能掌握身心內所出現的痛苦，在日記內仍然只能把這一段痛苦經歷描述為「唔知點解有嘅痛苦」（無法理解的痛苦）。雖然痛苦非常劇烈（痛苦程度產生求死的想法），但是筆者仍然無法理解痛苦的來源或原因，當然也無法理解和掌握整個「痛苦的過程」，包括痛苦背後所代表的「問題」（身體器官病變或者受傷），與及「治療」的方法（如何應付、消除正在出現的痛苦）。

這時候，筆者雖然已經患上抑鬱病有五年時間（由1990年開始），可是五年以來（1994年）仍然完全無法理解身心之內所出現的抑鬱痛苦。這些抑鬱的痛苦為什麼會出現？如何出現？痛苦的確切面貌或形態是什麼？是不是就是過去所理解的？如何治療

抑鬱的痛苦？抑鬱的痛苦可以怎樣處理？需要清理「傷口」？需要「包紮」？需要「敷藥」？需要「服藥」？筆者對以上問題完全不知道。

大概，很多時候都在茫然不知的惶惑下，經歷無法理解的身心劇痛。

在圖書館裡面所出現的痛楚，似乎到達中午時候，筆者在學生飯堂重遇幾位中學同學之後，就得以舒緩。之後下午課堂完結，晚上補習完畢之後，到回到家裡執筆寫日記，大概沒有更嚴重的抑鬱出現。因為沒有比日間更為嚴重的事情在日記簿內記下。

6.5.2 沒有「情緒低落和負面思想」的抑鬱痛苦

筆者將這兩日（10 月 18 日和 19 日）所出現的嚴重抑鬱，稱之為「純粹抑鬱」。因為在這兩天裡面（尤其是 18 日），在筆者身心裡面出現了一股非常強烈而又無法理解的痛苦。這一股痛苦的特別之處在於，它的「出現」和「存在」，差不多完全沒有任何「思想／故事（生活相關的內容）」、完全沒有「文字」、甚至連所謂「情緒」也沒有，完全是「純粹的痛苦」、「純粹抑鬱的痛苦（與生活問題無關、與思想無關、與情緒無關）」。

「不喜歡讀理科」、「不喜歡讀製造工程」、「嚴峻的抉擇」等等，由 10 月 9 日臨界崩潰開始到 10 月 17 日一直困擾的問題，就在 10 月 18 日突然消失。日記沒有再提起，大概腦袋也沒有想起。所有關於這些問題的話語或文字，一概沒有出現。「困局思維陷阱」沒有出現，「循環迴路」停止下來——即使這一個身心仍然非常痛苦，即使痛苦的訊號一直刺激著。

出現在腦袋裡面、出現在神經系統裡面的，單單地就是一股非常強烈的痛苦。筆者的意識空間，完完全全被這一股強烈的痛苦霸佔。而這一日，筆者只能夠被動地任由這一股痛苦「蹂躪」，

與及勉強地在這一股痛苦下掙扎。這一日的生活、行為、和思想，都被迫地環繞著這一股痛苦。

另一方面，在10月18日以前，筆者內心所渴望的，是離開「眼前所討厭的製造工程課程」，所以大概日夜呻吟都叫著：「不喜歡理科、不喜歡製造工程！」內心深處所想著的，就是放棄眼前的專上學業。然而在10月18日之後，筆者內心所渴望的，就變成為離開「身心所遭受的抑鬱折磨」，心底裡面呼叫著的也變成為：「不想再抑鬱！」可以清楚見到，眼前的最大問題，已經變成為「純粹的抑鬱痛苦」的問題了。「讀不喜歡的科目」、「浪費生命力於不喜歡的科目」、「對專上教育失望」、「受同學戲弄欺負」……等等問題，都在這一日之後變成為不再重要、變成為次要了。

眼前的問題，身心所正在遭受到的痛苦折磨，完完全全就是「純粹的抑鬱痛苦」，而且是再也沒需要「情緒、思想、生活、故事、與及文字」的「純粹抑鬱」。

6.5.3 意識空間

想像腦袋裡面有一個負責掌管意識的「意識空間」。感官神經把接收到的外來訊號傳送入「意識空間」裡面，然後在這裡閱讀和消化。10月18日以前，「意識空間」裡面就是「困局思維陷阱」；10月18日，「意識空間」裡面就是「純粹的抑鬱痛苦」。10月18日，「純粹的抑鬱痛苦」就是最龐大和最強烈的「訊號」。

之前滿腦袋充斥著的「困局思維陷阱」所相關的所有訊號，相比之下都成為了微弱的訊號。而因為訊號不夠強烈，所以就無法「進入」「意識空間」了。而因為無法進入「意識空間」，所以（「困局思維陷阱」所相關的所有事情）就消失在意識、思維、心靈話語，也消失在日記的文字裡面。取而代之的，就是最強烈的訊號——「純粹的抑鬱痛苦」。因為是最強烈，所以能夠霸佔所有的「意識空間」。「純粹的抑鬱痛苦」的質量，也龐大得像一個「黑洞」，

它「吸收」並「集中」了所有的「注意力」，迫爆了所有的神經傳送管道。因此，所有的「意識空間」都在在完全是「純粹的抑鬱痛苦」。

「意識空間」被「純粹的抑鬱痛苦」的「黑洞」完全吞噬，最終連「閱讀消化」甚至「運轉」的大腦功能也大幅削弱。

另一個想法，或者是「困局思維陷阱」令到腦袋發生「故障」。10月9日，「臨界狀態」經過「觸發」而「崩潰」——一時間，腦袋運轉變得異常活躍，在一日時間之內就為自己製造出「完美問題（Perfect Problem）」，把所有的生活問題和身心問題都「整合（Integrate）」在這一個問題裡面。腦袋在這時候進入「超高效率」的「工作狀態」。

「完美問題」又衍生出「困局思維陷阱」，腦袋不斷受到「拒絕承受忍受」的環境（外）與及身心（內）刺激，在「循環迴路」上反覆落入「極端情緒身心反應」和「嚴峻高壓抉擇處境」，身體及腦袋都大量消耗。

也許，由10月9日開始的「崩潰」，去到10月17日，身心已經無法再承受下去，尤其是腦袋。或者腦袋這時候出現「故障」，所以思維活動都大幅減少，就連「困局思維陷阱」也沒有能力去「運行（Load）」，「循環迴路」也無法「推動（Run）」。

腦袋一方面是過度疲勞，甚至虛脫，另一方面，則是因為過度疲勞虛脫而產生「強烈痛楚」。

第二個假設，就是身心所承受的「極端情緒身心狀態」和「嚴峻高壓抉擇處境」，已經超過身心的極限。大概跟腦袋的情況相似，超出身心的承受極限，導致身心產生「強烈痛楚」。

身心是不是都在「極限之後」，受到了某些傷害？而那些「強烈痛楚」就是身心在「極限之後」所留下的「傷患」？又如果身

心在「極限之後」就會受到傷害並留下「傷患」，那麼「崩潰之後的再崩潰（10月18日所經歷的「純粹抑鬱」）」的「強烈痛楚」，又會不會造成另一系列的「傷害」和「傷患」？

6.5.4「純粹抑鬱」與及「困局思維陷阱」交替出現

可幸的是，「純粹抑鬱」的「侵襲」，在當日的下午似乎慢慢得以舒緩。第二天10月19日，大概抑鬱病和抑鬱的不適，一樣湧上心頭，不過筆者可以用「唱頌有意義的歌詞」，有效阻止情況惡化，克制「張牙舞爪」的抑鬱病。「抑鬱到心口痛」沒有再一次出現，也沒有「分散在胸口和腹部」的強烈痛楚。

關於1994年10月19日的日記記錄如下：

──────────

1994年10月19日　星期三

「就要下雨，今天將是，一個憂鬱的天氣。但我知道雨後會天晴，因為我相信陽光，就像我信任你……」

這是 Chyna 樂隊的《Because of you》（作曲：Donald Ashley／作詞：陳桂珠／編曲：Chyna）。

係我今朝醫抑鬱病嘅藥，幾有效！

──────────

也許「痛苦」真的減退了。也可能身心「習慣」了「純粹抑鬱」的強烈痛苦，從而令到痛苦變得「熟悉」，結果就失去了「驚嚇、畏懼」的效果。筆者也因此而找到了「共生共存」的空間。

當「純粹抑鬱的痛苦」減退了之後，身心所受的影響也減輕。之後，「困局思維陷阱」又再重新出現。

關於「純粹抑鬱」減退與及「困局思維陷阱」重現的日記記錄如下：

———————

1994 年 10 月 25 日　星期二　晴

我係好唔想抑鬱。喺我理智嘅時候，我係知道抑鬱好唔好嘅。對所有嘅嘢失去興趣，對所有嘅嘢失去希望，好似個死又死唔去嘅人一樣。

以前我係好鍾意抑鬱，經常沉溺喺嗰度，覺得比起現實好受。嗰時，我有時間有空間去抑鬱，不過依家我冇。所以今時今日我抑鬱得嚟係好痛苦，我唔想啦。我已經唔想啦。

今日我有咗 Ruby，我就更加唔能夠抑鬱。要愛得起一個人，我一定不能再沉淪下去了。點可以要令到佢擔心呢？令佢活得自在，本來就係我嘅責任，我又點可以反而要佢替我擔心呢？難道我身為男人不成？我要堅強起來！我要站起來！

依家我唔會再同自己講：「好想死……」唔會啦，自從識咗 Ruby 之後，自從喺生命中搵到 D 嘢之後，我唔會啦。

……

生存問題，前一個星期想得我死去活來，上一個星期想得我要「跪地」似的。

前一個星期我想，點樣去做一 D 我唔鍾意做嘅事呢？事情係我依家讀緊嘅 Degree Course-Manufacturing Engineering，我對「佢」完全冇興趣之餘，仲要由 Form 6 開始我就已經唔鍾意理科而喜歡文科。

係一件好辛苦嘅事，做一件自己唔鍾意嘅事。好抗拒，好唔開心，又好消極！點解？點解我要咁樣做先？另一方面，我又有一D自己好鍾意做嘅事情，但係又做唔到，唔係做唔到，而係冇去做。

點解？點解？點解？

生命，喺時間上係一樣好長遠嘅野。唔係話決定聽日做乜野做乜野，而係要決定幾十年嘅事情！

下午兩點。一點左右剛收到一位做義工認識嘅學長電話，佢正喺理工修讀社工課程。前個星期二搵過佢，向佢查詢轉科嘅事宜。今日特別 Call 佢，話佢知我嘅景況。

不過聽完佢嘅電話，我又開始失落了。同佢傾完後，著實咁帶出咗問題：假如出年轉唔到科，我一係等多一年，第三年再轉，一係就唔讀。讀書係一件好辛苦嘅事情來嘛！！

又係一個付出嘅問題，我唔想喺 ME（筆者附注：Manufacturing Engineering）呢度付出！

聽學長講，有人讀完三年大學（非社會工作），然後再走去讀 Social Work 嘅碩士課程！真係可以？我真係可以？

一個付出嘅問題，一個要講付出嘅問題！！為咗呢樣唔鍾意嘅學科付出？值？唔值？

1994 年 10 月 31 日　星期一　晴寒

我愛 Ruby。從那刻開始直到現在，我漸漸發覺到我嘅生命已不再是一個人的了。佢已經踏進了我的生命內，我做每一件事嘅同時，除咗考慮自己嘅因素外，仲要顧及佢。咁樣係因為我倆嘅生活係互相影響，我哋互相關懷。

我不能再抑鬱了，我不能再讓我嘅生活往下坡走下去了。我不能再沉淪，我不能再要佢替我擔心，再替我流淚。變強，喺未來嘅生活中我要擔當得起我嘅家庭。

1994 年 11 月 3 日　　星期四　　這刻風很大　　23:55

好失敗嘅一日，好失落，好似個低能仔咁呀！

一路以來，都係睇自己鍾意嘅嘢。一路以來都係聽自己鍾意嘅歌，做自己鍾意嘅事。

一路以為影響唔到其他人，所有嘅事情都可以做。

唔鍾意做嘅事，依家唔知點樣去做。

6.6 從嚴重抑鬱中復原

1994 年 10 月 20 日至 1994 年 11 月 22 日

嚴重抑鬱的痛苦終於慢慢消退，筆者亦慢慢地從抑鬱的折磨之中復原。復原的開始，可能是害怕再次出現嚴重抑鬱。就是為了避免再次抑鬱，身心對於抑鬱便加倍戒備和提防。大概生活也因為「避免抑鬱」而加以妥協或遷就。最後決定申請下一個學年轉科，所以就繼續留下就讀製造工程課程，而且還要爭取好成績，好讓自己有足夠「分數」成功轉科。這樣就重新再投入生活，抑鬱的情況亦同時間大幅改善。

6.6.1 害怕再次抑鬱

純粹抑鬱的痛苦，爆炸力、破壞力、和殺傷力等等都十分驚人，並在筆者的身心裡面留下非常深刻的創傷。可以說，筆者的反應是「十分害怕再次抑鬱」。因為害怕，所以就小心翼翼地避開再次爆發（Eruption）的種種可能。

「純粹抑鬱的痛苦」的出現，應該是 10 月 18 日早上至中午的時間。不過，這痛苦在午飯時間遇上中學同學之後，就開始慢慢減退。10 月 19 日之後，「困局思維陷阱」所造成的影響亦一樣跟「純粹抑鬱的痛苦」同樣減弱。可能因為多日來的嚴重抑鬱而令到腦袋功能受損，令到腦袋無法一如以往地「正常」運作、無法「執行困局思維陷阱」的思維程式。

事後看來，也許是因為嚴重抑鬱的痛苦太為劇烈，身心都彷彿出現「逃避再次出現嚴重抑鬱」的可能。最為明顯的，莫過於 10 月 18 日「純粹抑鬱」爆發之後，筆者對生活的要求就只是希望：「不要再抑鬱」！因為太過痛苦，「不要再抑鬱」就成了眼前當下第一大事、第一大目標！

在嚴重抑鬱的陰影底下，「不喜歡理科」已經變成為一個次要的問題。

大概因為「不要再抑鬱」，筆者對於「可能再一次引起抑鬱的種種事情」都加以防範和戒備。所以，「困局思維陷阱」的啟動（刺激開始）大為減少，即使「開始了」，亦因為「不想再抑鬱」而加以「壓制」。結果是「困局思維陷阱」的出現頻率和造成的影響（循環迴路造成的大腦消耗、與及極端情緒身心狀態）都大為降低。

筆者相信「純粹抑鬱的痛苦」的出現，是因為「困局思維陷阱」對身心（尤其是大腦）的傷害所引起。所以當「困局思維陷阱」

這一活動減弱之後，「純粹抑鬱的痛苦」便相應大為減弱，甚至一般的抑鬱情況和痛苦亦相應減少。因此，總體的抑鬱情況都在這兩個因素互為影響之下，得到明顯緩和。

雖說總體的抑鬱情況得到緩和，這一個「避開抑鬱」的掙脫過程亦持續了二十一日（10 月 19 日至 11 月 8 日）才算告一段落。

6.6.2 調整心態

調整心態的情況在痛苦減弱後二十一日出現。筆者覺得自己可以做一個「文理雙全的人」，因而覺得自己還是可以留在製造工程課程裡面繼續讀書。或者是「轉科」一事已經開始明朗，去向的問題已經有了初步的計劃，所以即使留在製造工程課程裡面讀書，就變得不再含糊、不再猶豫、和不再迷惘。

調整心態，告訴自己可以做一個「文理雙全」的人，這樣就製造出一個讓自己可以留下來繼續下去的點點空間。「文學」、「哲學」或者「人文學科」，變成為自己的興趣。在課餘時候，努力去追求。這個做法，也可以是一個試煉，看看「喜歡人文學科」究竟是不是一個「逃避眼前痛苦」的藉口。當然地沒有突然又變得喜歡理科，不過在重新調整心態之後，還是可以減低「不喜歡理科」和「不喜歡製造工程」的厭惡感覺。如果一切就按自己所想的發展下去，說不定自己還真的可以「學貫文理」。

再加上，女朋友也規勸，「面對不喜歡的事」也是一種鍛鍊。由她道出，更覺有理。自己也理解，人生總不會事事如意，亦一定會面對很多不喜歡的事情，甚至是很多逆境。學習面對不喜歡的事情，彷彿是這時候的一個重要「課堂」。此外，還需要學習從不喜歡的事情裡面尋找出路。

「可以做文理雙全的人」這個想法出現之後，留下來的「空間」便出現。另一方面，又覺得這一年是「磨練和鍛鍊」的學習機會，

之前與及往後所出現的種種問題，都採用上「面對」和「克服」的態度，似乎都不會再成為困擾。

關於調整心態的日記記錄如下：

1994 年 11 月 9 日　星期三　00:50

我的生命，已經不再是我一個人的了。

……

對抗抑鬱病。堅強！堅強！我係一定要堅強，因為在將來的日子裡，我要支持我嘅家庭，我要保護我嘅家庭，因此，我個人又怎能懦弱的呢？咁叫我將來點樣去帶領我嘅家人！？

一個文人，數學又唔差嘅文人。既然今年是必然要留下嘅一年，我又何妨不去在 Engineering 中，做一個又文得又理得嘅人呢？

Ruby 提醒咗我。我依家將今年當作刻苦鍛鍊嘅一年。呢一年間，我要學會面對唔喜歡做嘅事！

Ruby，我嘅快樂天使。我越發需要你了！

「做一個文理雙全的人」這個想法出現，不單單只是製造出留下來的空間，也不單單只是解決了「不喜歡理科」的問題。很多之前發生的問題，都隱藏在「完美問題」背後。所以「做一個文理雙全的人」解決了的不單單是「不喜歡理科」這一個問題，而是還代表著，筆者已經「不再抗拒甚或接受了」開學以來的種種問題。這些問題包括了「陌生孤獨的校園」、「混亂嘈雜的課堂」、與及「幼稚無聊的同學」。

另一方面，這些問題也可能慢慢地得到解決或者緩和。

　　校園裡面，或者已經慢慢地找到了自己的相關生活空間，知道了「個人的校園生活」所需要認識的地方，並且慢慢地熟悉起來。其餘「不相關」、「不需要」、和「不礙事」的地方，與及「感覺到自己不受歡迎」的地方，大概都讓它們繼續的成為「禁區」。或者這時候仍然不能夠「完全」認識香港城市理工學院。最重要的還是能夠熟習到跟自己生活相關的「地域（動物性的地盤）」，亦即是熟悉自己的上課、休息、和打發時間的地方。

　　所以開學時候的陌生感覺大概已經得到改善，因為可能已經找到了應付「眼前的、有限的、局部的生活」的安全範圍。其餘的陌生地方或內心恐懼的禁區，都變得可以暫時置之不理，沒有必要立即去面對。

　　對於課堂的情況，由於第三個禮拜就開始「走堂」，所以演講廳（Lecture Theatre）的情況如何惡劣也大概變得「眼不見為乾淨」。不過，筆者有一個想法改變了——對專上教育不再存有期望。自己對專上教育也變得功利，似乎也覺得這些所謂「專上教育」也只不過是「交學費」換取（買）一張「學歷證明」。當初對專上教育的超然期許，已經徹底消失。

　　當初由於有希望，所以就變得失望；及後因為不存希望，所以就不會失望。

　　跟同學的關係，亦慢慢得到改善。導修小組裡面，喜歡取笑同學的大概只有三幾個，而喜歡跟風附和、趨炎附勢的亦大概只有三幾個；其餘的（也有六、七人左右）都算是比較容易相處。當時還有兩位同學跟筆者一樣，也是同住香港島，放學時候也會經常一起乘坐地鐵，因此也比較熟穩，關係也比較好。再加上開學已經有兩個月時間，較為沉默被動的同學，慢慢也建立起關係，同學之間便漸漸形成一種相對均衡的狀態。

一方面，心態得以調整，出現了一個「可以留下來」的空間；另一方面，開學出現的種種問題都似乎得到了緩和甚至解決。這一個結果，亦直接令到「困局思維陷阱」差不多完全在腦袋裡面止息。有一個佐證，就是由 11 月 9 日開始，心態調整了之後，「困局思維陷阱」差不多完全在日記裡面消失。筆者再沒有埋怨和投訴開學以來的種種問題。

　　大概是眼前的生活問題得到解決。心態調整之後，事實上所身處的校園生活環境完全沒有改變，所有製造問題的環境因素都應該一直存在。唯獨是「心態」的改變，從而改變了「製造問題的心靈」。不再抗拒眼前的生活，重新「承受忍受」，之後更進一步的把「眼前的生活問題」當作對自己的磨練。另一方面，決定留下，「嚴峻的高壓抉擇處境」亦即時消失。或者從這一點開始，過去因為「身處製造工程課程」裡面而產生的問題，都差不多全然消失。「困局思維陷阱」因此而沒有「困擾」和「痛苦」作為刺激，變得沒有「起動」的「能量」。

　　筆者相信，調整心態的一個最重要條件，還是「生活的出路」。「不喜歡理科」這一個問題，由臨界狀態崩潰而變得激烈。在 10 月 18 日的日記裡面提及到，舊同學電郵筆者，內容是關於「轉科」的事情。就在 10 月 18 日以前，筆者就有「轉科」的想法，並跟身邊的朋友談及過。

　　10 月 25 日的日記資料，更加提及到，筆者跟一位正在理工學院修讀社會工作的學長通電話，詢問有關報讀社會工作的事情。這一位「社會工作學生」學長，在剛剛過去的暑假（1994），在一所老人中心裡面實習。期間老人中心有一次旅行活動，筆者和幾位中學同學幫忙做義工。到了這關鍵時刻，想放棄學業之際，與及尋找其他出路之間，就找上了這一位學長，詢問由製造工程轉讀社會工作的可能性。

回想起，臨界崩潰之前，筆者還覺得返學的情況是可以改善的，所以仍然「承受忍受」下去。臨界崩潰之後，筆者的唯一想法就是「離開」。最直接的就是退學，不過亦是最困難的決定，還可能隨時引發第二次嚴重抑鬱。退學以外，究竟有沒有其他出路？完全不知道。最可憐的是，就是連可以傾訴和商量的人也沒有。沒有了解大學的人可以指導一下。可能有，但是不會去問。即使有人指導，也不一定會去聽。

除了立即退學，或者可以轉科。但是如何轉？在哪裡轉？手續如何？校方的考慮是什麼？是立即去轉？還是下學年轉？轉科後是就讀第二年課程？還是從頭由第一年課程讀起？種種問題，全部都一無所知。所以即使有轉科的想法，對於「如何去轉」和「可以怎樣去轉」均茫然不知。所以即使初期有轉科的想法，由於仍然只是一個「茫無頭緒的想法」，沒有幫助改善那時候的抑鬱狀態。

11 月 9 日心態調整出現，相信轉科一事，經過一輪明查暗訪，應該開始明朗。最少，轉科的資格、方法、與及申請的程序，應該已經有一個更加清楚和實在的概略。即使轉科之後需要從頭由第一年課程讀起，大概自己也已經有了取捨的打算。

6.6.3 投入生活

當心態調整之後，生活彷彿再也沒有阻力，可以勇往直前。重返「校園生活」，重新再投入去，筆者便立即感到生活忙碌起來。有趣的是，11 月 9 日在日記上明確寫下調整之後的心態，11 月 10 日生活便開始忙碌起來。

關於投入生活而變得忙碌的日記記錄如下：

1994 年 11 月 10 日　星期四　(11 日 01:05)

抑鬱病嘅週期越來越長了，發病時間又越來越短了。Ruby，我愛你，也要愛得起你！

———————

1994 年 11 月 11 日　星期五　(12 日 01:30)

今個星期係一個點樣嘅星期？好忙，好多嘢做。

人依然抑鬱，不過抑鬱嘅時間越來越短了。因為每一次情緒低落時，我都要自己唔好低落下去。因為生命已經唔再係我自己一個人的了。我知道我自己係唔能夠再係咁樣，如果係再沉淪落去，喺將來嘅日子裡面，我又點能夠保護、點能夠照顧Ruby 呢？

我會有我嘅家，我將會係一家之主，一切問題，我係有必要去承擔的！

———————

1994 年 11 月 21 日　星期一　晴　22 度

好久沒有寫日記了，真係好忙碌。趕頭趕命都唔知為乜。

近日，心靈上精神上已經好咗好多。抑鬱嘅時間越來越少，越來越短。得來不易嘅成果。每日，每當抑鬱湧上心頭時，我便奮力叫自己唔可以咁樣，因為我嘅生活唔係我自己一個人的了。為了照顧Ruby，我得堅強起來，我要值得佢依靠。我愛你。

面對自己，投入生活，面對現實。

Fencing（西洋劍擊），我都幾想上莊。因為我都唔想淨係讀書過呢一年。呢種運動，唔容易玩，玩得好就更難，不過我好鍾意呀！其實好耐以前，我都已經好想玩！

筆者很快便重返「生活的巨輪」。回想起，臨界崩潰的日子在 10 月 9 日，「純粹抑鬱的痛苦」在 10 月 18 日出現，心態調整的記錄在 11 月 9 日，前後剛剛一個月，由第一個學期（Semester A）第四個禮拜開始，到第八個禮拜完結。兩日之後，11 月 11 日，便開始感到生活忙碌。

也許是剛剛重返「生活的巨輪」，應該是「百廢待興」，生活的種種事情都需要額外的投入。實在過去四個禮拜（Week 4-Week 8, Semester A）的日子應該是不好過、不易過，生活的種種事情都應該無法好好應付。不過，筆者的生活情況應該不算太過糟糕。還記得抑鬱最嚴重的時候（10 月 18 日），仍然如常的一早返回學校，準備和同學討論功課。反而應該是「正常的同學們」，竟然全部失約。

所以，筆者覺得在這嚴重抑鬱的四個禮拜裡面，仍然保持著最低限度的校園生活，沒有完全把「生活」「撇下」不理。也值得慶幸的，就是筆者沒有破壞自己的生活，沒有在嚴重抑鬱的時候，做出「毀滅性」的行為。這一點包括沒有「反欺負」、沒有破壞跟同學的關係、沒有埋怨同學、沒有報復、沒有做出不可挽回的事情。

因為沒有破壞生活，也一直跟生活保持著「最低、最小」的聯繫——沒有造成嚴重的「生活的斷層」——很快便可以重返「生活的巨輪」，重新投入生活。

6.6.4 重新定立目標

11 月 22 日，一個明確的目標出現。筆者要努力爭取好成績，幫助自己來年轉科。生活不單只是應付抑鬱病，而是變得「有值得努力的價值」。

關於出現明確目標的日記記錄如下：

———————

1994 年 11 月 22 日　　星期二

今日返下午四點，但係我唔覺得得閒。個人總係覺得好多野做咁。

堅強，堅強呀！

今年，係有目標嘅一年，係一百米短跑。無論點都好，今年嘗試去拎好 D 成績，我想對於我轉校轉科會有一定幫助。仲有，今年可以當作為對我自己嘅修煉，去面對生活，面對逆境嘅修煉。

Ruby，我二十年來生命中的一個高峰，就是能跟你一起。

過去，顛倒嘅生活，失敗、沮喪、苦戀，我彷彿將自己當成為世上最不幸嘅一個人。但當我握著你嘅手之後，生命彷彿有一百八十度嘅轉變。我自覺為著你，我不能再抑鬱了。我自覺為著你，我要堅強起來。我覺得，那天開始，我嘅生活就進入了第二個階段，我嘅生命已不再係我自己一個人的了。

我嘅生命中有你，我最愛嘅 Ruby，我永遠深愛著嘅可人兒 Ruby。

當我跟你一起之後，我終於感覺到我係擁有未來。因為我要永遠跟你一起，我知我要跟你一起共同存在，所以我感覺到我需要有未來。

放任瘋狂，頹廢自毀，係我過去嘅生命。但當我握住你嘅手之後，生命就已不再只係我自己一個人的了。我怎麼可以要你擔心呢？我又怎麼可以因為我嘅頹廢，叫你失望又傷心呢？我不忍心，瘋狂放任要你擔心。

我呢一條扭曲嘅生命，將要因為我嘅至愛而重生。因為你帶著愛，帶著關懷的進入，我嘅生命已分咗畀你，亦可以話係加入咗你。

堅強，勇於面對生活，咁樣係為咗我哋、為咗未來必然要有嘅心。

我的愛。

―――――――――

大概，心態調整之後十三日，一個更為明確的目標出現——可以留在製造工程課程裡面繼續讀書之外——更應該努力爭取好成績，增加籌碼，幫助來年轉科。筆者除了找到留下來的空間，還找到了努力前進的方向。至此，筆者徹底擺脫消極的想法。

6.6.5 復原之後

大概地，明確目標出現之後，筆者各方面的生活都已經能夠重返「生活的巨輪」。身心的各方面情況大概都能夠重返「崩潰」以前。自己也相信、也感覺到已經可以做一個「正常人」。

關於明確目標出現之後的生活概況日記記錄如下：

1994 年 11 月 29 日　星期二　晴天

心有點兒不安，但我有希望，因為我有 Ruby。從此我唔可以抑鬱，因為我嘅生命已經唔係一個人。我嘅快樂，亦即係佢嘅快樂，我嘅憂愁，亦即係佢嘅憂愁。

快樂，我終於對你有 D 感受。「為那一刹那，甘願賠上一生！」有點發瘋。

剛剛收到舊同學 SSS 嘅信。Ha~~~

我以前比現在真係有好大分別。我指生命上！

1994 年 12 月 1 日　星期四　陰寒

好多野做，趕頭趕命都唔知為咗乜。不過，亦都係一次（呢一年）考驗自己嘅機會。

抑鬱嘅反應越來越少了。做番一個正常人。不過我真係感覺到我依家係喺度倒退緊，身軀思想係被人纏實晒！志不能伸，才不能展。

今天最值得記下嘅，就係早上喺籃球場上嘅事。當時 ME 同學 IOM 射波，我喺籃底。個波撞到籃板後就喺個籃框度旋轉，我立即原地跳起，中指過咗籃框篤咗個波入籃。

嘩！真係全場經典呀！我自己都因此而興奮非常，因為個感覺係──場中只係得我一個人做得到！而且係好似「入樽」！

如果我能夠跳高多幾寸就好了！我真係好想真正咁「入樽」！諗番起，當初我都係好想追求「入樽」嘅快感而去打籃球。「入樽」！「入樽」！我真係好想好想「入樽」！

籃球場上係任我馳騁嘅地方。

———————————

1994 年 12 月 9 日　星期五　下雨天

　　呢一日英文科 Presentation。我嘅準備係好唔充足，因為昨晚當我補完習返屋企後打算沖涼嘅時候，我諗住小睡十至十五分鐘，於是躺在梳化上。誰不知我咁樣一瞓，就到咗第二朝四點幾。咁樣成晚就冇溫過書，又冇 Prepare 到。今日返到學校就只係準備咗兩個鐘頭。

　　當每個同學講完之後，Miss 會問一下我哋對嗰位同學嘅評語。我指出同學 KLM 講 D Points 好 Weak，我講同學 KFM 個內容突出唔到個主題。兩個評語都食正 Miss 想講嘅嘢。我霎時又覺得自己又幾有分析能力咁喎！

　　雖然 Miss 冇讚過我，不過我覺得自己有 D 咁好表現，都幾高興。

　　我早就講過，理科係唔適合我架啦。文科，處理文字嘅，就適合我了。

———————————

1994 年 12 月 13 日　星期二　寒

　　原來我 1 月 3 日就要考試了。有 D 乜嘢感覺？又係「求求其其」咁啦。不過，由下星期開始至到聖誕節，我真係要好好溫書了。

　　Ha~~~ 有時我諗我咁樣（成績、表現），真係有乜可能喺出年轉到去社工系。一來自己 A Level 又唔好，二來依家又咁樣樣。出年都係疊埋心水去讀 High Diploma（Social Work）或者師範啦。呢 D 係適合我多 D。

生活好咗好多了。抑鬱嘅時候也越來越少了。我開始明白，
既然要生活，何不好好地、快樂咁活著。點解要苦惱自尋呢？
當道德與個人人格尊嚴不受威脅時，何不好好地去活著呢？

Ruby，每天每刻也在想你，活著全為你。

───────────

大概能夠做一個「正常人」，筆者亦需要重新面對自己的生
活。抑鬱病的傷害變成了一道深刻的創傷，令到筆者時刻警覺。
生活有目標，只是自己經常懷疑究竟有沒有力量去成就。

第六章結語

這一次嚴重抑鬱的出現，似乎有其軌跡。英文補底班時候的
「適應的抑鬱」（1994 年 8 月），及後製造工程課程開學時候的
第二次「適應的抑鬱」（1994 年 9 月），似乎對於新環境的適應，
是一個明顯的弱項，尤其是當中牽涉到「新人際環境」。「適應
的抑鬱」形成了臨界狀態，痛苦的情況不斷累積，身心的承受能
力瀕臨極限。觸發事件出現之後，臨界狀態便隨即崩潰。所謂崩
潰的狀態，其中一項明顯的特徵，就是身心的痛苦急劇暴增。萬
萬想不到，臨界狀態崩潰之後，身心還有能夠出現第二次崩潰，
出現了更為劇烈的「純粹抑鬱（純粹身體）的痛苦」。

後記（一）償還

1994 年 12 月 24 日　星期六　平安夜

上兩個星期，係唔知點過，但係過得好辛苦嘅兩個星期。

ME（筆者附注：製造工程其中一個學科），二千字嘅功課交咗了。星期五準時交到。不過呢二千字中，有幾處地方係錯嘅，我知道，我發現到，但係冇能力去改。

功課係星期五交嘅，我原意係喺星期三做完。不過到最後我都做唔到呀！星期四上午才把手稿交畀 <u>LPR</u>（筆者附注：籃球隊隊友），叫佢幫我 Typing。Ha~~~ 好失敗。當晚十一點先攞返蒞，攞返之後先發覺有問題。家中嘅 Printer 又壞咗，第二日返回學校，又唔識得用嗰度嘅電腦。死唔死！

到最後，一份有錯嘅功課咁就交咗。

Electrical and Electronic Engineering（EE）嘅 Log Book 同埋 Formal Report，Log Book 係我最失敗嘅一本東西。要做五個 EE Lab.，我有一次冇返學。但有一次我係有準備 Log Book 嘅，所以到最後我嘅 Log Book 係空白嘅。我又搵咗中學同學 <u>PKL</u> 幫我將影印得來嘅 Log Book 一式一樣咁抄過去。最重要嘅係嗰份底稿嘅資料都係唔齊全嘅。

Formal Report 又係一份脫離時間表嘅功課。原訂星期二交，到最後要等到星期四先至交得到。好失敗。

我真係覺得我好失敗。

星期一 Ruby 走了，不過呢一個星期我根本冇時間去諗佢，我連死都唔得閒呢！

1995 年 1 月 2 日　星期一

1 月 1 日都唔記得寫日記，真失敗！正所謂一年之計在於春嘛！以前我都會寫下，不過今年可能考試太忙啦！

……

1994 年 12 月 31 日 24:00 即 1995 年 1 月 1 日 00:00，Ruby 叫我許願，我希望我能夠成功地轉系，許完之後，立即收到 LWK 嘅 Call（筆者附註：Pager，傳呼機／「Call 機」的訊息／Call），佢祝我心想事成，真湊巧！

1995 年 1 月 14 日　星期六　陰

天是陰著，不柔不弱。

終於考完試啦！又係冇乜感覺，可能又係冇投入去考啦！所以，有 D 遺憾呀！

最遺憾就係喺星期一嗰日，向 Ruby 承諾要喺 Mathematics 度考個全 Group 第一返來。不過喺星期二、三、四、五，呢幾日我都懶懶閒咁，冇乜點去盡力。

唉～～～ 少少嘢都做唔萢，我感覺到好失敗呀！

1 月 5 日，考 ME2433（Module Code），講真呢一科係好深，好多嘢讀。我自問我絕對係準備得唔充足，大概只得六成左右。不過我好好彩呀！讀正嗰 D 就出嗰 D，讀得最熟嗰 D 就出嗰 D！第二日去應考，我覺得好輕鬆，做得好爽好順呀！直頭係「十拿九穩」嗰隻呀！D 題目直頭好似自己做練習嗰 D 咁呀！有信心到呢！

考完感覺係好易。因此，成個人就咁樣鬆懈咗落去。本來唔係話咁積極嘅我，就仲冇咁積極。以為一次掂，係好嘅開始，就以為次次都咁掂，次次都會咁好彩讀正出嗰D。

直到第二日下午，自己才猛然醒覺到，「驕兵必敗」嘅道理！昨日之所以成功，完全都只係僥倖出正我讀嘅嗰D題目，而明天（1月7日）考嘅E&E，我又點可能期望、點有能力預測係出正我讀嘅嗰一D呢？因此，當下深知「驕兵必敗」，若明天要考得好好嘅話，就得立即勤加溫習，況且原本我就係只溫得一半，仲有好多嘢未溫的呢！

那天晚上，我三點才睡覺。這樣才勉強對得住自己。

抑鬱病由開學第一日就腐蝕著生活。嚴重抑鬱由 10 月 9 日開始，最嚴重的情況發生在 10 月 18 日。到復原出現，差不多已經到學期的下半段時間。抑鬱所摧殘的生活，最後都需要加倍償還。

後記（二）製造工程下學期的生活點滴

1995 年 1 月 19 日　星期四　陰少晴多

星期一、二、三、四，忙得喘不過氣。

好多嘢做呀！又要喺屋企準備過年，油油啦，抹風扇啦，重有執嘢等等，都用我好多時間呀！

星期二晚，話説 Ruby 上午下午和我一起去 UST、香港浸會學院、及香港理工拎 Transfer 嘅表格，晚上就返回西環食飯，然後再入 CU。

1995 年 1 月 20 日　星期五　晴　晚陰

今日又成日冇晒了，上午八點半起身，九點半出門口，返石硤尾南山邨打籃球，打到十二點半。然後動身去 HK Poly，兩點鐘離開返家，三點到埗。食飯後再奔波，四點鐘到九龍塘接 Ruby，返石塘咀打壁球，五點半到六點。再去補習，七點九到八點九。再去夜校接 Ruby 返西環，十點半到山市街。安頓，休息，現在夜晚十二點三。

好劫！

1995 年 2 月 16 日　星期四　寒

下午四點上堂。返學前，個心又掙扎，又抑鬱，好唔舒服。我嘅厭學症又來了。不過我今次同自己講，呢 D 係「病」，雖然嗰時係好痛苦，雖然嗰時有好多理由支持我抑鬱，抑鬱得相當合理化。

我已經唔想再抑鬱了，為咗 Ruby，亦都為咗自己，我必須讓自己生存落去，我必須讓她也好好地生存下去。所以我就得活個開心，活個有希望有明天的人生。

重新做人，做一個快快樂樂、健健康康嘅人。

Group Work，有 D 人真係令我好失望。唔做好自己本份，唔盡責，懶懶閒，仲要取笑別人勤奮；抄功課，完全唔做嘢！

1995 年 2 月 22 日　星期三　陰寒　病

彷彿活在回憶之中。生命中，就只會檢討。

我感覺到，我開始忙起來了。所有 Lab. 也開始了。從今以後，又進入瘋狂趕 Lab. Report 嘅日子。不過今個 Semester，得到了上一個 Semester 嘅教訓，我唔會再放太多時間去做 Report。

1995 年 3 月 11 日　星期六　濕

感到好失敗嘅一個星期。

E&E 功課有做到，ME 有三個 Laboratory Reports 冇掂過，E&E Log Book，冇準備，ME2434，冇溫過，Ap. Lab. 功課未做，新 E&E 功課又未做過，EN Briefing Memo 搞到要之前一晚通宵做，仲要做得唔好添，最重要連嗰一封好重要、暑假 Exempt VTC Training 嘅信都未寫！

我想放棄自己呀！

1995 年 3 月 12 日　星期日　陰

　　……

　　呢日又係浪費，又係行行企企咗半天。我嘅精神我感到有問題。

　　心好散，極度嘅散。我感到很困難去集中精神，靜靜地平平穩穩的去做功課、或者其他野。我唔知咁樣嘅精神、咁樣嘅做野方式、咁樣嘅做野態度，我將來會點樣，我將來能唔能夠成功？

　　餘下嘅日子唔多，我想假如我可以專專心心咁，我一定可以馬到功成。不過如果我仲係咁樣嘅一副德性，唔死都冇用！

1995 年 4 月 19 日　星期三　晴　傍晚下驟雨

　　近日，我好迷惘呀……唔知點咁樣咁，結他已經有好幾日冇去彈，籃球一方面又經常受人克制，一方面自己又沒有突破。

　　我覺得我依家應該去做功課，應該去讀書溫習，準備考試。呢條係我嘅路吧！

1995 年 5 月 3 日　星期三　晴熱

　　……

　　原本打算，喺今個星期之內，完成全部功課。由星期日開始，我便著手搞呢個 E&E Report。應該係星期一下午開始，而星期日至星期一，我就完成咗 ME2231 嘅大部份功課。

　　星期一晚，星期二下午至夜晚，我都好懶惰，心散，乜Q都做唔到，成個星期一晚，就淨係做得——兩大版紙！唔死都

無用呀！嗰晚係點樣過呢？食完飯洗完碗，九點左右，我好劫，又要等舊同學 <u>GLF</u> 上來拎番兩隻 CD，……〈寶唯〉和〈唐朝〉。咁我就休息一下，等佢上莊之後，沖完涼就開始做。<u>GLF</u> 十點上來了，我跟住就沖涼，然後真係開始做嘢。點知個心又散，人又劫，又走去瞓咗一陣，諗住瞓醒就做通宵。點知一瞓就成晚。做得兩版紙！

星期二放一點鐘，兩點就回到家，又瞓！到四點半起身，做咗一陣，做咗少少，又有做，又講電話……晚上仲衰，九點半沖完涼就一路瞓！又係諗住瞓完一陣就做通宵，點知瞓到成隻死狗咁！

點算呢？一定要加把勁，如果唔係考試就一定衰梗！打後嘅日子，一定要做完嘢先至可以去瞓呀！

1995 年 5 月 5 日　星期五

愁。不過我知道係不應該嘅。

好劫呀！瞓得唔好，睡得唔熟呀！

星期三，好心灰意冷嘅一日呀！ SCA 的 Project（筆者附註：Manufacturing Engineering 下學期其中一科），令我覺得好失敗呀！

其實成件嘢一 D 都唔複雜，可以好快就起到貨，點知拖下拖下，拖到鬼死咁耐先至做得完。成件嘢完成咗之後，我先至可以試下佢 Work 唔 Work，依家咁遲先至完成，試鬼咩！

好失敗呀！下次做相同嘅事，一定要早一些完成，免得相同嘅情況又出現呀！

1995 年 5 月 13 日　　星期六　　陰

　　已經過咗十四個星期。跟住就係考試了。

　　到目前為止，我清楚我自己，係未到考試嘅狀態。可能係因為過去兩星期，用咗過份嘅時間去做功課吧！

　　我想我得加一把勁了。因為喺呢個非常時期，我要爭取好成績去轉科。

　　這是一次有目標，有距離嘅比賽！我要努力去幹。

　　集中精神，心不要散。

———————

1995 年 5 月 23 日　　星期二

　　死過活來的歲月。十四個星期的「風流」，今日的「折墮」。折墮！折墮！

　　好攰。辛苦！？

　　到下個星期二，艱苦的歲月才完結。

———————

1995 年 5 月 27 日　　星期六　　晴熱

　　好愛 Ruby。

　　這刻應該不要花時間寫可以不寫的日記，不過，反正這一段時間都「不能」去溫書了。

　　這兩個星期以來，真係花咗好多時間同精神去讀書，雖然都係有浪費「一小大部份」時間去行行企企、渾渾噩噩，不過都真係用咗好多！

ME2434、ME2435、EE，都過去了，身心其實都疲倦不堪。呢日早上，係瞓唔夠嘅，所以有 D 恍惚，集中不到精神，加上身體又劫呢！

———————

第六章第一稿完成於 2018 年 3 月

第七章

抑鬱病的病態（一）

睡眠失調、不尋常的疲倦、
與及頭部膨脹逼迫僵硬繃緊

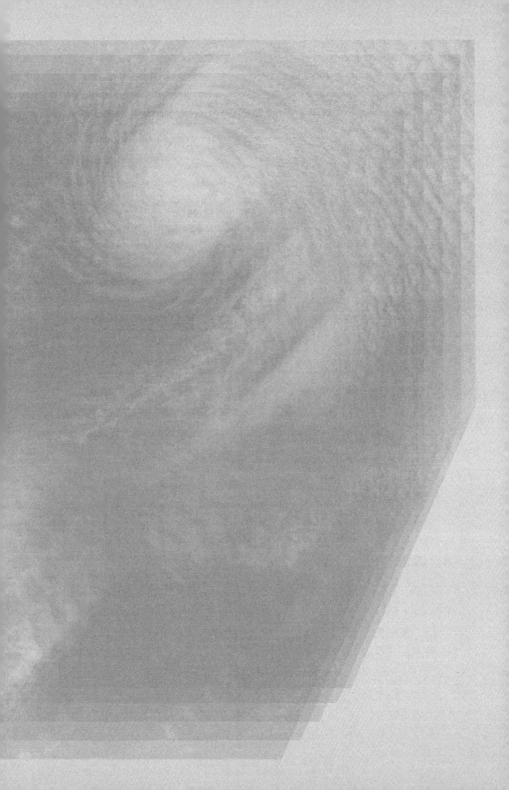

本章初步探討抑鬱病的病態，將分三方面討論：

1. 睡眠失調
2. 不尋常的疲倦
3. 頭部「膨脹逼迫僵硬繃緊」的感覺

這三方面的情況，都是十分明顯地出現在筆者的「生理系統」上面，沒有牽涉太多「思想系統」。

7.1 睡眠失調

筆者的睡眠出現了問題。大概是因為經常有「疲倦的感覺」，所以就覺得睡眠不好。不過，睡眠的情況的確有不理想的地方，例如：淺睡、短睡、早醒、多夢、思維活躍……等等。很多時候，一覺醒來，感覺仍然疲倦。

筆者的睡眠作息習慣，在中四時候（1989 年 9 月）因為「老爸吸煙滋擾」而受到很大影響。到了重讀中五的時候，又投訴家人晚上「睇電視」，聲浪太大而無法入睡。到了中六，因為要應付學業要求，不得不大幅減少睡眠的時間。

7.1.1 睡眠問題的概況

關於筆者的睡眠問題，情況如下：

A 淺睡

有一種「感覺」（可能只是「錯覺」），就是一整晚的睡眠都「沒有熟睡」，或者沒有進入所謂「深層睡眠」。又或者「熟睡」與及「深層睡眠」的時間都嚴重「不足夠」。〔筆者至今（2019）仍未進行過任何睡眠檢查。〕

淺睡的「感覺」，大概就是「在睡眠狀態的時候」，「意識」可以「感覺到」甚或「區分到」「睡眠時候的精神狀態」。相反理解，如果是熟睡的狀態，進入了深層睡眠，「意識的全部」都應該進入「休息或休眠」的狀態，應該沒有能力（沒有意識空間）去「感覺／區分」是否身處（夢處）「睡眠時候的精神狀態」。

淺睡的另一種「感覺」，就是「睡眠時候的精神狀態」跟「清醒時候的精神狀態」十分「接近（真實距離）」，因此就感覺到「很快」又「很容易」由「睡眠時候的精神狀態」「過渡去」「清醒時候的精神狀態」。這兩種精神狀態可能還有「重疊」的時候，那是一種更加含糊不清的狀態。大概，淺睡的「感覺」也包括在睡眠時候感覺到身處（夢處）或「停留在」這種含糊不清的狀態，與及搖擺在這兩個精神狀態之間。

B 短睡

晚上多數會醒來兩、三次，總是無法一覺就睡到天亮。很多時候，入睡之後兩、三個小時左右就會醒來。這兩、三個小時也可能已經是一個「睡眠循環的終結」。然後又需要重新開始再「努力」入睡。通常，「第二覺」的睡眠時間比起「第一覺」為短，即少於兩、三個小時；「第三覺」的睡眠時間又比起「第二覺」為短……

此外，「第二覺」又會比「第一覺」睡得更淺，「第三覺」又會比「第二覺」睡得再更淺一點……

C 早醒

高中時期，凌晨五點就醒來，「意識」完全進入清醒狀態，難以再次入睡。所以中學四年級時候的日記記錄，筆者有早起溫習的習慣。而比起「捱夜」，「早起工作（凌晨五點或更早）」似乎是一個「優先的」或者「更加容易的」選擇。

早醒的問題在往後的患病歲月裡面（直到三十年後的今日），一直惡化。醒來的時間變成為凌晨四時，甚至是凌晨三時。同樣，難以再次入睡。

D　多夢

　　感覺上，整個晚上都在做夢，情況和淺睡問題可能相關，或者就是淺睡問題的一個部份。特別在醒來之前（可能是午夜、更多時候在凌晨早上），做夢的（情景）變得十分「清晰」，做夢的「情況」變得十分「真實」。可能，視覺神經與及相關的腦袋部份變得異常活躍，能夠在夢境裡面製造出「像真度」極高的「生活情景」畫面。

　　可能，其他的感官神經與及相關的腦袋部份又同時變得異常活躍，能夠在夢境裡面直接製造出感官神經和交感神經的真實反應。身心的神經反應狀態，跟夢境裡面所出現的情景和情節，差不多「完全配合」；夢境裡面所出現的喜怒哀樂甚至心理壓力，彷彿就等同現實裡面、清醒的時候，在身心所出現的完全一模一樣（感覺上、經驗上、和認知經驗上）。

　　夢境的真實性在於：眼睛合上，仍然在睡眠狀態，腦袋裡面所出現的影像，卻形同「打開眼睛在看東西一樣」；身體仍然在睡眠狀態，觸覺與及心靈的感覺，卻形同「清醒地感知和覺察一樣」。多夢而且夢境非常真實的情況，彷彿就是「視覺與及其他感官神經」都在沒有「接收到外來訊息」的情況下（睡眠狀態），腦袋自行直接製造訊息，又或者腦袋更為簡單直接地在腦袋裡面自行「複製、建立」「經驗」。

　　一方面非常真實的夢境反映著「活躍的腦袋活動」，同一時間地，那一個「自行運作的複製及建立經驗過程」，亦代表著腦袋另一種活躍的活動。

E 思維活躍

除了多夢以外，「入睡之前和早醒之後」的清醒或半夢半醒時候，思維活動均十分活躍。「思維的活動」包括不停地思考、不停地出現影像、不停地出現「情節」、不停地「扮演著情節裡面的角色」、不停在情節之中說話、不停地進入情節裡面的情緒狀態、不斷重溫「發生過的事情」、不斷幻想構想期望「想要發生的事」、不斷預演「某些事情的可能發生情節」……

生活痛苦的時候，就不斷自責，或者在腦海裡面不斷自殘；最痛苦的時候就不斷幻想（預演、扮演）自殺的方式和經過……

F 睡醒猶如沒有睡過一樣

睡覺完畢，醒來，身心疲倦的感覺依然存在，沒有因為睡眠而消除——大概就覺得，猶如沒有睡過一樣。

7.1.1 小結

或者身體仍然「記得」，曾經，睡覺完畢的「滿足」感覺；或者身體仍然「記得」，曾經，睡覺之後「身心都得到補充」的感覺；或者身體簡單地就能夠分辨得到「精力充沛」與及「精神飽滿」是怎樣的一種狀態——患上抑鬱病之後，睡覺完畢，醒來之後，「滿足」、「補充」、「充沛」與及「飽滿」等等全然沒有出現，卻換來仍然是疲倦的身心，這一個落差實在非常巨大。

或者因為「思維活躍」，或者因為「多夢」，因此而可能造成「淺睡」而無法熟睡……或者可能因為醒來時候仍然覺得很疲倦（結果），所以就覺得睡眠的過程必然出現了問題（推論）……相反地理解，大概只要醒來的時候，沒有疲倦的感覺（假設），睡眠的過程便不會覺得有問題（假設成立下的結果）。

7.1.2 睡眠情況的改變

　　1989 年 8 月以前，筆者有早睡早起的生活習慣，應該沒有睡眠的問題，而且睡眠的規律也沒有受到騷擾。1989 年 8、9 月期間家居裝修，筆者睡覺的地方遷移至大廳的木梳化床。從此便受到老爸一早一晚吸煙滋擾，睡眠作息開始受到嚴重影響。1992 年 1 月，開始在日記裡面記下「睡眠不好」的情況，後期亦開始投訴「入睡困難」。1992 年 10 月，中六開學之後，因為需要應付預科課程的學業要求，筆者不得不大幅增加工作時間，睡眠時間不得不大幅減少。

A　睡眠地方的改變

　　筆者孩童的時候（1974 年至 1982 年左右），跟媽媽和妹妹三個人一起睡在「鐵碌架床的下格」。媽媽睡在床的最外邊，妹妹睡在中間，床的另外一邊、靠牆的位置就是筆者睡覺的地方。「鐵碌架床的上格」是三位姐姐睡覺的地方。「鐵碌架床的下格」比起「上格」稍為要闊一點點，總闊度大概也只是五尺左右。

　　1974 年到 1986 年，筆者一家人居住在香港仔黃竹坑新邨九座十六樓的兩個相連單位，X 室和 Y 室。媽媽的碌架床安置在 X 室。下面提及到外公和舅父的碌架床與及二哥 JSC 睡覺的地方，就在 Y 室。

　　升上小學之後，可能是一、二年級之間，外公和舅父便離開這個「家」，搬遷至九龍半島的藍田。（舅父因為「文化大革命」爆發，1974 年走難到香港，與外公一起跟筆者一家人同住。詳細情況，可以參閱第一章〈抑鬱成病〉1.1.1-B〈家庭概況〉。）外公和舅父搬遷之後，原本他們兩人睡覺的「鐵碌架床的下格」便騰空了。「上格床」原本是三哥 ADC 和五哥 JOC 睡覺的地方。之後五哥 JOC 就搬到「下格床」睡覺。而筆者亦由「媽媽的下格床」，搬往「五哥 JOC 的下格床」，與五哥 JOC 一起「孖舖」。

記得初初搬到「外公和舅父的下格床」時候，有一晚筆者「失眠」，無法入睡。那時候家裡面已經關燈，但是知道三位哥哥也一起還沒有睡著，筆者便告訴三位哥哥，自己好像失眠，怎麼也無法睡著。那時候，二哥 JSC 開始說話。他睡覺的床，就在筆者頭頂方向，「板間房」木板的另一端（「板間房」木板類似一張木屏風，上一半是一片壓花半透明玻璃，下一半是一片很單薄的「木片」，上下兩方由一個「日」字形的木框架固定。一片木屏風大概闊度兩尺，就是「板間房」的「間房」材料，一片一片排開就做成間格。）。

　　二哥 JSC 教導應付失眠的方法，就是在內心慢慢地、重複地跟自己說：「我好劫，我好想睡覺。我好劫，我好想睡覺。我好劫，我好想睡覺……」筆者就按照二哥 JSC 的方法，之後很快就睡著了（記憶檔案中，這天晚上沒有繼續在失眠中掙扎的片段。）。這一個幫助入睡的方法，筆者一直沿用到今日。

　　除了應付失眠，五哥 JOC 也曾經教導過筆者如何應付晚上「被蚊叮的痛苦」。這一次是夜深的時間，筆者受到蚊子的「騷擾」，腳趾被蚊叮了幾口；更因為叮在腳趾上，又痕又癢之餘還有一股強烈又難受的痛楚，十分難忍難擋。不知道是不是太過難受，就把旁邊的五哥 JOC 弄醒。

　　筆者告訴他，腳趾被蚊叮了，又痕又痛，很難受。五哥 JOC 教導，不要想著被蚊叮到的地方，也不要去想痕癢和痛楚，主動去思想其他的東西，分散「集中在一點問題」上面的注意力。五哥 JOC 建議，可以去想想自己所喜歡的卡通片，或者是日間看過的卡通片。記得他還介紹了正在那個時期播影的卡通片《忍者小靈精》，並建議筆者在心裡面唱唱卡通片的主題曲。筆者當時就想著想著、唱著唱著，一會兒就又再入睡了——腳趾上的痕癢和痛楚，在想像活動以外便慢慢淡忘了。

「Y 室的下格床」，直到 1986 年還是筆者睡覺的地方。1986年 10 月左右，筆者一家人便由第九座搬遷去第 N 座。搬遷的原因，因為第九座是「鹹水樓」，混凝土不合乎規格（聽聞混凝土加入的是海水），大廈的結構安全出現嚴重問題。大概「第九座鹹水樓」當中還包括不少貪污勾當——興建時候偷工減料，驗收時候又偽造檢測結果。第九座最後大概在 1988 年至 1990 年間全幢清拆。

搬到第 N 座，筆者一家人同樣獲分配兩個相連單位（A 室和B 室），畢竟這是一個十人家庭（筆者兄弟姊妹一共八人，再加上父母，合共十人。）。搬遷之後，筆者睡覺的地方，又再重新跟媽媽在同一間房（A 室）。不過中學一年級的筆者，這個時候睡在「媽媽的碌架床的上格」，而媽媽就和妹妹依舊睡在「下格」。

三位姐姐和三位哥哥就睡在 B 室。三位姐姐睡在一個「板間」房間，裡面有一張「鐵碌架床」（就是外公和舅父的那一張），大家姐 SHC 睡在上格，四家姐 CLC 和六家姐 BDC 就睡在下格。三位姐姐的房間外面再擺放一張新購置的、較為細小的「鐵碌架床」，闊度大概三尺多一點點，「上格床」是五哥 JOC 睡覺的地方，「下格床」是二哥 JSC 睡覺的地方。三哥 ADC 就睡在一個由老爸自己設計和製造的「衣櫃床」上。

「衣櫃床」的設計：長六尺左右，足夠三哥 ADC 躺下睡覺的長度。高度大概也有六尺。最低一層，高一尺半左右，是一個鞋櫃。最高一層，就是一組可以掛放「外套和大褸」的衣櫃。衣櫃和鞋櫃中間，就收藏著三哥 ADC 睡覺的床板。這一張收藏在衣櫃和鞋櫃中間的床板，可以伸延拉出；拉出之後，闊度大概是三至四尺左右。三哥 ADC 就在上面睡覺。衣櫃和床板中間，是一處高度一尺左右的空間，三哥 ADC 的被單和床舖就存放在裡面。日間，床板就推入鞋櫃和衣櫃中間（被單和床舖同時收藏在裡面），減少阻礙十分有限的地方。到三哥 ADC 睡覺的時候，就把床板拉出，成為一張床。

這一個家居狀況，由 1986 年 10 月開始，維持了三年。1989年 9 月，二哥 JSC 結婚，兩夫婦跟筆者一家人同住（這個情況在第一章〈抑鬱成病〉裡面已經詳細介紹了）。二哥 JSC 兩夫婦搬進 B 室。老爸為他們倆人，在三位姐姐的房間旁邊，再多做一間房間。原本睡在 B 室的三哥 ADC 和五哥 JOC，就搬到 A 室。所以 A 室也需要改動。

為了在 A 室「安置」兩位哥哥，媽媽添置了一張新的「木製雙層床」，放置在媽媽的房間外面。三哥 ADC 睡在上格，五哥 JOC 睡在下格。老爸在這一次家居改動裡面，竟然搬進媽媽的房間，跟她一起睡在「鐵碌架床的下格」。

由筆者出世到這一次家居改動的十五個年頭裡面，老爸和媽媽都沒有同房更沒有同床（所指的是睡覺的位置）。大概媽媽一直都要帶嬰兒和小孩，而且還會一起同睡（就正如筆者小學一年級時候，妹妹 DSC 只是四、五歲左右，都一起跟媽媽睡在同一張床上面。），所以老爸一直避開、甚或嫌棄。媽媽曾經憶述，二哥 JSC 小時候因為晚上哭鬧而被老爸毒打；四家姐 CLC 還是嬰兒的時候，亦因為晚上啼哭，老爸就把她關在家中的廁所。

因為老爸搬到「媽媽的下格床」，妹妹就搬到「上格床」睡覺。而原本睡在「上格床」的筆者就改為睡在大廳中、廚房旁邊的木梳化床上，亦即是老爸原本睡覺的地方。

筆者的抑鬱病，相信就是因為這一個睡眠地方的改變，而直接引發。詳情已經在第一章〈抑鬱成病〉仔細介紹。有一點想指出，老爸吸煙滋擾的問題，嚴重影響筆者原有的生活作息規律。晚上，原本習慣了九點半鐘前就上床睡覺，因為老爸吸煙，惡臭難頂，所以要等到他吸煙完畢之後，筆者才能夠「心情平伏」，才能夠入睡。早上，老爸大概凌晨五點鐘就醒來，坐在筆者的木梳化床的床頭位置附近吸煙，又令到筆者無法繼續睡覺。

筆者相信自己在這一個時期以前，睡眠質素應該沒有問題。記憶之中有一件關於睡眠時間的事情。話說在某一上學的日子（中三或者中四），突然之間有一位同學怒氣沖沖的走到筆者面前，甚為不滿的投訴，為什麼筆者會在九點半鐘前就睡覺？原來這位同學在之前的晚上九點半鐘左右致電筆者家中（那時候手提電話遠遠還沒有普及，同學或朋友之間大都只能夠用家居電話通訊。），卻被告知筆者已經上床睡覺了，不便接聽。這位同學萬萬料不到，筆者竟然就在九點半鐘之前睡覺！

又有一次，應該是中三的時候，筆者如常的在晚上九點半鐘左右就上床睡覺。不料當時就讀大學一年級的五哥 JOC 大感不滿，就在梳化床旁邊，對著準備睡覺的筆者訓話。訓話的內容，大概是說筆者很快就要面對中學的會考，好應該認認真真地正視自己的學業，而不應該九點半鐘就上床睡覺，九點半鐘就上床睡覺，睡覺的時間太多了，相對讀書的時間太少了，筆者是不是太過懶惰了……云云。

從上述兩件事件當中，可以知道，筆者在中四以前的時間，都是在晚上九點半鐘左右就上床睡覺。應該都算是一個「早睡早起」的生活習慣。此外，記憶當中，在中學時期（包括抑鬱病已經成熟的中四和中五），筆者在日間的時間，還算是精神飽滿，甚少在課堂時間打瞌睡（不論課堂內容沉悶與否）。

筆者對煙草的氣味十分厭惡，對老爸亦感到十分憎恨。所以，早上（四、五點鐘）和晚上（十點鐘）都不希望老爸在木梳化床的床頭吸煙。為了解決老爸吸煙的滋擾，筆者就在 1990 年 6 月中，搬到 B 室「打地舖」（睡在地上）。筆者情願選擇睡在地上、睡在家人出入的通道上、睡在電視機前面，也不要再次受到老爸吸煙的滋擾（關於睡在電視機前面的位置，可以參考第一章〈抑鬱成病〉1.6〈後記［二］：老爸吸煙滋擾的結局〉。）。

搬到 B 室地上睡覺之後，筆者大概避開了老爸吸煙的滋擾，但是又不得不面對電視的噪音。印象之中，筆者很多時候仍然一如以往的在晚上九點半鐘睡覺，可是家人會在這個時間看電視（筆者睡覺的地方就在電視機前面）。就在家人看電視的時候，筆者只好依靠「呼吸方法」與及「專注」自己的「思考」，刻意「忽略」頭上「仍然亮著的光管」和耳邊「仍然響著的電視聲音」，慢慢讓「自己」在「自己的內心世界和腦袋世界」裡面休息。記憶當中，即使在這個「惡劣環境」裡面，入睡仍然沒有太大問題。

　　一年之後，1991 年 5 月，筆者中學五年級會考期間，大家姐 SHC 結婚了。婚後她就搬遷到大姐夫的家中居住。大家姐 SHC 離開之後，她的上格床就騰空了。而筆者就搬到她的上格床，晚間不用再睡在地上，也不用睡在電視機前面。

　　搬入了四家姐 CLC 和六家姐 BDC 的房間，睡在上格床，大概筆者睡眠的地方便固定下來了。

B　投訴睡眠問題

1992 年 1 月 7 日　星期二　Day 1

　　無返學！

　　我好劫呀！瞓又瞓唔好，又唔夠時間瞓。

　　⋯⋯

　　晚上，我九點零五分便上床了，到九點三十分已進入半夢半醒嘅狀態，但係屋企人回來，竟然開電視！呀！佢嘅聲音仲係好響亮，立即被佢嘈醒，我喺床上「典」到十二點先瞓。

抑鬱病大概就在 1990 年年初至 5 月之間成熟。1992 年 1 月 7 日，第一次在日記裡面投訴睡眠出現問題。從此（又或是更早的時候），「睡眠的問題」便進入了意識、進入了視野。

　　已經記不起，感覺到睡眠時間不足夠，又覺得睡不好，究竟是一個怎樣的問題？已經記不起，是不是一個「逐漸惡化」的問題？還是一個「突然惡化」的問題？如果是一個「逐漸惡化」的問題，中間的過程是怎樣？什麼時候開始惡化？中間又能否找出逐漸惡化的軌跡？如果是突然惡化的話，那究竟是什麼因素或是什麼事情所影響？所觸發？又會不會是無緣無故的突然之間「改變」？

　　1992 年 1 月 7 日，筆者投訴家人在晚間九點半鐘開啟電視，聲浪影響到筆者無法睡眠。同一日，筆者亦第一次在日記裡面提到睡眠的問題（睡眠不好和睡眠不足）。這個時候，筆者已經搬入了姐姐的房間，睡在上格床。回想起 1990 年 6 月到 1991 年 6 月期間，筆者還是睡在房間外面的地上，並正正就在電視機前面。「睡在電視機前面」的這一段日子，應該是筆者最受噪音影響的日子，但是筆者在這段時間裡面從無投訴電視機的聲浪，也從無投訴睡眠受到影響。

　　為什麼搬入了房間睡覺之後，就投訴房間外邊的電視聲浪影響睡眠？為什麼「睡在電視機前面」的時候（接收最多電視聲浪）反而沒有投訴？為什麼突然之間電視聲浪變成了問題？為什麼突然之間對電視聲浪產生特別強烈的反應？

　　筆者推測，因為在這個時候，睡眠機制出現了變化。這個變化就是筆者「入睡」開始出現問題。當入睡出現問題的時候，「無法入睡」期間所出現的事情，都變成為妨礙入睡的「元兇」。要是「入睡」出現困難，「入睡」期間變得更容易受到其他環境因素所「阻撓」，變得更為困難進入睡眠狀態。

也許是「入睡」變得困難而又影響到晚上睡眠的時間（縮短），導致早上醒來就感到仍然疲倦。不過筆者發現，在很多能夠順利入睡的晚上，筆者在早上醒來的時候還是依然感到疲倦。大概，睡眠機制確實出現了問題。

大概六個月之後，第二次會考已經完結，筆者在日記檢討自己應付會考的過程。當中，亦有提及這段日子裡面，自己的睡眠情況。日記記錄如下：

1992 年 6 月 2 日　　星期二　　天亦晴

……

晚上非要到十二點無法睡覺，事關家人愛看電視，時常嘈著笑著，好難受啊！

早上又七點起床，最慘係我根本沒有熟睡，大概七小時嘅睡眠，我覺得只是閉上眼睛七小時罷了。七點起床，其實五點已經打開眼！

可以初步作一個粗略估計，中四中五期間（1989-1991 年），雖然抑鬱病已經成熟，不過對筆者的睡眠機制還沒有明顯的影響。在這兩年間，筆者大概仍然可以順利入睡，早上醒來的時候，沒有疲倦的感覺（雖然也未必有精神爽利的感覺）。而大概就在 1992 年年初或更早的時間，入睡便開始出現困難，早上醒來之後，疲倦的感覺沒有因為睡眠而消失。

大概就在這一個時期，「睡眠」這一項生理活動，彷彿完全變質。腦袋異常活躍（做夢、幻想、聯想、構想、重演生活片段……），彷彿完全無法進入「熟睡狀態」。

C　主動減少睡眠

中學六年級的時候，筆者無法再維持「晚上九點半睡覺」這一個生活習慣。因為中六中七的預科課程，範圍龐大而艱深，不得不大量增加學習的時間，才能「勉強」應付過來，否則，校園生活就會變得亂作一團。彼長此消，睡眠時間不得不大幅減少。

1992 年 9 月到 10 月初期間，筆者中學六年級開學的一個多月時間，就經歷了一次嚴重的「低潮」，校園生活差不多走到崩潰的邊緣。這段期間，筆者無法完成功課、無法準備測驗、也無法溫習。究其原因，可能就是沒有付出足夠的時間。所有的工作都沒有完成。最終只有不斷的「詐病」、「請病假」、和「逃學」。幸好自己亦察覺到問題，並明確地要求自己增加工作時間，每天都要最少工作到晚上十二點，才可以睡覺。這就是筆者為自己定下的「積極制度」（詳情可以參閱第五章〈逃避「『逃避痛苦』的痛苦」〉5.2.2-A〈積極制度〉）。

關於要求自己工作到晚上十二點鐘的日記記錄如下：

1992 年 10 月 15 日　　星期四　　晴

時間為晚上 11:16。

今個星期，實行積極制度，每晚十二點才睡覺，要努力呀！點解？想入大學……

這一個「工作到晚上十二點鐘才睡覺」的「積極制度」，筆者一直沿用到中七；往後四年的大學生活，同樣貫徹執行。

7.2 不尋常的疲倦

疲倦的問題，彷彿跟睡眠的問題無法分開。只要早上起來的時候感覺疲倦，就會覺得睡眠不好；同理，只要睡眠不好，就覺得第二日一定沒有精神。筆者覺得身上有一種「不尋常的疲倦」，「力量」和「推動力」雙雙失去，甚至感覺到有一股「『停下來』的拉力」在身心裡面出現。因為「不尋常的疲倦」，內心十分渴望獲得力量。筆者發現「個人的好惡」也會影響疲倦的狀態。而因應日漸嚴苛的生活要求，只要目標清晰，身心還是能夠承受忍受更加嚴峻的疲倦狀態。

7.2.1 疲倦的概況

A 失去力量

在第一章〈抑鬱成病〉裡面，已經提及過「疲倦和軟弱無力」的情況，所引用的資料，就是〈一個對我最有影響力的人〉（暗戀陌生少女版本、寫作日期為 1990 年 3 月 11 日）與及 1990 年 5 月 10 日和 11 日兩篇日記裡面的內容。第一章 1.3.1〈身心疲憊〉、第一章 1.4.1（關於 1990 年 5 月 10 日的日記記錄），這兩處地方，詳細記錄了這兩段時間裡面所發生的生活事件，同時亦剖析了文章與日記的「文字」當中所展現出的「軟弱無力」。

現在稍作點評：

1.3.1〈身心疲憊〉

- 生活懶散
- 做事馬虎
- 沒有幹勁
- 沒有目標
- 上學為應付家人

1990 年 5 月 10 日日記

- 日子用上一個「飄」字去「渡過」（連「活」也說不上）
- 在生活的「矛盾、無奈」面前無力面對更無力反抗

　　或者就在 1990 年 3 月左右（甚或更早）的時候，筆者就已經開始感覺到身心「疲倦」。「疲倦」是不是突然之間出現？力量是不是「突然之間」失去？這個過程是不是「漸進式」進行？現在已經很難清楚地證明或者否定。

　　1990 年 3 月，筆者剛剛十六歲。身體機能在各個方面都應該是「最好」。可是，就在這一個時候，力量彷彿就明顯流失，剩下的就只有一個疲倦無力的「軀殼」。

B　無力量和無推動力

　　世界上有沒有一種量度「疲倦」的方法？「疲倦」有沒有一種「可供量度」的「客觀」數值？

　　「想停下來」的時候，通常會感覺到「疲倦」；「疲倦」的時候，通常會想到「不如停下來」。筆者經常有「停下來」的想法，同時間身心亦經常感到「疲倦」。筆者在「疲倦」的時候，「停下來」的想法就特別頻密出現。

　　另外，更多的時候，筆者是一開始就「不想活動」。就連「開始」也不想，連「動」也不想「一動」。

　　有些時候，身體上「沒有力量」和「軟弱無力」的感覺比較強烈。有些時候，精神上「沒有推動力」和「不想活動」的感覺比較強烈。更多的時候，這兩種情況都籠統地覺得是「疲倦」。所以，當使用「疲倦」兩個字去描述或者形容身心狀態，內裡可能包含著兩個不盡一樣的情況；兩種情況可能是個別單獨出現，也可能是同一時間一起出現。

C 疲倦問題和睡眠問題

在上一節（7.1.1〈睡眠問題的概況〉），筆者已經提及過一個想法，就是身心的不正常疲倦，很容易就跟「睡覺問題」聯繫上。或者，只要早上醒來的時候感到疲倦，就會立即想到是「睡眠出了問題」。又或者，總覺得，只要「能夠好好睡眠」，體力和精神都可以一一恢復。

筆者投訴「疲倦問題」的記錄，時間在 1990 年 3 月；而投訴「睡眠問題」的記錄，時間在 1992 年 1 月。以這兩項資料作推論，似乎「疲倦問題」比「睡眠問題」較為早出現。有可能「疲倦問題」並不是完全由於「睡眠問題」而起，尤其是早期的時候（1992 年 1 月以前的時間）。到後期（1992 年 1 月以後的時間），「睡眠問題」應該成為了「疲倦問題」惡化的其中一個重要原因。

D 「停下來的拉力」

「疲倦」的感覺，除了「失去力量」和「缺乏推動力」之外，還有的就是身心裡面好似有一股「『停下來』的拉力」。

筆者覺得「難於使用力量（出力）」，從而又覺得身體「難於製造力量」。這一種「困難、難於使用力量（出力）」，直接地就覺得，身心裡面確實存在著一股「『停下來』的拉力」，把身體各個部份都緊緊的纏著、綑著、綁著、與及膠著，令到身體各個部份都動彈不得。

這一股「『停下來』的拉力」，又似一團「濃稠的萬能膠水」。筆者置身其中，每一個動作、每一個移動，都彷彿在對抗著這一團「濃稠的萬能膠水」的「阻力」。動作越快，阻力越大。

「『停下來』的拉力」，彷彿令到筆者無法製造力量、無法使用力量。「『停下來』的拉力」，彷彿就是要筆者立即「停頓下來、靜止下來」。

每當筆者想要「用力」，彷彿都必須要「額外花費好多精神力量」，才可以從「枯竭」的身心裡面，「榨取出」甚或「透支出」一點點力量。彷彿，一個十分簡單細微的「動作」，都需要對抗和克服這一股「拉力」，身心都需要加倍付出。身心所消耗的「力量」都是加倍的。或者，在「『停下來』的拉力」的影響之下，「一般」的生活都變成了「額外的負擔」；或者，尋常不過的「一般負擔」的生活，因此而變得「沉重」起來。

E　退縮和放棄

　　疲倦（包括上述所指的「無力量」、「無動力」、與及「『停下來』的拉力」）對筆者生活的一大影響，就是令到筆者好容易就「退縮和放棄」。誠然，筆者大概從未試過因為疲倦而「暈倒」；大概也從來未試過因為學習活動而「消耗太多」、「消耗過量」、「虛脫」。

　　聽聞，考驗耐力的運動（例如馬拉松賽跑），有機會將運動員身體裡面的「能量」（葡萄糖）耗盡，這一個狀態俗稱為「撞牆」。然後身心會出現一些異常而且甚為劇烈的反應，例如完全失去力量、惡心、驚恐。

　　筆者帶著疲倦的身心面對校園生活，從來沒有遇上「消耗過量」的情況。因為筆者根本無法「對抗」疲倦。每當「疲倦」出現，筆者就會在很短時間裡面「決定退縮或者放棄」，甚少跟「疲倦」對抗，甚少在「疲倦」的狀態下仍然能夠「堅持」繼續「工作、運作」。所以就根本不會「消耗過量」。可能在「消耗過量」遠遠還未出現之前，老早就已經向身心的疲倦「舉手投降」、老早就已經選擇「退縮或者放棄」。

　　漸漸發覺，大概只要「疲倦」出現，筆者就會結束手上的工作。「疲倦」成為了「結束手上工作」的一個重要「訊號」、「準則」、

「按鈕」。當然，「結束」不代表「完成」。很多時候，「疲倦」一旦出現，筆者就會把手上的工作，馬馬虎虎「埋尾」、或者「草草了事」。當然也有不少時候，筆者就連「馬虎」或「草草」也無法辦到，最終手上的工作還是「爛攤子」一個。

這一個問題，明顯地對於筆者的學習活動有很大影響。對於很多課程（不論是高中、預科、還是大學）裡面的學科內容，都因為「退縮或者放棄」而沒有好好鑽研。很多時候，「學習活動」都是因為「疲倦」而終止、止步（或者是無法堅持）。也許筆者清楚知道，「學習」應該是以「明白」為「目的、終點」；可惜的是，當時就在「疲倦」跟前「停下腳步」，沒有再往「明白」方向堅持邁步。

F　身心力量與及生活要求

大概，疲倦引起的生活問題，受著兩方面所影響：其一是「身心力量」不足，其二是「生活要求」過高。

中學四年級與及五年級的時候，筆者的「生活要求」（主要是學業生活的要求）很低，所以相對於「身心力量」（雖然已經感覺到不尋常的疲倦），還算是可以「輕鬆應付」。

這一段時間，筆者並沒有強烈感受到來自家人的壓力。在這個家庭裡面，老爸老早就已經把這一個家拋棄，媽媽就為著八個子女的起居飲食而不得不終日勞勞碌碌。所以，老爸不用說了，媽媽對於筆者的學業，沒有時間理會、當然也不懂得去理。三位哥哥和三位姐姐，感覺上都是在「各自的煩惱、各自的地獄」之中掙扎；彷彿，「主動關懷其他人、受到關懷」是一件十分「奢侈」的事情。筆者捫心自問，對於比自己年幼兩歲的妹妹，從來也沒有半點特別的關顧——那麼自己又從何要求哥哥姐姐的關顧？大概就是這一個情況，所以筆者並沒有感受到來自家人的壓力。

在學校裡面，筆者就讀的應該是「第三等班別」——比較「精英班」是「第一等班別」而言。在這一個「第三等班別」裡面跟同學比較，筆者一直有一種「優越感」，因為在成績上面和其他各個方面的表現，均算是「名列前茅」。誠然，筆者不算是「勤力的學生」，只是靠著一點點小聰明，功課、測驗、和考試，比起身邊的同學們做得好一點點而已。雖然在「第三等班」裡面的「比較」，是非常狹隘和片面，但是筆者還是因此而「沾沾自喜」。沒有付出太多而能夠獲得那「比起身邊的同學們好一點點的成績和表現」，筆者就已經覺得足夠和滿足了。所以亦一直沒有覺得需要「催促、逼迫、勉強」自己「勤力、努力」，沒有覺得需要爭取「更加好的表現」。

除了一份狹隘和片面的優越感之外，筆者內心還有一份完全沒有根據的「超然妄想」。所謂「超然妄想」，簡單又直接而言，就是筆者覺得自己是一個「超然的人」、「超人」、「超級的人」。在學校裡面，筆者就覺得所有的學科都不單只能夠應付，而且是「完全、透徹地」理解明白、是「完全、透徹地」掌握所有學科的「內容、知識」。

情況就等同於小時候「看卡通片或者武俠影片」，往往就把「自己」幻想成為故事裡面的主角一樣，而且還要不斷「在現實生活之中」模仿和扮演「主角」的行為和說話。或者，在這一種「行為」裡面，可以享受到「擁有強大能力」、「擁有特殊能力」的快感、超然感覺。或者，筆者在學校裡面出現的「超然妄想」，就是在幻想（妄想）裡面讓自己可以享受到「擁有智慧」的超然感覺。

雖然「幻想」、「妄想」、與及「擁有智慧」都是虛假的，不過「超然感覺」卻十分真實，並深深地讓筆者「信以為真」。大概就是因為已經感到「超然」，所以就再也沒有「追求」的需要，所以就對自己沒有「要求」。

筆者在學業上沒有追趕的目標，也沒有背負著其他人的期望。因此，即使已經受到「不尋常的疲倦問題」所影響，在生活層面上還沒有出現太大的問題或者衝突。因為在「低要求」的生活裡面，即使疲倦、即使力量或者能量不足夠，還是能夠勉強應付得來。

「生活要求」偏低的情況一直持續。1991 年 2 月尾，中五課程完結；1991 年 3 月尾，校內的模擬考試完結，並進入準備會考的最後時間。就在這最後的時間裡面，筆者感覺到「生活要求」上升，隨即便出現「身心力量」不敷應用的情況。

校內的模擬考試完結之後，便不用再回到學校。所有的時間都留在家中，專注於單一的一樣活動──溫習（大概主要的溫習活動就是重複操練舊試卷）。面對眼前的溫習，疲倦的感覺很快便出現。晚上十點鐘、甚至是九點鐘，就已經想到睡覺去了。每每去到「筋疲力盡」的時候，筆者都不禁反覆自問，為什麼要去承受「疲倦的痛苦、辛苦」？「千辛萬苦（？）」去應付考試，目的是什麼？

坦白而言，筆者不想「承受痛苦、辛苦」，所以就不斷去質疑「承受痛苦、辛苦」的原因和目的。要是「辛苦沒有原因」、「考試沒有目的」，彷彿自己就可以放棄一切，從而離開（或者是逃避）眼前「痛苦、辛苦」的處境和狀態。

關於第一次會考期間的日記記錄如下：

───────────

1991 年 4 月 14 日

　　今天九點起床，梳洗一輪後，食過早餐，然後聽歌，10:30 才讀書，中文〈潮汐和船〉、〈榕樹的美髯〉（筆者附註：中學會考中國語文科範本課文），還有英文。

　　下午由 12:30 開始溫書，斷斷續續地溫，直到 3:10。溫英文生字。

　　然後落街買零食⋯⋯

　　我溫書已有一段日子，我希望我每天也能溫一溫英文，做一做運動。

　　近期，我內心有一種迷惘，因為我勤力地讀書，我唔知道為咗乜嘢。我依家咁樣讀書，好似同我本身嘅理想相違背。我理想本來係做教師嘅，但係五哥 JOC 又叫我要讀大學，佢話讀書係訓練思考嘅。但係，我依家真係好想讀工科，好想發展工科。要是中六中七相隔兩年，我怕我會忘記了 D&T。D&T 和 T/D（筆者附註：Technical Drawing，即工業繪圖，中學會考科目。），我今次矢志要 A 級！

　　晚上十點，查 D&T 生字（筆者附註：D&T 課本中的英文生字），想睡覺了。

_____

1991 年 4 月 15 日

　　今天考 Oral（筆者附註：英語會話）。今早七點五十分做 AM（筆者附註：Additional Mathematics，中學會考科目），上午十點回校，下午一點二十分再做 AM。

　　晚上九點，我就想睡覺了，我真係唔知道自己嘅方向。

_____

1991 年 4 月 18 日

　　呢幾日來，我個心又絞痛，好痛、好煩！

　　為乜野？人為咗乜野？我又為咗乜野去讀書呢？我好劫，我想起了同學 CYS 講過嘅話：「戰不勝環境」（筆者附註：忘記了在什麼時候説出這句話，也忘記了為何説出這句話。）。我真係打唔贏個環境，但係當我打贏咗個環境，咁又點樣呢？實在，我已經唔想再戰鬥了，我個心已經負傷了，已經再有力了。

　　　　　　　　————

　　「重讀」這一年的「生活要求」立即變得很高，因為筆者彷彿背負了很多東西。首先是「個人尊嚴」的問題。會考失敗，一下子就令到筆者的「優越感」和「超然妄想」消失。會考的結果清楚顯示自己沒有任何「優越」可言，同時間亦沒有任何「超然」可言。為了要再次證明自己的能力，筆者需要對自己有一份「要求」。

　　第二，就是「出路」的問題。第一次會考放榜，筆者無法升上中六，有一種走投無路的感覺。最終亦只有重返原本的中學，重讀一年。筆者覺得，前面大概只有「讀書、升中六」的一條路。所以在重讀的時候，有一種「抓緊、捉緊」一個「救生圈」的感覺；大概只有透過這一個救生圈，才能「獲救」、才能到達下一個目的地。

　　重讀中五的一年，還算是能夠應付得來。可能，絕大部份的課程內容都已經認識，所以這一年的學習活動主要是「溫故知新」。期間，也決定跑到「會考班補習社」補習，因為想學習「答題技巧」，也想知道補習老師的「試題預測」。大概，筆者也算是「向現實低頭」——去補習社學習「求分數」而將「求知識」放到第二位。

筆者在這一年最為認真對待的就是英文科。就在重讀中五還未開學之前，四家姐 CLC 已經為筆者報讀了一個「會考英文班補習課程」，逢禮拜三和禮拜六，每次大概一個小時，為期七個多月。到了聖誕節之前，學校裡面一位慈幼會修士（LTK），為筆者及另外兩位「重讀生」義務補習英文。

面對著熟悉的課程內容，筆者縱使「身心力量」偏低，仍然還可以算是應付得來。最終第二次會考英文科合格，順利在原校升上中六。

不過，中六開學之後，新的預科課程，不論在「內容的數量」上，還是「艱深程度」上，都遠遠在會考課程之上。所以筆者在中六開學初期，就出現了非常嚴重的適應問題。當中最為明顯的原因（當然還有很多其他原因），就是「生活（學業）要求」大幅增加，而本已疲累不堪的「身心力量」嚴重地不足以應付。

G 「懶惰、疲倦、頹廢、渾噩」—— 描述的轉變

在最早期的記錄裡面（中四的中文作文、1990 年 3 月），筆者通常形容自己「懶散」、「三分鐘熱度」。大概，媽媽「建基於」對筆者長時間（十數年）的觀察，亦經常批評筆者「懶惰」。可能，筆者也曾經一度相信並認同自己是一個「懶惰的人」。

什麼是「懶惰」？「懶惰」是一個決定？筆者的「主體意識」決定在痛苦和辛苦面前「放棄」？放棄「堅持」？放棄「付出」？「懶惰」是「好逸惡勞」？「懶惰」是筆者的「品性」？「態度」？媽媽見到「應該要做的事」而筆者沒有去做，就覺得筆者「懶惰」。而筆者也自知，沒有做「應該要做的事」，或者是「放棄」去做「應該要做的事」，自己就是懶惰。中四以前的情況，大概就覺得是、也認同是「懶惰」。

漸漸地，筆者也希望做一個「勤力的人」，知道要去做「應該要做的事」，知道在工作面前、在眼前的痛苦和辛苦面前，需要去「決定」堅持下去。已經有「不想懶惰」的想法，就在這些需要「勤力、用力」的處境當中，想到要「做」「應該要做的事」，發現自己的身心「疲倦」，沒有足夠的力量可以使用。

如果問題是「懶惰」，筆者需要的或者是「決心、意志、鬥志、毅力」；彷彿只要擁有這些「精神特質」，就可以解決「懶惰」的問題。反之亦然，筆者是一個「懶惰」的人，是因為欠缺了這些「精神特質」。不過，當這些「精神特質」出現的時候，筆者就發覺到身心「疲倦」，沒有力量。如果問題是「疲倦」，筆者需要的就是「力量」。有了「力量」，筆者就不會「疲倦」。反之亦然。筆者需要更多的休息，從而補充「力量」？需要「吃（吸收）」更多？

可能筆者並非一個「懶惰」的人，而是一個「疲倦」的人；可能筆者是一個「疲倦」的人，所以就是一個「懶惰」的人。或者「疲倦」才是「懶惰」的根源，才是「問題」的根源。對現象描述的改變，就是注意力由「懶惰」轉移到「疲倦」，「問題的重點」和「理解」重新投放在「身心」之上。

很多時候，筆者都會投訴自己「頹廢、渾噩」。大概，頹廢的時候，筆者都知道自己有「應該要做的工作」，只是怎麼也無法推動身體，怎麼也無法開始工作。大概，渾噩的時候，注意力是放置在自己的「身心狀態、精神狀態」上。渾噩也像一種「真空」的狀態，裡面沒有力量，同時也沒有情緒。

H　腦袋的疲倦

發現與及觀察腦袋的疲倦是一件非常困難的事。因為腦袋掌控著「訊息接收系統」和「訊息處理系統」。筆者可能因此而無法察覺，自己的腦袋是如何受到「疲倦」的影響。

當然，頭顱部份和腦袋部份，長時間以來都有著「疲倦」的感覺，甚至是「過度疲勞」的感覺（類似「肌肉疲勞」的感覺，包括「僵硬」、「充血腫脹」、與及「疼痛」等等情況。）。

或者，更多時候，好可能「事後才知道」原來腦袋可能疲倦了，例如「逃避、放棄」眼前工作之後。不過，事情過後，「注意力、關注的重點」又往往會被「殘酷和嚴厲的自責」所霸佔。

「頹廢、渾噩」的時候，可能就是腦袋疲倦的時候。這個時候，大概腦袋處於一種「能量不足狀態」，不能夠正常運作；可能只是勉強維持在「有意識狀態」，其他的很多「腦袋功能」都沒有辦法「啟動」。

7.2.2 疲倦的心理活動

A　不喜歡疲倦

筆者不喜歡疲倦的感覺、不喜歡疲倦的狀態。疲倦的感覺，雖然不至於是「痛苦的感覺」，但是也絕對不是「舒服的感覺」。軟弱無力的身心，這一種「身心狀態」是不是阻礙一個人快樂起來？是不是令到一個人抑鬱起來？

因為疲倦，很多事情也不想面對，更甚者就是逃避，甚至早早就拒絕參與。很多時候，筆者也不清楚，自己是不喜歡相關活動，還是因為疲倦而厭倦相關活動，又或是因為疲倦而無法快樂起來、因為疲倦而無法「產生（製造出）趣味」。

也可能因為受著「『停下來』的拉力」所影響，筆者清楚意識得到，每當希望開始一項工作（或者是需要開始一項工作），都必須要有非常巨大的「推動力」。這一股「非常巨大的推動力」，好似「活著」的一種「成本」，好似「每天過活」的一項「入場費／入場券」。「生活」無形中彷彿額外地增加了一項十分嚴苛的條件，那就是假如無法繳交出「成本、入場費、入場券」，就不能夠「活著、每天過活」。

　　「非常巨大的推動力」這一項高昂的「成本」、昂貴的「入場費」，變成了筆者的「生活預算」，同時又變成了筆者的一項「沉重的生活負擔」。疲倦，令生活、過活、生存，變得沉重、不易應付。所謂的「提起勁」，那一「提」或者就令到筆者的「力量儲備」「破產」。

　　筆者不喜歡疲倦的感覺，因為這是一種不舒服的感覺。筆者不喜歡疲倦的狀態，因為這一種狀態令到筆者失去活力，因為這一種狀態阻礙了身心製造「快樂和趣味」。疲倦也令生活變得沉重。疲倦令到筆者對自己十分惋惜，因為在疲倦跟前，總是表現得「無能為力」，很多很多的「可能」和「美好」都因為疲倦而放棄。疲倦令到筆者總是無法「做得更多、做得更好」，彷彿從來也沒有機會「盡力」。

B　渴望獲得力量 ── 「目標作用」

　　因為疲倦、因為無法透過睡眠令到身心恢復力量（令到疲倦的感覺消失），所以就十分渴望得到力量。疲倦的身心，是不是就像「電池」一樣，可以「充電（Charging）」？筆者也希望身心可以激發出力量。彷彿，只要有力量，就可以離開疲倦的身心狀態，同時又離開疲倦的日常生活。

可能，曾經因為「目標」而出現過短暫的「振奮」，筆者就奢望可以將「短暫的振奮」無限量延長……

筆者「覺得」一個「目標」可以給予自己力量。雖然這一個可能只是一個「自欺欺人」的方法。筆者假想，如果有一個目標，自己就可以為了這一個目標而「努力」，甚至「發奮」。彷彿覺得，如果有一個目標就可以激發出力量；同一時間疲倦就會消失，或者疲倦就不再是一個問題。

可能，在一個「追求目標」的假象裡面，可以讓筆者「相信」，如果這一個「目標」真的存在，可能真的可以帶來（或者激發）「力量」，同時又可能真的可以令到「疲倦」消失。可能，在一個「追求目標」的假象裡面，可以讓筆者「返回」有力量的生活、比較「正常」的生活。

筆者對 SL 的癡戀，當中也有一點點「目標作用」的成份。〈一個對我最有影響力的人〉（暗戀上陌生少女版本）裡面也提到，「與 SL 結伴」曾經是筆者的「目標」，筆者也曾經為了 SL 而發奮。可惜的是，一直無法接近這一個「目標」，一直無法「與 SL 結伴」（就算連「見一面」都無法做到）。

筆者一直假想的事情，就是如果能夠「與 SL 結伴」，就能夠得到力量、就能夠解決疲倦的問題、就能夠離開「疲倦的生活」，同一時間應該就能夠專心一意地讀書和生活。極致一點，筆者大概相信「與 SL 結伴」可以解決一切問題——大概，「與 SL 結伴」是筆者腦袋裡面的「Perfect Solution／Universal Solution（完美「解」、一切「解」）」。

可惜的是，「與 SL 結伴」一直只停留在幻想和渴望裡面，而從來也沒有實現過。所以就一直只是在「幻想」之中沉淪、一直只是在「渴望」之中煎熬——從來沒有獲得力量、也沒有激發力量。

在中六學期完結之後，出現過一個「目標」。這一個「目標」就是「希望可以考入頭三名」（詳情可以參考第五章〈逃避「『逃避痛苦』的痛苦」〉5.4〈越級挑戰〉）。這是不是「又一個不切實際的想法」？由於筆者一直覺得未曾試過「盡力」去讀書，所以就一直沒有看清楚自己的實力，所以就覺得這一個目標還是有可能實現的。

筆者為著這一個目標而堅持了四個多月，直到 1993 年 10 上旬，大學課程報名申請為止。不過這四個多月期間，亦能夠做到「專心、專注」，雖然不知道「產生」出多少力量，不過當其時亦覺得，自己的表現「勤力」。大概，在這一段時間裡面，「所做的（工作量）」應該比「之前的一段時間（所做的工作量）」為多。

C　目標的相反作用 —— 放棄一切

因為渴望得到力量，所以需要一個目標。內心的假想是，希望透過一個目標，而可以激發出身心的力量，或者是相反地令到疲倦的問題消失。但是「目標作用」原來也有一個「相反的作用」。這一個「相反的作用」，不單只沒有激發力量，反而令到筆者有放棄一切的想法和行為。

例子就是 1991 年 4 月期間，第一次會考的時候（日記記錄就在 7.2.1-F〈身心力量與及生活要求〉）。那時候，「溫習的工作量和溫習的時間」開始增加，筆者開始感到疲倦、辛苦、與及痛苦。在這個背景下，就開始質疑會考的目的、甚至人生的目的。因為眼前正在經歷著（切身經驗著）「辛苦和痛苦」，所以需要尋找「承受忍受」的原因。可惜的是，筆者找不到原因。

可能這是一個思考的陷阱：因為沒有「承受忍受」「辛苦和痛苦」的原因，所以就彷彿應該放棄或者停止「承受忍受」下去。

那時候，「跟 SL 結伴」仍然是筆者的一個主要「人生目標」。在學習活動的「辛苦、痛苦」跟前，筆者甚至覺得「跟 SL 結伴」是「人生、生命」最高層次的首要事情；一切事情，如果沒有「SL」，彷彿都變得沒有任何意義——SL 變成為開啟「人生意義」的鑰匙。所以，眼前的會考「因為沒有 SL」而變得沒有意義；因為沒有意義，會考是可以放棄的。

筆者曾經在日記裡面檢討第一次會考的失敗原因，也提及到「沒有 SL 就沒有人生意義」。日記記錄如下：

_____

1991 年 9 月 2 日　　星期一

……

直至學校模擬會考，我也想念著她。想到自己也頹廢了，一切事情如果沒有她，對我自己而言，是沒有意義的。成績好又怎樣？成績不好又怎樣？沒有她，沒有自己，一切也如常，地球也會轉動。可是內心卻沒有目的。每一天的考試，我也很特別希望見到她，只要見她一眼，就能使黑夜過去，就能使寒意全消，就能使頹廢的心再度喚醒。可是第一天見不到，第二天見不到，第三、第四……第五……整個 Mock Exam 也見不到。

我好想放棄一切——包括生命。因為我感覺到我沒有人生目的，有嘅只係佢。但我得唔到，連見都見唔到……整個 Mock Exam 我也沒有心情應考，所以成績不好。

_____

1992 年 1 月 2 日　星期四　天陰

1990-1991 年會考記

……

……放縱，我那時又陷於感情問題，就連自己嘅生命也得不到光明（筆者附註：因為感情問題而覺得人生沒有意義），又點樣去考試呢（筆者附註：相比於感情問題及至人生意義問題，考試變得微不足道。）？我嗰時認為：「沒有意義，就沒有行動。」我不知為何要讀書？我自己本身是一個懶人，是一個很不穩定嘅人，我有很多時候也是頹廢的。那時我覺得，我甘心於一份平凡嘅工作，我不用會考成績去換些什麼。況且，我又認為做一個出色的人，不一定要靠文憑！

但最重要的還是陷於感情問題（筆者附註：不重視學業的最主要原因）……

中四，用苦戀用憂鬱去挺著腰，艱辛忘我地「蠕過」，得不到、死不去。中五，更差嘅一年，我根本就不想去會考！

愛情對我來說，實在有太大的影響了！我生活不能沒愛，但我得不到愛！

──────────

作一個簡單的歸納，「目標作用」與及「目標的相反作用」，都一律帶有「離開眼前狀態」的意向。「目標」出現的原因，源於「疲倦」與及「受疲倦影響的生活」，是希望可以激發力量與及克服疲倦，離開「受疲倦影響的生活」。「目標的相反作用」出現的原因，也是源於「眼前疲倦的痛苦和辛苦」，是「發現」沒有「承受忍受」痛苦的原因，從而希望可以立即離開「眼前的問題」。

不過，有兩次經驗，顯示「嚴重抑鬱的復原過程」裡面，「目標」都有著非常重要的作用，甚至是一個重要的「復原訊號」。第一次經驗，就在中六開學的時候（1992 年 9、10 月），筆者墜入抑鬱的谷底。詳細內容可以參閱第五章〈逃避「『逃避痛苦』的痛苦」〉（5.2.1-B〈確立目標〉）。第二次經驗，就在製造工程開學的時候（1994 年 9、10 月），嚴重抑鬱爆發。詳細內容可以參閱第六章〈一次嚴重抑鬱的爆發過程〉（6.6.4〈重新定立目標〉）。概括而言，「目標」在復原過程中的作用，就是製造出「掙扎的空間」，與及成為「『承受忍受』眼前痛苦」的信念、原因。

7.2.3 影響疲倦的因素

1994 年 8 月 23 日　　星期二　　晴

　　……

　　頭髮也剪短了一個月了。還是覺得渾渾噩噩，可能自己成日記住自己「沒有善用時間」嘅時候。不過呢 D 時間係好多！好多時覺得，自己係可以令到「力行」跟時間產生大 D 嘅效益，做多 D 嘢，學多 D 嘢。好多時又自己心裡面係有 D 嘢想做，但係個人係渾渾噩噩咁，行下企下又一日。個身體喺呢個時候，通常係懶洋洋咁，提唔起勁。喺度，我又發覺自己嘅身體狀態同精神狀態有好大關係，好似打波嘅時候，有邊個人可以同我嘅力量比拼？嗰時我的心情興奮，鬥志橫強！

A 憂愁與疲倦

很多時候，疲倦出現的同一時間，憂愁都會出現。筆者也搞不清楚，究竟是「因為疲倦所以憂愁」，還是「因為憂愁所以疲倦」。憂愁和疲倦，兩者都有其各自的影響因素，兩者又可以互相影響。

關於憂愁和疲倦同時出現的日記記錄如下：

———————————

1991 年 10 月 18 日　星期五　上午天陰 下午天晴　Day 6

好攰！

唔知乜野事，呢兩日心情特別愁，特別孤單。心靈內好似有一個洞，非一定要填滿不可似的，但係卻得不到應填的東西。

好愁！

我個腦袋喺近呢三年好實，後腦仲成日繃緊住，令到我個腦都鈍咗。

———————————

1991 年 11 月 13 日　星期三　天晴　Day 3

唔知點解，今日心情好差，好愁。

無心情上堂，但仍然要上，無心情 Test，但仍然要 Test，無心情補習，但仍然要補習。

英訊個 Miss CUH 真係好吋呀！今日派返作文習作，竟然有「B-」，真係好出奇！

喺新聞睇到，原來人喺唔高興時，血會聚喺後腦。嗰度就係我繃緊嘅地方！唔知有冇得醫呢？

作另一篇文，唔知作什麼題目好？

1991 年 11 月 23 日　星期六　天晴

近日來都無乜記憶呀！

唔……但是這是憂愁極嘅一週。一團糟，無心無力無從。

1993 年 3 月 4 日　星期四　陰寒濕

不多快樂嘅幾日，好劫，好愁……

Ha~~~ 我好唔鍾意依家 D 生活方式，做 D 自己唔鍾意嘅事！

1993 年 3 月 5 日　星期五　陰濕　Day 1

疲倦，再抑鬱，只因做自己唔鍾意做嘅事！

1993 年 11 月 1 日　星期一　晴寒

現在我個心有一 D 愁。（不再歎氣！）精神很劫，心更劫。

很緊迫，估不到三星期後便到第一段考了。努力！

走走走……

今晚第一次補習。

B　壓力的消耗

對於疲倦，筆者把這一個問題放置在一個「消耗和補充」的思考框架裡面。睡眠長期不好，就是補充的問題。但是，由於「睡眠長期不好」是一個「長期而穩定」的問題，所以對於「疲倦」的波動、改變、影響，反而是一項「相對地穩定、固定」的因素。所以，消耗的問題，可能更加影響「疲倦」。

筆者在生活中的「消耗」究竟出現了什麼問題？1989 年至1995 年期間，只是一個「學生」，過著的是「學生」的生活。生活並不是當一個「苦力工人」。但是這一段時間裡面，在生活裡面經常出現的活動，就是「憂愁」、「焦慮」、「驚恐」、「亢奮」、「忿怒」、「沮喪」，與及非常活躍的思維活動，包括：「幻想」、「懷緬」、「懊悔」、「自責」。這些活動是不是特別消耗力量？

筆者曾經閱讀過顧小培先生（〈信報財經新聞〉副刊專欄作家）的一篇專欄文章（標題是〈抑鬱的原因〉），刊登在 2006 年2 月 3 日的〈信報財經新聞〉。文章裡面提到，身體有兩種「製造能量」的方法。以下引述原文：

第一種方法：

……粒線體（Mitochondria）。粒線體是細胞的能量工廠，藉氧化葡萄糖而生產能量，能量寄存在一個叫「腺苷三磷酸」（簡稱 ATP）的化學分子上，從一個葡萄糖，可生產三十個ATP。

第二種方法：

假如工廠（筆者附註：「粒線體」）失火（有大量的超氧化物），這個本來很有效率的生產能量工序，便因此被廢。結果，細胞只能用另一個效率非常低（叫糖醇解 Glycolysis）的方法去製造 ATP，用這方法，一個葡萄糖只能生產兩個 ATP。

根據顧小培先生的文章，身體在一般情況之下，會以第一種方法（「粒線體」氧化葡萄糖）生產能量。受到食物或藥物影響之下，與及賀爾蒙分泌失調之下，身體就會以第二種方法（「糖醇解」）生產能量。「生活壓力」是賀爾蒙分泌失調的其中一個主要原因。

簡化而言，使用第一種方法，一個「葡萄糖」可以生產三十個「ATP」；而使用第二種方法（「糖醇解」生產能量），一個「葡萄糖」卻只可以生產兩個「ATP」。以上述數字計算，以同等份量的葡萄糖作比較，使用第二種方法生產能量，「產量」是「正常情況（「粒線體」氧化葡萄糖）」的 6.7%。

筆者十分肯定自己經常身處壓力狀態之中，甚至是經常身處焦慮和驚恐之中。似乎「壓力」並不是一項「特別龐大的消耗活動」；但是「壓力」改變了身體生產能量的方式，使得相同份量的「葡萄糖（能量的原材料）」，只能夠生產出正常情況下的 6.7% 能量。不知道身心的疲倦，是不是就是因為上述那「低效益（6.7%）」的「生產能量方法」所造成？

C　對大量「勞力」的工作感到壓力

「疲倦（無力量和無動力）」可能是一種「壓力下的反應」；當然，疲倦也可以是「壓力下的結果」。不論是一種反應還是一個結果，筆者在壓力底下就會感到疲倦、無力量、無動力，然後就很容易出現「退縮或放棄」的想法和行為。

原來，筆者對於大量「勞力」的工作，很容易就感到壓力，然後就會出現「無力量、無動力」的情況，然後就會出現退縮或者放棄的想法。這一種「大量勞動的工作」，主要出現在學校機械工場裡面的「習作（工件）」製作過程裡面；有時候，也會出現在「做功課」和「溫習」的活動裡面。雖然「功課」和「溫習」

並不是體力勞動的付出，只是如果「功課」和「溫習」的數量太多，筆者一樣會出現上述的「壓力反應和結果」。

在香港仔工業學校裡面，筆者喜歡「設計與工藝（Design & Technology）」這一科，更曾經一度希望成為一位「工科老師」。在工場裡面，喜歡欣賞「機械、機器」，喜歡操作「機械、機器」，甚至連機械運作的聲音都一樣莫名其妙地喜歡。喜歡「設計與工藝」，也因為「無須要安坐在座位裡面」，可以自由地在工場裡面走動。

可是，在工場裡面，筆者原來十分抗拒大量勞力付出的工作。例如，用銼刀（File）「銼（Filing、磨、削）」一個「大範圍」、去除（削走）一個「大範圍」的多餘物料；用鋸「鋸（切割）」十厘米或以上的金屬板⋯⋯這些都是一些筆者認為是「大量勞力付出的工作」。而在這些工作面前，都會強烈感覺到「困難」。

筆者在上述這類工作面前，會表現得「退縮」。可能，身心都不想面對這些工作，身心都正在逃避這些工作。這個時候會湧現出很多「藉口」去拖延，彷彿身心都不想開始這些需要使用「大量勞力」、「大量功夫」的工作。很多時候，在「工件」製作的過程裡面，就是因為「一、兩個大量勞力付出的工作」，把整個製作都拖垮。「工件」不是無法完成，就是「草草了事」。

「設計與工藝（Design & Technology）」這一科，很多時候，第一項工作就是「設計」。先做好「作品」的設計，而後再到工場「製作」。筆者做作品設計的時候很少遇上問題，也很少遇上困難而感到壓力。大概，天馬行空的幻想，沒有需要「付出大量勞力」，只是腦袋的「電子訊號運轉」。誠然，筆者所做的設計，「美感」都只是二三流水平，相信應該是沒有這一方面的天份。比較善長的，可能是「思考」製成品的「功能」，與及當中的「機械結構、操作」。

筆者經常批評自己「三分鐘熱度」。大概，就是在「設計」階段的時候，因為沒有「大量勞力」、「大量功夫」的工作而產生「困難、辛苦」等等的壓力，所以就可以「天馬行空」、「天花龍鳳」、而又毫無拘束地創作。創作的成果固然帶來樂趣，就連創作的過程也可以十分享受。可惜的是，一旦進入「製作」階段，只要稍微遇上「大量勞力」、「大量功夫」的工作，筆者就會因為「困難、辛苦」而立即「逃避」。

　　記憶之中，「逃避壓力」的情況，可以說是相當「神秘、隱秘」。或者這一個「逃避的過程」是完全不需要經過「腦袋的運作（有意識的運作）」。身心「條件反射式地」逃避壓力，而腦袋的意識操作只是感覺到「無力和無動力」，對壓力的影響可以完全不察覺；同時間，注意力很容易就會分散到「其他『更加有意義』的事情」上面，眼前的工作就不斷拖延……

　　不過，有一樣「勞力付出」的工作，筆者可以做得很好——「打磨（表面處理）」。雖然「打磨」未必算是「大量勞力付出」，但肯定是一項十分沉悶和孤獨的工作。「打磨」的工作是十分「機械式」，只是在一個特定的表面上，來來回回地「磨」、「打磨」。不過，「打磨」的工作好容易就可以看到成果，而且往往是「耀眼的成果」（光滑、耀眼就是打磨的目的）。似乎，只要在過程當中持續看到「成果」、「努力的作用」，「疲倦」和「逃避的問題」還是可以「承受忍受」，手上的工作還是可以「繼續下去」。

D　面對不喜歡的事情就沒有力量

　　「面對不喜歡的事情」，就足以令到筆者「失去力量」。筆者的身心，長久以來都是疲憊不堪，所以「缺乏力量」本來就是「常態」。身心的狀態，彷彿一直都是停留在「失去了力量」的情況。所以，當「面對不喜歡的事情」的時候，彷彿就更加無法「承受

忍受」出現在身心的「疲憊不堪、缺乏力量、失去了力量」。與此同時，「力量和動力」的消耗或消失，可能亦更加嚴重。

筆者從來都沒有「製造力量」或是「激發力量」的方法。而一直以來所能夠做到的事情，只是讓自己有一個「承受忍受」眼前問題（例如疲倦）的信念（或藉口）。「面對不喜歡的事情」的時候，就變得難於找到「承受忍受」的原因；彷彿必須要先找到一個「面對不喜歡的事情」的理由，然後才能夠「承受忍受」下去。

相反地，很多時候，「不喜歡」可以成為「逃避眼前痛苦」甚或「放棄」的原因。筆者在中六開學初期（1992 年 9–10 月），因為「不喜歡」理科（同時覺得自己喜歡文學）而想放棄正在就讀的預科課程；在香港城市理工學院就讀製造工程的時候（1994 年 9–10 月），也因為「不喜歡」理科而想放棄正在就讀的大學課程。兩次想放棄學業的時候，筆者都感到軟弱無力。（關於中六開學初期的問題，可以參考第五章〈逃避「『逃避痛苦』的痛苦」〉。關於製造工程開學初期的問題，可以參考第六章〈一次嚴重抑鬱的爆發過程〉。）

另外，在第二章〈厭學抑鬱病〉裡面，筆者記錄了一件「討厭返學」與及「抑鬱病」同時間發生的事情。〈厭學抑鬱病〉的重點，放在最後自覺抑鬱病的情況上面。不過如果以「面對不喜歡的事情」與及「沒有力量」作為視角，又可以成為另一個「完整」的故事；當中，又可以呈現出「不喜歡」如何跟「無力」關連上。

筆者開始重讀中五的生涯，對自己的「學業要求」開始提高，學習活動亦相應地增加。開學一個半月之後（1991 年 10 月 18 日），就在日記裡面記下疲倦的情況。疲倦大概沒有特別原因，不過同一時間裡面，就感覺到「憂愁、孤單」。到了 1991 年 11 月 1 日，詐病逃學，原因是「懶惰」和「厭倦學校」。

1991 年 11 月 9 日禮拜六，化學測驗。原本應該好好準備，可惜的是，11 月 6 日禮拜三沒有溫習，但是自己是清楚知道應該溫習。筆者經常出現這一種情況，就是「清楚知道」自己需要、應該溫習，卻又經常無法推動自己，溫習活動無法好好進行，有時甚至無法開始。到禮拜五（11 月 8 日），只好又一次詐病逃學，留在家中「收拾懶惰的爛攤子」，為第二日的測驗作最後努力。也許，原本就不想返學，準備測驗只是一個藉口。

1991 年 11 月 13 日禮拜三，沒有特別原因之下，心情低落，十分憂愁。已經沒有心情上堂、測驗、補習。11 月 18 日禮拜一，之前一晚發夢，又受到學校老師欺負。

1991 年 11 月 28 日禮拜四，想要一部電子發聲字典機（以下簡稱「字典機」），覺得可以幫助自己學習英文。關於英文的差勁，〈厭學抑鬱病〉一章已經提過，向舊同學借錢買字典機，亦在第三章〈病態苦戀〉有詳細記錄。

誠然，向舊同學借錢，筆者感到十分難堪，同時又覺得虧欠朋友一個恩情。到買字典機的一刻，心坎疼痛。不過，筆者十分清楚，最大壓力的關口是「回家」——帶著「自己的字典機」回家，讓家人知道筆者購買了一部字典機。一部字典機價值大概 $1,700，家人知道筆者沒有可能擁有這個數量的金錢，所以對於金錢的來源就顯得十分懷疑。大概，筆者也「認定」家人應該懷疑筆者手上的字典機有可能是偷回來的——筆者的確有「偷竊的記錄」——同一屋簷下，大家似乎都清楚，想要的，除了偷，大概別無他法……

關於筆者帶著字典機回家之後的日記記錄如下：

──────────

1991 年 12 月 9 日　星期一　天寒　Day 2

買<u>快譯通</u>（筆者附註：電子發聲字典機）。心很痛。

它背負了我下半年至下一年的窮生活、英文成績、友情、前途。不能辜負朋友！

之後回家，我要面對的就是家人，我要他們全知道！

──────────

1991 年 12 月 10 日　星期二　天陰　Day 3

日間無大事！

晚上上床睡覺之前，四家姐 <u>CLC</u> 突然畀一千七百元我，叫我還畀同學，又話呢 D 係佢借畀我嘅，叫我唔好太興奮。我無要到！

我話畀佢知，呢部<u>快譯通</u>背負住我嘅朋友嘅恩情；我要咗佢哋嘅錢，欠咗佢哋嘅人情，係決不可以辜負的！

──────────

1991 年 12 月 11 日　星期三　天晴　Day 4

早上回校，帶著<u>快譯通</u>，在飯堂讀英文！好的開始！

……

回到家後，很平靜，明顯是大風暴嘅前夕。首先，二哥 <u>JSC</u> 叫我交出買<u>快譯通</u>嘅購物單據，我知道佢諗緊乜嘢，佢要清楚字典機係咪偷返來的──我亦希望畀佢知道（筆者附註：讓他

知道是真金白銀買回來的）！之後大家姐 SHC 又問我，為何不去問 ADC 哥哥或 CLC 姐姐借，我好想話畀佢知道，如果問佢哋借，實在太易借得到，我就唔會珍惜！此事告一段落。

———————

　　購買字典機，原意是希望可以幫助學習英文。而筆者亦於 1991 年 12 月 11 日禮拜三（購買字典機的日期為 12 月 9 日禮拜一），提早一點時間返回學校，在飯堂裡面朗讀英文文章。「朗讀英文文章」應該是第一次出現的「學習英文活動」，而且這一次還是自發的。不過，由 12 月 13 日禮拜五開始，筆者就進入一段莫名其妙的「頹廢」時間；直到 1992 年 1 月 25 日，筆者想到向校長申請「停學」，自己留在家中溫習自修，「頹廢」的情況才算終止。關於這一次「頹廢、停學留家溫習」的事情，在第二章〈厭學抑鬱病〉（2.4〈厭學抑鬱病爆發〉）有詳細記錄。

　　1991 年 12 月 13 日禮拜五開始「頹廢」。12 月 23 日禮拜一，學校聖誕聯歡會；之後聖誕假期就開始了。在放假的日子裡面，頹廢的情況沒有改善。1992 年 1 月 4 日禮拜六，出現「心痛、憂愁、難過」的情況，同時又覺得「無勁」導致「頹廢」。1 月 5 日禮拜日，假期完結之前的一日，開始強烈自責，覺得自己的頹廢，虧欠了所有幫助自己的人。

　　1992 年 1 月 7 日禮拜二，聖誕假期之後的第二個返學日子，筆者就已經詐病逃學了。這一天第一次在日記簿上投訴睡眠不好，所以十分疲倦。第二個禮拜開始，已經十分討厭返學，覺得返學已經對自己沒有幫助，同時又覺得浪費自己的學習時間。期間，有兩天筆者已經回到學校上課，但是到了第二堂便又再詐病請病假，回家休息。這個情況維持到第三個禮拜，大概筆者已經無法承受下去，就向校長申請，希望可以停學，留在家中溫習自修。

最終，筆者也無法重新從學校生活裡面找到「趣味」。不過筆者選擇了「離開厭倦的學校生活」。有趣的是，當筆者想到「可以向校長申請停學」的時候，彷彿激發出一點點力量——想到可以離開眼前厭倦反感的地方，筆者突然之間就充滿「幹勁」！而停學之後，頹廢的情況就立即改善過來！也許，力量沒有因為「離開厭倦的學校生活」而增加，只是減少了無謂的學校活動，有限的力量可以集中在自己想做的溫習活動裡面。

還有一件因為「不喜歡」而「無力」的事情。1994 年 6 月（中七畢業之後、A-Level 考試亦已經完結），四家姐 <u>CLC</u> 的男朋友 <u>ALL</u> 替筆者找到一份暑期工。可惜的是，筆者對這份工作十分反感。關於這一次暑期工作，詳情可以參閱第六章〈一次嚴重抑鬱的爆發過程〉（6.1.1 B〈參加作歌比賽〉）。

結果，這一份暑期工作，只做了短短九日便放棄了。在最後一個工作日裡面，筆者完全失去力量並自覺「死氣沉沉」；即使只是簡單的使用電話筒跟顧客交談，彷彿就連說話都已經完全沒有力氣。

E　面對喜歡的事情就有力量

面對喜歡的事情，筆者就會有力量、有幹勁、有動力。一個十分普通的例子，中五的時候，聖誕節之前，學校舉辦了一個「巨型聖誕咭製作比賽」。筆者喜歡設計和製作，就報名參加了。而為了製作，更用上了六個晚上。要知道這一段時間，筆者需要應付「設計與工藝科」的會考習作，應該是分身不暇。再加上，這一段時間裡面，筆者仍然是晚上九點半上床睡覺。

就是因為喜歡「設計」和「製作」，筆者似乎就可以承受「疲倦」，甚或忘記疲倦的存在。也可能在這些工作裡面能夠「產生」樂趣，並足以推動離開頹廢和渾噩的身心狀態。

不得不提的是，筆者對「設計與工藝科」的會考習作，十分認真。尤其是設計的部份。筆者的「強項」是功能設計，所以在這個習作裡面，就花了很多心思在「產品」的功能上面。這些「附加」的心思（「考試題目要求」以外的事情），最後還受到同學的譏諷，覺得筆者不應做得太過「花巧」。（有關「設計與工藝科」的會考習作事情，可以參考第二章〈厭學抑鬱病〉2.2.3〈喜歡的科目——Design & Technology［D&T］〉。）

高中時候，筆者還有一個「做工科老師」的理想。這個想法一直維持到重讀中五之前。因為「喜歡」、因為「想做工科老師」，所以就有力量去把會考習作好好完成。因為要做好設計的計劃書，能夠「成功地」「捱夜」。到最後階段，更加試過「七十二小時裡面只睡眠十六小時」。這個情況在當時而言是一個「創舉、紀錄」。

不過，還是受著老問題的影響，筆者的「工件（產品）」無法全部完成。問題就是拖垮在幾個「大量勞力付出的工序」裡面。筆者也在此多謝三哥 ADC 的幫忙，「工件（產品）」裡面的好幾個部份，都是完全由他代為製作。

筆者十分喜歡打籃球，所以打籃球的時候感到有力量。不過，這並不代表在籃球場上面，或者在籃球比賽當中，就自動「精力充沛」。筆者仍然清楚覺得疲倦，與及「手軟腳軟」、沒有力量。

打籃球的時候，可以清楚看到「行動」的結果。只要多走一步、只要多做一個動作，就會有多一個機會。用力跳高一點，可能就可以多搶一個「籃板球（Rebound）」；用力走快一步，可能就可以接應一次快攻；手伸長一點，可能就可以成功盜球（Steal）或者封阻（Block）；被對手越過，仍然從後追趕，也可能可以繼續干擾對手……因為可以即時見到成果，也因為「想贏」，筆者非常熱衷於在籃球場上「多做一點點」。

可能，筆者喜歡「競爭」；也可能，喜歡「優越」。衷心喜歡「贏」、享受「贏」、渴望「贏」，不論在籃球場上，還是在生活上。在籃球場上，喜歡「打贏」對手，也喜歡在同隊的隊友之間，爭取「優越」表現。「求勝、爭勝」的信念和方法就是「多做一點點」、「盡力」、「不放棄」。不過，很多時候因為求勝之心太為強烈，而怪責隊友沒有認真和盡力。

筆者也喜歡「團隊」、喜歡和朋友一起。筆者喜歡得到「讚賞」和「認同」。在籃球場上，那「多做一點點」的表現，很多時候都贏得隊友的認同。有趣的是，在打籃球的早期階段（1994年6月開始定期打籃球），隊友就為筆者取渾名：「再造人」、「撒雅人（Saiyan）」。原因是在隊友的眼中，筆者似乎有「用之不完」的體力。不論在球賽的前段或是後段，筆者都彷彿體力充沛，「表現」可以一直保持「水準」，爭勝的熱望和決心一直沒有減退。除了「讚賞和認同」，筆者也十分喜歡跟隊友一起嬉戲玩樂。

有些時候，在籃球場上，筆者對自己的身心會感到疑惑。究竟自己的身心是不是特別的疲倦？特別的軟弱無力？比起隊友，筆者擁有更加多的力量？因為有更加多的力量，所以可以「多做一點點」？隊友的身心狀態是不是跟筆者一樣的疲倦？一樣的軟弱無力？是什麼令到筆者堅持到最後？是什麼激發出筆者的力量？這些問題都沒有答案，可能「疲倦」、「身心的力量」、「意志」、「鬥志」都是無法「量度」的事情。

不過，有一件事情，隊友可能不知道。這就是每次打完籃球之後，筆者都會感到「倍加」的疲倦。大概，這是一條「簡單」的「加減數學題」。因為在籃球場上表現得特別拼搏，對身心都構成非常龐大的消耗；所以活動完結之後，都會「倍加疲倦」（實際消耗非常龐大）。

每次打完籃球，筆者都會做「Cool Down」，而且十分認真地做。不過，精神狀態總是無法平伏下來，彷彿一直都停留在（甚至置身在）比賽的緊張處境裡面，一直保持著高度的「敏銳性」。腦袋也彷彿一直維持著比賽的「高效益運作」和「高速運轉」模式之中。同時間（「Cool Down」之後），心跳比起一般情況快一點點，心臟也比起一般情況多用一點力。全身肌肉都因為劇烈的運動和龐大的運動量而發熱和膨脹，當然還有的是劇烈運動過後的痠軟和疲勞。很多時候，就連手指頭也會有「輕微麻痺」的感覺。

　　最痛苦的是晚間的籃球活動（通常在 8pm-10pm）。因為打完籃球之後，上述的疲倦情況就會如常出現。而在無法平伏的精神狀態下，完全無法睡眠。身體方面，全身肌肉痠軟疲勞，原本就應該十分需要休息。筆者清楚感覺得到，「全副精神」都因為籃球活動而嚴重疲倦甚至虛脫，但是「意識」仍然停留在「球場上的亢奮狀態」當中，令到身心都無法休息、無法進入睡眠狀態。

　　是不是「意識」不容許「精神」休息？是不是「意識」阻止「精神」進入睡眠狀態？是不是沒有進入睡眠狀態，肌肉亦同時間無法休息？肌肉在清醒和有意識的狀態之下無法休息？晚間的籃球活動之後，筆者就會在這一種狀態底下煎熬好長的一段時間。筆者知道，在籃球場上並沒有得到額外的力量。只是「求勝心切」，彷彿將未來的力量先行透支使用。

　　除了籃球之外，筆者也很喜歡壁球（Squash）。打壁球時候，也很有拼勁。最熱衷的時間，大概在中五、重讀中五、到中六。中七開始（1993 年）便主要打籃球。

　　諷刺的是，一般情況之下，筆者的身體對運動十分抗拒。不知道為什麼身體那麼抗拒運動。每當運動期間，身體不斷大量地向腦袋發出辛苦的訊號。筆者的肌肉、心、肺，在在用痛苦表示抗議，

並要求「筆者」立即停下來。所以運動的時候，必須鼓動非常堅毅的意志，以支配肉體，克服來自身心的、四方八面的痛苦訊號。

中四時候，1990 年 5 月下旬，筆者因為想在暑假做救生員，所以就參加了市政局舉辦的「拯溺班」。筆者的泳術是班裡面最弱的幾個之一，游泳的速度最慢，游泳的耐力最弱。不過到了拯溺班中期，筆者開始「雙倍練習」。雖然無法改善速度，但是耐力方面就大幅加強。關於拯溺班的日記記錄如下：

———————————

1990 年 5 月 24 日

……

拯溺合格（筆者附註：市政局拯溺訓練班的甄別考試），可接受訓練，但我是最弱的一個。

……

今天又上拯溺班。

———————————

1990 年 6 月 5 日

拯溺，非常辛苦，同別人又不合得來，被我「拖救」嘅嗰個人（筆者附註：拯溺訓練中，學員互相扮演拯救者及遇溺者，而學員需要習慣負荷兩個人的重量進行拖行游泳。），又不知所謂。呀！呀！生命……呀……命運。

———————————

1990 年 7 月 7 日

整整一個月無寫日記了，不是沒有事情發生，只是心情很好，和沒有地方。這一段日子，應該結一結賬了。

拯溺方面：

這一段日子中，非常辛苦，尤以後一段時期，我自己帶「溺者」去上堂，比其他學員練習了雙倍「拖救」（筆者附註：一般學員互相輪流交替扮演拯救者及遇溺者而練習，而筆者就全程以拯救者角色練習，無須做遇溺者，所以練習量是別人的兩倍。）但從中，我感受到，要成功，一定要辛苦。

今天要考試了。（拯溺）

F　喜歡寫日記和寫信

筆者喜歡寫信給朋友（這裡所指的是朋友之間的書信，而不是事務性質的「公涵」。），所以能夠花上很多時間去寫信。可能因為喜歡，所以能夠專心地去寫、能夠一次過寫上好幾個小時、能夠寫到深夜（凌晨一點鐘）。即使在繁忙的預科課程裡面，寫信可能是「首選」、「優先」的工作；或者，為了寫信，其他所有的工作（包括功課、溫習活動、家務、甚或彈結他）都可以放下、放棄。

以下是有關寫信的日記記錄：

1992 年 2 月 11 日　星期二

九點起床！十一點開始寫信到四點！

1992 年 2 月 12 日　　星期三

……

　　……下午收拾心情，編排一下我的計劃，一看之下，發覺真係好無時間呀！立即寫信畀 LCY，告訴他沒有時間了！

……

　　晚上忽然間又想起 KWK，既然大家都不再温習了，我就將一直以來對他的學習記錄，寄返畀佢，希望佢自己反省一下啦！

　　寫信又寫到晚上一點。

―――――――

1992 年 11 月 17 日　　星期二（已經是 18 日的 00:58）

　　天微暖。很攰。

　　好想（急需）盡快完成《生命的奮進》一書嘅讀書報告，呢灘野拖倒我近呢兩個星期嘅生活、學習程序。Ha~~ 不過呢一件真係好困難嘅功課，做得好，不是不是不是一件易事。今早（17 日早上）五點本來打算起來讀、做的，但係還是疲憊至極嘅身體包著懶惰懦弱嘅心，致不能起來。我真係好好好好攰。

　　一放學返屋企，本來打算做英文 Section D 同埋讀明日測驗嘅 Physics，但係一返到屋企，就做咗「寫封信畀 SSS」嘅呢件工作先，是關後日（19 日）係佢「牛一」大日子，預咗唔出來，就寄咗算吧，況且我上年都有寄咗畀佢。今日順手寫封信「搭」落去，慳番個郵票。寫到四點左右寫完，跟住讀 Physics，發覺字典機無電，落街買啦！（其實無乜心讀書又兼非常疲倦呢！）

―――――――

1993 年 2 月 3 日　星期三　晴寒　Day 3

　　放學回家便開始溫習了，可是仍然心散，進度、效率很低。
晚上反而浪費了！

　　……

　　晚上寫信畀舊同學 <u>YTZ</u>，我關心佢，佢一個人到<u>澳洲</u>留學，
時常話悶，要放棄。我深信讀書到底對佢係好事，而獨身有可
能幫助佢獨立，包括思想獨立。希望佢能成長起來。

　　朋友、別人，應該把他們放進心內，在你的心中佔有空間，
佔有地位。

　　─────────

　　當然，除了寫信，筆者最為喜歡的就是寫日記。因為喜歡，
所以多年以來，已經寫下了超過一百萬字的日記。

　　為什麼筆者會喜歡寫信和寫日記？「寫」的時候，在身心裡
面發生了什麼事情？「寫」的時候，能夠得到什麼？「寫」的樂
趣是什麼？筆者沒有深究這些問題。大概，最簡單的「好處」，
就是在「紙和筆」之間，找到了傾訴的對象，與及成為一種情緒
宣洩的渠道。

　　筆者在 1990 年 5 月 10 日開始寫日記，初時就連「日記應該
是怎樣寫」也全然不知。只是原子筆的筆尖接觸到日記簿的紙張，
混亂的思緒就自自然然地宣洩出來，水銀瀉地一樣，情況也跟「絞
腸痧、拉肚子」一樣。

　　關於寫日記的「感覺」，有以下日記記錄：

―――――――――

1990 年 5 月 16 日　星期三

……

近日心情好靚，事關想通了一些事。

生命中的一切總要面對，逃避只是痛苦的延續。

寫日記能令我抒發內心感受，所以很多事也沒有抑壓在心中。

―――――――――

　　寫信和寫日記，都是「沒有壓力」的活動。因為沒有壓力，所以就不會將筆者帶到「壓力處境」。兩項活動都沒有特別「要求」，沒有「一定要完成」的成份，也沒有「需要向其他人交代、負責」的成份——即使是寫信給朋友，也大多是沒有顧忌。

　　可能，寫信和寫日記，跟筆者的「腦袋狀態」或「思維方式、腦袋活動方式」十分配合。早在 1989 年 8、9 月期間，筆者就開始面對「老爸吸煙滋擾」的問題。及後，中四開學不久（1989 年 9 月 26 日），又開始暗暗地苦戀上同邨的陌生少女。也許，由這個時候開始，內心就不斷打上一個又一個的鬱結；也許，鬱結的「數量」很快就超出了筆者的承受能力，而必須要向外宣洩。

　　筆者的腦袋經常都十分疲倦，荒謬的是，某些思維活動在腦袋疲倦的狀態下仍然十分活躍。這種情況並不好受。筆者發現，「腦袋疲倦狀態下」的活躍思維內容包括：不斷聯想、一件事情緊接一件事情地伸延；不斷重複反覆「代入、置入」一些處境、不斷重複處境裡面的一些話語、不斷重複「複製、出現」處境裡

面的情緒反應、有時又會衍生出其他「劇情」；不斷回憶、不斷懷緬、不斷後悔、不斷自責……腦袋裡面所發生的事情，筆者也無法一一記下。

關於憂傷和快樂對寫日記的影響，日記記錄如下：

———————

1993 年 1 月 23 日　星期六　寒　年初一

唉～～～ 這刻，我發覺憂傷是寫日記其中一種動力，怪唔之得我以前寫咁多日記啦！

———————

1994 年 5 月 16 日　星期一

……

近排都無乜寫日記，原因可能係近日活得比較開心！以前講過，開心係無回憶！

———————

可能，寫信和寫日記，只是將「腦袋裡面的活動」，由「想」變成為「寫」——透過一支筆，在紙張上面，變成為「文字」。不過，透過寫，似乎能夠將混亂的思緒，梳理成為有條理的「概念」。同時間，宣洩過的情緒，彷彿能夠找到「安頓的角落」，可以平伏下來，不再「惴惴不安」。

如果「寫信和寫日記」是「配合腦袋的活動」，那麼「聽講座」和「開會」就是兩項「不配合腦袋的活動」。因為每每「聽講座」和「開會」的時候，筆者都會立即昏昏欲睡，無法維持清醒狀態，很容易就會「失去意識」而進入「睡眠狀態」。

「開會」就要睡覺的問題，到 2001-2002 年期間，已經非常嚴重。尤其是那些只是「出席」旁聽而無須要參與的會議。原本，早上的時間，雖然睡眠長期不好，但是仍然一直認為是「最夠精神」的時間。偏偏就連早上開會，筆者都要在會議上睡覺——無法把眼皮撐開——無法維持「清醒的意識」狀態。「聽講座」的情況接近，因為沒有參與的空間，所以就很容易昏昏欲睡。

這些情況均令到筆者十分尷尬，而人數越少的會議，昏昏欲睡的問題就越顯得尷尬。如果在會議裡面，有參與的部份，可以跟其他人討論交流，精神狀態會好一點。同一樣情況，在大學裡面（1995-1998 年），上小組討論的導修課（Tutorial），精神狀態完全沒有問題（可以討論交流）；即使是午飯之後，慣常地昏昏欲睡的時間，也沒有精神不夠的問題。相反，午飯之後的講課（Lecture），筆者就很容易在課堂裡面睡覺。這一個情況不會在中學與及預科時候發生。

G　其他因素

有兩件關於 SL 的事件，影響到疲倦的情況：

第一件，發生在中五開學之後。1990 年 10 月 3 日，中秋節，筆者跟同學（主要是「譚 Sir 俱樂部」的成員）到中灣（位於香港島南區）BBQ。這一件十分重要的事情，在第二章〈厭學抑鬱病〉（2.2.1〈好朋友的情誼——「譚 Sir 俱樂部」〉）有詳細記錄。

經過這一次「通宵 BBQ」之後，筆者跟「譚 Sir 俱樂部」的同學們之間的友誼，增進了非常非常之多。而由於「友情」的增進，筆者無形中就把「關注」（可能是病態的關注、也可能是「移情」）由「SL」轉移到「譚 Sir 俱樂部」的同學裡面，從而短暫離開了對 SL 的「病態苦戀」和「精神纏擾」。思維的內容跟隨著「關注」的轉移而改變，結果就覺得「一洗抑鬱」。

關於「一洗抑鬱」的日記記錄如下：

1990 年 10 月 23 日

很高興，近這一段日子以來，我能夠把這一段以往放不下的感情，在這一段日子放下了。……這回真是一洗過往的抑鬱。

第二件，發生在重讀中五的那一年。這個時候，筆者已經感覺到「苦戀」的「病態」，清醒的時候亦希望能夠「停止」這一段「不存在的關係」，同時亦希望能夠擺脫因為「癡戀」而起的痛苦。1991 年 10 月，筆者在住處的電梯大堂撞見一對情侶在親熱，就立即認定是「SL」，自我欺騙地「停止、終止、放棄」對 SL 的所有幻想。關於這一件事情的詳細經過，可以參閱第二章〈病態苦戀〉3.2.2〈放棄與故態復萌〉（1991 年 10 月 23 日——欺騙自己也為要放棄）。

雖然欺騙自己的事情最終沒有成功，不過，能夠短暫「停止、終止、放棄」這一段「不存在的關係」，筆者出現了一些「輕微亢奮」的情況。這一次「輕微亢奮」的情況下，感覺到腦袋裡面有很多創作的念頭，同時間又出現強烈的創作衝動。整個人彷彿離開了慣常的疲倦狀態，感覺到一股「澎湃」的力量在身心裡面「躍動」。

關於輕微亢奮的日記記錄如下：

1991 年 10 月 24 日　　星期四　　天晴有時陰　　Day 4

　　很清醒的上半日，我知道、清楚我的情況。夢醒啦，不要再沉溺啦，更不應對一個夢負任何責任。就讓我忘記這個由蜜糖做成而一點也不甜的夢，忘記她的容貌，忘記她的名字……忘記痛苦，忘記那時那地所發生的一切。

1991 年 10 月 28 日　　星期一　　天寒但晴　　Day 5

　　完全忘記！

　　晚上心頭很澎湃，很多創作念頭。第一就是上一篇文——〈秋〉，有餘勢未盡之感，欲一再續。第二，就是我第二部小說，我想創作我自己的江湖，內裡的一人一物，一招一式都是我自己的創作。

　　別再想！但要幻想！創！創！創！

1991 年 10 月 29 日　　星期二　　天寒天亦晴　　Day 6

　　今日放學回家，聽歌，好像有些少感受不到歌的意思。可能情盡、愛盡、心盡。

　　聽完歌後，心中又有澎湃的感覺，很有衝動去創作，完全投入去創、去作。

　　但無奈自身的生活圈子太小了，我應該盡情去生活，盡情去感受。我要自己的心是瀑布，水從這處不斷往下奔流，激發

出萬千的水花，濺到別人的心，要他人也能感受當中的涼快，要陽光在此化為七色彩虹！

活吧！生活吧！

留待他日的創作！

記下感覺，一定創作！（因為會考）

看書，不要讀死書！

———————————

　　此外，重讀中五會考之後的暑假、中七高級程度會考之後的暑假、與及製造工程課程第一年完結之後的暑假，筆者在這三段時間，都短暫地出現了「比較正常的身心狀態（感覺精神、能夠享受休閒）」。大概是因為在考試完結之後，身心能夠離開「大壓力的考試生活」，「大壓力因素」從身心當中消失；再加上暑假開始，大量的學習活動消失，身心的負荷就得以大幅減輕。「離開大壓力生活」、「大壓力因素消失」、「身心負荷大幅減輕」，比較正常的身心狀態就可以短暫出現。

7.2.4 疲態下的生活均衡點

A　應付「生活要求」

　　回顧這幾年（1989-1995）的生活，總覺得中四和中五的時候，差不多是沒有任何「生活（學業）要求」。換言之，以筆者「身心的疲倦」，可以令到生活維持在一個較低的均衡點。不尋常的疲倦和生活要求沒有出現衝突。及後第一次會考失敗，需要重讀中五，「生活（學業）要求」才開始提高。不過，由於是「同一個會考課程」，絕大部份的課程內容都已經掌握，所以增加的「生活（學業）要求」還未構成問題。這時候，生活均衡點上升，不過還沒有出現太大衝突，還能夠保持一種相對穩定的狀態。

對「身心疲倦」的真正考驗，在中六出現。中六預科課程一開始，其「課程份量」與及「課程的艱深程度」，都遠遠超過中五會考課程。由中五的會考課程升上中六中七的預科課程（高級程度會考課程），「學業要求」彷彿突然之間「暴增」好幾倍。筆者過去多年的「校園生活習慣」、過去多年一直沿用的「應付校園生活的方法」，完全無法應付預科課程的「學業要求」。關於中六開學時候的情況，可以參閱第五章〈逃避「『逃避痛苦』的痛苦」〉5.1〈谷底〉。

過去重讀中五的一年，不是已經「到達極限」嗎？比起第一次會考，第二次不是已經「忍受承受」更加多的「疲倦」嗎？哪裡可以得到「額外的力量」去克服「疲倦」？筆者無法應付突然間暴增的學業要求，無法應付預科課程。中六開學之後情況一直惡化，1992 年 10 月 7 日，身心崩潰，到達「谷底」。

因為學業生活要求大幅上升，過去應付生活的力量和方法都無法應付，生活要求和身心力量之間出現嚴重衝突。一時間無法找到生活的均衡點，生活中的一切包括筆者的身心狀態，都變得十分混亂和動盪。

B　求解、求醫：不尋常的疲倦

中六開學第一日，是 1992 年 9 月 1 日禮拜二。正式上課是禮拜三。第一個禮拜上課三日，主要是介紹課程內容，與及介紹課本和參考書籍。第二個禮拜，所有科目都應該開始正式進入課程。就在第二個禮拜的禮拜五（9 月 11 日），筆者「詐病逃學」，可能已經到達了疲倦的極限。這一天只是「開始正式進入課程」的第五日；這一天只是第八個上課日子，校內第二個循環週（六日週期）的第二日（Day 2 of Second Cycle）。

1992 年 9 月 11 日禮拜五，「詐病逃學」，接著就是禮拜六、禮拜日，無須上課的日子。9 月 14 日禮拜一，筆者第二次「詐病逃學」，連續第四日留家休息。誠然，問題到達第九個上課日子，已經變得複雜。可能問題已經不單單是「無力、無動力」，對返學反感（甚至乎想放棄）似乎令到問題更加惡化。

　　事情發展到「留家休息第四日」，向媽媽訴說「無法返學」的原因是「疲倦」，而內心相信的答案是「厭學抑鬱病」。誠然，大概筆者開始覺得「身心的疲倦」已經變成為「不尋常」，就連自己也無法完全了解和掌握。所以，筆者也開始懷疑，這些「不尋常的疲倦」是不是由另外一個未知的疾病影響所造成？例如癌病。筆者會不會患上了「另外一個未知的疾病」？如果患上「另外一個未知的疾病」，「不尋常的疲倦」與及所有的問題，彷彿都立即變得清晰起來……

　　「詐病逃學」和「留家休息第四日」這兩件事驚動了家人的神經。大概，筆者沒有想過驚動家人。不過，只要筆者「不尋常地」出現在家中，就無法避免「面對家人」；所以「不尋常的疲倦」甚或「厭學抑鬱病」，就需要一個「面對家人」的理由、位置、角色……。「留家休息第四日」（1992 年 9 月 14 日禮拜一）的下午，ALL（四家姐 CLC 男朋友）就帶筆者去驗血。似乎家人也想知道筆者的疲倦是否由另外一個疾病所造成、筆者是不是「有病」。

　　驗血的結果，顯示筆者是乙型肝炎帶菌者。這一點大概就可以解釋到「不尋常的疲倦」的原因。然而發現是乙型肝炎帶菌者，並沒有解決「疲倦」的問題，也沒有令到筆者得到力量。只是，筆者可以使用「乙型肝炎帶菌者」的病人身份，讓「不尋常的疲倦」可以在家中「尋常地」出現、存在。也許，在不少的情況下，可以減少製造「麻煩」，與及減少製造「壓力處境」。

C 更加嚴峻的疲倦生活均衡狀態

中六開學之後，出現了很多問題，當中包括：1. 無法到其他學校升學和無法轉讀文學而感到失望；2. 課室環境嘈雜和座位不理想；3. 欠缺金錢購買合用教科書；4. 因為教學活動而跟老師發生衝突；5. 對舊同學的依戀；6. 疲倦。

種種問題當中，相信疲倦是其中一個最主要的問題。或者疲倦是最重要的一個「技術問題」。中六開學時候，所面對的最為重要「難題」，就是過去所沿用和所習慣的學習方法，顯得無法應付預科課程的「工作份量」。筆者似乎必須要改變過去的學習方法，才能夠「應付生活」；否則，這一個系統性缺憾將會一直為生活製造問題。而疲倦的身心，與及同時出現的「對眼前校園生活反感」，都在在妨礙著「改變過去的學習方法」的這一項「適應工程」。

10 月 15 日禮拜四，為自己定下一個「積極制度」，制度內容就是「每晚十二點才睡覺」，大幅增加「工作時間」。大概，增加工作時間，是面對問題的第一步；因為不再逃避，便開始嘗試「進入課程」與及「進入問題」。

「積極制度」的出現，就是筆者開始著手去「避免」無法應付生活而再次崩潰。就是為了「避免」再次經歷崩潰的痛苦，筆者選擇了「減少睡眠」，由過去晚上九點半上床睡覺，改為晚上十二點才可以上床睡覺（睡眠時間大幅減少 30%）。因為「痛苦」（沒有顏面返學），筆者願意承受忍受大幅減少睡眠、願意承受忍受更加嚴重的「疲倦」。似乎只有承受忍受更加嚴重的「疲倦」，才可以有足夠時間去「應付預科課程的學業要求」，才可以繼續校園生活。關於「積極制度」的出現與及應付校園生活的情況，可以參閱第五章〈逃避「『逃避痛苦』的痛苦」〉5.2〈反彈〉。

預科課程給與筆者一個前所未有的「生活要求」。跌跌碰碰下「積極制度」出現，結果「生活要求」算是勉強得到滿足。不過作者的生活，就被迫進一個更加嚴峻的疲倦生活均衡狀態。

D 「透支極限」觸發「抑鬱風暴」

（關於「抑鬱風暴」的病態表現和原理，請參閱第九章〈抑鬱病的風暴效應〉。）

重讀中五那一年的暑假（1992 年 7、8 月期間），有兩次比較嚴重的抑鬱情況，都是出現在生病（感冒）之後。筆者相信，患上感冒的身體痛苦與及所帶來的「疲倦、軟弱無力」都影響到抑鬱的出現。

有關患病和抑鬱的日記記錄如下：

———————

1992 年 7 月 27 日　　星期一

病。鼻塞、鼻水、頭暈暈。

———————

1992 年 7 月 28 日　　星期二　　晴

游水天。

病得好辛苦，周身軟，鼻塞，頭暈。一心都諗住唔去游水，因為媽媽唔鍾意我游水（尤其在農曆七月十四「鬼節」前後），我自己都唔想個小病變大病。

不過最後都係去了，硬著頭皮去。

———————

1992 年 7 月 29 日　星期三　晴（寫於 7 月 30 日）

　　百無聊賴的一天，真真正正徹徹底底的很無聊。抑鬱病又發作的一天。

　　早上，好劫（可能昨天病了又去游水，晚上又睡得不好。）。

　　……

　　下午，無聊變成憂鬱，憂鬱莫名。胃很不舒適，在七成飽的情況下，仍去吃一個即食麵。

————————

1992 年 8 月 14 日　星期五　晴 雨

　　好久沒有寫日記了，因為病。

　　上星期六（8/8）燒烤完畢又去咗 CFC 屋企通頂。星期日（9/8）就病咗！星期一（10/8）病得更重！呢晚去睇醫生。星期二（11/8）食咗藥後好咗好多。星期三（12/8）仲係骨軟軟咁樣。星期四（13/8）瞓咗一個上午。星期五好咗九成吧！

————————

1992 年 8 月 18 日　星期二　陰 晴

　　自從病倒後以來，心情一直很煩，悶到煩。想想舊時，我都好習慣平淡、悶，都唔會感到煩；但係依家煩到抑鬱病又起，好鬼難受。

　　想想，可能係同家人少接觸咗。

　　下午，到 SSS 那裡，又有一點細藝！

　　好愁呀！

————————

中六時候（1993 年 2 月），筆者因為應付一份化學科的功課，有三個禮拜都需要工作到晚上兩、三點。最終功課雖然能夠在 2 月 26 日禮拜五準時繳交，不過筆者隨即就出現抑鬱的情況。

有關應付化學功課與及抑鬱病病發的詳細情況，可以參閱第五章〈逃避「『逃避痛苦』的痛苦」〉5.3〈恆常抑鬱的失控〉。

完成化學科功課之後，1993 年 4 月 13 日到 4 月 23 日，筆者參加了校內的辯論比賽，並成為辯論隊伍的「主辯」。大概，筆者應該是這一次辯論比賽裡面，最積極參與的人。

關於辯論比賽的日記記錄如下：

——————

1993 年 4 月 18 日　　星期日　　昨晚下雨 下午轉晴

數日以來，都係忙喺準備辯論比賽。自己覺得投入程度都未夠 100%，事關有好多時自己都退卻下來了，冇咗一鼓作氣之心。

疲倦係事實，我可能因為有時睇書睇得太夜而打亂咗自己嘅生活規律，搞到一時間精神不習慣而疲倦了。不過，面對疲倦我沒有壓倒它，係我本身缺乏強悍嘅意志同毅力。

暫時來說，我方嘅立論已經有七成嘅形態出來了，不過（剛剛想到的），現在好似有需要著手去估計正方那邊會有 D 乜野招數，咁先可以接近到「知彼」，再加埋「知己」，先可以有優勢做到「百戰百勝」！

聽同學 HWC 講，佢話正方同學都未起步。我想贏，我真係好想贏——這個求勝的心可能太強了。我應該歡迎一次有意義的競技好過一次資料搜集的競賽。

昨天，星期六，4 月 17 日，約了同學 <u>CKC</u>、<u>FWM</u>、<u>WNC</u>、<u>KMW</u>，和 <u>HWC</u> 等去學校，我們復活節假最後一次開會，時間早上九點半。

―――――――

1993 年 4 月 24 日　星期六　有霧

　　昨天終歸也完成艱苦的辯論了，雖然我係勝方，但係我都唔係咁開心。因為自己 D 表現好差勁。

　　我嘅缺點：說話欠組織能力，有時語無倫次；說話時太快太亂，有時自己好似有一種感覺就係盡快表達心頭嘅說話，所以會導致到自己會好亂；唔懂得辯論技巧，單單放重於自己嘅立論，有去攻擊對方嘅謬論；無條理；無急才；無耐性；無留心正方言論！

　　希望如果再有機會嘅話，自己會有改進啦！

　　今次之能夠贏，只係因為我方準備充足。

　　今次由籌備開始到比賽，一共用咗兩個星期。呢兩個星期一共開咗六次會。而呢兩個星期以來，我自己本身亦都好盡力去準備，每晚都係深夜才瞓覺，真係讀書都無咁認真。

―――――――

1993 年 4 月 27 日　星期二　Day 4

　　昨日下午逃學，無做 Physics Laboratory。

　　呢幾日都無乜心返學，辯論比賽完結之後都無乜寄託。

　　今日心情都唔係咁好，覺得自己好無用！以前以為自己口才好叻，今日終於清楚自己乜嘢料――第二段考中文 Oral Exam

得 52 分，星期五辯論又表現失敗，霎時間真係覺得自己乜Q都唔掂呀！成績又未到理想！心痛！

　　關於辯論比賽的詳細經過，可以參閱第五章 5.3.3〈復原探究——1993 年 4 月〉。

　　4 月 13 日開始準備，十日裡面開會六次，而且可能連續十個晚上都工作到深夜。睡眠時間又再減少了，疲倦的情況應該又嚴重了一點點。比賽勝出之後，筆者並沒有感到成功。相信，一方面是因為筆者自覺演說表現未如理想，而另一方面，可能就是因為疲倦的問題，令到筆者嚴重透支，最後觸發抑鬱。

後記　忿怒可以短暫激發力量

　　近年（2018 年）發現，忿怒的時候，身心彷彿能夠短暫激發力量。身心在忿怒的時候，似乎可以短暫離開疲倦無力的狀態。不知道是不是因為身心在無意識的狀態下渴望獲得力量，所以情緒容易忿怒激動。不過，每每忿怒過後，得到的都只是更加疲倦；忿怒過後，腦袋的感覺猶如被烈火焚燒過一樣。

7.3　頭顱骨和腦袋：膨脹、逼迫、僵硬結實、繃緊

　　筆者抑鬱病成熟的同時間，「頭顱骨和腦袋」出現了一種「膨脹、逼迫、僵硬結實、繃緊」的感覺。筆者很多時候都將這一系列感覺，籠統稱之為「（頭部）脹實」。這種感覺十分強烈，而且長期存在。「感官神經」、「意識空間」、和「思維空間」都由這些「感覺」所霸佔，令到筆者失去了對事物的「原本、自然感覺（第一訊號／感覺）」。思維活動亦因為這些強烈的「感覺」而變得遲鈍。

7.3.1 頭顱骨和腦袋的感覺

筆者的「頭顱骨和腦袋（以下概括地稱之為「頭部」）」有一種「實質」而又「陌生」的感覺。這一種感覺並不舒服，所以一直都想「擺脫、消除」。這一個「感覺」出現的地方，早期的時候（1991年11月13日日記記錄）在後腦部份。後期，這一個「感覺」就變成為出現在頭部左右兩側、耳朵對上（以下概括地稱之為「頭部」）。頭部左右兩側的「感覺」十分強烈，可能掩蓋了後腦的「感覺」（後腦的「感覺」仍然存在）。也可能，後腦的「那一個感覺」，跟「頭部左右兩側、耳朵對上的感覺」，是分別的「兩種東西」。

關於這一種感覺：

筆者感到的是，腦袋「充血」和「腫脹」。強烈的時候，腦袋彷彿在爆裂的邊緣。

筆者感到的是，腦袋和頭顱骨之間有很大的壓迫力，感覺腦袋膨脹了，導致逼迫著頭顱骨；腦袋又因為跟頭顱骨逼迫而感到受壓。

筆者感到的是，腦袋十分疲倦，腦袋的肌肉（組織）十分疲勞，彷彿是劇烈運動（思維運動）之後，肌肉（腦袋的肌肉和組織）出現的充血、膨脹、痠軟、僵硬、與及繃緊。

筆者感到的是，頭皮這一層薄薄的肌肉，也有十分疲勞的感覺，同樣出現充血、膨脹、痠軟、僵硬、與及繃緊。

筆者感到的是，「頭部」的這些感覺，好似由很深層的腦袋中央傳遞出來。

筆者感到的是，腦袋裡面和頭皮表層的各條「肌肉和組織」，都在互相拉扯著、都在互相角力。

關於早期「頭部」「感覺」的日記記錄如下：

1991 年 3 月 14 日

　　今日放人口普查（筆者附註：人口普查期間的假期）。我喺屋企做 Additional Mathematics。這時方發覺我個腦袋係大倒退，細心回想，才清楚從中四開始，我便停止咗我腦袋嘅進化，反而退步了很多、很多。

───────

1991 年 7 月 3 日

　　早上，玩健身（筆者附註：到香港仔市政局室內運動場上堂），但都係講解，未到好辛苦。

───────

1991 年 10 月 18 日　　星期五　　上午天陰 下午天晴　　Day 6

　　我個腦袋喺近呢三年好實，後腦仲成日繃緊住，令到我個腦都鈍咗。

───────

1991 年 11 月 4 日　　星期一　　天晴　　Day 4

　　我發覺我越來越無記心了。早上做完嘅事，到咗晚上，已經完全冇晒感覺了。唔知點算好。現在已寫唔出今朝嘅感受，淡忘咗。

　　唔～～～～可悲！

　　頭好繃緊，得不到解脱，鬆不下來。身體欲動而頭腦不行。心不想變作機械，不想盲目，走到街上，不想迷惘。

───────

1991 年 11 月 13 日　星期三　天晴　Day 3

……

喺新聞睇到，原來人喺唔高興時，血會聚喺後腦。嗰度就係我繃緊嘅地方！唔知有冇得醫呢？

───────────

從日記的資料可以見到，筆者在 1991 年 3 月 14 日就相信腦袋由中四開始變得遲鈍；而當時所發現的這一種「遲鈍」，相信就是「頭部」開始出現「膨脹、逼迫、僵硬結實、繃緊」這些感覺。這些「感覺」在中四時候，可能還沒有在「意識空間」裡面造成太過強烈的「訊號」，所以意識上沒有太大的反應，對生活也沒有構成重大的影響。

相信這些感覺在中四時候開始出現，時間上與抑鬱病的病變吻合。

另外，筆者在上面 1991 年 7 月 3 日的日記裡面提到，曾經到香港仔市政大廈參加市政局舉辦的一個「器械健身班」。在這個健身班，教練在其中一個課堂裡面教導及帶領一次「鬆弛練習」。教練首先帶領「肌肉鬆弛練習」，第一步是一些肌肉伸展動作（拉筋），第二步是「用力收緊」然後再行「不用力放鬆」。筆者印象最深刻的是，這個「肌肉鬆弛練習」連面部肌肉都顧及到。接著便開始「意象鬆弛」，由教練現場帶領。「意象鬆弛」最後十分鐘，是休息時間。

筆者對於這一次「鬆弛練習」的記憶非常深刻，因為練習之後筆者覺得整個腦袋都放鬆下來。由 1990 年 2 月農曆新年開始，對老爸吸煙滋擾反應劇烈，到 1990 年 5 月老爸回歸所帶來的抑鬱，到 1991 年 7 月 3 日，前後大概一年半時間，筆者「頭部」都帶著「膨

脹、逼迫、僵硬結實、繃緊」等等感覺——終於在這一日得以「消除（放鬆）」——感覺差不多同「重生」一樣。

由於鬆弛練習之前和鬆弛練習之後的感覺對比十分強烈，所以筆者留下了非常深刻的記憶。同一時間，筆者對於「頭部的那些感覺」亦變得更加留意。往後的時間，筆者也曾經十分熱衷於學習「鬆弛方法」（第二年暑假亦再次報讀同一個健身班，但是已經由第二位教練負責，沒有意象鬆弛活動。）。可惜的是，那一種「重生」的感覺沒有再次出現。不過，筆者仍然不斷作不同努力，仍然希望可以做到「放鬆」，仍然希望可以消除「頭部的那些感覺」。

7.3.2 影響

「頭部的那些感覺」，因為太過強烈而又長期存在，所以就霸佔了大部份的「感官神經」和「思維空間」。「頭部的那些感覺」更成為了腦袋之中的「第一訊號／感覺」，「原本」純粹地「對人、對物、對事、與及對周遭環境、對自己」的「本能反應」都變成了「第二」和「次要」。「頭部的那些感覺」成為了腦袋裡面的一度「屏障」，把外間的世界阻隔，把內在的世界封閉，令到筆者經常有一種跟現實世界、跟身邊環境、跟自己「抽離」的感覺。思維活動也因為「頭部」受到「那些感覺」「阻塞」而變得費力、遲鈍和轉折。

A　霸佔「感官神經」和「思維空間」

「頭部的那些感覺」，經常充斥著大部份的感官空間。「感官神經」所感覺到的「感覺」，絕大部份也是「頭部」的「膨脹、逼迫、僵硬結實、繃緊」等等感覺。「那些感覺」成為大部份的、主要的「神經反應」。同一時間，「思維活動」所思考的事情，

亦受到那些強烈的「那些感覺」所「吸引、霸佔」；那些強烈的「那些感覺」，不斷「刺激起、衍生出」思維活動。相反地，思維活動彷彿不由自主地配合上「那些感覺」，成為了兩件共同存在的事情。

「那些感覺」霸佔了大部份的「注意力」，又霸佔了大部份的「思維活動」，同一時間又霸佔了大部份的「思維活動內容」。筆者在腦袋裡面所感覺到的，全是「頭部」的「膨脹、逼迫、僵硬結實、繃緊」；所想到的，亦全是「頭部」的「膨脹、逼迫、僵硬結實、繃緊」相關的事情。

關於生活受到「頭部的那些感覺」的影響的日記記錄如下：

———————

1991 年 10 月 19 日　星期六　天晴

今天要返學測驗 Maths。

下午主要聽歌，聽 Beyond 的《Myth》。《Myth》旋律優美，意境很是憂怨浪漫。

晚上去英訊（筆者附註：一間位於香港島灣仔謝斐道的補習社。由四家姐 CLC 出資，筆者在重讀中五期間每逢星期三及星期六晚上都需要到這裡補習。）。回來時，撞到一條車位嘅鐵鍊，即是兩條欄杆之間，掛住嘅鐵鍊（筆者附註：回家路上會經過一個戶外停車場，場內以欄杆加上鐵鍊分隔泊車位置。）。

當時肉體嘅震盪，尤不及心靈嘅。嗰時，我本來不應撞到嘅，只因為我太不注意身邊嘅事物啦。腦袋嘅繃實，令到我不能靈活思考，行到在街上，我有時會唔知道自己喺度做緊乜野。

呢次實在係一次嘅衝擊，令到我知道應該留意身邊嘅事物。

第一步，做多 D Maths，令頭腦 Fit 一 D。

────────────

1991 年 10 月 25 日　星期五　時晴時陰　學校假期

腦部很是繃緊，不能靈活運用。

────────────

1992 年 2 月 15 日　星期六

到聖類斯（筆者附註：位於西營盤第三街 179 號的聖類斯中學。開設會考補習班。）補習 Chemistry。

頭繃！

晚上到英訊！和同學聊天。無聊。

────────────

1992 年 2 月 29 日　星期六

好劫，仲要去補 Chemistry，腦繃實！一路補，一路都好想好想走！

下午約舊同學 SSS 出來聊天。晚上相約舊同學 KWK、CJS、CFC 一起！

────────────

B　失去感官的「第一訊號／感覺」

由於「頭部的那些感覺」和「那些思維」成為了筆者的神經系統裡面和思維系統的「第一訊號／感覺」，而「原本」的「第

一訊號／感覺」就受到排擠。「原本」的「第一訊號／感覺」，大概就是筆者對人、對物、對事、與及對周遭環境、對自己的「第一個反應」。

「頭部的那些感覺」就是「第一個進入神經系統和思維」的訊號，其他「原本的、習慣的、甚至是本能的」訊號都全部需要「讓路」。筆者彷彿不能再純粹地去「感覺」和去「想」，這兩個活動變成第二、次選。「純粹」失去了，「原本第一反應」都失去了。

C 阻隔、封閉、抽離

帶著「頭部的那些感覺」，筆者感覺到「自己」和「生活、周遭環境」多了一重阻隔，彷彿被封閉起來。由於阻隔和封閉，「自己」就有一種「從生活、周遭環境」抽離的感覺。

關於這一種「阻隔、封閉、抽離」的日記記錄如下：

————————

1992 年 2 月 6 日　星期四　天略寒

年初三。

愁再愁。

新年係沒有早上嘅。今日連下午都冇埋。

四點三出門到新京都戲院睇《鐵鈎船長（Hook）》（史提芬‧史匹堡執導／羅賓‧威廉斯、德斯汀‧荷夫曼、茱莉亞‧羅拔絲及瑪姬‧史密芙等主演）。聽到周圍 D 人笑，我想喊呀！因為我忘記咗如何開心，乜嘢係快樂。我覺得最近呢兩年，我要嘅，已經唔係快樂，只渴求安全。

點樣再投入去眾人裡面？半年後再提吧！

————————

1992 年 3 月 14 日　　星期六　　暖

　　早上，阿媽拜神。一早起來，煮了齋粥一大鍋（筆者附註：拜神當日全家人都要在早上齋戒），之後就忙著打點打點，裝香，燒元寶。對門神、黃大仙，跪著、拜著。

　　……

　　十點三十分先開始溫習英文。下午和舊同學 GLF、KWK、同埋佢哋嘅女朋友 REB、LWY 睇花展。

　　行，睇，默想，無話。只因我唔投入，我不知不覺咁唔去投入生活，唔去投入佢哋之間，我終於領會到二哥 JSC 嘅教訓：「你唔講野，令人覺得你遠離圈子、遠離人群，一 D 都唔投入！」

　　恍然大悟！過往常去尋求生活目的，尋求愛情，從而遠離咗生活。

　　下次盡量去投入、投入。

　　……

　　喺花展裡面，我唔投入，唔留神，但係佢哋好關心我，事事都有照顧到我。就例如大家圍住去睇植物，REB 和 LWY 會講：「阿 B，你行過來呢邊睇睇呀……」佢哋仲會讓一讓開。喺買花時候，又會詢問一下我，點解唔買……好唔好睇……等等。

　　不過我自覺好似個細路，被佢哋照顧。但我都好感激佢哋，每一個關心我嘅人，曾為我付出嘅人。

―――――――

1992 年 3 月 15 日　　星期日　　晴

　　已經見到燕子了。

　　投入生活，請不要再自我封閉了，請請！

1992 年 7 月 29 日　星期三　晴（寫於 7 月 30 日）

百無聊賴的一天，真真正正徹徹底底的很無聊。抑鬱病又發作的一天。

早上，好劫（可能昨天病了又去游水，晚上又睡得不好。）。七點半起來後，梳洗吃早餐後又再一睡，至正午便往香港仔新光酒樓吃午飯。

好繃緊，好久也沒有這麼繃緊嘅頭腦。去酒樓時，返屋企時，食嘢時，頭也繃著，我已經有去理會旁邊嘅路人，但係我都唔知道自己喺度做緊乜野！眼前嘅景象，喺個腦裡面完完全全沒有消化，我好似活喺另外一個世界裡面；聲音都好似被隔咗一層玻璃，我唔知……我做緊乜野？行到街上，連自己重心都掌握唔到，整個人都好似搖搖欲墜咁。

下午，無聊變成憂鬱，憂鬱莫名。胃很不舒適，在七成飽的情況下，仍去吃一個即食麵。

D　思維活動：剩下的殘餘空間

受到「頭部的那些感覺」影響，大概筆者的「思維活動」只能夠使用「那些感覺」以外的、殘餘的腦袋空間去進行。「那些感覺」像一塊大石頭（或者是無孔不入的水銀），把腦袋堵塞住。腦袋的「接收功能（Receiving）」和「運算功能（Processing）」都變得遲鈍和轉折。

其他的「感覺訊號」進入腦袋，都會受到「那些感覺」的「干擾」而變得微弱。或者，「那些感覺」實在太過強烈，「其他的感覺訊號」都顯得微弱。由於訊號強烈，主要的「感覺訊號接收器

（Receiver）」都被「那些感覺」所搶佔、霸佔，「其他的感覺訊號」只能夠進入少量的（剩餘的）「感覺訊號接收器（Receiver）」。

同一個情況，也出現在「處理器（Processor）」裡面。來自「感覺訊號接收器（Receiver）」的訊息，大部份都是「頭部的那些感覺」；所以「頭部的那些感覺」就成為了「處理器（Processor）」的主要處理工作。「其他的事情」，都只能夠使用少量的（剩餘的）「處理器（Processor）」。

筆者十分希望可以「忽視、無視」「頭部的那些感覺」。經常假想，不知道是否能夠透過「忽視、無視」，就可以消除「那些感覺」？如果「頭部」可以舒服一點、鬆弛一點，思維活動亦應該可以順暢一點、可以「有效率、有成效」一點？

因為受到「頭部的那些感覺」所拖累，筆者的「思維活動」與及「想（Think）」都變得十分「用力」。或者因為總是感到「感覺訊號接收器（Receiver）」和「處理器（Processor）」都受到「霸佔」而嚴重缺乏，所以就覺得需要倍加用力，才可以「爭取」到更加多的「接收器（Receiver）」和「處理器（Processor）」，才可以維持「思考」、維持「運作」。

後記　「疲倦」掩蓋「頭部的那些感覺」

有趣的是，自從「積極制度」（1992 年 10 月 15 日）出現之後，筆者就甚少投訴「頭部的那些感覺」。「頭部的那些感覺」依然存在（二十多年下來不斷惡化），只是「疲倦的感覺」似乎變得更為強烈，而且能夠掩蓋「頭部的那些感覺」，反過來霸佔著大部份的「感官神經」和「思維空間」。

後記 「腦袋繃緊脹實」與「鬼上身」的錯覺

1992 年 6 月 2 日　星期二　天亦晴

……

昨晚又夢見鬼了。隱約記得是姓李的，是歌星的經理人。

……

……我很久以前（一年前左右），便感覺鬼上身，因為我常感到頭腦繃實，對人對物皆不像往時。近數月，更時常在半夢半醒時，面門感覺到受著一雙手推搓著，尤其是牙關，身體不時動彈不得，自己亦屢次抗衡這現狀，最近，更在耳邊聽到雜聲，像是收音機收不清楚時的「沙沙」之聲。

第七章結語

睡眠失調、不尋常的疲倦、與及「頭部的那些感覺」，都是筆者確切所感覺到「在身體出現的事情」。過去經常提及的「恆常抑鬱」，也包括這三項的情況。這三個問題是不是三個互不關連的問題？這三個問題又是不是由「同一原因」所造成？

第七章第一稿完成於 2019 年 3 月

第八章

抑鬱病的病態（二）

胸口心臟的陰隱深邃痛楚

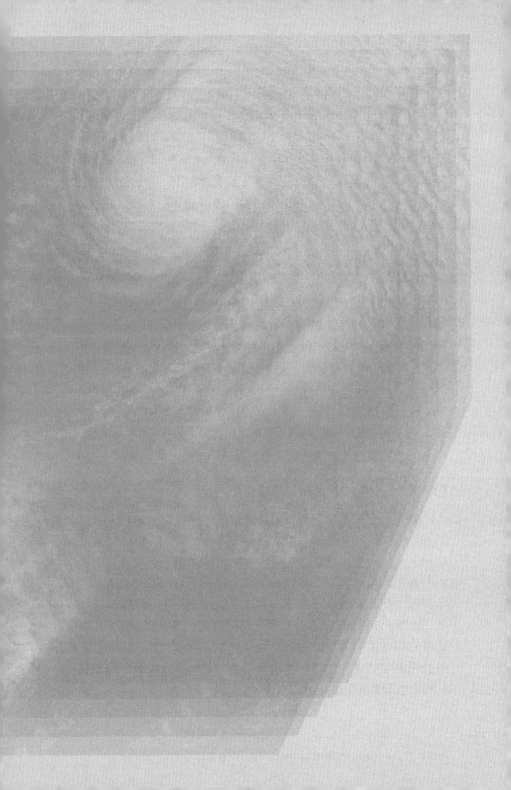

「胸口心臟的陰隱深邃痛楚」（簡稱「陰隱痛楚」）是抑鬱病的一種病態。這種「陰隱痛楚」的性質，十分「陰隱而深邃」，所以不容易察覺，更加不容易「確定」。此外，「陰隱痛楚」出現的時候，很容易從「感知的意識（注意力）系統」中受到「忽略」；原因是「陰隱痛楚」出現的時候，通常伴隨著「複雜而又強烈的心理反應」與及「大量的思維活動」，「感知的意識（注意力）系統」很容易就完全受到這兩種活動所「吸引」、或者「霸佔」。

8.1 覺察、發現、重構

「胸口心臟的陰隱深邃痛楚」是一個很長的「痛楚的名詞」，當中所表現的包括了痛楚的位置（比較表層的「胸口」、比較深層的「心臟」……），與及痛楚的性質（陰、不強烈、微弱；隱、隱蔽、隱藏、不容易發現；深邃、深藏、不容易確定……）。然而，「胸口心臟」和「陰隱深邃」，都不是「明確」和「準確」的「界域」。「陰隱痛楚」是一個不容易清楚明確界定的問題，即使筆者受到「這一處的問題」影響了接近三十年。不過，筆者漸漸發現，並十分確信，「陰隱痛楚」就是抑鬱病的一處「關鍵源頭」。

8.1.1 覺察：胸口心臟的陰隱深邃痛楚

為了研究抑鬱病，筆者重閱多年寫下的日記。1990 年 5 月到 1995 年期間，有兩件事引起了筆者的注意。第一件在 1992 年 7 月出現。這段時間，是第二次會考完結之後的暑假。筆者在暑假開始時候，一直能夠享受放假的休閒，卻突然之間在 7 月時候，身心彷彿「爆炸出」劇烈的痛苦。結果，就連「休閒」都變成了折磨。第二件事就在 1992 年 3 月出現。這段時間，筆者傾盡全力，為了要見到和結識到暗戀的陌生少女（SL）。卻又突然之間，對於面對長期渴望的愛人，產生強烈驚恐。結果，筆者竟然即時放棄一切見面的行動，放棄結識的機會。

這兩件事的突發性、爆炸性、和荒謬性，引起了筆者的注意。同時又令到筆者聯想到「陰隱痛楚」。

A　突然變異（一）：從心頭湧出痛苦 ——
〈舒適終結〉（第四章 4.2.2）

第四章〈休閒的折磨〉裡面，有一件事引起了筆者的注意。這件事出現在 1992 年 7 月 2 日。這一天的日記裡面寫上：

1992 年 7 月 2 日　星期四　時雨時晴

我越來越憎恨我自己了。為什麼？我只懂問為什麼！但我從不回頭想一想啊！

如果……如何！

把握自己吧！

這一句說話的出現，跟一直發展下來的生活脈絡（1992 年 5 月 27 日會考完結之後）完全脫離、乖離。在這一日，說出這一句話，顯得非常「突然、兀突」，身心狀態似乎在一瞬之間發生了劇變，「爆炸出」十分強烈的身心反應。筆者相信，那一刻間的強烈身心反應，就是極度的惶惑不安；而以當時（1992 年 6、7 月）的生活脈絡而言，這一種極度強烈的惶惑不安，就變成了對自己的憎恨，變成了攻擊自己和傷害自己的話語。

回顧 1992 年 5 月 27 日至 7 月 1 日的生活脈絡，日記記錄如下：

───────

1992 年 6 月 4 日　星期四　晴與熱

不經不覺，離考完 Additional Mathematics 已經十日了，過了十日安祥的生活——懶的生活。

早上依舊是七點左右起床，事關我唔想阻住同房的家姐準備上班。起床之後，過去 A 室，吃罷早餐，通常都會等五哥 JOC 和六家姐 BDC 離開，我才開始活動，大概是八點半左右。

5 月 26 日，買了《紅樓夢》，在這幾日看。又借了《三國演義》。

休閒到好似無事可記。

───────

1992 年 6 月 9 日　星期二　雨

不知不覺又五日了，對時間彷彿沒有了感覺，不覺快，也不覺慢。

近日來的生活也算休閒，抑鬱病已經很少發作了，可能因為它的根兒已經被淡忘了所致。

日日在家中，我不覺得愁，也不覺得悶，只因我已心靜如鏡，再沒有可再平淡了，我已習慣了，每日聽歌，看書……

唉～～～～ 每天最難過的，反而是熱鬧的時間，如媽媽早上的嘮嘮叨叨，中午家姐回家吃飯，晚飯後……等。

近日來很討厭被家人小看！我在學校中，深得同學畀面，有地位；但一回到家，家中諸人始終也把我放在「第七位」（筆者附註：筆者在家中兄弟姊妹間排行第七），永永遠遠的「第

七位」。由買東西可知，老是只是叫我，買的東西又不是多，又瑣碎，又要我去走一趟！如一塊擦膠、一支酒、一磚南乳，一截魚……

1992 年 6 月 29 日　　星期一　晴雨相聚

Haa~~~~ 百無聊賴。

生活靜，但心靈不感到靜。與天氣有關？未必。

上星期四，我喺第七座又再見到 <u>SL</u>。我雖然唔係完全嘅平靜，但也沒有以往嘅驚惶失措；反而我今次凝望住佢，完全沒有機心的，見佢亦有幾次嘅偷望我。佢亦靜，可能比我更靜。

之後幾日心情都有 D 起伏（是捨不得？），可能真係捨不得！佢嘅眼神、佢嘅事、佢嘅感覺，又一一喺呢幾日裡面，浮現又浮現。啊 ~~~~

1992 年 7 月 1 日　　星期三　晴

眨眼又七月份了。好容易又好不容易。

由上述日記記錄可見，筆者在第二次會考完結之後，得到了一段休閒的時間。關於這一段休閒日子的探究，可以參閱第四章〈休閒的折磨〉4.1（「解除考試壓力」與「停止病態苦戀」）與及 4.2（「解除考試壓力」與「停止病態苦戀」的舒適）。

可是這一種「休閒的感覺」，卻突然之間就在 7 月 2 日，被另外一種強烈而又極度惶惑不安的感覺所掩蓋、甚或取代。1992

年 7 月 2 日的這一篇日記，筆者在 2015 年 5 月 1 日輸入電腦；相隔二十三年之後，第一次重溫；第四章〈休閒的折磨〉在 2016 年 4 月期間完成，當時筆者也留意到這一件「突發的事情」，因為「這一件事」發生的情況相當「特殊」。對這一件事，寫作第四章〈休閒的折磨〉的時候，就理解成為「有可能，身心內產生出很多『不舒適』的感覺……」，並覺得這一件事跟抑鬱病的關係為「身心又一次重返『恆常的抑鬱狀態』。」（第四章〈休閒的折磨〉4.2.2〈舒適終結〉）。

誠然，1992 年 7 月 2 日所發生的事情，早早就已經淡忘了，差不多完全沒有記憶。只是因為「研究」而重溫這一段時間的日記，才重新發現這一件事。可是即使能夠重溫，卻又沒有特別的把記憶喚醒；其他關連的事情或者感覺，亦沒有再想起更多。

在第四章〈休閒的折磨〉裡面，筆者想像到身心可能「製造出不舒適的感覺、湧出痛苦」；對於這一件事的結果，筆者也能夠觀察到，就是身心出現「抑鬱的情況」（第四章裡面的用語為「重返『恆常的抑鬱狀態』」）。再度引起筆者的注意，是因為事件的性質：突發性（在極短時間內爆發）、突變性（脫離原本的生活脈絡）、與及爆炸性（激發強烈的身心反應）。事件的內容也非常特別：突然出現攻擊自己和傷害自己的想法和話語。

究竟是什麼東西，觸發出這一個突變？造成這一系列的身心反應？書寫《日記研究抑鬱病》這五、六年間，筆者漸漸覺得，這些事情可能跟「陰隱痛楚」有關。

B　突然變異（二）：驚恐和退縮——
〈傾力要愛〉（第三章 3.3 節）

第三章〈病態苦戀〉3.3〈傾力要愛〉裡面，有一件事引起了筆者的注意。這一件事出現在 1992 年 3 月 17 日。這一日的日記裡面寫上：

1992 年 3 月 17 日　星期二　開始熱

真估不到，在一天之間，心情又會如此的起伏。

早上考英文，步出門口時，心中矛盾、忐忑，不知行哪一邊嘅樓梯（筆者附註：所住大廈有四條樓梯，較為方便而又常用的有兩條，相隔四五十米，一為東邊一為西邊。），我肯定，SL 還未落樓，如果行九座那邊嘅樓梯（筆者附註：東翼樓梯），一定見到佢。就係咁樣，我就有 D 卻步。見到佢，佢又一定意會得到我係刻意行呢邊，如果佢已經對我反感，我呢個行為沒意義至極，反而感覺到自身很卑微，我自卑！但佢係我心愛嘅女仔，點可以放棄呢？點可以唔行呢邊呢？

可是還是自卑沖昏心房，我最終選擇另一邊嘅樓梯（筆者附註：西翼樓梯）。

可能係因為星期五朝、星期一朝，當佢行經八座時，沒有回望過來所致，令我感到佢已經不再對我有意（筆者附註：筆者觀察，以往 SL 行經八座時，都會回望筆者所在窗戶的方向。）。

事件的背景與及主要的生活脈絡，第三章〈病態苦戀〉有詳細描述。現在稍作點評。自 1989 年 9 月 26 日對 SL 一見鍾情之後，其中一項最為苦惱的事情，就是希望見到 SL 一面也沒有辦法，即使大家都住在同一幢大廈。

第一次撞見 SL 返學的日子，在 1990 年 5 月 17 日。那一天撞見的時間是早上七點左右，地點是西翼樓梯。一直到 1992 年 3 月 12 日，筆者終於重新發現 SL 出門返學的行蹤。原來 SL 已經改變

了出門返學的時間和路線。當初以為「早上七點」就是 SL 出門的時間，原來已經推遲到「七點三十分」；當初以為「西翼樓梯」就是 SL 出門的路線，原來已經改變為「東翼樓梯」。

重新發現 SL 出門返學的時間和路線的日記記錄如下：

―――――――

1992 年 3 月 12 日　　星期四

……

七點三十三分，終於解開多一個謎了——見到 SL 這時落樓，用九座嘅長樓梯前往小巴站。怪不得呢幾日考試出門都見佢唔到（筆者附註：一直以為她七點正出門，亦一直相信她使用西翼樓梯。）！

佢行到去八座時，回望上來（筆者附註：在「回望的平台」望向筆者的方向），我不知道這麼短的時間，佢可否看到我的身影、我的心境……

―――――――

「早上七點半、東翼樓梯」是一個「大發現」。因為這一個發現，筆者就認為能夠掌握到 SL 出門返學的時間和路線，大概就認為可以在早上遇上 SL。能夠「遇上」，彷彿就成為了「新希望」，對於「結識 SL」應該是一個「大幫助」。「七點半東翼樓梯就可以撞上 SL 出門返學！」筆者突然之間對於這個「願景」抱有極大期望。早上撞見 SL 彷彿已經變成為一件「觸手可及」的事情。大概也相信，「結識 SL」也是一件「可以實現」的事情。

關於熱切希望能夠撞上 SL 出門返學的日記記錄如下：

1992 年 3 月 13 日　星期五　暖

昨晚溫書，溫到好夜，成兩點三十分才睡覺。

還未睡覺時，千想萬想，想這朝早跟 <u>SL</u> 結識。心想著昨天 <u>SL</u> 七點三十三分上學去，我便在這個時間左右出門。當在樓梯間碰見 <u>SL</u> 時，向 <u>SL</u> 說聲：「Hi，早晨。」展開我們的對話，我更希望和你一起搭小巴，再相約放學一起暢談暢談。

可惜早在七點二十四分，已見到你落到街了。也許，機會在下午吧！（早上十一點二十二分，考完中文作文。）

放學也不見你（四點零五分）。

中午心情又起伏，為誰？為 <u>SL</u>，為何早上不能跟你相碰面、眼神相接觸呢？

很妙，很妙。

1992 年 3 月 16 日　星期一　潮濕

夢迴時，想著 <u>SL</u> 這早上要上學，我就不用了，又少了一個機會。不過，機會是自己爭取的，縱是有緣遇到的而自己沒有把握，那麼有就等如無。所以我今早又打算到電梯大堂等她，我要呵她護她愛她惜她。這個衝動衝破過往心中的矛盾，是因為我要投入生命，我要衝破在我們之間的黑色的薄紗。我深信，只要有人踏前一步，天空便會明媚，太陽的光更會照著我們兩人。

可惜就在我整裝待發時，在窗旁把麵包塞入口時，她就出現在九座長樓梯！是時七點二十分。也許，我是應該早一些落樓；也許，我該要萬無一失的行動。

突變就發生在 3 月 17 日的早上。那一天早上，筆者突然之間放棄了「相信可以跟 <u>SL</u> 見面的機會」，同一時間亦代表放棄結識 <u>SL</u> 的機會。而怪異的地方就在於，筆者一直十分渴望能夠見到 <u>SL</u>，一直十分渴望能夠結識 <u>SL</u>。而這一份渴望，在 3 月 12 日的「大發現」之後，變得倍加「熱切」和「澎湃」。萬萬想不到，事情就在 3 月 17 日突然變質。

筆者在 3 月 17 日早上（應該是還在床上的時候），突然之間對於「想見 <u>SL</u>、結識 <u>SL</u>」這一件事變得十分「驚恐」，突然之間變得十分害怕面對「這一件事」、害怕面對「<u>SL</u> 這一個人」。「驚恐、害怕」的程度，使得筆者立即放棄了見面的行動，主動逃避「見面」的發生。

究竟是什麼東西，觸發出這一個突變？造成這一系列的身心反應？書寫《日記研究抑鬱病》這五、六年間，筆者漸漸覺得，這些事情可能跟「陰隱痛楚」有關。

8.1.1 小結

這兩件事情裡面所展現的身心反應，有強烈的爆炸性、突發性、與及傷害性。筆者在這些身心反應出現之後，變得驚恐、害怕、焦慮、煩厭、退縮、放棄、逃避、痛苦、無力。此外，當這些身心反應出現之後，筆者的思維活動都會變得特別活躍，配合當時的身心狀態和生活脈絡，製造出非常嚴酷的自責和自貶。當然地，上述這些身心狀態連繫上「陰隱痛楚」，是筆者對自己與及對抑鬱病的長期觀察的結果。

8.1.2 發現：胸口心臟的陰隱深邃痛楚

由生活脈絡裡面所出現的突變，引起了筆者的注意，並由此而重新檢視對「胸口心臟的不舒服」的理解。日記裡面所出現的事情，不得不又再重新檢視。「胸口心臟的不舒服」在抑鬱病的早期，很容易受到忽略。原因是最為「顯性」的事情、與及最為吸引關注的事情，都是腦袋裡面出現的話語和情緒上出現的憂愁。所以，能夠做到「發現、確定、認清」這一種「不舒服」，需要先行減輕或者消除「情緒、思維活動、心聲氾濫」的干擾。再者，好一段時間，筆者認為「胸口心臟的不舒服」只是抑鬱病的結果，而不是影響抑鬱病的原因。

以下篇幅，筆者嘗試以時間序列為主軸，展示出不同階段下，對「胸口心臟的不舒服」的描述，從而推敲出對「陰隱痛楚」的發現和理解過程。

A 「莫名心痛」（1985-1986）

在筆者的記憶中，大概在小五小六這兩年之間，出現過一次十分強烈的、莫名其妙的「心痛」。

對於這一次莫名的心痛經驗，筆者感到非常陌生，即使痛楚是由自己的身體傳遞出來。那一種痛、那一種苦、那一種痛的方式，所構成的身心反應，都是從未經驗過的。所以這是一種「前所未有的痛楚、陌生的痛楚」，跟過去所經驗過不少的皮肉之痛「大為不同」。身體內的每一個細胞，整個腦袋的神經網絡，因為這一種痛苦而「翻天覆地」。筆者對這種痛苦一點認識也沒有，因此這種痛苦出現的時候，同一時間就伴隨著「陌生的惶恐」！

「莫名心痛」來襲的時候，筆者發覺胸口非常鬱悶，非常之不舒服。呼吸也有一些困難，胸前的組織似「被一隻無形的巨掌捏住」，筆者的心臟、氣管、胃、食道，統統也被捏住！心臟、氣

管均「沒有受傷」，就是無法跳動、無法呼吸似的；胃及食道也像「被打了結似的」，連唾液也好不容易才能嚥下。

這個陌生的痛楚帶來「強烈的驚惶失措」，不知如何是好。筆者身上沒有傷口，大概就連痛楚的源頭在哪裡也搞不清。就在驚惶失措下、方寸大亂之間，下意識只懂得不停往胸口搥打——搥打胸口的痛楚，要比那陌生、複雜、無以名之、並夾雜著驚恐的痛苦為之舒服！

這個經驗，在往後二十多年的人生之中不斷重複出現。筆者漸漸熟悉這股莫名的痛楚。而伴隨而來的惶惑，也漸漸演化成焦慮、驚恐、被迫害、與及抑鬱病——這些「有名有姓」的概念。

B　心頭不適與抑鬱的日記記錄（1991 年 4 月至 1994 年 9 月）

1991 年 4 月 18 日

呢幾日來，我個心又絞痛，好痛、好煩！

為乜嘢？人為咗乜嘢？我又為咗乜嘢去讀書呢？我好劫，我想起了同學 CYS 講過嘅話：「戰不勝環境」（筆者附註：忘記了在什麼時候說出這句話，也忘記了為何說出這句話。）。我真係打唔贏個環境，但係當我打贏咗個環境，咁又點樣呢？實在，我已經唔想再戰鬥了，我個心已經負傷了，已經再冇力了。

1991 年 4 月 22 日

今日考幾何學繪圖（筆者附註：正式會考開始），非常之簡單。

……

今朝，我心想見到她，可是還是見不到。

「我今天很心痛，我很想、很想、很想碰見你，得嗎？能嗎？可以嗎？」

————————

上述兩件事情均發生在第一年參加會考期間，事件背景可以參閱第二章〈厭學抑鬱病〉2.1.1〈苦戀的困擾與及抑鬱病的傷害〉，與及第七章〈抑鬱病的病態（一）〉7.2.1-F〈身心力量與及生活要求〉。

————————

1991 年 12 月 9 日　　星期一　　天寒　　Day 2

買<u>快譯通</u>（筆者附註：電子發聲字典機）。心很痛。

它背負了我下半年至下一年的窮生活、英文成績、友情、前途。

不能辜負朋友！

之後回家，我要面對的就是家人，我要他們全知道！

————————

關於問舊同學借錢買電子發聲字典機的事情，可以參閱第三章〈病態苦戀〉3.2.2-E〈背負朋友恩義而放棄〉，與及第七章〈抑鬱病的病態（一）〉7.2.3-D〈面對不喜歡的事情就沒有力量〉。

1992 年 2 月 13 日　星期四

啊！好辛苦呀！內心好矛盾呀！

上午因為昨晚太遲睡了，今早十點三十分才開始溫習……

下午本來想作文，但係作來作去都無法進入正題，無法寫下去！搞到我覺得自己無用，心很痛。

之後就溫習 Additional Mathematics，溫了一陣，就把唱機開著，開始聽歌，一聽就聽了整個下午。

晚上睇錄影帶！

上述事情發生在停學留家自修期間，關於這段時間的生活背景，可以參閱第二章〈厭學抑鬱病〉2.4〈厭學抑鬱病爆發〉，與及第三章〈病態苦戀〉3.2.2-F〈為停學而放棄〉。

1992 年 10 月 7 日　星期三　寒

又兩日無寫日記了，今日又唔返學。

今日唔返學，我諗主要係無做英文作文，今日無功課交。唉～～～～ 唔知點解呢，個心又好痛，我諗我係應該返學的。Haa～～～～ 開學以來，呢一次係我自己都覺得做錯、唔應該，逃避現實。

心好痛，好唔開心。

1992 年 10 月 21 日　星期三　寒

又好久無寫日記了，不是生活上沒有感覺，只是真的忙得很。

Haa~~~~ 早好幾日，有一個大頓悟！話說唔記得邊一日，我無做功課，搞到我又好唔想返學，但係唔返又唔得；個心又好唔舒服——Haa~~~~

霎時頓悟到，生命是不能逃避的，沒有人可以逃避生活，除非她沒有生命。

今晨 7:44 落樓，在行過南朗山道時，竟然又見到 SL 坐在一輛的士上。我看到她，她也看到我。沒有，什麼也沒有，一根汗毛也沒有動。心如常也沒有動，只在想：別人的女友，對我還想什麼呢？

———————

上述兩件事情發生在中學六年級，詳情可以參閱第五章〈逃避「『逃避痛苦』的痛苦」〉5.1〈谷底〉。

———————

1993 年 4 月 27 日　星期二　Day 4

昨日下午逃學，無做 Physics Laboratory。

呢幾日都無乜心返學，辯論比賽完結之後都無乜寄託。

今日心情都唔係咁好，覺得自己好無用！以前以為自己口才好叻，今日終於清楚自己乜嘢料——第二段考中文 Oral Exam 得五十二分，星期五辯論又表現失敗，霎時間真係覺得自己乜 Q 都唔掂呀！成績又未到理想！心痛！

———————

關於中六參加辯論比賽的經過和結果，詳情可以參閱第五章
〈逃避「『逃避痛苦』的痛苦」〉5.4.1-A〈興奮與沮喪〉。

───────────

1994 年 9 月 11 日　星期日　昨晚下大雨　早上晴

時間過得好快，眨下眼又成個禮拜了，生活有好大嘅改變，
全是因為佢嘅介入。

Ha~~~ 諗番起第一個禮拜返學，個心係痛係酸架。抑鬱，
大部份時間纏擾住我嘅生命。嗰一個禮拜，好劫，有朋友，唔
習慣，乜設備都唔識，上堂又無聊，個人死下死下咁。我明嘅，
呢 D 事並唔係乜野難題，只要過咗一段時間，就能克服。可惜，
抑鬱侵蝕我個心。

但上個禮拜就唔同咗啦。早上，晨曦係朝氣啦，希望心情
都變得開朗啦。

Ruby，多謝你。

───────────

上述事情發生在<u>香港城市理工學院</u>英文補底班，詳情可以參
閱第六章〈一次嚴重抑鬱的爆發過程〉6.3.2〈開學的抑鬱〉。

C　〈抑鬱求死〉（2003）

───────────

抑鬱症是一條緊纏著我心臟的毒蛇，當它蠕動時，表皮上
粗糙的鱗片便擦傷我的心臟，毒液從這些小小的傷口滲入——
毒我不死，卻也求生不得。

……

我的心臟沒有暴烈的劇痛，那是慢慢的痛、隱隱的痛，毒藥毒瘤殺我不死，卻叫我活得不耐煩。

我開始幻想自己死亡的過程。

……

我想自己死得「爆炸性」一點。我幻想吞下一個手榴彈，幾秒鐘之後，它便在我的胃裡面爆炸！……就是這幾秒鐘的等候，可以讓我細味死亡給我的恐懼（死亡的本質原是很簡單）。當知道這幾秒鐘後自己便要爆炸，這幾秒鐘的時間，就能夠產生極為巨大的精神痛苦——浩瀚無邊的苦海，就濃縮在這幾秒之中！一個「更大」的痛苦，可以掩蓋一個「大」的痛苦。抑鬱時我有這樣的邏輯。

火藥從我的胸膛爆炸，我一定必死無疑。而且一定全個人「稀巴爛」，是真真正正的粉身碎骨。

……

……我要爆炸我的身體，因為我心裡面有一股無法宣洩的鬱結，累積至肉體無法承受的一個極限。

———————

〈抑鬱求死〉在 2003 年完成。上文收錄在第一章〈抑鬱成病〉後記。

D 《抗病誌（詩）》（2009）

撕心窒息臆病纏，蝕骨絕命地獄煎。
呼來惡疾帶我走，哀求魔鬼願送命。

（節錄）
［《抗病誌（詩）》在 2009 年 2 月完成。］

E　後期發現

i. 真實的夢和確切之痛

筆者曾經在夢中感到胸口劇痛，這一股痛楚令到筆者從睡夢之中「痛醒」過來。醒來之後，卻發現胸口的確在劇痛，夢中的感覺並非幻覺。

在夢境的故事當中，筆者忽然間感到胸口劇痛，而這股痛楚非常強烈而且持續。在夢中筆者用雙手緊緊的抱著自己，漸漸不支而倒在地上。痛苦令筆者哭泣起來。同時間，開始慢慢的從夢境中回到現實，可是，胸口卻仍然在劇痛。

筆者胸口的痛楚是真實的，筆者做夢的這回事也是真實的。筆者發覺睡夢為這股痛楚的原因與及過程，安排了一幕又一幕的劇情；筆者身在夢境當中，疑幻似真的就跟著夢境的劇本而「演出」。直到胸口的痛楚揮之不去，並不斷加劇，「整個意識」才跟著身上的痛楚，從夢境當中穿越到現實。

ii. 自殘

筆者經常在腦海當中幻想自殘的情景，情況就如〈抑鬱求死〉一文裡面所出現的「自殺情景」（詳情可參閱第一章〈抑鬱成病〉後記）。最輕微的自殘，就是在心裡面嚴厲的抨擊自己。筆者經常在內心羞辱自己。每次遇上挫折的時候，每次覺得表現令人失望的時候，思想便開始不斷說出羞辱的說話：「是你不好！」「都說你不行！」「你果然是廢物！」「一早就叫你放棄！」「是你自作自受！」「自作孽！」……

較為嚴厲的自殘，筆者會在腦海中傷害自己。在凌晨的時間，這個情況尤為嚴重和殘酷。筆者在腦海中見到自己拿著利刀，不斷往胸口抽插！鬱悶的胸口，在這自殘的情境之中，得到一絲舒緩……最嚴重的時候，筆者還會幻想自殺。筆者真的希望可以就

這樣在幻想中死去，就這樣在幻想中離開這個痛苦的身體、痛苦的心。幻想自殺可以得到「解脫的感覺」。

為什麼要在腦海之中，幻想用利刀插戳自己的心臟？因為心坎經常痛楚，在沒有辦法之下，也得經常幻想，手握利刀往心臟直刺，不停的往心臟直刺。這個舉動，無血無痛，但筆者會感到一點點慰藉。或者，這是筆者還可以為自己做的事；或者，這樣可以令到筆者「靠近死亡」，令到筆者覺得心坎的痛苦可以「快一點完結」，從而覺得好過一點。

8.1.2 小結

關於「陰隱痛楚」的發現過程，點列如下：

1. 1985 至 1986 年，小學五年級或六年級時候，出現了一次強烈而又莫名的心痛。筆者對這一件事的反應，腦袋裡面的記憶記錄，最為主要的應該是「惶惑、驚惶失措」，接著出現的行為是「搥打自己的胸口」。

2. 1991 年 4 月，抑鬱病成熟之後大概一年，在準備會考期間，進入「高壓力應考生活」，出現「心痛」、「心煩」、「質問生活（做人所為何事？為什麼要讀書？）」、「迷惘（不知道為什麼要讀書？）」、「無力（好攰）」、「投降、認輸（無法戰勝環境、已經負傷）」、「放棄（不想再戰鬥）」、「空虛（無法遇見暗戀對象）」、「強烈愛慾（非常渴望能夠見到暗戀對象）」等等的情況。

3. 1991 年 12 月，因為問朋友借了「很多錢（$1,800）」去買電子發聲字典機，覺得背負了朋友的恩義，「內心」（胸口心臟部份）感到「不舒服」。這種不舒服的感覺是確切存在的「生理」感覺。

4. 1992 年 2 月，一份作文的習作一直沒有進展，這時候「心很痛」；同一時間，感到「內心矛盾」、「好辛苦」，大概事情的結果又令到「自責、自貶（覺得自己無用）」出現。1992 年 10 月，因為無法完成功課所以就詐病請假逃學，筆者似乎一直無法好好完成功課，而且一直逃避。面對這樣的生活，「心好痛」、「個心好唔舒服」。筆者無法確定是因為「心痛」所以影響到無法完成功課，還是無法完成功課令到筆者「心痛」。兩件事似乎有很高的相關性（Co-relation）。1993 年 4 月，中文 Oral Exam 只得到五十二分，加上辯論比賽表現差勁，感覺受到打擊。出現「心痛」，同時「自責、自貶（霎時間覺得自己無用）」出現。

5. 1994 年 9 月，<u>香港城市理工學院</u>英文補底班開學，出現「個心係痛係酸」、「抑鬱」、「無力」；對「胸口心臟」的不舒服感覺，形容為：「抑鬱侵蝕我個心」。

6. 2003 年 10 月，作文〈抑鬱求死〉，直接將抑鬱病形容為：「抑鬱症是一條緊纏著我心臟的毒蛇」；所製造出來的感覺是：「心臟沒有暴烈的劇痛，那是慢慢的痛、隱隱的痛……」接下來的行文脈絡，就是幻想自殺過程。筆者覺得「心裡面有一股無法宣洩的鬱結，累積至肉體無法承受的一個極限。」再一次寫到「胸口」位置的痛楚，而且痛楚的強度巨大。

7. 2009 年 2 月，筆者作詩《抗病誌》一首，描述抑鬱的情況為：「撕心窒息臆病纏，蝕骨絕命地獄煎。」。「心」有被撕開的感覺，「呼吸」變得困難費力，兩者產生出劇烈而巨大的痛苦。第二句詩提到，筆者渴望尋死，務求離開痛苦的情況。

8. 長期以來，筆者確切地留意到「胸口心臟」位置的「痛楚、不舒服」。筆者也在不同場合偶然地提及，這些「痛楚和不舒服」所衍生的「思維活動」，包括製造痛苦的夢境、製造自責和自貶的話語、與及製造自殘的情境（往心臟插刀）。

雖然，筆者開始留意到「胸口心臟位置」的「異常」，只是一直當作為一種偶然出現的異常反應，長時間以來都並不是「主要關注的事情」。大概，這種「異常」一直被認為是受到抑鬱影響下的一種反應，甚至只是當作為「心理反應（虛幻、不真實、不確實）」而不是「生理反應（客觀存在、真實、確實）」。

直到 2003 年，這種「異常」才受到重視，而且直接跟抑鬱病連繫上。這時候，筆者覺得抑鬱病影響著「心臟」，並在「心臟」製造一種「陰隱痛楚」。2009 年 2 月，作詩《抗病誌》。詩中所描述的抑鬱病，關注的地方已經完全由「心理層面」轉移到「生理層面」上。抑鬱病的主要元素是身心出現的痛苦表現。到了後期，「陰隱痛楚」開始成為、被視為抑鬱病的核心問題，亦開始留意這一種「陰隱痛楚」對思維活動的影響。

後記：抑鬱病的源頭

筆者最早一次相信自己發現到抑鬱病的源頭，大概在 2006 到 2007 年年間。在這一段時間裡面，筆者開始接受精神科藥物治療，開始服用抗抑鬱藥。很可惜，服用抗抑鬱藥物令到筆者更加痛苦，並直接觸發一次嚴重抑鬱。有趣的是，筆者內心十分清楚，這一次嚴重抑鬱，完全是因為服用抗抑鬱藥物所觸發，所以負面的思維大大減少——因為沒有埋怨的對象，也沒有被迫害的想像——身心上的嚴重抑鬱反應完全是因為服用抗抑鬱藥物所觸發。

由於沒有「負面思想」，由於沒有「過度活躍的思維活動」，筆者彷彿能夠相對清楚地感受到來自身心的「抑鬱情況」。當然，筆者長時間以來都有練習冥想和意象鬆弛，因此亦相對地能夠容易做到「平伏思緒」，所以對自己的「內心」有比較「敏銳和抽離」的觀察。

能夠觀察到抑鬱病的源頭，大概也只是一次偶然的機會。那一次，抑鬱在身心爆發，筆者讓自己靜靜的躺下來，嘗試把「自己」抽離、分割，從一個較遠的距離，把「自己」看一看。筆者知道「心聲」在痛苦呻吟、不斷地投訴、呼冤、求饒，心聲更「命令」筆者放棄對抗、放棄生命……筆者彷彿看到「心靈」被「心聲」轟炸——「心靈」變成了一個核子彈爆炸後的廢墟。

　　這時候，筆者開始調節呼吸，嘗試放鬆身體，然後嘗試放鬆心靈——先讓身體安靜，再讓心靈安靜。之後，漸漸可以讓心聲安靜下來。當心聲安靜下來，不再攻擊和傷害筆者——當內心的噪音消失之後，筆者突然之間「不覺得」「世界特別灰暗」——「世界」彷彿還原為本來的「世界」。這個「世界」沒有對筆者特別不公平，也沒有特別地懲罰筆者——悲觀的感覺消失了。沒有心聲的干擾，情緒也變得平靜。

　　在內心一片寂靜之中，感覺變得簡單。筆者發覺心坎傳來「陰隱痛楚」，隱隱的、幽幽的，就似心臟被一條毒蛇緊緊纏著一樣，呼吸彷彿也受到一點點阻撓。筆者發現身體被抑鬱病侵襲的時候，這一種「陰隱痛楚」是非常實在。這個痛苦，跟小學時代經驗到的那「莫名的心痛」相似。

　　筆者發現抑鬱病實實在在的令到「胸口和心臟」痛苦起來。「心聲」隨著「胸口和心臟」的痛楚而胡言亂語，甚至狂言瘋語！當「心聲」失控之後，「心聲」便開始氾濫成災、開始造成傷害，令人更加痛苦！

　　抑鬱病可能就此對筆者展開全面攻擊，同時損害身體及心靈。

　　筆者好不容易才把心聲安頓下來，情緒隨後也安頓下來。過去，這些最嘈雜、最響亮、最淒厲的聲音，一直令人最為煩擾，同時亦令筆者忽略了這些聲音以外的其他身心訊息。在偶然的條件之下，筆者終於可以把這些噪音過濾，最後發現抑鬱來襲時候，心坎裡面湧出來的陰隱痛楚。

然而，內心嘈雜的聲音，是不是因為「陰隱痛楚」而起？腦袋（思維活動）只是環繞著「陰隱痛楚」而運作？做出「真實的夢境」？

8.1.3 心絞痛

　　在日記裡面，有好幾次關於心絞痛的記錄。1991 年 4 月和 1992 年 3 月的兩篇日記，主要記錄「心」的位置出現劇烈痛楚。1994 年 5 月份的兩篇日記，記錄下「心」的位置出現劇烈痛楚的同時，對這種痛楚稍加描述，兩次都有提及到，心臟有類似「急速停頓下來」的感覺（痛苦）。

　　關於心絞痛的日記記錄如下：

————————

1991 年 4 月 18 日

　　呢幾日來，我個心又絞痛，好痛、好煩！

————————

1992 年 3 月 23 日　　星期一　　陰晴

　　五點十分，心頭雜亂。

　　今日考完試了……考 Additional Mathematics，個心口好痛！唔知道係乜野事，總之陣陣劇痛！

　　病，很像再一次把我領向死亡。唉～～～～我自覺真的沒有什麼求生意志，我不會像某些人，勇敢的面對絕症，我不會、不能。

————————

1994 年 5 月 16 日　星期一

……

近排都無乜寫日記，原因可能係近日活得比較開心！以前講過，開心係無回憶！

又記番近排 D 嘢。

早上跑步嘅事：什麼東西最「真實」？我想：「生命都未必係真實，那什麼是真實？」

痛苦最真實，肉體上的痛苦最真實！心跳急遽減慢，心肌彷彿在抽蓄，整個心臟像扭曲一樣。導致整個胸前也疼痛起來。這時，死亡是幻想的，痛得連「典」也乏力就是真實。

那不是劇痛，那樣並非「切膚之痛」，不過把全身包括小腿、大腿、腳踝、上臂、後頸、胸、心、胃、喉的痛苦加起來，卻又叫人難以忍受。

―――――――

1994 年 5 月 21 日　星期六

我諗我個心臟真係可能有事。隱約記得，前幾晚佢又痛了。又係嗰種急速停止嘅感覺。我可能會喺睡夢中死去。

―――――――

1994 年 5 月 16 日的日記也提及，心絞痛出現的時候，所影響的範圍十分「廣闊」，可以包括：「小腿、大腿、腳踝、上臂、後頸、胸、心、胃、喉」。其痛苦的感覺包括：「心肌彷彿在抽蓄」、「整個心臟像扭曲」、「整個胸前也疼痛」、「痛得連『典（劇痛之下的身體扭動）』也乏力」。

筆者相信，心絞痛是最強烈的「陰隱痛楚」。因為十分強烈，所以能夠「確定、認定」，所以不再「陰隱」。不過，還未能確定「傷口在哪裡？」與及「傷口如何？」；當然，最重要的還有「這是什麼問題？」仍然未能確定。不過，可能因為這是「一個非常重要的器官」的問題，筆者就覺得自己好有可能會死於這一種心絞痛。

後記

2009 年 1 月，筆者乘搭巴士期間，突然之間出現非常強烈的心絞痛，可能是最為強烈的一次。當時心想，這一次應該是要死的時候。當「迎接死亡」的想法出現之後，筆者便抬頭望向車廂外的天空，覺得「苦難不斷的人生」終於可以完結，終於可以離開這一個病苦的身體，與及離開病苦的折磨。突如其來的「由心絞痛而起的身心波動」就這樣心懷喜悅地安靜下來，靜靜等候死亡的來臨。同一時間，全身在不知不覺間都放鬆下來。就這樣，心絞痛便慢慢消失。一陣失落徐徐湧上。死亡沒有到來。

不過，自這一次之後，到現在也沒有再出現如此劇烈的心絞痛。

8.1.4 重構：胸口心臟的陰隱深邃痛楚

早在 2007 年左右的時候，筆者已經相信「心坎的痛楚」就是抑鬱病的源頭。只是往後好一些時間，筆者並未能夠清楚掌握這一種「陰隱痛楚」的性質，亦未有足夠資料呈現「問題」的本質。不過，檢視過 1990 年 5 月到 1995 年 5 月的日記記錄，筆者覺得資料已經相對地足夠，可以呈現到和掌握到這一種「陰隱痛楚」。

A 位置

主要出現在胸骨與及胸口的四周，可以深入心臟位置。當痛楚強烈的時候，可以漫延到喉嚨甚至下顎骨位置，所以影響到氣管、食道、和牙齒。

B 出現方式

強烈的「陰隱痛楚」，感覺像「衝擊波」或「小型爆炸」一樣，在心臟位置出現，亦由心臟位置開始「放射式漫延」、或「大量痛苦湧出」。較為輕微的「陰隱痛楚」，感覺像毒藥一樣，緩慢而無孔不入地滲透、慢慢侵蝕四周組織。

C 感覺

當強烈的「陰隱痛楚」出現的時候，感覺包括：心臟扭曲、心跳紊亂、心悸、有壓迫的感覺；胸骨疼痛、肋骨與肋骨之間的肌肉痠痛麻痺、胸口至喉嚨部份的氣管和食道有「收緊、拉緊」的感覺（這一種感覺跟「被捏住」相似）、呼吸困難、吞嚥口水困難、下顎骨疼痛和麻痺、牙根疼痛和麻痺。

當「陰隱痛楚」輕微的時候，「有感覺、不舒服」的範圍主要集中在胸口和心臟深處。類似輕微的心悸。

不論是強烈的還是輕微的「陰隱痛楚」，感覺都是含糊不清的。「陰隱痛楚」輕微的時候，感官的偵測系統容易受到其他身心訊號干擾；「陰隱痛楚」強烈的時候，大量本能反應與及大量思維活動又會擠滿意識空間，強烈的「陰隱痛楚」訊號又被「掩藏」。所以總是無法確切清楚「陰隱痛楚」的本來面貌。

D　出現頻率

程度強烈的「陰隱痛楚」，出現頻率較低，不過對身心的影響可以持續數天乃至一、兩個禮拜。可以在沒有原因之下出現，也可以在沒有任何先兆之下出現。當然地，嚴峻的壓力處境與及嚴重的生活挫折可以觸發「陰隱痛楚」出現。

程度輕微的「陰隱痛楚」，大概是長期持續地出現、長期持續地停留在身心之內。偶然間，輕微程度的「陰隱痛楚」可以消失的話，筆者就會有「一洗抑鬱」的感覺，就如 1990 年 10 月 23 日所發生的情況相似（詳情可以參閱第三章〈病態苦戀〉3.2.2-B〈早期放棄的記錄〉）。

E　本能反應

伴隨著「陰隱痛楚」同一時間出現的，就是身心的本能反應，這些反應包括了：

(1) 強烈的時候：驚恐、受迫害、惶惑、憂鬱、焦慮、空虛、退縮
(2) 輕微的時候：不安、憂愁、不祥預感、頹喪、無力、失去動力

F　激發思維活動

筆者覺得，「陰隱痛楚」有兩種方式激發思維活動。第一種，是「陰隱痛楚」直接刺激腦袋，令到腦袋在受「陰隱痛楚」刺激底下「被迫」運轉。第二種，是「陰隱痛楚」的「神秘（陰隱）本質」，間接地誘發腦袋不斷去思考。

關於「陰隱痛苦」的「神秘（陰隱）本質」，就在於「陰隱深邃」。「痛苦」由強烈程度到輕微程度，都帶有嚴重的「不確定性」。不確定的地方在於，無法確定痛苦的確切位置——究竟

是肌肉的問題？還是器官的問題？還是骨頭的問題？——「胸口心臟」彷彿突然之間成為「很大的地方」。再者，痛楚的情況無法確定——究竟是什麼的問題？是肌肉拉傷？是肌肉疲勞過度？是中毒？是神經痛症？是心臟病？是抑鬱病？——因為從來沒有見過「傷口」、從來沒有檢驗（可能無法檢驗？），所以根本無法確定痛楚的情況！

筆者感覺到，「身體」和「腦袋」對這一種「神秘（陰隱深邃）」的狀態非常「焦慮、不安」，所以「傾向」十分主動地去「找一個位置」，「安放、安置」這一種「神秘（陰隱深邃）」的狀態，務求令到這一種「神秘（陰隱深邃）」的狀態變得「不再神秘」。

思維活動在這一個處境之下就變得非常活躍，努力為這一種「陰隱痛楚」去尋找「合用的文字」，使得「陰隱深邃」的神秘變得「有文字有面貌」。「有文字有面貌」就變成了「安放、安置」「陰隱深邃」的「地方」。當「陰隱深邃」能夠妥善「安放、安置」，「身體」和「腦袋」的「焦慮、不安」就可以消除。

思維活動變得活躍，是因為「陰隱痛楚」有著渴求「文字面貌」的需要，對身心而言又有減輕「焦慮、不安」作為推動力。

2007年年間，筆者在嚴重抑鬱的狀態下，好不容易地將「氾濫的心聲」安頓——將「過度活躍的思維活動」平靜下來——最後發現「思維活動」背後的「抑鬱病的痛苦源頭」。筆者逆向推論，「氾濫的心聲」與及「過度活躍的思維活動」，都是因為「抑鬱病的痛苦源頭」（亦即「陰隱痛楚」）的刺激所引起。

G 「陰隱痛楚」出現時候的身心表現

「陰隱痛楚」對身心的第一步傷害，就是「痛楚」本身。不過筆者沒有辦法「觀察」和「量度」純粹的「陰隱痛楚」對身心帶來的傷害。筆者只知道「陰隱痛楚」的出現，已經帶來十分難受的感覺。

「陰隱痛楚」出現之後，就立即激發出身心對於「陰隱痛楚」作出本能反應，這些反應包括：驚恐、惶惑、憂鬱、受迫害、空虛、焦慮、退縮、不安、憂愁、不祥預感、頹喪、無力、失去動力……等等。隨之而來，筆者就會變得情緒波動、不知所措、慌張、放棄眼前活動、離開人群、自責、自貶、甚至自殘、自殺。

同一時間，大量思維活動出現，而且主要是環繞著「陰隱痛楚」與及對「陰隱痛楚」所作出的本能反應。思維的內容，就是：痛楚、痛苦、驚恐、惶惑、受迫害、空虛、憂鬱、焦慮、退縮、不安、憂愁、不祥預感、頹喪、無力、失去動力、情緒波動、不知所措、慌張、放棄眼前活動、離開人群、自責、自貶、自殘、自殺……等等。

所以「陰隱痛楚」出現之後，身心的「消耗」立即變得非常「龐大」。或者是這一個原因，筆者的身心經常都非常疲倦。又因為經常非常疲倦，筆者的心理狀態又衍生出另外的一連串問題……

8.1 小結

「陰隱痛楚」長時間以來都隱藏在「氾濫的心聲」背後，再加上「陰隱深邃的本質」就更加不容易觀察、捕捉、和確定。筆者受到抑鬱病折磨十多年之後，才能夠確認到心坎的痛楚，並將這一種「陰隱痛楚」形象化為「緊纏心臟的毒蛇」。再受折磨差不多十年，筆者才能夠漸漸釐清這一種「陰隱痛楚」跟抑鬱病的一點點關係。透過研究過去三十年所寫下的日記和文章，才能夠重構「陰隱痛楚」的面貌。雖然「陰隱痛楚」的面貌仍然含糊，不過對於筆者理解和應付抑鬱病有莫大幫助。

8.2 影響（一）：病態苦戀

確切存在的「陰隱痛楚」一直影響著抑鬱病的病情，同時亦可以解釋抑鬱病的一些情況。筆者的抑鬱病，病變的關鍵時間在 1989 年 8 月至 1990 年 3 月。期間，1989 年 9 月 26 日亦開始了病態苦戀（關於抑鬱病的生成，詳情可以參閱第一章〈抑鬱成病〉。）。以下篇幅，就以「陰隱痛楚」的角度，對病態苦戀的關鍵表現作一次檢視。

8.2.1 強烈的空虛與及強烈的愛慾

「陰隱痛楚」，可以解釋筆者的「病態苦戀」的一些表現（關於「病態苦戀」的始末，可以參閱第三章〈病態苦戀〉。）。書寫第三章〈病態苦戀〉期間（2015 年 8 月至 2015 年 12 月），第一個令筆者好奇的問題，就是為什麼筆者內心對所暗戀的陌生少女，產生如此強烈的愛慾。這一股筆者覺得甚為病態的愛慾，究竟是從何而來？

確認出「陰隱痛楚」之後，筆者就相信，過去內心所出現的強烈愛慾，就是來自胸口心臟位置的「陰隱痛楚」，當中所激發出來的「強烈空虛」。在筆者身心裡面出現的是「強烈空虛」，思想和行為表現出來的卻是「強烈愛慾」。錯把「空虛」以為「愛」，是一場淒美而殘酷的誤會。

大概，在 1989 年 9 月 26 日到 1992 年 5 月 14 日期間，每一次「陰隱痛楚」出現的時候，都會令到筆者聯想到暗戀的陌生少女。暗戀的陌生少女彷彿就成為了「驚恐、惶惑、和空虛」的出口。因為強烈空虛的出現，因為聯想到暗戀的陌生少女，所以筆者就以為這是「愛」、這是「渴望」。

同一處境，因為認定是「愛」和「渴望」，所以「驚恐、惶惑、和空虛」的感覺就在同一時間之下得以大幅消減。即使是因為「陰

隱痛楚」和「空虛」，這一場愛慾的誤會還有一點點意外的作用（緩和「驚恐、惶惑、和空虛」）。

在第三章〈病態苦態〉裡面，筆者提到自己在這三十二個月的癡戀裡面，一直不斷重複著「放棄與故態復萌」的循環（詳情可以參閱第三章〈病態苦態〉3.2〈放棄與故態復萌的循環〉）。筆者在第三章〈病態苦態〉裡面能夠明白到的，就是因為「癡戀的痛苦」與及「生活需要」，理性上就希望放棄癡戀；筆者不太明白的地方，就是為何每次放棄都以故態復萌而告終（又一次舊情復熾）。

現在能夠明白到，故態復萌的原因就是那一股強烈的「愛慾（空虛）」。只要「陰隱痛楚」出現，強烈的空虛就會隨之而來，以為是「愛慾」的誤會又會再一次開始。

「陰隱痛楚」之於愛慾（尤其是對於 SL 的愛慾），就似一個火警鐘，頻繁地在胸口心臟裡面響起——不斷提醒筆者離開「空虛」的災難現場，還要快速逃去（抵達）「愛慾」的地方。

8.2.2「胸口心臟的陰隱深邃痛楚」與「心靈的觸動」

除了製造強烈空虛，產生出「強烈愛慾」的誤會之外，即使是輕微、甚至是十分輕微的「陰隱痛楚」，都會令到筆者聯想到「愛」。輕微的「陰隱痛楚」跟「心靈的觸動」，本質上十分相似，所以十分容易就將這兩件事情「混淆、搞錯」。

輕微的「陰隱痛楚」，就是陰隱的、不明顯的、不明確的、不能肯定的、不明所以的、不知就裡的……而戀愛的感覺，大概就是心靈悸動、觸動、為愛人而心跳……等等，都是「胸口心臟」位置出現「感覺」。而那些感覺同樣是幽幽的、隱隱的、隱晦的、苦澀的、呼吸困難的、吞嚥困難的……兩者的「表現」，是何其相似。

所以，長期持續出現的輕微的「陰隱痛楚」，長期持續地令到筆者覺得自己在「戀愛」當中。所以，可以想像，筆者的腦袋可能長時間都受到「戀愛」感覺的刺激。稍為強烈一點的「陰隱痛楚」，又或者是突然之間增強的「陰隱痛楚」，甚至會令到筆者覺得跟愛人有「心靈感應」的可能。所謂的「心靈感應」，就是有一些時候，筆者覺得可以感覺（感應）到 <u>SL</u> 的存在。大概這些就是「心頭感覺突然改變」的一些聯想。

　　關於覺得可以「感覺到 <u>SL</u> 的存在」的日記記錄如下：

1991 年 12 月 4 日　星期三　天晴

　　下午放學回家，因為<u>南朗山道</u>很塞車，小巴司機改行<u>海洋公園</u>，再經<u>香葉道</u>入<u>黃竹坑邨</u>，其實更浪費時間。下車後，我行至七座（筆者附註：所住屋邨的第七座），心緒略有起伏不定，我這時對自己話：「定！即使見到她也要定。」誰知落到 N 座電梯大堂，真的見到她！那時她低著頭，似在沉思，而電梯門正打開，她隨之步入。

1992 年 3 月 8 日　星期日　天寒

　　到 <u>LTK</u> 修士那裡補習英文。下午無聊。

　　……

　　晚上九點半，忽然感到 <u>SL</u> 喺樓下，匆匆趕去窗前，望，真係見到佢！佢果真步行至電梯大堂！

　　追趕下去，就真的不能，也沒有可能。我等一段少時間，欲待她步出電梯之後，在樓梯間上落去碰上她。可惜仍然無法遇上她回家。

之後，我沿樓梯一直行落樓，再搭電梯回家。計一計，原來由地下乘搭電梯至九樓，只需要三十七秒左右，我明白這次是我太遲了。

――――――――――

1992 年 3 月 9 日　　星期一　　上午寒下午轉暖

　　……

　　晚上，心血來潮，好想出街。之後就喺八點四十分左右落街，喺小巴上，見到 <u>SL</u>。其實早喺九座已經見到佢嘅背影。喺小巴上偷望來、偷望去。<u>SL</u>，究竟要多少時間，我才可以說一句話，打破大家嘅沉默？如果我有機會嘅……<u>SL</u>，我愛你，我一定會用行動表示，不是空談。

――――――――――

1992 年 4 月 1 日　　星期三

　　……

　　她的感覺，整天也存在在我的心中。

――――――――――

1992 年 4 月 19 日　　星期日　　雨

　　……

　　中午，約了舊同學 <u>TSM</u>（晚上）拎<u>英皇書院</u>的模擬會考試卷。

　　Why ？我有預感 <u>SL</u> 晚上一定再出街。Why ？事關六點左右她回家時，走到過馬路嘅路口，有意識地回望九座嘅長樓梯。到咗電梯大堂，又唔入去，轉身行去另一邊嘅電梯大堂。如果

我有舊時嘅衝動，晚上我一定會出街。SL 對我有意識（過去）就已經肯定了。

我晚上出街去找 TSM，回來時不見 SL。

終於在八點五十分左右，見到 SL 和朋友出街。

假定 SL 會回家，所以我九點半落街。撲個空。

心不息，十點十五分左右，又落街。再撲個空。

這些都是確實存在的「心頭感覺」。有些時候，腦袋可能只是環繞著這些感覺而活動。

筆者相信因為「陰隱痛楚」的長期長時間刺激，令到筆者對於所暗戀的陌生少女很容易就出現纏擾一樣的思維活動。

8.2.3 離開狀態

因為癡戀所帶來的痛苦（也許是抑鬱病的痛苦），令筆者經常想到放棄這一段不存在的關係，從而可以離開由此而起的痛苦。可惜的是，所有「放棄的嘗試」都以失敗告終。

以今天的眼光和視野，去回顧「放棄的失敗原因」，當然又可以套用「陰隱痛楚」。因為「陰隱痛楚」一直存在，所以對於「戀愛」的聯想、與及由於強烈空虛而來的強烈愛慾，同樣一直存在。即使筆者也許可以短暫抑制對 SL 的思念和掛念，但是仍然無法應付「陰隱痛楚」所帶來的「強烈空虛」。大概，當時根本就對於「陰隱痛楚」全然不知，就連受到「刺激」也完全沒有「概念」。

此外，更多的時候，筆者的「認知系統」都是希望做到「結識、結伴」，從而希望可以離開苦苦單戀暗戀的狀態。這一個想法和做法，結果就是令到筆者長時間停留在癡戀的痛苦當中。「結識、

結伴」原本是一項「解決問題的方法」，只是同一時間又令到筆者沉淪在「問題」裡面。彷彿，這一項「解決問題的方法」同樣就是「問題」本身；彷彿，「繼續問題」又被當成為「解決問題的方法」。本質上，筆者有「擁抱問題」的傾向。或者，仍然對「結識、結伴」有一份盼望，所以選擇「停留在問題」裡面，期望「問題」有一日能夠解決——即使身心在「問題」裡面已經被折磨得無法再承受和忍受。

「病態苦戀」最終還是在沒有開始之下就完結。完結的方式，亦並非解決「陰隱痛楚」，而是解決了由「陰隱痛楚」而起的「聯想」。筆者最後親眼——在十步的範圍之內——目睹 SL 拍拖了。從那一刻開始，SL 就不再是筆者的幻想對象，也不是「陰隱痛楚」的任何「聯想、聯繫、掛鉤、對應」的對象。（關於病態苦戀的終結，可以參閱第三章〈病態苦戀〉3.4〈病態苦戀終結〉。）

最終離開了「病態苦戀」，但是仍然沒有離開「抑鬱病」；因為「陰隱痛楚」沒有消失，只是以其他不同的生活內容的面貌出現，繼續折磨筆者的生命。

8.2 小結

「病態苦戀」的兩個重要元素，就是「對愛慾的強烈渴求」與及長時間出現「戀愛」的感覺（心靈觸動、悸動）。兩個元素跟「陰隱痛楚」都有莫大關係。強烈的「陰隱痛楚」，製造出強烈的空虛；強烈的空虛，製造出「對愛慾的強烈渴求」。輕微的「陰隱痛楚」，長時間出現在胸口心臟位置，令到胸口心臟位置長時間出現「觸動、悸動的感覺」。所以筆者就長時間覺得身心出現「戀愛的感覺」。

8.3 影響（二）：病壞身心・問題外衣

筆者主要從「病態苦戀」和「休閒的折磨」裡面，重構「陰隱痛楚」，並認為這是抑鬱病的其中一個重要元素。既然是一個重要元素，「陰隱痛楚」就應該有解釋抑鬱病的能力。筆者嘗試以「陰隱痛楚」的視角，再解釋其他的抑鬱時期與及表現。

8.3.1 病壞身心：問題根源

抑鬱病的根源，就是病壞的身心。當中，包括第七章〈抑鬱病的病態（一）──睡眠失調、不尋常的疲倦、與及頭部膨脹逼迫僵硬繃緊〉裡面所提到的三個問題；當然也包括第八章裡面出現的「陰隱痛楚」。抑鬱病的許多問題，筆者相信，都是因為上述這些元素而衍生、演變。

單單是 1990 年 5 月到 1995 年 6 月，筆者就已經經歷過不少抑鬱的不同情況。筆者相信，貫穿過去各個時期、與及貫穿過去各種不同的表現，都是抑鬱病。過去各個時期與及各種不同表現，都是受著抑鬱病的影響。然而，如果過去表現全部可以歸納為「抑鬱病」，那麼當中的原則和規律是什麼呢？那麼當中各種不同的表現又是什麼原因呢？

抑鬱病的原則和規律就是「病壞身心」，抑鬱病的各種不同表現就是「問題外衣」。

8.3.2 問題外衣：生活成為問題的場景

抑鬱病的「外表、表現、表象」，跟生活環境（包括過去的生活環境）有密切的關係。可以說，構成「抑鬱病的面貌」的素材，都是來自「生活、包括過去的生活」。如果「病壞身心」是抑鬱病的「病根」，「問題外衣」就是抑鬱病的「外表」。抑鬱病的「外表」就隨著「問題外衣」的更換而改變。

A 注意力轉移：「譚 Sir 俱樂部」

筆者的抑鬱病在 1990 年 5 月以前就已經成熟，同期間出現的「問題外衣」就是「病態苦戀」。所暗戀的陌生少女，成為了「陰隱痛楚」的出口；而「病態苦戀」亦成為了抑鬱病的主要「形態」。情況在 1990 年 10 月出現了一點點改變，筆者的「注意力、關注」由「病態苦戀」稍為轉移到一班要好的同學身上——「譚 Sir 俱樂部」。

關於筆者跟「譚 Sir 俱樂部」各位同學的關係，可以參閱第二章〈厭學抑鬱病〉2.2.1〈好朋友的情誼——「譚 Sir 俱樂部」〉，與及第五章〈逃避「『逃避痛苦』的痛苦」〉5.1.2-C〈對舊同學依戀〉。

就「注意力轉移」，現對「譚 Sir 俱樂部」稍作點評。「譚 Sir 俱樂部」同學之間，友誼大幅增進的事件，就是在中五 1990年 10 月 3 日中秋節的南區中灣通宵 BBQ。筆者對於這一晚通宵 BBQ 的活動，亦留下了非常深刻的印象。而最為重要的一點，就是大大改變了筆者的「友誼」。這一次中灣通宵 BBQ 活動之後，「譚 Sir 俱樂部」的一班同學，已經不單只是「同學」，更不單只成為「朋友」、「死黨」，而是已經成為了「可以信任的伙伴」、「摯友」，甚至成為了「知己」。這些「關係距離」的遞進、與及這些關係的「相處經驗」，都是前所未有。

這一部份的友情，甚至令到筆者離開病態苦戀的狀態。1990年 10 月 3 日中秋節中灣通宵 BBQ 之後，1990 年 10 月 23 日，筆者竟然出現「一洗抑鬱」的感覺。能夠「一洗抑鬱」的原因，就是覺得當時「可以將病態苦戀放下」，或者最少對於 SL 的思念掛念，可以減少出現。彷彿，抑鬱病當時最為慣常使用的「問題外衣」（最為慣常使用的「內容、形態、外表、表現」），在這段時間裡面得以「脫下」。新的「問題外衣」未出現之前，就有離開抑鬱狀態的感覺。

抑鬱病的問題是「病壞身心」，「外衣」只是問題的表象。由「陰隱痛楚」而起的惶惑、驚恐、和空虛，有一部份就轉向了「譚Sir 俱樂部」，變成了對朋友的憂慮與關懷。中灣通宵 BBQ 之前，筆者就已經在班裡面成立溫習小組。之後 1990 年 11 月，就開始替「譚 Sir 俱樂部」成員搞生日會，直到 1991 年 2 月之前，一共搞了四次。1991 年 8 月，會考成績公報之後，筆者替一位不再讀書的成員尋找工作，替他在報紙的招聘版上尋找合適的職位。重讀中五之後，兩位成員以「自修生」身份再報考1991-1992 年會考，筆者定期在每一個禮拜六替他們補習。一位成員，進入了煤氣公司工作，公司內部需要考核「技術資格」，筆者就替他準備應考的筆記。

能夠為朋友做到的，筆者也會嘗試去做。可能，筆者所做的都超出了「合適」的範圍。可能，筆者所做的，朋友覺得「吃不消」。因為「付出」，所以期望「回報」；因為「付出了很多」，所以就期望「很多的回報」。或者，筆者在不知不覺之間，對朋友有一份「很高回報的期望」。回想起，那時候筆者對於「朋友的冷淡態度」，顯得十分在意。畢竟，上述的這些事情都有著一點點「陰隱痛楚」的元素在內。

關於筆者與「譚Sir俱樂部」成員的相處點滴，日記記錄如下：

———————

1991 年 10 月 10 日　　星期四　　天晴　　Day 1

這日是 YTZ 生日（筆者附註：「譚 Sir 俱樂部」成員），可是沒有給任何東西給他（筆者附註：包括沒有為他安排生日會）。其實這意味著「譚 Sir 俱樂部」的疏遠。似有些傷感和失落。

———————

1991 年 10 月 13 日　星期日

　　今天早上六點同 KWK 跑步；一開始由黃竹坑十座，步行去香港仔，再沿小巴站樓梯上石排灣，最後轉出香港仔水塘道，以此處為起點，跑上水塘。今次跑的路線，不是健身徑，而是跑上上水塘，然後再上。

　　……

　　本來要同 KWK 溫習，但係佢早上太早起床太劫了，沒有精神，所以是次行動取消。

────────────

1991 年 12 月 19 日　星期四　天晴　Day 4

　　……

　　舊同學 TSM，真係唔知佢點樣，佢有嗜好，我唔知為佢做 D 乜野，先可以令到佢快樂一 D ！

────────────

1992 年 2 月 6 日　星期四　天略寒

　　年初三。

　　……

　　今晚好想找 KWK 出來，可惜，多次嘅拒絕，真係令到我對搵佢嘅行動有感心灰呀！但係到最後還是打個電話畀佢（佢唔喺屋企）。

────────────

1992 年 2 月 7 日　星期五

年又過年（年初四）。溫書的開始。

上午溫 Additional Mathematics、英文，唔可以話溫習，事關只係做上一個段考的 Additional Mathematics 試卷，寫出計算過程畀舊同學 TSM，我應承咗佢一段時間也沒有做。

……

晚上本來需要尋找會考嘅時間表，中途突然收到搵我嘅電話，歡喜若狂，事關很久沒有人打電話畀我了。原來是同學 LCY，相約星期一睇戲，之後同佢又講咗成個鐘電話。

1992 年 2 月 21 日　星期五

今早五點四十五分起床，事關昨日多口，應承咗舊同學 CJS 今日七點正喺西環 77 號巴士總站等，一齊乘坐 77 號巴士，欲一見往日佢所暗戀嘅、就讀聖士提反嘅女仔。

可惜，撲個空（筆者附註：沒有遇上）。

1992 年 2 月 22 日　星期六

八點幾起床，食早餐。畫 D&T Project 紙樣畀同學 LWT，十點到 75 號巴士站畀佢。跟住趕去聖類斯補 Chemistry，十一點至十二點四十五分。

下午回家好快食完飯，又到舊同學 TSM 家溫習 Mathematics，希望對他有幫助吧！

温習完畢，五點幾，同 <u>TSM</u> 食飯，回家六點。看《天下畫集》，六點半備課，準備出發到<u>英訊</u>補習英文，七點十五分到<u>英訊</u>。

好似好忙，但係好輕鬆。

1992 年 2 月 23 日　星期日

好失敗，連續幾次輸給懶惰！無跑步。

到 <u>LTK</u> 那裡補習英文，依家好好玩呀，大家用英語講說話，好過癮。

下午太倦了，回家吃完飯便睡至晚飯時間。

唔知舊同學 <u>KWK</u> 呢排點呢？

1992 年 3 月 4 日　星期三　天陰下雨

早上做 Mathematics。

……

下午到舊同學 <u>TSM</u> 那裡，溫 Physics，好慶幸能夠教識佢一點東西。希望可以令佢得到更多。

之後到<u>聖類斯</u>補 Chemistry，見識 <u>LY Wong</u>（筆者附註：一位在同學間有名氣的補習老師）！

晚上趕去<u>英訊</u>補英文，無聊！

1992 年 3 月 13 日　　星期五　　暖

昨晚温書，温到好夜，成兩點三十分才睡覺。

……

很劫，很劫。

晚上到上環睇舊同學KWK同GLF打波，佢哋嘅女友亦在場。都好長時間無見面無傾談了，初時都有一D陌生嘅感覺，之後用講戲，帶出一D話題。我感覺到大家係有一D隔膜似的，或是大家嘅空間唔同、環境唔同，導致思想唔同。有時大家說話我會不知所指為何，我亦感到佢哋有時唔明白我所講嘅話係乜野意思。

及後，到食飯，更深有其感。大家說說笑笑的，剩我一人獨自沉默，假裝出笑容。

我又覺得佢哋好鍾意玩，好似嗰D今朝有酒今朝醉嘅咁樣。或者係我太過看重明天了，忽略了把握現在。

不過我這天感到親切，感到大家嘅友誼。

GLF 無啦啦叫我二十二號四點左右打電話畀 CJS ！？

————————————

1992 年 3 月 20 日　　星期五　　天晴

……

晚上因為舊同學CJS今日生日，所以大家出來吃飯。有些事很像變了。我們一行七人，SSS、KWK、CFC、CJS、LCY、GLF，在一張大圓枱坐下，CFC變得沉默了，只得 GLF、KWK、和 CJS 在暢談「名牌野」，搞到其他人無法參與，LCY 還差不多整晚沒有說話！

之後去打機。

————————

1992 年 3 月 23 日　星期一　陰晴

　　……

　　今天再和舊同學 <u>TSM</u> 補習；原來佢上次嘅嘢一D都唔明白，少少都忘記了。唉~~~~ 我回憶佢上次嘅眼神，自覺內疚，竟然以為自己將佢教個明明白白，到頭來原來是假的。

　　回家後，心更愁。

————————

1992 年 3 月 30 日　星期一　寒

　　教舊同學 <u>TSM</u> Physics。

————————

1992 年 4 月 19 日　星期日　雨

　　正午時間舊同學 <u>KWK</u> 上來，借「會考精讀」。良友相聚，感覺已不同，因為我也消除了憂鬱。

————————

1992 年 7 月 6 日　星期一　早晴晚雨

　　……五點半左右，忽然間舊同學 <u>CFC</u> 來電，問今晚有冇嘢玩。原來佢喺 <u>KWK</u> 屋企，<u>CJS</u> 都喺埋一齊！我霎時間有一個問號衝上心頭，點解佢哋聚會時唔搵埋我呢？樓上樓下也不聚一聚，Why ？ Haa~~~~ 莫非我平時同佢哋一起，佢哋係陪我笑，係畀面我，一切我以為係朋友嘅都係錯嘅？我感到很失落，再一次感到完全的——孤單，心中竟連一個人也沒有。

不過再想深一層，我係要信任佢哋嘅，唔理點樣都好，真誠係對待朋友之道，我該咁樣嘅。

——————

1992 年 7 月 8 日　星期三　上雨下晴

……

下午打壁球，志在聚舊（舊同學 <u>YTZ</u> 和 <u>SSS</u>）。

同 <u>YTZ</u> 一起總覺得佢喺我面前感到壓力，其實也覺得其他人亦有可能有呢種壓力，我開始覺得佢哋有 D 畏懼我，<u>YTZ</u>、<u>SSS</u>、<u>CFC</u>。我唔知點解，可能係我平時太要逞強，做到太威勢，說話又有壓迫感。

——————

1992 年 7 月 10 日　星期五　天晴（寫於 7 月 12 日）

……

上午十點左右舊同學 <u>GLF</u> 來電，話今日返去學校，去拎「成績記錄」和「離校聲明」。我陪佢去，而我亦要返去學校拎返我嘅成績表。

……

……<u>GLF</u>，條友跟我嘅距離越來越遠。出來一齊，就只係講佢工作上嘅事情，訴苦。喺我嘅角度，我本身仲係學生，仍未進入工作生涯，自然就工作當中所發生嘅事冇乜感覺，對嗰 D 事亦無興趣可言。但係佢仲係滔滔不絕咁講個唔停，我都支持唔住……

……記起要搵 <u>CJS</u>，事關日前約定今日和 <u>SSS</u> 一起傾談上星期所拍攝嘅嗰一輯相，但係原來今晚要去謝師宴，所以我就約

佢放工喺西灣河（謝師宴地點在太古城），但係佢嘅態度好冷淡，令我嘅心情變得更差。最後取消了。

　　Haa~~~~ 腦疲——睡覺。

────────────

1992 年 7 月 15 日　星期三　晴

　　……

　　早上，處理一D電子與電學嘅資料，寄給CJS。我本身唔係好清楚CJS讀D乜野，只不過，盡朋友嘅一點綿力去幫助佢。我一路處理一路寫，一路諗CJS會唔會笑我白痴又無知呢？呢D資料佢可能一早就知，一早就已經熟悉，我寄去就係多餘……

　　點都好啦，信就已經寄出，心意亦都為人送上了，信一定收到，心意就無法保證……

────────────

1992 年 7 月 18 日　星期六　三號風球（寫於 7 月 23 日）

　　在數日之前，CJS已經約定了MD1（筆者附註：7月5日到香港大學影相的 Model）今日把照片送畀佢哋，地點為尖沙咀麥當勞，時間為下午三點正。話說這日打風，雖然只係三號風球，但風雨卻很勁，我本來係好唔想去，因為真係好大雨，又無乜心情……

　　兩點出門，成個鐘先至去到尖沙咀，準時到，CJS亦早到了一步。

　　等……等……三點等到四點，CJS好唔耐煩，決定走人！

　　等候期間，同CJS竟然無傾偈。沒有話題令到我好傷感。

────────────

1992 年 7 月 19 日　星期日　好曬呀（寫於 7 月 23 日）

上午 11:30 大夥兒約定在 <u>CFC</u> 家中集合，誰不知就只有我準時到（去宿營的人：<u>CFC</u>、<u>CST</u>、<u>LCY</u> 和我）。

到了 <u>CFC</u> 屋企，原來 <u>CJS</u> 早已上去了。好愁，就只有佢同埋 <u>CFC</u> 傾偈，我好無奈。

―――――――

1992 年 7 月 23 日　星期四　陰

⋯⋯

這些日子中，還有一些小插曲的。

七月十八日　星期六

<u>MD1</u> 爽約後，我和 <u>CJS</u> 乘坐小輪返香港島，喺小輪上面我忍唔住心中嘅說話，就同 <u>CJS</u> 講：「我覺得你對人好冷淡。」

佢聽後就笑起來，問我：「係咩？我點樣冷淡？」

當時我冇回答佢，因為對於佢嘅冷淡，純粹是一種感覺，不能（未能）有系統咁話畀佢知。

―――――――

B　注意力重返身心：休閒變成折磨

1992 年 5 月 14 日，病態苦戀完結。1992 年 5 月 26 日，第二次會考完結，暑假正式開始。筆者在暑假初期，經歷了一段舒舒服服的休閒時間。原因可能是考試完結，可以離開「應付考試的高壓生活」。雖然可以離開「應付考試的高壓生活」，不過筆者仍然帶著「病壞身心」，所以「問題外衣」隨時就會出現。在這段時間裡面，<u>SL</u> 已經不再是「陰隱痛楚」的對象。當下的生活就

變成為「問題外衣」的鮮活「素材」。「休閒」原本是享受,在「陰隱痛楚」的攻擊之下,頃刻之間就一百八十度轉變成為「問題」。

「休閒」變質,成為無聊,再成為煩悶、厭悶;「休閒」的生活不再是享受,卻變成為怪責自己的出口——「休閒」變成為「游手好閒」、「一無是處」、與及「浪費自己」。在「休閒」裡面,彷彿見到「青春」在自己的手指之間「白白流走、白白流逝」。原本要「殺死」的時間,忽然之間變成為「非常之寶貴(不可浪費)」,彷彿原本可以產生出巨大的價值和意義——忽然之間,「休閒」裡面的時間,彷彿潛藏著非常巨大的「機會成本/機會回報」!?

關於休閒變成折磨的情況,可以參閱第四章〈休閒的折磨〉。

第四章〈休閒的折磨〉,在 2016 年 4 月完成。當時筆者已經留意到,身體裡面,在突然之間的情況下,湧出「巨大」的痛苦。所以原本可以享受的休閒日子,突然之間就「莫名其妙地」痛苦起來,在不知就裡的情況下,腦袋就投訴眼前的生活。休閒變成「無聊厭煩」,亦成為了新的「病壞身心」的出口,成為了新的「問題外衣」。

C 避逃眼前痛苦:無法修讀「文學」的遺憾

踏入預科之後,筆者遇上嚴重的適應問題。這個問題,主要是過去應付學業的方法與及返學的習慣,差不多已經無法應付「預科」大量而又緊密的課程要求。當然,還有老師和同學兩方面的因素,都出現重大的轉變。關於預科開始時候所出現的問題,可以參閱第五章〈逃避「『逃避痛苦』的痛苦」〉5.1〈谷底〉。

不再投訴「病態苦戀」,生活又變得十分忙碌而又無法投訴「無聊」,「陰隱痛楚」彷彿找到了「內心深處的遺憾」,變成為新的「問題外衣」。這一件「問題外衣」,就是「對於無法修

讀文學的遺憾」。而這一份「遺憾」，瞬間就變成為「厭倦、討厭理科（眼前的學業）」。必須承認，筆者有「放棄眼前問題（跳船主義）」的傾向。而這時候，筆者因為適應問題，也有放棄繼續預科課程的想法。而「渴望修讀文學、討厭理科」這一件「問題外衣」，就成為了逃避眼前問題的藉口。

「渴望修讀文學、討厭理科」這一件「問題外衣」，一直影響整個預科課程，甚至延伸到預科課程之後的大學課程。1994 年 9 月 19 日，香港城市理工學院製造工程學位課程開學，三個禮拜之後，筆者又一次因為適應問題而陷入嚴重抑鬱。同中六時候一樣，「陰隱痛楚」再一次找到了「渴望修讀人文學科、討厭製造工程」的遺憾，成為「問題外衣」。關於製造工程學位課程開學時候所出現的問題，可以參閱第六章〈一次嚴重抑鬱的爆發過程〉6.3〈適應新環境的抑鬱〉。

1995 年 8 月，筆者成功申請轉讀社會工作。理論上「渴望修讀人文學科、討厭製造工程」的「問題外衣」可以成功脫下。可惜的是「病壞身心」根本沒有任何改變，一連串的身心問題仍然在就讀社會工作課程期間接連出現。

有一段時間，有一個想法不斷出現，假如當初真的可以跟 SL 結伴，筆者的抑鬱病是不是就可以痊癒？或者得到大幅改善？可能，答案就在「病壞身心」裡面。

8.3.2 小結

在 1990 年到 1995 年，筆者的病態似乎都有著不同的表現。同樣地，口中經常投訴的事情、經常埋怨的事情，隨著生活改變，亦有著不同的內容。可是歸根究底，大概都是出於「陰隱痛楚」的影響，亦即是「病壞身心」的本質——而當中所作出的不同「表現和內容」，只是因應著生活環境的改變而改變，只是一件又一件的「問題外衣」。

8.3.3 問題外衣：困局或是大團圓結局

「病態苦戀」與及「渴望修讀人文學科」這兩件「問題外衣」，對於筆者的身心有著一點點不大相同的影響。這一點對於身心影響的差異，跟「問題」的本質，似乎有一點點關係。

A　困局：病態苦戀

「病態苦戀」是一個困局。筆者一方面無法決絕地放棄，另一方面卻又無法推進兩個人的關係。因為每當幸運地遇上 SL 的時候，筆者都會感到極度緊張，然後差不多完全身心癱瘓，無法動彈。可笑的是，解決身心癱瘓的方法，就是立即放棄所有結識的企圖。所以，面對 SL，筆者不是在極度緊張之下身心癱瘓，就是只有放棄所有結識的企圖，兩種結局都是一事無成。

筆者經常覺得這一場病態苦戀之中，幻想的成份佔據絕對多數。而 SL 亦是一個十分虛無縹緲的「對象」。整件事情裡面，可以「著力、用力、努力」的地方十分有限。尤其是早期的時間，就連見一面的方法也沒有。在經常出入的電梯大堂「等放學」、在返學的路途上「撞返學」、甚至是漫無目的地遊蕩，能夠見面的機會少之又少。連見一面也無法做到，其他的一切事情就更加顯得只是「空中樓閣」的空想。

筆者差不多完全無法掌握這一件事。完全沒有方法滿足心中的渴求，甚至連「接近」也沒有辦法。筆者努力所做的一切一切，完完全全是白費的、是沒有結果或成果的。

病態苦戀期間，筆者曾經短暫將注意力轉移到好朋友身上。病壞的身心衍生出對好朋友的過份擔憂，但是使筆者可以全心全意為好朋友做出很多事情，大大減輕內在的一份憂慮。

所以，「病態苦戀」作為一件「問題外衣」，當中的「問題」是一個困局。不論筆者如何努力，努力的結果不是白費，就是令

到問題惡化。最可憐的是，「失敗的結局」彷彿一早就已經設定在「開始的時候」。

B 大團圓結局：渴望修讀人文學科

相比起「病態苦戀」，「渴望修讀人文學科」似乎是一件「可以實踐、可以解決」的「問題外衣」。中六的時候，筆者就以「上大學修讀哲學」為目標，讓自己可以繼續留在中學，並完成整個預科課程。同樣，修讀製造工程的時候，筆者就以「申請來年轉讀社會工作」為目標，讓自己可以繼續留在製造工程，並完成第一年的學位課程。

有了一個清楚的目標，同時又變成了努力的方向。在這兩段期間，筆者都有努力爭取好成績的動機，就是希望增加自己的「本錢、籌碼」，可以在未來的日子選擇喜歡的科目，最少也希望可以離開自己所厭倦的理科。之前的篇幅曾經提及，「目標」不一定能夠激發筆者的力量；不過一個目標，可以幫助筆者「承受忍受」痛苦。

最終，筆者在 1995 年 8 月，成功轉讀社會工作。

8.3 小結

筆者所認識和理解的抑鬱病，就是「病壞身心」和「問題外衣」的「一個二元結合的模型」。「病壞身心」所指的，就是「陰隱痛楚」與及「睡眠失調、不尋常的疲倦、與及頭部膨脹逼迫僵硬繃緊」。當然，筆者相信還有很多「病壞身心」的部份仍然未被發現。「問題外衣」所指的，就是由「病壞身心」所衍生出來的抑鬱表現。這些表現很多時候也因應著生活環境的改變而改變。嚴重的「問題外衣」，又可以對「病壞身心」作反方向影響。

第八章結語

作為一名「資深的、專業的」抑鬱症病人，筆者也必須要承認，察覺（發現、捕捉）「陰隱痛楚」是一件十分困難的事情。不過，一旦能夠「確定」「陰隱痛楚」這一回事，抑鬱病彷彿變得「簡單」，甚至變得可以應付。

後記

除了「陰隱痛楚」，筆者身上還有很多很多痛症。最明顯的一種，就是肌肉繃緊的痛症。另外，可能跟「陰隱痛楚」同樣嚴重的，就是隱約出現在腦袋裡面的痛楚——筆者到現在仍然無法確切掌握。所有在身心出現的長期痛症，都令到筆者感到十分憂愁、厭倦、和沮喪。

第八章第一稿完成於 2019 年 5 月

第九章

抑鬱病的風暴效應

抑鬱病的「風暴效應」，包含「內在風暴」和「外在風暴」。「內在風暴」就是由「陰隱痛楚」所激發的「痛苦、本能、思想」的共鳴作用（「PIT 共鳴作用」）。共鳴作用之下，痛苦產生異變——痛苦的強烈程度加劇，而痛苦的時間由原本數分鐘完結，延長至數小時甚至數日。「外在風暴」就是「生活風暴」，由生活事件刺激「內在風暴」爆發，繼而引發「外在風暴」。當「『內』『外』風暴」同時颳起，抑鬱病的痛苦就會因為「『內』『外』共鳴作用（PITPIT）」，而變得疊加和倍增，對病人構成最嚴重的傷害。

9.1 抑鬱病的「內在風暴」：「痛苦、本能、思想」的共鳴作用（Resonance effect: Pain, Instinct, Thought/ PIT Effect）

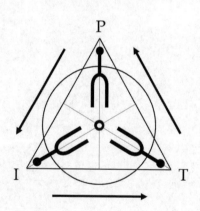

「痛苦、本能、思想（Pain, Instinct, Thought / PIT）」的共鳴作用 – 示意圖

抑鬱病的「內在風暴」就是「痛苦、本能、思想」的共鳴（「PIT共鳴作用」）。當中的痛苦（P），就是「陰隱痛楚」，也是「PIT共鳴作用」的起始元素。受到「P」出現的刺激，本能（I）和思想（T）便隨即出現。三者（PIT）以同一「向度（痛苦）」和同

一「頻率（驚恐、惶惑、空虛……）」同時出現，互相同步、回饋、共震、能量疊加，以致「共鳴」作用出現。「PIT 共鳴作用」之下，身心痛苦猶如聲波一樣，加劇與及延長。

9.1.1「陰隱痛楚」激發的身心反應

「陰隱痛楚（Pain-P）」出現的同時，身體的本能（Instinct-I）便立即就這一「如電如雷的刺激」作出反應，那就是驚恐、惶惑、空虛……。

生理上出現「痛楚（P）」，再加上本能反應（I）出現「驚恐、惶惑、空虛……」，兩者（PI）的同時出現，成為「認知系統」的一項「衝突」。因為「認知系統」完全沒有方法（沒有一個合適合用的「制式」）去「理解（甚或「容納」、「儲存」、「處理」）」這一件十分「陌生」的事情（PI）。

「認知系統」的「制式」「衝突」，就是一方面身心都處於一個嚴峻的狀態〔生理上的「陰隱痛楚（P）」，同一時間加上本能反應（I）出現「驚恐、惶惑、空虛……」。〕，另一方面「認知系統」完全無法處理甚至完全無法理解這一個「嚴峻狀態（PI）」。當中原因，就是「陰隱痛楚（P）」帶有嚴重的不確定性和隱蔽性，導致「驚恐、惶惑、空虛……」完全沒有「對象」、「主題」。

「身心系統」出現的「嚴峻狀態（PI）」，十分渴望一個「對象」、「主題」、「形象」、「外貌」、「名字」……

思想（T）成為了處理「認知系統」的「制式衝突」的一項工具。思想（T）為「嚴峻狀態（PI）」大量提供「語言文字」，為「驚恐、惶惑、空虛……」製造「對象」和「主題」，從而令到「嚴峻狀態（PI）」變得較為符合「認知系統」的「制式」。「容納」、「儲存」、和「處理」變得可以操作，「衝突」得以緩和。

「嚴峻狀態（PI）」下所出現的思想（T），就是環繞「痛苦」與及「惶惑、驚恐、和空虛……」的思想。所以思想的內容就是環繞「痛苦」與及「惶惑、驚恐、和空虛……」尋找「對象」、「主題」、「形象」、「外貌」、「名字」……

當思想（T）成功出現（能夠處理「衝突」）之後，反過來又呼應（配合）和確認（Confirm）「嚴峻狀態（PI）」的存在〔思想（T）本來就是由「嚴峻狀態（PI）」所激發，所以必然地、全面地、又細緻地配合「嚴峻狀態（PI）」。〕。「嚴峻狀態（PI）」得到「認知系統」的確認，其「存在」就變得「合理」、「應該」，甚至「強化」。

9.1.2 痛楚的異變

「痛苦、本能、思想」（PIT）的「共鳴作用」，引致「痛楚」出現異變。「痛楚」異變的過程如下：

第一階段（時間值為 0）：$P_0I_0 + T_0$

當「陰隱痛楚（P_0）」出現，本能就立即對此作出反應（I_0），「P_0I_0」立即成為「嚴峻狀態」，並對「認知系統」構成「衝突」。「思維活動（T_0）」出現，緩和「嚴峻狀態」和「認知系統」的「衝突」。

第二階段（時間值為 1）：$P_1I_1T_1$

「痛苦、本能、思想」（PIT）的「共鳴作用」出現。「T_1」為「P_0I_0」提供「對象、主題、形象、外貌、名字……」，「P_0I_0」變成為「$P_1I_1T_1$」。

第三階段（時間值為 2）：$P_2I_2T_2$

「T_1」提供大量的「對象、主題、形象、外貌、名字⋯⋯」，「嚴峻狀態」和「認知系統」的「衝突」消失，「I_1」的「驚恐、惶惑、空虛⋯⋯」也消失。

「P_1I_1」反向地根據「T_1」所出現的回饋、內容和故事，演變成為「$P_2I_2T_2$」。

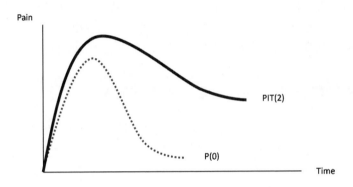

「痛楚的異變」示意圖
P(0) 原始陰隱痛楚、PIT(2)：異變後的陰隱痛楚

痛楚異變之後，所影響的就是痛楚的形態，與及痛楚持續的時間。以筆者的經驗，原始的「陰隱痛楚」P（0），在沒有「PIT共鳴作用」之下，一般可以在二至五分鐘內消失。但是在「PIT共鳴作用」之下，異變後的身心痛苦 PIT（2）可以持續數小時甚至數日。

9.1 小結

「陰隱痛楚（P）」是「PIT 共鳴」作用的起始元素。「本能反應（I）」和「思維活動（T）」都是環繞「陰隱痛楚（P）」而出現，甚至是配合「陰隱痛楚（P）」而出現。思維活動（T）也是一種身心需要，因為思維活動（T）能夠解決「嚴峻狀態（PI）」和「認知系統」的「衝突」。經過思維活動（T）對「嚴峻狀態（PI）」的回饋，雖然能夠減少「本能反應（I）」中的「驚恐、惶惑、空虛……」，卻又令到「陰隱痛楚（P）」異變。異變的結果，就是令到身心痛苦的強烈程度加劇，和痛苦持續的時間加長。

9.2 抑鬱病的「外在風暴」：生活風暴

抑鬱病的「外在風暴」就是生活風暴。第一個元素就是可以觸發起「陰隱痛楚」的生活壓力事件（Pressure）。這些生活壓力事件（包括相類似的往事）同時又為「思維陷阱（Thinking Trap）／思維活動（T）」直接提供大量的「問題材料」，從而引發出一個由生活而來的「外在風暴」。

9.2.1 生活風暴的觸發

生活風暴的觸發，根源就在於「PIT 共鳴」。所以，能夠觸發出「陰隱痛楚」，就可以引起「內風暴」的「PIT 的共鳴」，然後就可以開始一場生活風暴。能夠觸發出「陰隱痛楚」的生活情況如下：

A　過度透支

B　大壓力處境

C　生活挫折

關於「過度透支」而出現生活風暴，筆者在 1993 年 2 月、3 月期間出現過一次。關於這一次「過度透支」的問題，詳情可以參閱第五章〈逃避「『逃避痛苦』的痛苦」〉5.3〈恆常抑鬱的失控──1993 年 3 月〉。現稍作點評。這一次過度透支，原因是一份化學科的小組功課。因為不善於分工合作，所以筆者就把大部份的工作包攬在自己身上。結果就是在幾個星期裡面大量投入時間和心血。最後雖然完成功課，不過筆者亦隨即而出現了一次抑鬱病爆發。

除了「過度透支」，太大的「挑戰」、太大壓力的工作，同樣會令到筆者容易出現強烈的「隱陰痛楚」。這些情況包括應付學業和考試。有一個「太大的『挑戰』、太大壓力的工作」的記錄，就是 1993 年 4 月時候，筆者在學校參加辯論比賽。關於這一次辯論比賽的經過，可以參閱第五章〈逃避「『逃避痛苦』的痛苦」〉5.4.1〈有能與無能〉。

此外，生活挫折，甚或是生活打擊，都會觸發強烈的「隱陰痛楚」。關於這一類事情，可以參考第五章〈逃避「『逃避痛苦』的痛苦」〉5.1〈谷底〉與及 5.4.4〈目標幻滅〉，也可以參考第六章〈一次嚴重抑鬱的爆發過程〉6.3〈適應新環境的抑鬱〉。

9.2.2 思維陷阱（Thinking Trap）/ 思維活動（T）結合生活內容

由生活所觸發的「PIT 共鳴」，能夠製造出一條「橋樑／通道」，可以讓「思維活動（T）」直接由眼前的生活事件裡面獲得「嚴峻狀態（PI）」所需要的「內容」。大概，腦袋不需要在「腦袋的資料庫」裡面尋找「原材料」，因為眼前的「過度透支生活」、「大挑戰、大壓力的生活」、與及「生活的挫折、打擊」等等，就能夠立即提供十分豐富的素材，供應腦袋立即轉化為「嚴峻狀態（PI）」所需要的「對象、主題、形象、外貌、名字……」。

同一原理，眼前的生活，就直接成為「PIT 共鳴」的「依據、憑藉、音頻、調、方向」，令到「共鳴」的處境和故事內容都變得更為真實、可信、可靠。

眼前的生活問題一旦加上「PIT 共鳴」，好容易就會出現「思維陷阱（Thinking Trap）」。而環繞著痛苦（眼前生活問題和「PIT 共鳴」）而出現的思維活動，亦好容易構想出「絕境／完美問題（Perfect Problem）」等想法。關於「思維陷阱」和「構想絕境／完美問題（Perfect Problem）」，可以參閱第六章〈一次嚴重抑鬱的爆發過程〉6.4.2〈困局思維的陷阱〉。

9.2.3 生活壓力事件（Pressure）

生活風暴颳起的時候，可以立即觸發胸口心臟的痛苦（「陰隱痛楚」及其異變）。此外，腦袋的痛苦也可以隨之而出現。思維活動在痛苦刺激下變得十分活躍，同時又因為思維內容而帶動若干（極端）情緒反應，對腦袋造成極大的消耗和傷害。腦袋的痛苦，就是由壓力而造成的痛苦。

9.2.4 虛脫／無動力（Impuissance）

「PIT 共鳴」裡面的（I）是身心的本能（Instinct）反應；生活風暴裡面，就是「虛脫／無動力（Impuissance）」。

受到抑鬱病的影響，筆者的身心都變得軟弱無力（無力／無動力）。也許是因為承受壓力的影響，令到筆者的能量高速消耗；也許是因為睡眠失調的問題，令到筆者的能量（精神）不容易得到補充。

虛脫／無動力，令到筆者無法應付眼前出現的問題；而嚴重的時候，也會產生痛楚（腦袋、肌肉）。

9.2 小結

「外在風暴」的颳起，來自生活的問題。生活壓力問題（P）激發「陰隱痛楚」，同一時間生活壓力問題又成為了思維陷阱（T）的內容。再加上身心的弱軟無力（I），生活中的問題便墮進了一個「越來越嚴重」的惡性循環旋渦。「外在風暴」將「PIT 共鳴作用」的影響，擴展到生活層面，將生活的問題帶入身心問題裡面。

9.3 「內外風暴」的威力：痛苦的疊加和倍增

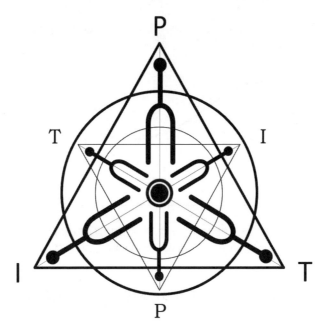

「內外風暴」示意圖

最嚴重的抑鬱情況，就是「內外風暴」（抑鬱的風暴）同時
颳起的時候。抑鬱的風暴可以由「外在風暴」颳起而觸發，繼而
令到「內在風暴」再颳起。抑鬱的風暴也可以由「內在風暴」颳
起而觸發，然後漫延至「外在風暴」。當「內外風暴」同時颳起
的時候，身心裡面所出現的痛苦都會一重一重地疊加起來，同時
每一個地方的痛苦都會倍增。

　　如果有一個量度「抑鬱」的儀器，或者可以量度出這一個「抑
鬱」突然倍增的情況。

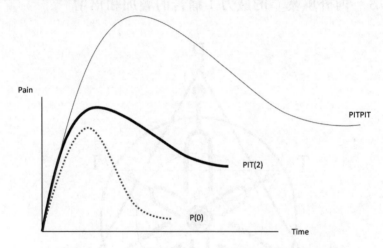

「內外風暴」、「PIT 共鳴」、與及「陰隱痛楚」的比較示意圖
PITPIT：內外風暴、PIT(2)：異變後的陰隱痛楚、P(0) 原始陰隱痛楚

　　「內外風暴」的出現，令到身心的痛苦倍增，而且令到痛苦停
留在身心的時間加長。

9.4 初探：應付抑鬱病

筆者覺得抑鬱病的最大破壞力，就是「內外風暴」出現的時候。能夠避免「內外風暴」颳起，就能夠將抑鬱病控制在有限的範圍之內（痛苦不會無止境放大，也不會無止境地持續。）。

「思想（T）」的作用，是「PIT 共鳴」的重要一環，也可能是最為關鍵的一環。大概只要「思想（T）」拒絕去配合「陰隱痛楚」與及「驚恐、惶惑、空虛……」，「PIT 共鳴」便不會發生。「思想」能夠做到「拒絕配合」的關鍵在於「明白」。如果能夠「明白」「嚴峻狀態（PI）」的本質，「思想（T）」就不需要為「嚴峻狀態（PI）」提供「內容」，亦即是不需要「胡思亂想」。「思想（T）」需要做的工作就是「明白」「嚴峻狀態（PI）」，而並不是去否定「嚴峻狀態（PI）」，不是去否定在身心出現的痛苦，不是去否定身心出現的本能反應，不是去否定「驚恐、惶惑、空虛……」，更加不是去否定「憂愁、憂鬱」……

「明白」「陰隱痛楚」不會是長存，只消幾分鐘就會減弱甚至舒緩；只要等待（忍受），問題就會過去。只要「陰隱痛楚」舒緩，「PIT 共鳴作用」就不會發生。同理，只要「PIT 共鳴作用」不發生，「內在風暴」亦無法漫延，「外在風暴」亦會自然消散。最後，「內外風暴」都不會颳起，抑鬱病的殺傷力大減。

第九章結語

抑鬱病的風暴效應模型，是筆者作為「資深的抑鬱症病人」的一項初步「研究成果」。畢竟，到今日為止（2019 年 6 月），只是深入研究了六年的日記（1990 年 5 月至 1995 年 6 月），還有二十多年的日記還沒有觸及。畢竟，到現時為止，只是研究自己的日記，還沒有機會研究其他人的日記。如果有機會研究更多人的日記，相信一定可以對抑鬱病有更為全面和深入的理解。

後記　抑鬱風暴平息之後

　　抑鬱風暴有阻止的可能，筆者的親身經歷能夠充份證明。抑鬱病的傷害亦可以因為風暴平息而大大減少。

　　不過，之後仍然需要面對睡眠失調（復原系統崩壞）、不尋常的疲倦（無力、無動力）、頭部膨脹逼迫僵硬繃緊（阻礙思維、抽離、封閉）、過度活躍的思維活動、憂愁、過敏的壓力反應、過度的壓力反應、無法集中精神、無法控制身心、頭痛、頭暈、背痛、肩痛、頸痛、肌肉僵硬……

第九章第一稿完成於 2019 年 6 月

抗病誌②

抑鬱病的生成、惡化、和爆發

日記研究：

Life 063

書名： 抗病誌②──日記研究：抑鬱病的生成、惡化、和爆發
Fight against Depression (Episode 2) Diary Reveals:
Depression's Formation, Exacerbation, and Eruption

作者： 傅正斯 Johnny B. Foo

編輯： Angie Au

設計： 4res

出版： 紅出版（青森文化）
地址：香港灣仔道133號卓凌中心11樓
出版計劃查詢電話：(852) 2540 7517
電郵：editor@red-publish.com
網址：http://www.red-publish.com
香港總經銷：聯合新零售（香港）有限公司
台灣總經銷：貿騰發賣股份有限公司
地址：新北市中和區立德街136號6樓
電話：(866) 2-8227-5988
網址：http://www.namode.com

出版日期： 2022年11月
圖書分類： 心理學
ISBN： 978-988-8822-15-7
定價： 港幣280元正／新台幣1100圓正